通風與空氣調節
（增訂版）

主　編／蘇德權
副主編／王全福、呂　君、曹慧哲

前　　言

近十余年來 HVAC&R 技術發展很快,如變風量空調、置換通風、蒸發冷却及水源、地源熱泵等技術在國内已得到較多應用。相應的設計與施工規範、質量驗收標準、定額、技術規程等都已經過一次甚至數次更新修訂。《通風與空氣調節》自 2002 年 4 月出版以來,收到很多用書院校師生的反饋信息,編者深感急需修編,但因種種原因,遲遲未能實現。

在哈爾濱工業大學出版社李艷文副社長的推動下,本書由黑龍江建築職業技術學院蘇德權主持,黑龍江建築職業技術學院王全福、呂君老師,哈爾濱工業大學市政與環境工程學院曹慧哲博士結合 HVAC 技術的發展與應用進行了全面的修編和更正。本書的編寫力求簡潔、易懂,注重示例及附錄内容的實用性和先進性,以及對工程的指導作用。適于高職高專院校學生使用,適當調整也可作爲中職學校、函授院校教材和專業培訓教材,同時可供有關設計、施工、運行維護管理等專業技術人員參考。

本書由蘇德權主編,王全福、呂君、曹慧哲爲副主編,因編者水平有限、時間緊迫,不足之處敬請批評指下。

編者

目　　錄

緒　　論

在 20 世紀,伴隨社會生產力和科學技術的迅速發展,人類改造客觀環境的能力也大大提高,一個以熱力學、傳熱學和流體力學爲基礎,綜合建築、建材、機械、電子學和電工學等工程學科,旨在解決各種室內空氣環境問題的獨立的技術學科——通風與空氣調節逐漸形成。20 世紀初,美國的一家印刷廠首次采用能够實現全年運行的用噴水室進行熱濕處理的空氣調節系統。在 1919～1920 年,芝加哥的一家電影院也安裝了空調系統,這是人類首次將空調應用到民用建築。1931 年,我國第一個真正意義的空調系統誕生在上海紡織廠(采用噴深井水的直流式噴水室處理空氣)。進入 20 世紀下半葉,通風空調技術的發展更加迅速,應用更加廣泛。

現代建築的密封性、保溫性愈來愈好,爲解決人們對自身居住生活和工作的環境控制,生產過程和科學實驗過程所要求的環境控制提供了條件。同時,人們在較爲密封的室內環境生活和工作,進行生產或科學實驗,通風和空氣調節也是必需的。隨着生產力和科學技術的飛速發展,人民的物質文化生活水平的提高,通風和空調技術在我國的應用日益廣泛。在大型的民用建築,如圖書館、體育館、展覽館、寫字樓、高層公寓、賓館、商場等場所均已普及,家用空調的普及率也在迅速提高。在汽車、飛機、火車及船舶上也大都裝上了空調系統。在汽車制造、機械制造、電子、制藥、紡織、印刷、養殖、食品加工,甚至糧食儲運等生產方面,通風和空調的應用同樣比比皆是,不可或缺。可以説,現代生活離不開通風和空氣調節,通風空調技術的發展和提高也依賴于現代化。

對某個特定的空間來説,要使其內部空氣環境處在所要求的狀態,主要是對空氣的溫度、濕度、空氣流動速度及潔净度進行人工調節,以滿足人體舒適和工藝生產過程的要求。當然,有時我們還要對空氣的壓力、成分、氣味及噪聲進行調節與控制,也就是説我們要對很多參數進行控制,那么如何控制呢? 影響室內環境的因素通常來自室外和室內兩個方面。一是來自室外的太陽輻射、外部氣候變化及外部空氣中有害物的干擾;二是來自室內的內部生產過程、設備和人員所產生的熱、濕和其他有害物的干擾。消除上述干擾的主要技術手段有:通過對特定空間輸送并合理分配一定質量的空氣,與內部空氣之間進行熱質交換,然后把已完成調節作用的空氣等量排出,即用換氣的方法保證內部環境的空氣新鮮;采用熱濕交換的方法來保持內部環境的溫濕度;采用净化的方法保持空氣的清潔度。因此,對一定空間的空氣進行調節主要是一系列的置換和熱質交換過程。

爲了保持一個穩定的空氣環境,要采用多種技術手段,通風、供暖與空調是密不可分的。工程上,一般將只要求控制內部溫度的調節技術稱爲供暖或降溫,將爲保持內部環境有害物濃度在一定衛生要求範圍內的技術稱爲通風,對空氣進行全面處理,即具有對空氣進行加熱、加濕、冷却、除濕和净化的調節技術稱爲空調。實際上,供暖、降溫及工業通風、空調都是對內部空間環境進行調節與控制的技術手段,只是在控制和調節的要求上以及空氣環境參數調節的全面性方面有所不同,因此,我們可以把空氣調節認爲是供暖和通風技術的延續和發展。按照服務對象,通風可分爲工業通風、民用建築通風;爲保證室内生產工藝和科學實驗過程順利進行而設的空氣調節稱爲"工藝性空調",爲保證人的熱舒適要求,應用于以人爲主的空氣環境的調節稱爲"舒適性空調"。

通風與空氣調節對國民經濟各方面的發展,對人民物質文化生活水平的提高有至關重要的意義。空氣調節不再是什么奢侈手段,而日漸成爲現代化生產、科學研究及社會生活的不可缺少的必要條件。通風與空氣調節的應用爲人們創造了舒適的工作和生活環境,保護了人體健康,提高了勞動生產率,更成爲許多工業生產過程穩定運行和保證產品質量的先決條件。如以高精度恒温恒濕要求爲特徵的精密儀器、精密機械制造業,爲避免元器件由于温度變化產生脹縮影響加工和測量精度、濕度過大引起表面銹蝕,一般都規定嚴格的基準温度和濕度,并制定了偏差範圍,如 20 ± 0.1 ℃;$50 \pm 5\%$。紡織、印刷、造紙、烟草等工業對相對濕度的要求較高,如相對濕度過小可能使紡紗過程中產生静電,紗變脆變粗,造成飛花或斷頭;空氣過于潮濕又會使紗粘結,從而影響生產質量和生產效率。在電子工業的某些車間,不僅要求一定的温濕度,而且對空氣潔净度的要求也很高,某些工藝對空氣中懸浮粒子的控制粒徑已降至 0.1 μm,對懸浮粒子的數量也有明確的要求,如每升空氣中等于和大于 0.1 μm 的粒子總數不超過 3.5 粒等。在制藥、食品工業及生物實驗室、手術室等,不僅要求一定的空氣温濕度,而且要求控制空氣中的含塵濃度及細菌數量。在旅游、農業、宇航、核能、地下與水下設施以及軍事領域,空氣調節都發揮着重要作用。

綜上所述,通風與空氣調節的應用是相當廣泛的,而愈來愈多地運用通風空調技術也帶來了一些新的問題。首先,空調的能耗是很大的,某些企業(如電子工業)空調耗能約占全部能耗的 40%,民用建築的空調能耗也占建築能耗的很大比重。由于所消耗的電能和熱能大多來自熱電站或獨立的工業鍋爐房,其燃料燃燒產生的多種而大量的排放物不僅造成嚴重的空氣污染,還是大氣層温室效應的主要原因。在這種情況下,空氣調節不但要提高設備能量轉換性能,尋求合理的運行調節方法,從而實現節約用能、合理用能,而且應重視清潔能源的開發,如太陽能、地熱、風能等。其次,空調常用的人工冷源的制冷劑多爲鹵化烴物質,對臭氧層破壞嚴重,尤其是氟利昂 R12,尋求更好的過渡性或永久性替代物是緊迫而重要的。第三,室内空氣品質問題。現代建築的密封性越來越好,使室内污染物的濃度上升,室内各種裝飾材料與新型建築材料帶來的甲醛、石棉、苯等污染更是讓人難以處理,而且在空氣處理過程中,空調設備本身就會造成空氣中負離子的減少,這一點已被證實。因而長期生活在這樣"令人疲倦和致病"的建築物中,人們會產生悶氣、粘膜刺激、昏睡及頭疼等症狀;另外,長期在空調環境中生活會使一些人產生"空調適應不全",出現皮膚汗腺和皮脂腺收縮,腺口閉塞,導致血流不暢,神經功能紊亂等症狀。

目前,通風與空氣調節技術不僅要在合理用能、能量回收、能量轉換和傳遞設備性能的改進及計算機控制、樓宇自控等方面繼續研究,而且要進一步探討如何創造更有利于健康的適于人類工作和生活的内部空間環境。通風與空調技術正在由解決空氣環境的調節和控制,向内部空間環境質量的全面調節與控制發展,即所謂的内部空間的人工環境工程,這方面要做的工作還很多。

總之,通風與空氣調節的應用將愈來愈廣泛,通風空調技術的發展前景是美好而廣闊的,需要從事這一事業的人們掌握的知識技能將越來越多,需要人們不斷地開拓創新。

第一章 通風方式

所謂通風,就是把室內的污濁空氣直接或經凈化后排至室外,把新鮮空氣補充進來,從而保持室內的空氣條件,以保證衛生標準和滿足生產工藝的要求。我們把前者稱爲排風,后者稱爲送風。

第一節 通風的分類

按照通風動力的不同,通風系統可分爲自然通風和機械通風兩類。

一、自然通風

自然通風是依靠室外風力造成的風壓和室內外空氣溫度差所造成的熱壓使空氣流動,以達到交換室內外空氣的目的。

1. 熱壓作用下的自然通風

圖1.1爲一利用熱壓進行通風的示意圖。由圖可以看出,由于室內空氣溫度高、密度小,則會産生一種上升的力,使房間中的空氣上升后從上部窗孔排出,而此時室外的冷空氣就會從下邊的門窗或縫隙進入室內,使工作區環境得以改善。

2. 風壓作用下的自然通風

圖1.2爲一利用風壓進行通風的示意圖。具有一定速度的風由建築物迎風面的門窗吹入房間內,同時又把房間中的原有空氣從背風面的門、窗壓出去(背風面通常爲負壓),這樣也可使工作區的空氣環境得到改善。

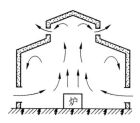

圖1.1　熱壓作用下的自然通風

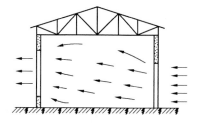

圖1.2　風壓作用下的自然通風

3. 熱壓和風壓同時作用下的自然通風

在大多數工程實際中,建築物是在熱壓和風壓的同時作用下進行自然通風換氣的。一般説來,在這種自然通風中,熱壓作用的變化較小,風壓作用的變化較大,如圖1.3即爲熱壓和風壓同時作用下形成的自然通風。

用熱壓和風壓來進行換氣的自然通風對于産生大量余熱的生產車間是一種經濟而又有效的通風方法。如機械制造廠的鑄造熱處理車間,各種加熱爐、冶煉爐車間均可利用自然通風,這是一種既簡單又經濟的方法。但自然通風量的大小和許多因素有關,如室內外溫差,室外風速、風向,門窗的面積、形式和位置等,因此,其通風量不是常數,會隨氣象條件發生變化,使得通風效果不太穩定,利用時應充分考慮到這一點而采取相應的調節措施。

二、機械通風

依靠通風機產生的動力來迫使室內外空氣進行交換的方式稱機械通風。圖 1.4 所示爲某車間的機械送風系統。機械通風由于作用壓力的大小可以根據需要選擇不同的風機來確定,而不像自然通風那樣受自然條件的限制,因此,可以通過管道把空氣按要求的送風

圖 1.3 風壓和熱壓同時作用下的
自然通風

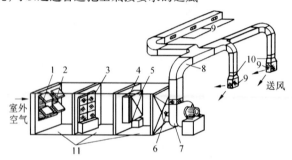

圖 1.4 機械送風系統示意圖
1—百葉窗;2—保溫閥;3—過濾器;4—旁通閥;5—空氣加熱器;6—啓動
閥;7—通風機;8—通風管;9—出風口;10—調節閥;11—送風室

速度送到指定的任意地點,也可以從任意地點按要求的吸風速度排除被污染的空氣。適當地組織室內氣流的方向,并且根據需要可對進風或排風進行各種處理。此外,也便于調節通風量和穩定通風效果。但是,機械通風需要消耗電能,風機和風道等設備還會占用一部分面積和空間,工程設備費和維護費較大,安裝管理較爲復雜。

按照通風系統應用範圍的不同,機械通風還可分爲全面通風和局部通風。

第二節　局部通風

通風的範圍限制在有害物形成比較集中的地方,或是工作人員經常活動的局部地區的通風方式,稱爲局部通風。局部通風系統分爲局部送風和局部排風兩大類,它們都是利用局部氣流,使工作地點不受有害物污染,以改善工作地點空氣條件的。

一、局部送風

向局部工作地點送風,保證工作區有良好空氣環境的方式,稱局部送風。

對于面積較大,工作地點比較固定,操作人員較少的生產車間,用全面通風的方式改善整個車間的空氣環境是困難的,而且也不經濟。通常在這種情況下,就可以采用局部送風,形成對工作人員合適的局部空氣環境。局部送風系統分爲系統式和分散式兩種。圖1.5是鑄造車間局部送風系統圖,這種系統通常也稱作空氣淋浴或崗位吹風,即將冷空氣

直接送入工人高温作業點的上方,并吹向工人的身體,使人體沐浴在冷空氣氣流形成的空氣淋浴中,而送入車間的一部分空氣由窗孔排出。分散式局部送風一般使用軸流風機,適用于對空氣處理要求不高、可采用室內再循環空氣的地方。

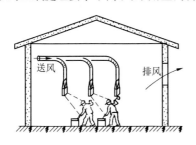

圖1.5 局部送風系統(空氣淋浴)

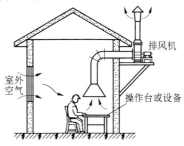

圖1.6 局部排風系統

二、局部排風

在局部工作地點安裝的排除污濁氣體的系統稱局部排風。圖1.6是局部排風系統示意圖,它是爲了盡量減少工藝設備產生的有害物對室內空氣環境的直接影響,將局部排風罩直接設置在產生有害氣體的設備上方,及時將有害氣體吸入局部排風罩,然后通過風管與風機排至室外,是比較有效的、積極的一種通風方式。這種方式主要運用于安裝局部排氣設備不影響工藝操作及污染源集中且較小的場合。局部排風也可以是利用熱壓及風壓作爲動力的自然排風。

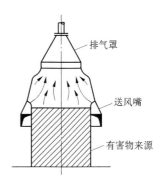

圖1.7 局部送、排風系統

三、局部送、排風

如圖1.7所示,有時采用既有送風又有排風的局部通風裝置,可以在局部地點形成一道"風幕",利用這種風幕來防止有害氣體進入室內,是一種既不影響工藝操作又比單純排風更爲有效的通風方式。

第三節 全面通風

全面通風是在房間內全面地進行通風換氣的一種通風方式。全面通風又可分爲全面送風、全面排風和全面送、排風。

當車間有害物源分散,工人操作點多且較分散,面積較大,安裝局部通風裝置影響操作,采用局部通風達不到室內衛生標準的要求時,應采用全面通風。

一、全面排風

在整個車間全面均匀進行排氣的方式稱全面排風。

全面排風系統既可以利用自然排風,也可以利用機械排風。圖1.8表示在產生有害物的房間設置全面機械排風系統,它利用全面排風將室內的有害氣體排出,而進風來自不産生有害物的鄰室和本房間的自然進風,這樣,通過機械排風造成一定的負壓,可防止有害物向衛生條件較好的鄰室擴散。

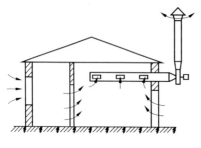

圖 1.8　全面機械排風系統

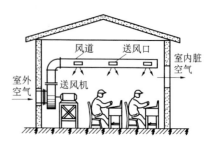

圖 1.9　全面機械送風系統

二、全面送風

　　向整個車間全面均勻的進行送風的方式稱爲全面送風。同全面排風相同,全面送風也可以利用自然通風或機械通風來實現。圖 1.9 即爲一全面機械送風系統,它利用風機把室外大量新鮮空氣經過風道、風口不斷送入室內,將室內空氣中的有害物濃度稀釋到國家衛生標準的允許濃度範圍內,以滿足衛生要求,這時室內處于正壓,室內空氣通過門窗壓至室外。

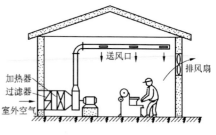

圖 1.10　全面送排風系統

三、全面送、排風

　　很多情況下,一個車間可同時采用全面送風系統和全面排風系統相結合的全面送、排風系統,如門窗密閉、自行排風或進風比較困難的場所。通過調整送風量和排風量的大小,使房間保持一定的正壓或負壓。如圖 1.10 所示即爲全面送、排風系統。

第四節　事故通風

　　事故通風是爲防止在生產車間當生產設備發生偶然事故或故障時,可能突然放散的大量有害氣體或有爆炸性的氣體造成更大人員或財產損失而設置的排氣系統。它是保證安全生產和保障工人生命安全的一項必要措施。

　　事故排風的風量應根據工藝設計所提供的資料通過計算確定,當工藝設計不能提供相關計算資料時,應按每小時不小于房間全部容積的 12 次換氣量確定。事故排風宜由經常使用的排風系統和事故排風的排風系統共同完成,但必須在發生事故時,提供足夠的排風量。

　　事故排風的通風機應分別在室內、外便于操作的地點設置電器開關,以便一旦發生緊急事故時,使其立即投入運行。事故排風的吸風口應設在有害氣體或爆炸危險物質散發量可能最大的地方。事故排風的排風口不應設置在人員經常停留或經常通行的地點;當其與機械送風系統進風口的水平距離小于20 m 時,應高于進風口 6m 以上;當排氣中含有可燃氣體時,事故通風系統排風口距可能火花濺落地點應大于 20 m;排風口不得朝向室外空氣動力陰影區和正壓區。

第二章　工業有害物的來源及危害

工業通風是研究控制工業有害物對室內外空氣環境的影響和破壞的技術。爲了控制工業有害物的産生和擴散,改善車間空氣環境和防治大氣污染,必須了解有害物産生和散發的機理,認識各種工業有害物對人體及工農業生産的危害。

第一節　工業有害物的來源

工業有害物主要是指工業生産中散發的懸浮微粒、有害蒸氣和氣體、余熱和余濕。

一、懸浮微粒的來源

懸浮微粒是指分散在大氣中的固態或液態微粒,包括烟塵、灰塵、烟霧、霧等,其中最主要的是烟塵和粉塵。

1. 粉塵産生的原因

粉塵是指能在空氣中懸浮的、粒徑大小不等的固體微粒,是分散在氣體中的固體微粒的通稱。

烟塵是燃料和其他物質燃燒的産物,粒徑範圍約爲 $0.01 \sim 1 \ \mu m$,通常由不完全燃燒所形成的煤黑、多環芳烴化合物和飛灰等組成,爲凝聚性固態微粒,以及液態粒子和固態粒子因凝集作用而生成的微粒。所有固態分散性微粒稱爲灰塵,粒徑爲 $10 \sim 200 \ \mu m$ 的稱"降塵";粒徑在 $10 \ \mu m$ 以下的稱爲"飄塵"。粉塵和烟塵的來源主要有以下幾個方面:

(1) 礦物燃料的燃燒,如鍋爐燃料的燃燒。

(2) 機械工業中的鑄造、磨削與焊接工序,如砂輪機的磨光過程、抛光機的抛光過程等。

(3) 建材工業中原料的粉碎、篩分、運輸,如水泥的生産和運輸。

(4) 化工行業中的生産過程,如石油煉制、化肥的生産等。

(5) 物質加熱時産生的蒸汽在空氣中凝結或被氧化的過程,如鑄銅時産生的氧化鋅。

2. 粉塵的擴散機理

任何粉塵都要經過一定的擴散過程,才能以空氣爲媒介與人體接觸。粉塵從静止狀態變成懸浮于周圍空氣的過程,稱爲"塵化"作用。常見的塵化作用主要有:

(1) 誘導空氣造成的塵化作用,如圖 2.1。

(2) 熱氣流上升造成的塵化作用。

(3) 剪切造成的塵化作用,如圖 2.2。

(4) 綜合性的塵化作用,如圖 2.3。

通常把上述各種塵粒由静止狀態進入空氣中浮游的塵化作用稱爲一次塵化作用,引起一次塵化作用的氣流稱爲一次塵化氣流。一次塵化作用給予粉塵的能量是不足以使粉塵擴散飛揚的,它只造成局部地點的空氣污染。造成粉塵進一步擴散,污染車間空氣環境的主要原因是室內的二次氣流,即由于通風或冷熱氣流所形成的室內氣流,如圖 2.4 所示。二次氣流帶着局部地點的含塵空氣在整個車間內流動,使粉塵散布到整個車間,二次

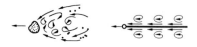

圖 2.1　誘導空氣造成的塵化作用
（塊、粒狀物料運動時）

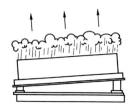

圖 2.2　剪切壓縮造成的塵化作用

圖 2.3　綜合性的塵化作用

氣流的速度越大，作用也越明顯。由此可見，粉塵是依附于氣流而運動的，只要控制室內氣流的流動，就可以控制粉塵在室內的擴散，改善車間空氣環境。

圖 2.4　二次氣流對粉塵擴散的影響

二、有害氣體和蒸氣的來源

在工業生產過程中，有害氣體和蒸氣的來源主要有以下幾方面：

1. 有害物表面的蒸發，如電鍍、酸洗、噴漆等；
2. 化學反應過程，如化工生產、有機合成、燃料的燃燒；
3. 設備及輸送有害氣體管道的滲漏；
4. 物料的加工處理，如金屬冶煉、澆鑄、石油加工等；
5. 放射性污染，如帶有輻射源的各種裝置與設備、核武器試驗等。

三、余熱和余濕的來源

工業生產中，各種工業爐和其他加熱設備、熱材料和熱成品等散發的大量熱量，浸泡、蒸煮設備等散發的大量水蒸汽，是車間內余熱和余濕的主要來源，如冶金工業的軋鋼、冶煉，機械制造工業的鑄造、鍛造車間等。余熱和余濕直接影響到空氣的溫度和相對濕度。

第二節　工業有害物的危害

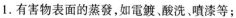

一、粉塵對人體的危害

粉塵對人體危害的大小取決于空氣中所含粉塵的性質、濃度和粒徑。化學性質有毒的粉塵，如汞、砷、鉛進入人體后，會引起中毒以致死亡；含有游離二氧化硅的無毒粉塵吸入人體后，會在肺內沉積，損害呼吸功能，發生"矽肺"病。空氣中粉塵量的多少一般以所含粉塵的濃度作爲衡量標準，粉塵濃度越大，對人體的危害也越大。粉塵的粒徑也是危害人體健康的一個重要因素，粒徑越小，則單位質量的表面積越大，相應地提高了粉塵的物理化學活性,加劇了生理效應的發展。粉塵顆粒大小不同,進入人體的深度也不同,如圖 2.5 所示。5 μm 以上的粉塵顆粒,由于被鼻粘膜和呼吸道所阻留,不易進入肺部,而粒徑爲 0.1 ~ 1 μm 的粉塵可直接進入肺泡,較易溶解,肺泡吸收速度快,且不經肝臟的解毒作用,直接被血液和淋巴液輸送至全身,對人體有很大的危害。另外,粉塵的表面可以吸附空氣中的某些有害氣體和致癌物質(如 3、4 苯并芘),使肺癌發病率上升。

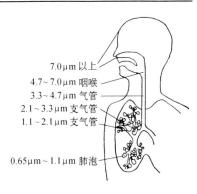

7.0μm 以上
4.7 ~ 7.0μm 咽喉
3.3 ~ 4.7μm 气管
2.1 ~ 3.3μm 支气管
1.1 ~ 2.1μm 支气管
0.65μm ~ 1.1μm 肺泡

圖 2.5　吸及呼吸器官的氣溶膠粒子

二、有害蒸氣和氣體對人體的危害

有害蒸氣和氣體的種類很多,對人體的危害也各不相同。根據其對人體危害的性質不同,可分爲麻醉性、窒息性、刺激性和腐蝕性的等幾類。下面介紹幾種常見的有害氣體和蒸氣對人體的危害。

1. 硫氧化物

硫氧化物主要有 SO_2 和 SO_3,它們是目前大氣污染物中數量較大、影響面較廣的一種氣態污染物。SO_2 是無色、有硫酸味的強刺激性氣體,是一種活性毒物,在空氣中可以氧化成 SO_3,形成硫酸烟霧,它們能刺激人的呼吸系統,是引起肺氣腫和支氣管炎發病的原因之一,另外還能致癌。

2. 氮氧化物

氮氧化物主要有 NO 和 NO_2。NO 毒性不太大,但進入大氣后可被緩慢地氧化成 NO_2,且在催化劑作用下,其氧化速度會加快。NO_2 的毒性爲 NO 的 5 倍,NO_2 對呼吸器官具有強烈的刺激作用,會使人體細胞膜破壞,從而導致肺功能下降,引起急性哮喘病。實驗證明 NO_2 可能是導致肺氣腫和肺瘤的病因之一。

3. 碳氧化物

CO 和 CO_2 是各種大氣污染物中發生量最大的一類污染物。CO_2 是無毒氣體,但當其在大氣中的濃度過高時,使氧氣含量相對減小,會對人體產生不良影響。CO 是一種窒息性氣體,對人類的危害作用相當大,因爲它與血紅蛋白的結合能力比 O_2 的結合能力大 200 ~ 300 倍。當 CO 的濃度較高時,就會阻礙血紅蛋白向體內的供氧,輕者會產生頭痛、眩暈,重者會導致死亡。

4. 碳氫化物

碳氫化物主要是多環芳烴類物質,如苯并芘、蒽、暈苯等,大多數具有致癌作用,特別是苯并(a)芘是致癌能力很強的物質。碳氫化物的危害還在于參與大氣中的光化學反應,生成危害性更大的光化學烟霧,對人的眼睛、鼻、咽、喉、肺部等器官都有明顯的刺激作用。

5. 汞蒸氣

汞蒸氣是一種劇毒物質,通過使蛋白質變性來殺死細胞而損壞器官,長期與汞接觸,會損傷人的嘴和皮膚,還會引起神經方面的疾病。汞中毒典型症狀爲易怒、易激動、失憶、失眠、發抖,當空氣中汞濃度大于 0.000 3 mg/m^3 時,就會發生汞蒸氣中毒現象。

6. 鉛蒸氣

能夠與細胞內的酵酸蛋白質及某些化學成分反應而影響細胞的正常生命活動,降低血液向組織的輸氧能力,導致貧血和中毒性腦病。

7. 苯蒸氣

苯蒸氣是一種具有芳香味、易燃和麻醉性的氣體,吸入體內會危及血液和造血器官,使中樞神經受到抑制。

三、余熱和余濕對人體的影響

人的冷熱感覺與空氣的溫度、相對濕度、流速和周圍物體表面溫度等因素有關。在正常情況下,人體依靠自身的調節機能使自身的得熱和散熱平衡,保持體溫穩定。人體散熱主要是通過皮膚與外界的對流、輻射和表面汗液蒸發三種形式進行的。當人體由于新陳代謝所需的散熱量受到外界因素的影響,散發較少或較多時,就會感到不適,嚴重時還會產生各種疾病。余熱余濕使得室內環境中空氣的相對濕度和溫度受到相應影響,從而影響人體的散熱。

四、工業有害物對生產和大氣的影響

粉塵對生產的影響主要是降低產品質量和機器的工作精度,縮短機器的使用年限。有些粉塵,如煤塵、鋁塵等,當濃度超過一定界限后,還可能發生爆炸,造成經濟損失和人員傷亡。集成電路、精密儀表、感光膠片的生產,若空氣中的含塵濃度高于淨化要求時,就會降低質量,甚至無法生產出合格的產品。粉塵落到機器的轉動部件上,就會加速機器磨損,影響使用壽命。

有害蒸氣及氣體對工農業生產也有很大的危害,如空氣中的 NO_2 具有腐蝕性和刺激作用,能損害農作物使之減產。光化學烟霧對植物的毒性也很強,會使植物出現"斑點樣"壞死病變,造成品質變壞,產量下降。另外,由于光化學烟霧中含有 O_3 等強氧化劑,還會使橡膠、塑料老化,降低織物強度,使染料、涂料和油漆褪色或剝落,對生產造成一定的影響。

工業有害物不僅會危害室內空氣環境,如不加控制地排入大氣中,還會造成大氣污染,如全球出現的溫室效應、酸雨現象等均是有害物對大氣污染所造成的后果。

第三節　衛生標準和排放標準

一、有害物的濃度

有害物的濃度即單位體積空氣中所含有害物的含量,它決定了有害物對人體和大氣的危害程度,也是制定各類標準的一個重要參數。

粉塵的濃度有兩種表示方法,一種是質量濃度,即每立方米空氣中所含粉塵的質量,單位是 g/m^3 或 mg/m^3。另一種是顆粒濃度,即每立方米空氣中所含粉塵的顆粒數,單位是(個$/m^3$)。通風工程一般采用質量濃度,顆粒濃度主要用于潔淨車間。

有害氣體和蒸氣的濃度也有兩種表示方法,一種是質量濃度,另一種是體積濃度。體積濃度的常用單位是 ml/m^3,因為 $1\ ml = 10^{-6}m^3$,所以,$1\ ml/m^3 = 1$ ppm。1 ppm 表示空氣中某有害蒸氣或氣體的體積濃度為百萬分之一。

在標準狀態下,質量濃度和體積濃度可按下式進行換算

$$Y = \frac{M}{22.4}\ C \tag{2.1}$$

式中　Y——有害氣體和蒸氣的質量濃度,mg/m^3;

C——有害氣體和蒸氣的體積濃度，ppm 或 ml/m^3；

M——有害氣體和蒸氣的摩爾質量，g/mol。

【例 2.1】 在標準狀態下 50 mg/m³ 的一氧化碳相當于多少 ppm?

解 一氧化碳的摩爾質量 $M = 28$ g/mol，所以

$$C = 22.4 \frac{Y}{M} = 22.4 \times \frac{50}{28} = 40 \text{ ppm}$$

二、衛生標準

為使工業企業的設計符合衛生要求，保護工人、居民的身體健康。我國于 1962 年頒發并于 1979 年修訂了《工業企業設計衛生標準》(TJ36—79)，作爲全國通用設計衛生標準，從 1979 年 11 月 1 日起執行。它規定了"居住區大氣中有害物質的最高容許濃度"標準和"車間空氣中有害物質的最高允許濃度"標準，是工業通風設計和檢查效果的重要依據。見附錄 2.1 和 2.2。我國現在執行的是《工業企業設計衛生標準》GBZ1—2007 版。

居住區大氣中有害物質的最高容許濃度的數值，是以居住區大氣衛生學調查資料及動物實驗研究資料爲依據而制定的，鑒于居民中有老、幼、病、弱，且有晝夜接觸有害物質的特點，故采用了較敏感的指標。這一標準是以保障居民不發生急性或慢性中毒，不引起粘膜的刺激，聞不到异味和不影響生活衛生條件爲依據而制定的。

車間空氣中有害物質最高容許濃度的數值，是以工礦企業現場衛生學調查，工人健康狀況的觀察，以及動物實驗研究資料爲主要依據而制定的。最高容許濃度是指工人在該濃度下長期進行生產勞動，不致引起急性和慢性職業性危害的數據。在具有代表性的采樣測定中均不應超過該數值。

三、排放標準

排放標準是爲了使居民區的有害物質符合衛生標準，對污染源所規定的有害物的允許排放量和排放濃度，工業通風排入大氣的有害物應符合排放標準的規定，它是在衛生標準的基礎上制定的。

隨着我國對環境保護的重視和環境保護事業的發展，1996 年在原有《工業"三廢"排放試行標準》(GBJ4—73)廢氣部分和有關行業性國家大氣污染物排放標準的基礎上制定了《大氣污染物綜合排放標準》(GB16297—1996)，從 1997 年 1 月 1 日起執行，它規定 33 種大氣污染物的排放限值和執行中的各種要求。見附錄 2.3。1997 年 1 月 1 日前設立的污染源，即現有污染源，執行表 1 標準。1997 年 1 月 1 日起設立(包括新建、擴建、改建)的污染源，即新污染源，執行表 2 標準。在我國現有的國家大氣污染物排放體系中按照綜合性排放標準與行業性排放標準不交叉執行的原則，即除若干行業執行各自的行業性國家大氣污染物排放標準外，其余均執行本標準。如鍋爐即執行《鍋爐大氣污染物排放標準》(GW13271—2001)，它是在《鍋爐大氣污染物排放標準》(GB13271—91)的基礎上修訂的，見附錄 4。同時我國還制定了《環境空氣質量標準》(GB3095—1996)，它是在 1982 年制定的《大氣環境質量標準》(GB3059—82)的基礎上修訂的。本標準制定了環境空氣質量、功能區劃分、標準分級、污染物項目、取值時間及濃度限值。附錄 5 給出了空氣質量功能區分類、標準分級及各項污染物的濃度限值。

第三章　全面通風

　　全面通風也稱稀釋通風,它是對整個車間或房間進行通風換氣,以改變室內溫、濕度和稀釋有害物的濃度,并不斷把被污染空氣排至室外,使作業地帶的空氣環境符合衛生標準的要求。根據氣流方向不同,全面通風可分爲全面送風和全面排風。根據通風方式不同,全面通風又分自然通風、機械通風或自然通風與機械通風聯合使用等多種方式。

　　全面通風的效果不僅與通風量有關,而且與通風的氣流組織也有關。在圖 3.1 中 "×"表示有害物源,"○"表示人的工作位置,箭頭表示送、排風方式。方案 1 是將室外空

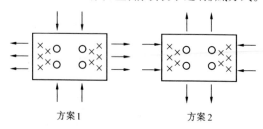

方案1　　　　　　方案2

圖 3.1　氣流組織方案

氣首先送到工作位置,再經有害物源排至室外。這樣,工作地點的空氣可保持新鮮。方案 2 是室外空氣先送有有害物源,再流到工作位置,這樣工作區的空氣會受到污染。由此可見,要使全面通風效果良好,不僅需要足夠的通風量,而且要有合理的氣流組織。

第一節　全面通風量的確定

　　所謂全面通風量是指爲了改變室內的溫、濕度或把散發到室內的有害物稀釋到衛生標準規定的最高允許濃度以下所必需的換氣量。一般可按下列公式計算。

　　1.爲稀釋有害物所需的通風量

$$L = kx/(y_p - y_s) \quad \text{m}^3/\text{s} \tag{3.1}$$

式中　L——全面通風量,m^3/s;

　　　k——安全系數,一般在 3～10 範圍內選用;

　　　x——有害物散發量,g/s;

　　　y_p——室內空氣中有害物的最高允許濃度,g/m^3,見附錄 2.2;

　　　y_s——送風中含有該種有害物濃度,g/m^3。

　　2.爲消除余熱所需的通風量

$$G = \frac{Q}{c(t_p - t_s)} \quad \text{kg/s} \tag{3.2}$$

或

$$L = \frac{Q}{c\rho(t_p - t_s)} \quad \text{m}^3/\text{s}$$

式中 G——全面通風量,kg/s;

$\quad\quad Q$——室内余熱(指顯熱)量,kJ/s;

$\quad\quad C$——空氣的質量比熱,可取 1.01 kJ/kg·℃;

$\quad\quad \rho$——空氣的密度,可按下式近似確定

$$\rho = \frac{1.293}{1 + \frac{1}{273}t} \approx \frac{353}{T}\ \text{kg/m}^3$$

其中 1.293 kg/m³——0 ℃時干空氣的密度;

$\quad\quad t$——空氣的攝氏溫度,℃;

$\quad\quad T$——空氣的絕對溫度,K;

$\quad\quad t_p$——排風溫度,℃;

$\quad\quad t_s$——送風溫度,℃。

3.爲消除余濕所需的通風量

$$L = \frac{W}{\rho(d_p - d_s)}\quad \text{m}^3/\text{s}\quad \text{或}\quad G = \frac{W}{d_p - d_s}\quad \text{kg/s} \tag{3.3}$$

式中 W——余濕量,g/s;

$\quad\quad d_p$——排風含濕量,g/kg 干空氣;

$\quad\quad d_s$——送風含濕量,g/kg 干空氣。

　　室内同時放散余熱、余濕和有害物質時,全面通風量應分別計算后按其中最大值取。

　　按衛生標準規定,當有數種溶劑(苯及其同系物或醇類或醋酸類)的蒸氣,或數種刺激性氣體(三氧化二硫及三氧化硫或氟化氫及其鹽類等)同時在室内放散時,全面通風量應按各種氣體分別稀釋至最高容許濃度所需的空氣量的總和計算,若在室内同時放散數種其他有害物質時,全面通風量按其中所需最大的換氣量計算。

　　防塵的通風措施與消除余熱、余濕和有害氣體的情況不同,除特殊場合外很少采用全面通風的方式,因爲一般情況下單純增加通風量并不一定能够有效地降低室内空氣中的含塵濃度,有時反而會揚起已經沉降落地或附在各種表面上的粉塵,造成個別地點濃度過高的現象。

　　當散入室内有害物數量無法具體計算時,全面通風量可按類似房間換氣次數的經驗數據進行計算。換氣次數 n 是指通風量 $L(\text{m}^3/\text{h})$ 與通風房間體積 $V(\text{m}^3)$ 的比值,即 $n = L/V$(次/h),因此全面通風量 $L = nV(\text{m}^3/\text{h})$。

　　【例3.1】　某車間内同時散發苯和醋酸乙酯,散發量分別爲 80 mg/s、100 mg/s,求所需的全面通風量。

　　解　由附録 2.2 查得最高容許濃度爲苯 $y_{p_1} = 40$ mg/m³,醋酸乙酯 $y_{p_2} = 300$ mg/m³。送風中不含有這兩種有機溶劑蒸氣,故 $y_{s_1} = y_{s_2} = 0$。取安全系數 $k = 6$,則

$$\text{苯}\quad\quad L_1 = \frac{6 \times 80}{40 - 0} = 12\ \text{m}^3/\text{s}$$

$$\text{醋酸乙酯}\quad\quad L_2 = \frac{6 \times 100}{300 - 0} = 2\ \text{m}^3/\text{s}$$

數種有機溶劑的蒸氣混合存在,全面通風量爲各自所需之和,即

$$L = L_1 + L_2 = 12 + 2 = 14\ \text{m}^3/\text{s}$$

第二節　全面通風的氣流組織

全面通風的效果不僅與全面通風量有關,還與通風房間的氣流組織有關。全面通風的進、排風應使室內氣流從有害物濃度較低地區流向較高的地區,特別是應使氣流將有害物從人員停留區帶走。一般通風房間氣流組織的方式有:上送上排、下送下排、中間送上下排、上送下排等多種形式。在設計時具體采用哪種形式,要根據有害物源的位置、操作地點、有害物的性質及濃度分布等具體情況,按下列原則確定:

1. 送風口應盡量接近操作地點。送入通風房間的清潔空氣,要先經過操作地點,再經污染區排至室外。

2. 排風口盡量靠近有害物源或有害物濃度高的區域,以利于把有害物迅速從室內排出。

3. 在整個通風房間內,盡量使進風氣流均勻分布,減少渦流,避免有害物在局部地區積聚。

根據上述原則,對同時散發有害氣體、余熱、余濕的車間,一般采用下送上排的送排風方式,如圖 3.2 所示。清潔空氣從車間下部進入,在工作區散開,然后帶着有害氣體或吸收的余熱、余濕流至車間上部,由設在上部的排風口排出。這種氣流組織的特點是:

1. 新鮮空氣沿最短的路綫迅速到達作業地帶,途中受污染的可能較小。

2. 工人(絕大部分在車間下部作業地帶操作)首先接觸清潔空氣。

3. 符合熱車間內有害氣體和熱量的分布規律,一般上部的空氣溫度或有害物濃度較高。

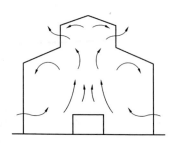

圖 3.2　熱車間的氣流組織示意圖

有害氣體在車間內的濃度分布,是設計全面通風時必須注意的一個問題。車間內的有害氣體不是單獨存在,而是和空氣混合在一起的,因而他們在車間內的分布不是取決于有害氣體的密度,而是取決于混合氣體的密度。實驗證明,有害氣體本身的密度對其濃度分布所起的影響是極小的,而空氣溫度變化對空氣密度變化影響很大,只要室內溫度有極小的變化,有害氣體就會隨室內空氣一起運動。有人認爲,當車間內散發的有害氣體密度較大時,有害氣體會沉積在車間的下部,排風口應設在下面。這種看法是不全面的,只有當室內沒有對流氣流時,密度較大的有害氣體才會集中在車間下部;另外,有些比較輕的揮發物,如汽油、醚等,由于蒸發吸熱,使周圍空氣一起有下降的趨勢。遇到具體情況,要具體分析,否則會得出錯誤的結論。

工程設計中,通常采用以下的氣流組織方式:

1. 如果散發的有害氣體溫度比周圍氣體溫度高,或受車間發熱設備影響產生上升氣流時,不論有害氣體密度大小,均應采用下送上排的氣流組織方式。

2. 如果沒有熱氣流的影響,散發的有害氣體密度比周圍氣體密度小時,應采用下送上排的形式;比周圍空氣密度大時,應從上下兩個部位排出,從中間部位將清潔空氣直接送至工作地帶。

3. 在復雜情況下,要預先進行模型試驗,以確定氣流組織方式。因爲通風房間內有害氣體濃度分布除了受對流氣流影響外,還受局部氣流、通風氣流的影響。

機械送風系統的送風方式,應符合如下要求:

1. 放散熱或同時放散熱、濕和有害氣體的房間,當采用上部或下部同時全面排風時,送風宜送至作業地帶。

2. 放散粉塵或密度比空氣大的蒸氣和氣體,而不同時放熱的房間,當從下部排風時,送風宜送至上部地帶。

3. 當固定工作地點靠近有害物放散源,且不可能安裝有效的局部排風裝置時,應直接向工作地點送風。

當采用全面通風消除余熱、余濕或其他有害物質時,應分別從室內溫度最高、含濕量或有害物濃度最大的區域排出,且其風量分配應符合下列要求:

1. 當有害氣體和蒸氣的密度比空氣小,或在相反情況下但會形成穩定的上升氣流時,宜從房間上部區域排出;

2. 當有害氣體和蒸氣的密度比空氣大,且不會形成穩定的上升氣流時,宜從房間上部地帶排出 1/3,從下部排出 2/3。

從房間下部排出的風量,包括距地面 2 m 以內的局部排風量。從房間上部排出的風量,不應小于每小時一次的換氣量。

用于排除氫氣與空氣混合物時,吸風口上緣距頂棚平面或屋頂的距離不大于 0.1 m。

機械送風系統室外進風口位置,應符合下列要求:

1. 應設在室外空氣比較潔净的地方。

2. 應盡量設在排風口的上風側(指進、排風口同時使用季節的主導風向的上風側),且低于排風口。

3. 應避免進風、排風短路。

4. 進風口的底部距室外地坪不宜低于 2 m。當設置在綠化地帶時,不宜低于 1 m。

5. 降溫用的進風口,宜設在建築物的背蔭處。

第三節　全面通風的熱平衡與空氣平衡

一、熱平衡

熱平衡是指室內的總得熱量和總失熱量相等,以保持車間內溫度穩定不變,即

$$\sum Q_d = \sum Q_s \tag{3.4}$$

式中　$\sum Q_d$——總得熱量,kW;

　　　$\sum Q_s$——總失熱量,kW。

車間的總得熱量包括很多方面,有生産設備散熱、産品散熱、照明設備散熱、采暖設備散熱、人體散熱、自然通風得熱、太陽輻射得熱及送風得熱等。車間的總得熱量爲各得熱量之和。

車間的總失熱量同樣包括很多方面,有圍護結構失熱、冷材料吸熱、水分蒸發吸熱、冷風滲入耗熱及排風失熱等。

對于某一具體的車間得熱及失熱并不是如上所述的幾項都有,應根據具體情況進行計算。

二、空氣平衡

空氣平衡是指在不論采用哪種通風方式的車間內,單位時間進入室內的空氣質量等

于同一時間内排出的空氣質量,即通風房間的空氣質量要保持平衡。

如前所述,通風方式按工作動力分爲機械通風和自然通風兩類。因此,空氣平衡的數學表達式爲

$$G_{zj} + G_{jj} = G_{zp} + G_{jp} \tag{3.5}$$

式中　　G_{zj}——自然進風量,kg/s;

　　　　G_{jj}——機械進風量,kg/s;

　　　　G_{zp}——自然排風量,kg/s;

　　　　G_{jp}——機械排風量,kg/s。

如果在車間内不組織自然通風,當機械進、排風量相等($G_{jj} = G_{jp}$)時,室内外壓力相等,壓差爲零。當機械進風量大于機械排風量($G_{jj} > G_{jp}$)時,室内壓力升高,處于正壓狀態。反之,室内壓力降低,處于負壓狀態。由于通風房間不是非常嚴密的,當處于正壓狀態時,室内的部分空氣會通過房間不嚴密的縫隙或窗户、門洞等滲到室外,我們把滲到室外的空氣稱爲無組織排風。當室内處于負壓狀態時,會有室外空氣通過縫隙、門洞等滲入室内,我們把滲入室内的空氣稱爲無組織進風。

在通風設計中,爲保持通風的衛生效果,常采用如下的方法來平衡空氣量:對于產生有害氣體和粉塵的車間,爲防止其向鄰室擴散,要在室内形成一定的負壓,即使機械進風量略小于機械排風量(一般相差 10% ~ 20%),不足的進風量將來自鄰室和靠本房間的自然滲透彌補。對于清潔度要求較高的房間,要保持正壓狀態,即使機械進風量略大于機械排風量(一般爲 5% ~ 10%),阻止外界的空氣進入室内。處于負壓狀態的房間,負壓不應過大,否則會導致不良后果,見表 3.1。

表 3.1　室内負壓引起的危害

負壓/Pa	風速/(m·s⁻¹)	危害
2.45 ~ 4.9	2 ~ 2.9	使操作者有吹風感
2.45 ~ 12.25	2 ~ 4.5	自然通風的抽力下降
4.9 ~ 12.25	2.9 ~ 4.5	燃燒爐出現逆火
7.35 ~ 12.25	3.5 ~ 6.4	軸流式排風扇工作困難
12.25 ~ 49	4.5 ~ 9	大門難以啓閉
12.25 ~ 61.25	6.4 ~ 10	局部排風系統能力下降

在冬季爲保證排風系統能正常工作,避免大量冷空氣直接滲入室内,機械排風量大的房間,必須設機械送風系統,生產車間的無組織進風量以不超過一次換氣爲宜。

在保證室内衛生條件的前提下,爲了節省能量,提高通風系統的經濟效益,進行車間通風系統設計時,可采取下列措施:

1. 設計局部排風系統時(特別是局部排風量大的車間)要有全局觀點,不能片面追求大風量,應改進局部排風系統的設計,在保證效果的前提下,盡量減少局部排風量,以減小車間的進風量和排風熱損失,這一點,在嚴寒地區特別重要。

2. 機械進風系統在冬季應采用較高的送風溫度。直接吹向工作地點的空氣溫度,不應低于人體表面溫度(34 ℃左右),最好在 37 ~ 50 ℃之間。這樣,可避免工人有吹冷風的感覺,同時還能在保持熱平衡的前提下,利用部分無組織進風,減少機械進風量。

3. 净化后的氣體再循環使用。對于含塵濃度不太高的局部排風系統,排出的空氣經除塵净化后,如達到衛生標準要求,可以再循環使用。

4. 把室外空氣直接送到局部排風罩或排風罩的排風口附近,補充局部排風系統排出的風量。

通風系統的平衡問題是很復雜的,是一個動平衡問題,室内溫度、送風溫度、送風量等

各種因素都會影響平衡。比如冬季某車間根據空氣平衡得出機械送風量,但機械進風又必須携帶一定熱量以保持熱平衡,此時進風温度就可能不符合規範的要求,碰到類似的問題應採用下列處理方法:

1. 如冬季根據平衡求得送風温度低于規範的規定,可直接提高送風温度到規範規定的數值,進行送風。結果是室内温度有所提高,這在冬季是有利的。

2. 如冬季根據平衡求得送風温度高于規範的規定,應降低送風温度到規定的範圍,相應調節機械進風量。結果是自然進風量減少,室内壓力略有提高。室内温度變化不大是可行的。

3. 如夏季根據平衡求得送風温度高于規範規定,可直接降低送風温度進行送風。結果是室内温度稍有降低,這在夏季是有利的。

4. 如夏季根據平衡求得送風温度低于規範的規定,應提高送風温度,增大機械進風量。

要保持室内的温度和有害物濃度滿足要求,必須保持熱平衡和空氣平衡,前面介紹的全面通風量公式就是建立在空氣平衡和熱、濕、有害氣體平衡的基礎上,它們只用于較簡單的情况。實際的通風問題比較復雜,有時進風和排風同時有幾種形式和狀態,有時要根據排風量確定進風量,有時要根據熱平衡的條件確定送風參數等。對這些問題都必須根據空氣平衡、熱平衡條件進行計算。

下面通過例題説明如何根據空氣平衡、熱平衡,計算機械進風量和進風温度。

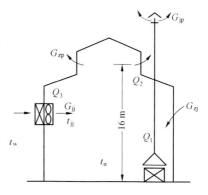

圖 3.3　某車間通風系統示意圖

【例 3.2】 已知某車間内生産設備散熱量爲 $Q_1 = 70$ kW,圍護結構失熱量 $Q_2 = 78$ kW,車間上部天窗排風量 $L_{zp} = 2.4$ m³/s,局部機械排風量 $L_{jp} = 3.2$ m³/s,自然進風量 $L_{zj} = 1$ m³/s,車間工作區温度爲 22 ℃,自然通風排風温度爲 25 ℃,外界空氣温度 $t_w = -12$ ℃,上部天窗中心高 16 m(圖 3.3)。求:
(1) 機械進風量 G_{jj};(2)機械送風温度 t_{jj};(3) 加熱機械進風所需的熱量 Q_3。

解　列空氣平衡和熱平衡方程

$$G_{zj} + G_{jj} = G_{zp} + G_{jp} \quad kg/s$$

$$\sum Q_d = \sum Q_s$$

$$Q_1 + C_p \cdot t_w G_{zj} + C_p t_{jj} G_{jj} = Q_2 + C_p t_{zp} G_{zp} + C_p t_n G_{jp}$$

根據 $t_n = 22$ ℃, $t_w = -12$ ℃, $t_{zp} = 25$ ℃,查得 $\rho_n = 1.197$ kg/m³, $\rho_w = 1.353$ kg/m³, $\rho_{zp} = 1.185$ kg/m³。

$$G_{jj} = G_{zp} + G_{jp} - G_{zj} =$$
$$2.4 \times 1.185 + 3.2 \times 1.197 - 1 \times 1.353 = 5.32 \text{ kg/s}$$

$$t_{jj} = [78 + 1.01 \times 25 \times 2.4 \times 1.185 + 1.01 \times 22 \times 3.2 \times 1.197 - 70 - 1.01 \times (-12) \times 1 \times 1.353]/1.01 \times 5.32 = 33.75 \text{ ℃}$$

$$Q_3 = C_p G_{jj}(t_{jj} - t_w) = 1.01 \times 5.32 \times [33.75 - (-12)] = 245.8 \text{ kW}$$

第四章　局部排風

在生產車間設置局部排風罩的目的是要通過排風罩將有害物質在生產地點就地排除，來防止有害物質向室內擴散和傳播。設計完善的局部排風罩能在不影響生產工藝和生產操作的前提下，既能够有效地防止有害物對人體的危害，使工作區有害物濃度不超過國家衛生標準的規定，又能大大減少通風量。

第一節　局部排風系統的組成

僅在有害物的局部散發點進行排風所設置的排風系統稱局部排風系統。如圖 4.1 所示，被污染的空氣通過局部排風罩，經風道輸送至净化裝置，在净化裝置內空氣被净化至符合排放標準的要求後，用風機通過排氣立管、風帽排入大氣中。

在局部排風系統中，局部排風罩是重要的組成部分，它的形式很多，按其作用原理可分爲以下幾種基本類型：

1. 密閉罩

如圖 4.2 所示，它把有害物質源全部密閉在罩內，在罩上設有工作孔①，以觀察罩內工作情况，并從罩外吸入空氣，罩內污染空氣由風機②排出。它只需較小的排風量就能在罩內造成一定的負壓，能有效控制有害物的擴散，并且排風罩氣流不受周圍氣流的影響。它的缺點是工人不能直接進入罩內檢修設備，有的看不到罩內的工作情况。

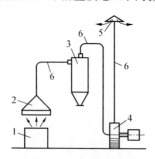

圖 4.1　機械局部排風系統
1—有害物源；2—排氣罩；3—净化裝置；4—排風機；5—風帽；6—風道

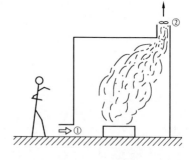

圖 4.2　密閉罩

2. 櫃式排風罩（通風櫃）

如圖 4.3 所示，它的結構形式與密閉罩相似，只是罩一側可全部敞開或設操作孔。操作人員可以將手伸入罩內，或人直接進入罩內工作。

3. 外部吸氣罩

由于工藝條件限制，生產設備不能密閉時，可把排風罩設在有害物源附近，依靠風機在罩口造成的抽吸作用，在有害物散發地點造成一定的氣流運動，把有害物吸入罩內，這

圖4.3　櫃式排風罩

類排風罩統稱爲外部吸氣罩。當污染氣流的運動方向與
罩口的吸氣方向不一致時,如圖4.4所示,需要較大的排
風量。

　　4. 接受式排風罩

　　有些生產過程或設備本身會產生或誘導一定的氣流
運動,帶動有害物一起運動,如高溫熱源上部的對流氣流、
砂輪磨削時拋出的磨屑及大顆粒粉塵所誘導的氣流等。
對這種情況,應盡可能把排風罩設在污染氣流前方,讓它
直接進入罩內。這類排風罩稱爲接受罩,見圖4.5。

　　5. 吹吸式排風罩

　　由于生產條件的限制,有時外部吸氣罩距有害物源較

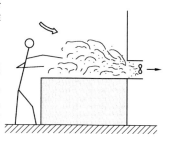

圖4.4　外部吸氣罩

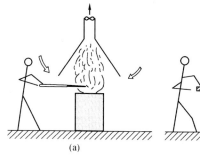

(a)　　　　　　　(b)

圖4.5　接受罩

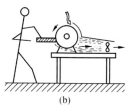

遠,單純依靠罩口的抽吸作用在有害物源附近造成
一定的空氣流動是困難的。對此可以採用圖4.6
所示的吹吸式排風罩,它利用射流能量密度高、速
度衰減慢的特點,用吹出氣流把有害物吹向設在另
一側的吸風口。採用吹吸式通風可使排風量大大
減小。在某些情況下,還可以利用吹出氣流在有害
物源周圍形成一道氣幕,像密閉罩一樣使有害物的

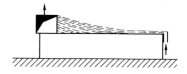

圖4.6　工業槽上的吹吸式排風罩

擴散控制在較小的範圍內,保證局部排風系統獲得良好的效果。圖4.7是精煉電爐上帶
有氣幕的局部排風罩,它利用氣幕抑止熱烟氣的上升,保證熱烟氣全部吸入罩內。

綜上所述,在設計局部排風系統時,應注意以下幾點原則:

1. 劃分系統時,應考慮生產流程、同時使用情況及有害氣體性質等因素,凡屬下列情況之一時,應分別設置排風系統。

(1) 兩種或兩種以上的有害物混合后能引起燃燒或爆炸時。

(2) 有害物質混合后能形成毒性更大的混合物。

(3) 混合后的蒸氣容易凝結并聚集粉塵時。

2. 設計局部排風罩時,應注意以下幾點:

(1) 盡可能采用密閉罩或櫃式排風罩,使污染物局限于較小的局部空間。

圖 4.7 精煉電爐上帶氣幕的排風罩
1—電爐;2—環形排風風管;3—環形送風口;4—形成氣幕的定向氣流;5—由室內吸入的空氣;6—精煉時的排氣氣流

(2) 設置外部吸氣罩時,罩口應盡量靠近有害物發生源。

(3) 在不影響工藝操作的前提下,罩的四周應盡可能設圍擋,減小罩口吸氣範圍。

(4) 吸氣氣流的運動方向應盡可能與污染氣流運動方向一致。

(5) 盡可能減弱或消除排風罩附近的干擾氣流,如風動工具的壓縮空氣排出口、送風氣流、穿堂風等對吸氣氣流的影響。

(6) 已被污染的吸氣氣流不能通過人的呼吸區。

(7) 不要妨礙工人的操作和檢修。

3. 局部排風系統排出的空氣在排入大氣之前應根據下列原則確定是否需要進行净化處理:

(1) 排出空氣中所含有害物的毒性及濃度。

(2) 考慮周圍的自然環境及排出口位置。

(3) 直接排入大氣的有害物在經過稀釋擴散后,一般不宜超過附錄 2.1 中的規定值。對于某些有害物的排放標準應遵照附錄 2.3 的規定。當當地有規定時,應按當地排放標準執行。

第二節　外部吸氣罩

外部吸氣罩是通過罩口的抽吸作用在距離吸氣口最遠的有害物散發點(即控制點)上造成適當的空氣流動,從而把有害物吸入罩內,見圖 4.8。控制點的空氣運動速度爲控制風速(也稱吸入速度)。罩口要控制擴散的有害物,需要造成必須的控制風速 v_x,爲此要研究罩口風量 L、罩口至控制點的距離 x 與控制風速 v_x 之間的變化規律。

圖 4.8　外部吸氣罩

一、吸氣口的氣流運動規律

1. 點匯吸氣口

根據流體力學,位于自由空間的點匯吸氣口(圖4.9)的排風量爲

$$L = 4\pi r_1^2 v_1 = 4\pi r_2^2 v_2 \tag{4.1}$$

$$v_1/v_2 = (r_2/r_1)^2 \tag{4.2}$$

式中　v_1, v_2——點1和點2的空氣流速,m/s;

　　　　r_2, r_1——點1和點2至吸氣口的距離,m。

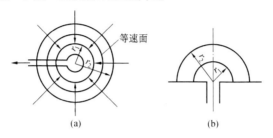

圖4.9　點匯吸氣口

(1) 自由的吸氣口;(2) 受限的吸氣口

吸氣口在平壁上,吸氣氣流受到限制,吸氣範圍僅半個球面,它的排風量爲

$$L = 2\pi r_1^2 v_1 = 2\pi r_2^2 v_2 \tag{4.3}$$

由公式(4.2)可以看出,吸氣口外某一點的空氣流速與該點至吸氣口距離的平方成反比,而且它是隨吸氣口吸氣範圍的減小而增大的,因此設計時罩口應盡量靠近有害物源,并設法減小其吸氣範圍。

2. 圓形或矩形吸氣口

工程上應用的吸氣口都有一定的幾何形狀、一定的尺寸,它們的吸氣口外氣流運動規律和點匯吸氣口有所不同。目前還很難從理論上準確解釋出各種吸氣口的流速分布,一般借助實驗測得各種吸氣口的流速分布圖,而后借助此圖推出所需排風量的計算公式。圖4.10和圖4.11就是通過實驗求得的四周無法蘭邊和四周有法蘭邊的圓形吸氣口的速度分布圖。兩圖的實驗結果可用式(4.4)和式(4.5)表示。

對于無邊的圓形或矩形(寬長比不小于1:3)吸氣口有

$$\frac{v_0}{v_x} = \frac{10x^2 + F}{F} \tag{4.4}$$

對于有邊的圓形或矩形(寬長比不小于1:3)吸氣口有

$$\frac{v_0}{v_x} = 0.75\left(\frac{10x^2 + F}{F}\right) \tag{4.5}$$

式中　v_0——吸氣口的平均流速,m/s;

　　　　v_x——控制點的吸入速度,m/s;

　　　　x——控制點至吸氣口的距離,m;

　　　　F——吸氣口面積,m^2。

式(4.4)和式(4.5)僅適用于 $x \leqslant 1.5\,d$ 的場合,當 $x > 1.5\,d$ 時,實際的速度衰減要比計算值大。

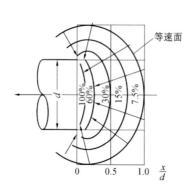

圖 4.10　四周無邊圓形吸氣口的
速度分布圖

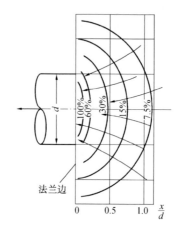

圖 4.11　四周有邊圓形吸氣口的
速度分布圖

二、外部吸氣罩排風量的確定

1. 控制風速 v_x 的確定

控制風速 v_x 值與工藝過程和室內氣流運動情況有關,一般通過實測求得。若缺乏現場實測的數據,設計時可參考表 4.1 和表 4.2 確定。

表 4.1　控制點的控制風速 v_x

污染物放散情況	最小控制風速 /(m·s^{-1})	舉　　例
以輕微的速度放散到相當平靜的空氣中	0.25 ~ 0.5	槽內液體的蒸發;氣體或烟從敞口容器中外逸
以較低的初速度放散到尚屬平靜的空氣中	0.5 ~ 1.0	噴漆室內噴漆;斷續地傾倒有塵屑的干物料到容器中;焊接
以相當大的速度放散出來,或是放散到空氣運動迅速的區域	1 ~ 2.5	在小噴漆室內用高力噴漆;快速裝袋或裝桶;往運輪器上給料
以高速放散出來,或是放散到空氣運動很迅速的區域	2.5 ~ 10	磨削;重破碎;滾筒清理

表 4.2

範圍下限	範圍上限
室內空氣流動小或有利于捕集	室內有擾動氣流
有害物毒性低	有害物毒性高
間歇生産産量低	連續生産産量高
大罩子大風量	小罩子局部控制

2. 排風量的確定

(1) 前面無障礙的自由吸氣罩

① 圓形或矩形的吸氣口

圓形無邊　　　　　　$L = v_0 F = (10x^2 + F) v_x$　　m^3/s　　　　　　(4.6)

四周有邊　　　　　　$L = v_0 F = 0.75(10x^2 + F) v_x$　　m^3/s　　　　(4.7)

② 工作臺側吸罩

四周無邊 $L = (5x^2 + F)v_x$ m^3/s (4.8)

四周有邊 $L = 0.75(5x^2 + F)v_x$ m^3/s (4.9)

式中,F——實際排風罩的罩口面積,m^2。

公式(4.8)和式(4.9)適用于 $x < 2.4\sqrt{F}$ 的場合。

③ 寬長比$(b/l) < 1/3$ 的條縫形吸氣口,其排風量按下式計算

自由懸挂無法蘭邊時

$$L = 3.7xv_xl \quad \text{m}^3/\text{s} \qquad (4.10)$$

自由懸挂有法蘭邊或無法蘭邊設在工作臺上時

$$L = 2.8xv_xl \quad \text{m}^3/\text{s} \qquad (4.11)$$

有法蘭邊設在工作臺上時

$$L = 2xv_xl \quad \text{m}^3/\text{s} \qquad (4.12)$$

式中,l——條縫口長度,m。

(2) 前面有障礙時的外部吸氣罩

排風罩如果設在工藝設備上方,由于設備的限制,氣流只能從側面流入罩內。上吸式排風罩的尺寸及安裝位置按圖 4.12 確定。爲了避免橫向氣流的影響,要求 H 盡可能小于或等于 $0.3 A$(A 爲罩口長邊尺寸)。

前面有障礙的罩口尺寸可按下式確定

$$A = A_1 + 0.8H \quad \text{m} \qquad (4.13)$$

$$B = B_1 + 0.8H \quad \text{m} \qquad (4.14)$$

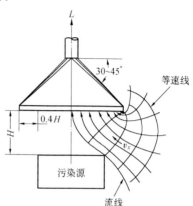

圖 4.12　冷過程的上吸式排風罩

式中　A, B——罩口長、短邊尺寸,m;

　　　A_1, B_1——污染源長、短邊尺寸,m;

　　　H——罩口距污染源的距離,m。

其排風量可按下式計算

$$L = KPHv_x \qquad \text{m}^3/\text{s} \qquad (4.15)$$

式中　P——排風罩口敞開面的周長,m;

　　　v_x——邊緣控制點的控制風速,　m/s;

　　　K——安全系數,通常 $K = 1.4$。

以上確定外部吸氣罩排風量的計算方法稱爲控制風速法。這種方法僅適用于冷過程。

【例 4.1】　有一浸漆槽槽面尺寸爲 0.6×1.0 m,爲排除有機溶劑蒸氣,在其上方設排風罩,罩口至槽口面 $H = 0.4$ m,罩的一個長邊設有固定擋板,計算排風罩排風量。

　　解　根據表 4.1、4.2 取 $v_x = 0.25$ m/s,則罩口尺寸

　　　　　　長邊 $A = 1.0 + 0.8 \times 0.4 = 1.32$ m

　　　　　　短邊 $B = 0.6 + 0.8 \times 0.4 = 0.92$ m

罩口敞開面周長　$P = 1.32 + 0.92 \times 2 = 3.16$ m

根據公式(4.15)有

$$L = KPHv_x = 1.4 \times 3.16 \times 0.4 \times 0.25 = 0.44 \quad \text{m}^3/\text{s}$$

設計外部吸氣罩時在結構上應注意以下問題：

1. 爲了減少橫向氣流的影響和罩口的吸氣範圍,工藝條件允許時應在罩口四周設固定或活動擋板,見圖 4.13;

2. 罩口的吸入氣流應盡可能均勻,因此罩的擴張角 α 應小于或等于 60°。罩口的平面尺寸較大時,可以采用圖 4.14 所示的措施:

(1) 把一個大排風罩分成幾個小排風罩(圖 4.14(a));

(2) 在罩內設擋板(圖 4.14(b));

(3) 在罩口上設條縫口,要求條縫口風速在 10 m/s 以上(圖 4.14(c));

(4) 在罩口設氣流分布板(圖 4.14(d))。

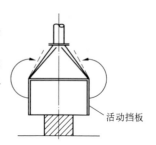

圖 4.13　設有活動擋板的傘形罩

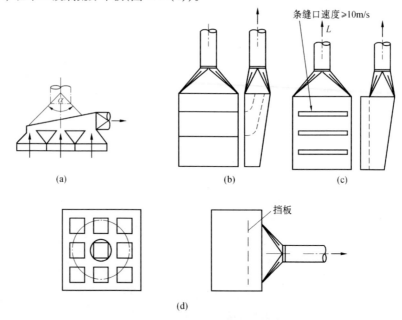

(a)　　　　　(b)　　　　　(c)

(d)

圖 4.14　保證罩口氣流均勻的措施

第三節　密閉罩與櫃式排風罩

一、密閉罩

將發塵區域或產塵的整個設備完全密閉起來,以隔斷在生產過程中一次塵化氣流和室內二次氣流的聯系,是控制有害物擴散的最有效辦法。它的形式較多,可分爲三類:

1. 局部密閉罩

將有害物源部分密閉,工藝設備及傳動裝置設在罩外。這種密閉罩罩內容積較小,所需抽氣量較小。如圖 4.15 所示。

2. 整體密閉罩

將産生有害物的設備大部分或全部密閉起來，只把設備的傳動部分設置在罩外，如圖4.16所示。

3. 大容積密閉罩

將有害物源及傳動機構全部密閉起來，形成一獨立小室。如圖4.17所示。

在密閉罩內設備及物料的運動(如碾壓、摩擦等)使空氣溫度升高，壓力增加，于是罩內形成正壓。因爲密閉罩結構并不嚴密(有孔或縫隙)，粉塵隨着一次塵化過程，沿孔隙冒出。爲此在罩內還必須排風，使罩內形成負壓，這樣可以有效地控制有害物質外溢。罩內所需負壓值可參見表4.3。爲了避免把物料過多地順排塵系統排出，密閉罩形式、罩內排風

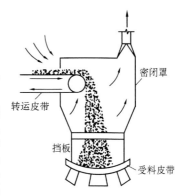

圖4.15 皮帶傳輸機局部密閉罩

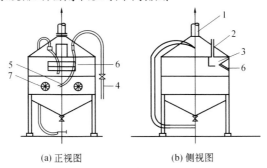

(a) 正視图   (b) 側視图

圖4.16 噴砂室整體密閉罩

1—排風管；2—引風管；3—帶導流板的進氣口；4—壓縮空氣管；5—噴嘴；6—觀察窗；7—操作孔

口的位置、排風速度等要選擇得當、合理。防塵密閉的形式應根據生産設備的工作特點及含塵氣流運動規律規定。排風點應設在罩內壓力最高的部位，以利于消除正壓。排風口不能設在含塵氣流濃度高的部位或濺區內。罩口風速不宜過高，通常采用下列數值：

　　篩落的極細粉塵 　　$v = 0.4 \sim 0.6$ m/s
　　粉碎或磨碎的細粉 　　$v < 2$ m/s
　　粗顆粒物料 　　$v < 3$ m/s

根據物料飛濺的特點，可將密閉罩的容積擴大，見圖4.18，使塵粒速度到達罩壁前衰減爲零，或在含塵氣流方向上加擋板。

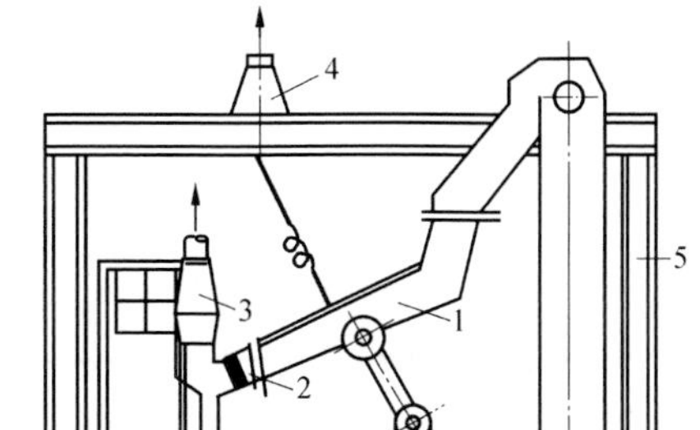

多數情況下防塵密閉罩的排風量由兩部

圖4.17 振動篩的大容積密閉罩

1—振動篩；2—帆布連接管；3,4—抽氣罩；5—密閉罩

分組成，即運動物料進入罩內的誘導空氣量(如物料輸送)或工藝設備供給的空氣量(如設有鼓風裝置的混砂機)和爲消除罩內正壓由孔口或不嚴密縫隙處吸入的空氣量。

$$L = L_1 + L_2 \qquad (4.16)$$

式中　L——防塵密閉罩排風量, m^3/s;

　　　L_1——物料或工藝設備帶入罩內
　　　　　的空氣量, m^3/s;

　　　L_2——由孔口或不嚴密縫隙處吸
　　　　　入的空氣量, m^3/s。

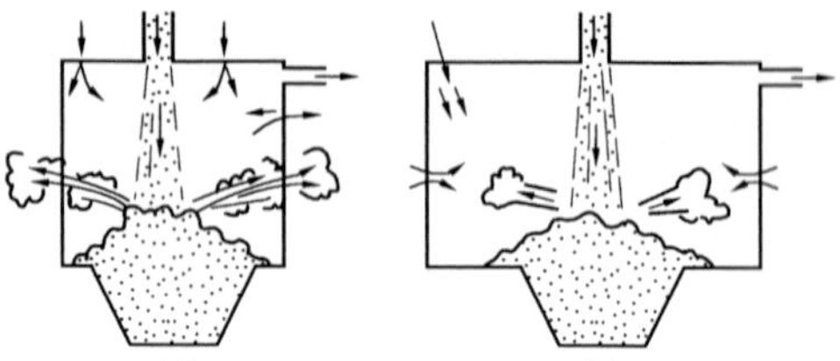

　　式中 L_2 可按下式計算

$$L_2 = \mu F \sqrt{2\Delta P/\rho} \quad m^3/s \quad (4.17)$$

式中　F——敞開的孔口及縫隙總面積,
　　　　　m^2;

　　　μ——孔口及縫隙的流量系數;

　　　ΔP——罩內最小負壓值, Pa, 見表 4.3;

　　　ρ——敞開孔口及縫隙處進入空氣的密度, kg/m^3。

圖 4.18　密閉罩內的飛濺

表 4.3　各種設備密閉罩內所必須保持的最小負壓值

設　備	最小負壓值/Pa	設　備	最小負壓值/Pa
干碾機和混碾機	1.5～2.0	篩子:條篩	1.0～2.0
破碎機:顎式	1.0	多角轉篩	1.0
圓錐式	0.8～1.0	振動篩	1.0～1.5
輥　式	0.8～1.0	盤式加料機	0.8～1.0
錘　式	20～30	擺式加料機	1.0
磨機:籠磨機	60～70	貯料槽	10～15
球磨機	2.0	皮帶機轉運點	2.0
筒磨機	1.0～2.6	提升機	2.0
雙軸攪拌機	1.0	螺旋運輸機	1.0

二、櫃式排風罩

櫃式排風罩俗稱通風櫃,與密閉罩相似。小零件噴漆櫃、化學實驗室通風櫃是櫃式排風罩的典型結構。通風櫃一側面完全敞開(工作窗口),櫃的工作口對通風櫃內的氣流分布影響很大,氣流分布又直接影響櫃式排風罩的工作效果。如工作口的氣流速度分布是不均勻的,有害氣體會從速度小的地點逸入室內,爲此,對通風櫃的工作情況加以分析。

1. 低溫通風櫃

當有害物的溫度比周圍空氣溫度低時,稱爲低溫通風櫃。如圖 4.19 是冷過程通風櫃采用上部排風時氣流的運動情況。工作孔上部的吸入速度爲平均流速的 150%, 而下部僅爲平均流速的 60%, 有害氣體會從下部逸出。爲了改善這種狀況,櫃內應加擋板,并把排風口設在通風櫃的下部,如圖4.20所示。

2. 高溫通風櫃

應用于産熱量較大的工藝過程的通風櫃,稱爲高溫通風櫃。熱過程通風櫃内的熱氣流要向上浮升,如果像冷過程一樣,在下部吸氣,有害氣體就會從上部逸出,見圖4.21。因此,熱過程的通風櫃必須在上部排風。對于發熱量不穩定的過程,可在上下均設排風口,見圖4.22,隨櫃内發熱量的變化,調節上下排風量的比例,使工作孔的速度分布比較均勻。

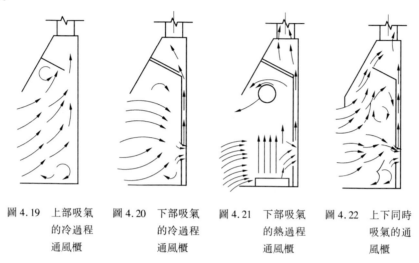

圖4.19 上部吸氣 圖4.20 下部吸氣 圖4.21 下部吸氣 圖4.22 上下同時
的冷過程 的冷過程 的熱過程 吸氣的通
通風櫃 通風櫃 通風櫃 風櫃

通風櫃的排風量按下計算

$$L = L_1 + vF\beta \quad \text{m}^3/\text{s} \tag{4.18}$$

式中 L_1——櫃内的有害氣體發生量,m^3/s;

v——工作孔上的控制風速,m/s;

F——操作口或縫隙的面積,m^2;

β——安全系數,$\beta = 1.1 \sim 1.2$。

對化學實驗室用的通風櫃,工作孔上的控制風速可按表4.4(1)確定。對某些特定的工藝過程,其控制風速可參照表4.4(2)確定。

表 4.4(1)　通風櫃的控制風速

污染物性質	控制風速/($\text{m} \cdot \text{s}^{-1}$)
無毒污染物	0.25 ~ 0.375
有毒或有危險的污染物	0.4 ~ 0.5
劇毒或少量放射性污染物	0.5 ~ 0.6

表 4.4(2)　排風櫃的控制風速

序號	生產工藝	有害物的名稱	速度/m·s⁻¹	序號	生產工藝	有害物的名稱	速度/m·s⁻¹
一、金屬熱處理				四、使用粉散材料的生產過程			
1	油槽淬火、回火	油蒸氣、油分解產物(植物油為丙烯醛)熱	0.3	18	裝料	粉塵允許濃度:10 mg/m³ 以下 4 mg/m³ 以下 小于 1 mg/m³	0.7 0.7~1.0 1.0~1.5
2	硝石槽內淬火 t = 400~700 ℃	硝石、懸浮塵、熱	0.3	19	手工篩分和混合篩分	粉塵允許濃度:10 mg/m³ 以下 4 mg/m³ 以下 小于 1 mg/m³	1.0 1.25 1.5
3	鹽槽淬火 t = 400 ℃	鹽、懸浮塵、熱	0.5	20	稱量和分裝	粉塵允許濃度:10 mg/m³ 以下 小于 1 mg/m³	0.7 0.7~1.0
4	熔銅 t = 400 ℃	鉛	1.5	21	小件噴砂清理	硅鹽酸	1~1.5
5	氰化 t = 700 ℃	氰化合物	1.5	22	小零件金屬噴鍍	各種金屬粉塵及其氧化物	1~1.5
二、金屬電鍍				23	水溶液蒸發	水蒸氣	0.3
6	鍍鎘	氫氰酸蒸氣	1~1.5	24	櫃內化學試驗工作	各種蒸氣氣體允許濃度 > 0.01 mg/L < 0.01 mg/L	0.5 0.7~1.0
7	氰銅化合物	氫氰酸蒸氣	1~1.5	25	焊接:(1) 用鉛或焊錫 (2) 用錫和其他不含鉛的金屬合金	允許濃度:高于 0.01mg/L 低于 0.01mg/L	0.5~0.7 0.3~0.5
8	脫脂:(1) 汽油 (2) 氯化烴 (3) 電解	汽油、氯表碳氫化合物蒸氣	0.3~0.5 0.5~0.7 0.3~0.5				
9	鍍鉛	鉛	1.5	26	用汞的工作 (1)不必加熱的 (2)加熱的	汞蒸氣 汞蒸氣	0.7~1.0 1.0~1.25
10	酸洗:(1) 硝酸 (2) 鹽酸	酸蒸氣和硝酸酸蒸氣(氯化氫)	0.7~1.0 0.5~0.7	27	有特殊有害物的工序(如放射性物質)	各種蒸氣、氣體和粉塵	2~3
11	鍍鉻	鉻酸霧和蒸氣	1.0~1.5				
12	氰化鍍鋅	氫氰酸蒸氣	1.0~1.5	28	小型制品的電焊 (1)優質焊條 (2)裸焊條	金屬氧化物 金屬氧化物	0.5~0.7 0.5
三、涂刷和溶解油漆							
13	苯、二甲苯、甲苯	溶解蒸氣	0.5~0.7				
14	煤油、白節油、松節油	溶解蒸氣	0.5				
15	無甲酸戊酯、乙酸戊酯的漆		0.5				
16	無甲酸戊酯、乙酸戊酯和甲烷的漆		0.7~1.0				
17	噴漆	漆懸浮物和溶解蒸氣	1.0~1.5				

第四節　槽邊排風罩

槽邊排風罩是外部吸氣罩的一種特殊形式,專門用于各種工藝槽,如電鍍槽、酸洗槽等。它是爲了不影響工人操作而在槽邊上設置的條縫形吸氣口。槽邊排風罩分爲單側和雙側兩種:

槽寬 $B \leqslant 700$ mm 要用單側排風,$B > 700$ mm 時采用雙側,$B > 1\ 200$ mm 時宜采用吹吸式排風罩。

目前常用的槽邊排風罩的形式有:平口式、條縫式和倒置式。平口式槽邊排風罩因吸氣口上不設法蘭邊,吸氣範圍大。但是當槽靠墻布置時,如同設置了法蘭邊一樣,吸氣範圍由 $3\pi/2$ 減少爲 $\pi/2$,見圖 4.23,減少吸氣範圍排風量會相應減少。條縫式槽邊排風罩的特點是截面高度 E 較大,$E \geqslant 250$ mm 的稱爲高截面,$E < 250$ mm 的稱爲低截面。增大截面高度如同設置了法蘭邊一樣,可以減少吸氣範圍。因此,它的排風量比平口式小。它的缺點是占用空間大,對于手工操作有一定影響。

條縫式槽邊排風罩的布置除單側和雙側外,還可按圖 4.24 的形式布置,它們稱爲周邊式槽邊排風罩。

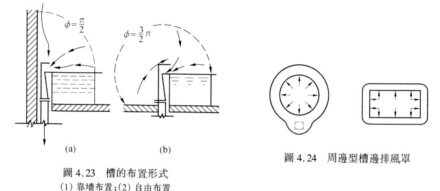

圖 4.23　槽的布置形式
(1) 靠墻布置;(2) 自由布置

圖 4.24　周邊型槽邊排風罩

條縫式槽邊排風罩的條縫口有等高條縫(圖 4.25(1))和楔形條縫(圖 4.25(2))兩種。條縫口高度可按下式計算

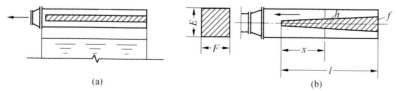

(a) (b)

圖 4.25

$$h = L/3\ 600v_0 l$$

式中　L——排風罩排風量,m^3/h;

　　　l——條縫口長度,m;

　　　v_0——條縫口的吸入速度,m/s,$v_0 = 7 \sim 10$ m/s,排風量大時可適當提高。

采用等高條縫,條縫口上速度分布不易均勻,末端風速小,靠近風機的一端風速大。

條縫口的速度分布和條縫口面積 f 與罩子斷面面積 F_1 之比 (f/F_1) 有關，f/F_1 越小，速度分布越均勻。$f/F_1 \leqslant 0.3$ 時，可以近似認爲是均勻的。$f/F_1 > 0.3$ 時，爲了均勻排風可以采用楔形條縫，楔形條縫的高度可按表 4.5 確定。如槽長大於 1 500 mm 時可沿槽長度方向分設兩個或三個排風罩（如圖 4.26 所示），對分開後的排風罩

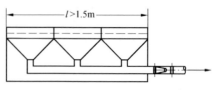

圖 4.26 多風口布置

來說一般 $f/F_1 \leqslant 0.3$，這樣仍可采用等高條縫。條縫高度不宜超過 50 mm。

表 4.5 楔形條縫口高度的確定

f/F_1	$\leqslant 0.5$	$\leqslant 1.0$
條縫末端高度 h_1	$1.3 h_0$	$1.4 h_0$
條縫始端高度 h_2	$0.7 h_0$	$0.6 h_0$

條縫式槽邊排風罩的排風量可按下列公式計算：

1. 高截面單側排風

$$L = 2v_x AB \left(\frac{B}{A}\right)^{0.2} \quad m^3/s \tag{4.19}$$

2. 低截面單側排風

$$L = 3v_x AB \left(\frac{B}{A}\right)^{0.2} \quad m^3/s \tag{4.20}$$

3. 高截面雙側排風（總風量）

$$L = 2v_x AB \left(\frac{B}{2A}\right)^{0.2} \quad m^3/s \tag{4.21}$$

4. 低截面雙側排風（總風量）

$$L = 3v_x AB \left(\frac{B}{2A}\right)^{0.2} \quad m^3/s \tag{4.22}$$

5. 高截面周邊型排風

$$L = 1.57 v_x D^2 \quad m^3/s \tag{4.23}$$

6. 低截面周邊型排風

$$L = 2.36 v_x D^2 \quad m^3/s \tag{4.24}$$

式中 　A——槽長,m;

　　　B——槽寬,m;

　　　D——圓槽直徑,m;

　　　v_x——邊緣控制點的控制風速,m/s。v_x 值可按附錄 3 確定。條縫式槽邊排風罩的局部阻力 Δp 用下式計算

$$\Delta p = \xi \frac{v_0^2}{2} \rho \quad Pa \tag{4.25}$$

式中 　ξ——局部阻力系數,$\xi = 2.34$;

　　　v_0——條縫口上空氣流速,m/s;

　　　ρ——周邊空氣密度,kg/m^3。

平口式槽邊吸氣罩的排風量可根據相應的條縫式低截面槽邊吸氣的排風量乘以修正系數 K,單側吸氣 K 爲 1.15,雙側吸氣 K 爲 1.20。

【例 4.2】 長 1 m,寬 0.8m 的酸性鍍銅槽,槽內溶液溫度等于室溫。設計該槽上的槽

邊排風罩。

解 因 $B > 700$ mm,采用雙側。選用高截面 $E \times F = 250 \times 250$ mm(國家標準設計共有 250×250、250×200、200×200 mm 三種斷面尺寸)。

控制風速 v_x 查附錄 3,得 $v_x = 0.3$ m/s

總排風量 $L = 2v_x AB (\dfrac{B}{2A})^{0.2} = 2 \times 0.3 \times 1 \times 0.8 (\dfrac{0.8}{2 \times 1})^{0.2} = 0.4$ m^3/s

每一側排風量 $L' = \dfrac{1}{2} L = \dfrac{1}{2} \times 0.4 = 0.2$ m^3/s

取條縫口風速 $v_0 = 8$ m/s。

1. 采用等高條縫

條縫口面積

$$f = L'/v = 0.2/8 = 0.025 \text{ m}^2$$

條縫口高度

$$h_0 = f/A = 0.025 \text{ m} = 25 \text{ mm}$$
$$f/F_1 = 0.025/0.25 \times 0.25 = 0.4 > 0.3$$

爲保證條縫口速度分布均勻,在每一側分設兩個罩子,設兩根排氣立管。

$$f'/F_1 = \frac{f/2}{F_1} = \frac{0.25/2}{0.25 \times 0.25} = 0.2 < 0.3$$

$\Delta p = \xi \dfrac{v_0^2}{2} \rho = 2.34 \times \dfrac{8^2}{2} \times 1.2 = 90$ Pa

2. 若采用楔形條縫,查表 4.5,得

$$h_1 = 1.3 h_0 = 1.3 \times 25 = 32.5 \text{ mm,可取 33 mm;}$$
$$h_2 = 0.7 h_0 = 0.7 \times 25 = 17.5 \text{ mm,可取 18 mm;}$$
$$\Delta p = 90 \text{ Pa}$$

每側設一個罩子,共設一個排氣管。

第五節　接受罩

某些生產過程或設備本身會產生或誘導一定的氣流運動,而這種氣流運動的方向是固定的,我們只需把排風罩設在污染氣流前方,讓其直接進入罩內排出即可,這類排風罩稱爲接受罩。顧名思義,接受罩只起接受作用,污染氣流的運動是生產過程本身造成的,而不是由於罩口的抽吸作用造成的。圖 4.27 是砂輪接受罩的示意圖。接受罩的排風量取決於所接受的污染空氣量的大小,它的斷面尺寸不應小于罩口處污染氣流的尺寸。

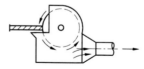

圖 4.27　砂輪接受罩

一、熱源上部的熱射流

接受罩接受的氣流可分爲兩類:粒狀物料高速運動時所誘導的空氣流動(如砂輪機等)、熱源上部的熱射流兩類。前者影響因素較多,多由經驗公式確定。後者可分爲生產設備本身散發的熱烟氣(如煉鋼爐散發的高溫烟氣)、高溫設備表面對流散熱時形成的熱射流。通常生產設備本身散發的熱烟氣由實測確定,因而我們着重分析設備表面對流散熱時形成的熱射流。

熱射流的形態如圖 4.28 所示。熱設備將熱量通過對流散熱傳給相鄰空氣,周圍空氣受熱上升,形成熱射流。我們可以把它看成是從一個假想點源以一定角度擴散上升的氣流,根據其變化規律,可以按以下方法確定熱射流在不同高度的流量、斷面直徑等。

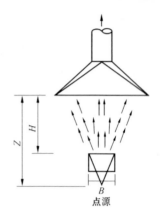

在 $H/B = 0.9 \sim 7.4$ 的範圍內,在不同高度上熱射流的流量

$$L_Z = 0.04 Q^{1/3} Z^{3/2} \quad \text{m}^3/\text{s} \tag{4.26}$$

式中　Q——熱源的對流散熱量,kJ/s;

$$Z = H + 1.26 B \quad \text{m} \tag{4.27}$$

式中　H——熱源至計算斷面的距離,m;

　　　B——熱源水平投影的直徑或長邊尺寸,m。

圖 4.28　熱源上部接受罩

對熱射流觀察發現,在離熱源表面 $(1 \sim 2)B$ 處射流發生收縮(通常在 $1.5 B$ 以下),在收縮斷面上流速最大,隨后上升氣流逐漸緩慢擴大。近似認爲熱射流收縮斷面至熱源的距離 $H_0 \leqslant 1.5 \sqrt{A_p}$($A_p$ 爲熱源的水平投影面積),收縮斷面上的流量按下式計算

$$L_0 = 0.167 Q^{1/3} B^{3/2} \quad \text{m}^3/\text{s} \tag{4.28}$$

熱源的對流散熱量

$$Q = \alpha F \Delta t \quad \text{J/s} \tag{4.29}$$

式中　F——熱源的對流放熱面積,m²;

　　　Δt——熱源表面與周圍空氣的溫度差,℃;

　　　α——對流放熱系數,J/m²·s·℃。

$$\alpha = A \Delta t^{1/3} \tag{4.30}$$

式中　A——系數,對于水平散熱面 $A = 1.7$,垂直散熱面 $A = 1.13$。

在某一高度上熱射流的斷面直徑

$$D_Z = 0.36H + B \quad \text{m} \tag{4.31}$$

二、罩口尺寸的確定

理論上只要接受罩的排風量、斷面尺寸等于罩口斷面上熱射流的流量、尺寸,污染氣流就會被全部排除。實際上由于橫向氣流的影響,熱射流會發生偏轉,可能溢向室內,且接受罩的安裝高度越大,橫向氣流的影響愈重,因此需適當加大罩口尺寸和排風量。

熱源上部接受罩可根據安裝高度的不同分成兩大類:低懸罩($H \leqslant 1.5 \sqrt{A_p}$),高懸罩($H > 1.5 \sqrt{A_p}$)。$A_p$ 爲熱源的水平投影面積,對于垂直面取熱源頂部的射流斷面積(熱射流的起始角取 5°)。

1. 低懸罩($H \leqslant 1.5 \sqrt{A_p}$ 時):

(1) 對橫向氣流影響小的場合,排風罩口尺寸應比熱源尺寸擴大 $150 \sim 200$ mm;

(2) 若橫向氣流影響較大,按下式確定

圓形　　　　　　　$D_1 = B + 0.5H \quad \text{m} \tag{4.32}$

矩形　　　　　　　$A_1 = a + 0.5H \quad \text{m} \tag{4.33}$

　　　　　　　　　$B_1 = b + 0.5H \quad \text{m} \tag{4.34}$

式中　D_1——罩口直徑,m;

A_1, B_1——罩口尺寸,m;

a, b——熱源水平投影尺寸,m。

2. 高懸罩($H > 1.5 \sqrt{A_p}$)

高懸罩的罩口尺寸按式(4.35)確定,均采用圓形,直徑用 D 表示。

$$D = D_Z + 0.8H \tag{4.35}$$

三、熱源上部接受罩的排風量計算

1. 低懸罩

$$L = L_0 + v'F' \quad \text{m}^3/\text{s} \tag{4.36}$$

式中　L_0——收縮斷面上的熱射流流量,m^3/s;

　　　F'——罩口的擴大面積,即罩口面積減去熱射流的斷面積,m^2;

　　　v'——擴大面積上空氣的吸入速度,$v' = 0.5 \sim 0.75$ m/s。

2. 高懸罩

$$L = L_Z + v'F' \quad \text{m}^3/\text{s} \tag{4.37}$$

式中　L_Z——罩口斷面上熱射流流量,m^3/s;

　　　$v'F'$——同式(4.36)。

高懸罩排風量大,且易受氣流干擾,工作不穩定,應視工藝條件盡量降低其安裝高度。如工藝條件允許,可在接受罩上裝設活動卷簾。

【例4.3】 某金屬熔化爐,爐內金屬溫度爲 600 ℃,周圍空氣溫度爲 20 ℃,散熱面爲水平面,直徑 $B = 0.6$ m,在熱設備上方 0.5 m 處設接受罩,計算其排風量,確定罩口尺寸。

解　$1.5 \sqrt{A_p} = 1.5 [\frac{\pi}{4}(0.6)^2]^{1/2} = 0.8$ m

由于 $H < 1.5 \sqrt{A_p}$,該罩爲低懸罩

$$Q = \alpha \Delta t F = 1.7 \Delta t^{4/3} F = 1.7(600 - 20)^{4/3} \times \frac{\pi}{4}(0.6)^2 = 2324 \text{ J/s} = 2.32 \text{ kJ/s}$$

$$L_0 = 0.167 Q^{1/3} B^{3/2} = 0.167 \times (2.32)^{1/3} \times (0.6)^{3/2} = 0.103 \text{ m}^3/\text{s}$$

罩口斷面直徑　　　　　　$D = B + 200 = 600 + 200 = 800$ mm

取　　　　　　　　　　　$v' = 0.5$ m/s

排風量　$L = L_0 + v'F' = 0.103 + \frac{\pi}{4}[(0.8)^2 - (0.6)^2] \times 0.5 = 0.213 \text{ m}^3/\text{s}$

第六節　吹吸式排風罩

一、吹吸式通風的原理

在工程中,人們設想可以利用射流作爲動力,把有害物輸送到排風罩口再由其排除,或者利用射流阻擋,控制有害物的擴散。這種把吹和吸結合起來的通風方法稱爲吹吸式通風。圖 4.29 是吹吸式通風的示意圖。由于吹吸式通風依靠吹、吸氣流的聯合工作進行有害物的控制和輸送,它具有風量小、污染控制效果好、抗干擾能力強、不影響工藝操作等特點。下面是應用吹、吸氣流進行有害物控制的實例。

1. 圖 4.30 是吹吸氣流用于金屬熔化爐的情況。爲了解決熱源上部接受罩的安裝高度較大時,排風量較大,而且容易受橫向氣流影響的矛盾,可以如圖 4.30 所示,在熱源前

方設置吹風口,在操作人員和熱源之間組成一道氣幕,同時利用吹出的射流誘導污染氣流進入上部接受罩。

2. 圖4.31是用氣幕控制初碎機坑粉塵的情況。當卡車向地坑卸大塊物料時,地坑上部無法設置局部排風罩,會揚起大量粉塵。爲此可在地坑一側設吹風口,利用吹吸氣流抑止粉塵的飛揚,含塵氣流由對面的吸風口排除,經除塵器處理后排放。

3. 吹吸氣流不但可以控制單個設備散發的

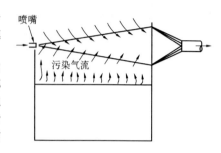

圖4.29 吹吸式通風示意圖

有害物,而且可以對整個車間的有害物進行有效控制。由于車間有害物和氣流分布的不

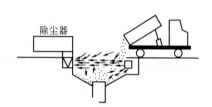

圖4.30 吹吸氣流在金屬
熔化爐的應用

圖4.31 用氣幕控制初碎機坑的粉塵

均匀,要使整個車間都達到要求是很困難的。圖4.32是在大型電解精煉車間采用吹吸氣流控制有害物的實例。在基本射流作用下,有害物被抑制在工人呼吸區以下,最后由屋頂上的送風小室供給操作人員新鮮空氣,在車間中部有局部加壓射流,使整個車間的氣流按預定路綫流動。這種通風方式也稱單向流通風。采用這種通風方式,污染控制效果好,送、排風量少。

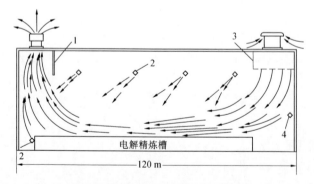

圖4.32 電解精煉車間直流式氣流簡圖
1—屋頂排氣機組;2—局部加壓射流;3—屋頂送風小室;4—基本射流

圖4.33是單向通風用于鑄造車間澆注工部的情況。該車間采用就地澆注,有害物源分布面廣,難以設置局部排風裝置。采用全面稀釋通風,通風量大、效果差。采用單向流通風時,用下部的射流控制烟氣和粉塵,由對面的排風口排除,利用上部射流向室內補充空氣。

二、吹吸式通風系統的計算

吹吸氣流的運動情況較爲復雜,缺乏統一的計算方法,下面介紹一種具有代表性的計算方法——速度控制法。

蘇聯學者巴杜林提出的計算方法是這類方法的典型代表,他把吹吸氣流對有害物的控制能力簡單地歸結爲取決于吹出氣流的速度與作用在吹吸氣流上的污染氣流(或橫向氣流)的速度之比。只要吸風口前射流末端的平均速度保持一定數值(通常要求不小于 $0.75 \sim 1$ m/s),就能保證對有害物的有效控制。這種方法只考慮吹出氣流的控制和輸送作用,不考慮吸風口的作用,把它看作是一種安全因素。

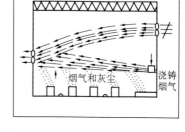

圖 4.33　用單向流通風控制鑄造車間污染物

對工業槽,其設計要點如下。

1. 對于有一定溫度的工業槽,吸風口前必須的射流平均速度 v_1' 按下列經驗數值確定:

槽溫		
$t = 70 \sim 95$ ℃	$v_1' = H$	(H 爲吹、吸風口間距離 m) m/s
$t = 60$ ℃	$v_1' = 0.85 H$	m/s
$t = 40$ ℃	$v_1' = 0.75 H$	m/s
$t = 20$ ℃	$v_1' = 0.5 H$	m/s

2. 爲了避免吹出氣流溢出吸風口外,吸風口的排風量應大于吸風口前射流的流量,一般爲射流末端流量的 $(1.1 \sim 1.25)$ 倍。

3. 吹風口高度 b_0 一般爲 $(0.01 \sim 0.15)H$,爲了防止吹風口發生堵塞,b_0 應大于 $5 \sim 7$ mm。吹風口出口流速不宜超過 $10 \sim 12$ m/s,以免液面波動。

4. 要求吸風口上的氣流速度 $v_1 \leqslant (2 \sim 3)v_1'$,$v_1'$ 過大,吸風口高度 b_1 過小,污染氣流容易溢入室內。但是 b_1 也不能過大,以免影響操作。

作用在吹吸氣流上的污染氣流通常有兩種形式。一種是由于工藝設備本身的正壓所造成的污染氣流,如煉鋼電爐頂的熱煙氣,這個煙氣量基本是穩定不變的。設計吹吸式通風時,除了要把污染氣流和周圍空間隔離外,還必須把污染氣流全部排除。我們把這種吹吸式通風稱爲側流作用下的吹吸式通風。另一種污染氣流是由于熱設備表面對流散熱時形成的對流氣流,如高溫敞口槽,在槽上設置吹吸式通風后,對流氣流的上升運動受到吹吸氣流的阻礙,只有少量蒸汽會卷入射流內部。受阻的上升氣流會把自身的動壓轉化爲靜壓作用在吹吸氣流上,由于側壓的作用使吹吸氣流發生彎曲上升。我們把這種吹吸式通風稱爲側壓作用下的吹吸式通風。

第五章　工業有害物的淨化

工業有害物對人體健康、動植物生長、環境等危害很大，因此只要技術、經濟條件允許，必須對其進行净化處理，達到排放標準才能排入大氣。有些生產過程如原材料加工、食品生產、水泥等排出的粉塵都是生產的原料或成品，回收這些有用物料，具有很大的經濟意義。在這些工業部門，除塵設備既是環保設備又是生產設備。

第一節　有害氣體及蒸氣的淨化

在許多工業生產過程中會散發出多種有害氣體，爲了保護環境，避免大氣污染，通常需要將其進行净化處理，達到排放標準后排入大氣，可能的條件下也可考慮回收利用。

有害氣體的净化方法主要有：吸收法、吸附法、燃燒法、冷凝法、高空排放法。

一、吸收法

用適當的液體吸收劑將有害氣體中一個或幾個組份溶解或吸收掉的方法稱爲吸收法。能夠用吸收法净化的有害氣體主要有：SO_2、H_2S、HCL、CL_2、NH_3、酸霧、瀝青烟和多種組份有機物蒸氣。常用的吸收劑有水、碱性溶液、酸性溶液、有機溶劑等。吸收法的特點是既能吸收有害氣體，又能除掉排氣中的粉塵，但污水的處理比較困難。

吸收法分物理吸收和化學吸收兩種。物理吸收是用液體吸收劑吸收有害氣體時不伴有明顯的化學反應，只是單純的物理溶解過程；若同時發生明顯的化學反應，則爲化學吸收，其吸收率較高，是目前應用較多的有害氣體處理方法。

圖 5.1 所示爲目前應用最廣泛的"雙膜理論"的吸收過程，其基本論點如下：

1. 氣液兩相接觸時，它們的分界面稱相界面，在相界面兩側各存在着一層穩定的層流薄膜，分別稱爲氣膜和液膜。這兩層薄膜間，吸收質以分子擴散方式通過。

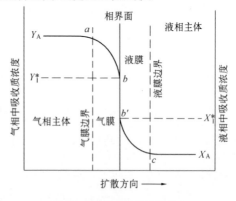

圖 5.1　雙膜理論的吸收過程

2. 在氣液兩相主體中，主要以對流擴散爲主，溶質的濃度基本均勻，所以在兩相主體中的擴散阻力可忽略。

3. 在相界面處傳質阻力略而不計。

4. 溶質從氣相轉入液相的過程是：靠湍流擴散從氣相主體到氣膜表面，靠分子擴散通過氣膜到達相界面，在相界面上，溶質從氣相溶入液相，靠分子擴散從相界面通過液膜到達液膜表面，靠湍流擴散從液膜表面到液相主體。整個傳質過程中，主要阻力來自氣膜和液膜對分子擴散的阻力。

5. 通過滯流氣膜的濃度降,相當于氣相主體的平均分壓力與界面氣相平衡分壓力之差,即圖 5.1 中 $Y_A - Y_1^*$,這就是通過氣膜擴散的推動力;通過滯流液膜的濃度降,就等于界面液相平衡濃度與液相主體中的平均濃度之差,即圖 5.1 中 $X_1^* - X_A$,這就是通過液膜擴散的推動力。

6. 吸收過程可以看作是通過氣、液膜的穩定擴散。

常用的吸收設備有噴淋塔、填料塔、湍流塔、篩板塔和文丘里吸收器等。噴淋塔的結構如圖 5.2(a)所示,氣體在吸收塔橫斷面上的平均流速一般爲 $0.6 \sim 1.2$ m/s,阻力爲 $20 \sim 200$ Pa,液氣比爲 $0.7 \sim 2.7$ L/m³。其優點是阻力小,結構簡單,塔內無運動部件。但是

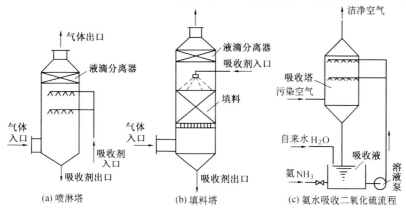

圖 5.2

它的吸收效率不高,僅適用于有害氣體濃度低,處理氣體量不大和需要同時除塵的情況。填料塔的結構如圖 5.2(b),在噴淋塔內填充適當的填料就成了填料塔,放置填料增大了氣液接觸面積,常用的填料有拉西環(普通的鋼質或瓷質小環)、鮑爾環,鞍形和波紋填料等。填料塔阻力中等,應用較廣,但不適用于有害氣體與粉塵共存的場合,以免堵塞。圖 5.2(c)所示爲用氨水吸收二氧化硫的工藝流程圖。硫酸尾氣從吸收塔底部進入吸收塔,而后從下向上流動,氨水在塔頂部進入,從上向下噴淋,由于兩者逆向流動,接觸比較充分,硫酸尾氣中的二氧化硫被氨水吸收。吸收了 SO_2 后的吸收液流入循環槽中,用溶液泵抽出重新送進吸收塔,這樣循環往復,不斷地吸收硫酸尾氣中的 SO_2。被除掉 SO_2 的氣體經放氣管排入大氣(放空)。

二、吸附法

利用多孔性固體吸附劑來吸附有害氣體和蒸氣的方法,稱爲吸附法。

吸附過程是由于氣相分子和吸附劑表面分子之間的吸引力使氣相分子吸附在吸附劑表面的。根據吸附作用力的性質不同,可以分爲物理吸附和化學吸附。

1. 物理吸附

物理吸附被認爲是依靠分子間的引力完成的。當固體和氣體之間的分子引力大于氣體分子之間的引力時,氣體分子會冷凝在固體表面上。物理吸附是可逆的,當降低氣相中吸收質分壓力,提高被吸附氣體溫度,吸附質會迅速解吸,解吸后的吸附劑,可重新獲得吸附能力,稱爲吸附劑的再生。物理吸附過程是一個放熱過程,吸附熱愈大,吸附劑和吸附質之間的親合力愈強。

2. 化學吸附

化學吸附是由于吸附劑表面與吸附分子間的化學反應力所造成的。化學吸附具有很高的選擇性,一種吸附劑只對特定的物質有吸附作用。化學吸附比較穩定,它的過程是不可逆的,吸附后被吸附的物質已發生化學變化,改變了原來的特性。工業上常用的吸附劑有活性炭、硅膠、活性氧化鋁、分子篩等。應當指出,物理吸附和化學吸附之間沒有嚴格的界限,同一物質在較低溫度下可能發生物理吸附,而在較高溫度下往往是化學吸附。

圖 5.3 所示爲用活性炭吸附二氧化硫的工藝流程。含有 SO_2 的烟氣進入文氏管時,將 H_2SO_4 稀溶液用泵送入文氏管入口和烟氣混合,烟氣中的 SO_2 被洗掉一部分,而且烟氣溫度降低,低溫烟氣進入吸附器后 SO_2 被活性炭吸附,净化后的烟氣送至烟囱排入大氣。

經過一段時間后,由于在表面吸附 SO_2 形成 H_2SO_4,活性碳的吸附能力減少,因此需把存在于活性炭表面的 H_2SO_4 取下,使活性炭恢復吸附能力,這稱爲再生。再生的方法是用水洗去活性炭表面的硫酸。水進入吸附器,携帶 H_2SO_4 后流入循環槽,活性炭就恢復了吸附能力。

稀硫酸溶液進入浸没燃燒器加熱,水分蒸發,濃度提高,再進入冷却器冷却降溫后,可用來制造化肥。

三、燃燒法

使排氣中有害氣體通過燃燒變成無害物質的方法稱燃燒法。燃燒法的優點是方法簡單,設備投資也較少。但缺點是不能回收有用物質。這種方法只適用于可燃和高溫下能分解的有害氣體。

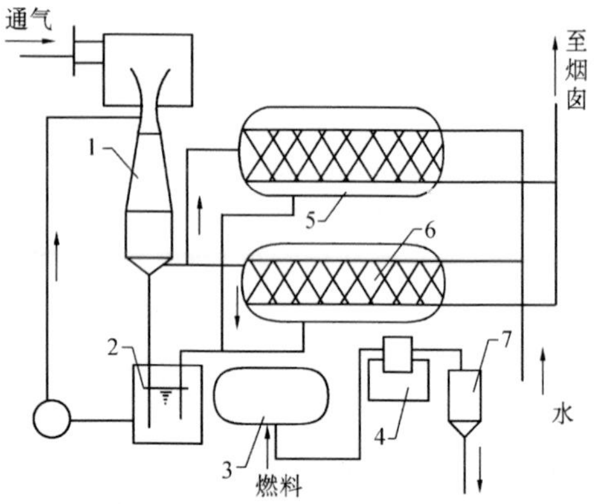

圖 5.3 活性炭吸附 SO_2 流程
1—文氏管洗滌器;2—循環槽;3—浸没燃燒器;4—冷却器;
5—吸附器;6—活性炭床;7—過濾器

燃燒法又分直接燃燒、熱力燃燒和催化燃燒三種。直接燃燒是將有害氣體直接點燃燒掉。例如有的煉油廠的烟囱長年點燃就是把排出的廢氣直接燒掉。熱力燃燒是利用輔助燃燒來加熱有害氣體,幫助它燃燒的方法。催化燃燒是利用催化劑來加快燃燒速度的方法。在催化燃燒時所使用的催化劑,其種類是根據有害氣體的性質決定的。催化燃燒常用的催化劑是:鉑(pt)和鈀(Pd)。催化劑的載體一般用氧化鋁—氧化鎂型和氧化鋁—氧化硅型。載體可制成球狀、柱狀和峰窩狀等。把催化劑載于載體上置于反應器中,當有害氣體通過反應器時,即可被催化燃燒,除去毒性,使有害氣體得到净化。

燃燒法可以廣泛地應用于有機溶劑、碳氫化合物、一氧化碳和瀝青烟氣等。這些物質在燃燒氧化過程中被氧化成二氧化碳和水蒸氣。另外,燃燒法也可用于消除烟和臭味。

四、冷凝法

把排氣中的有害氣體冷凝,使之變成液體,從排氣中分離出來的方法稱冷凝。這種方法設備簡單,管理方便。但只適用于冷凝溫度高、濃度高的有害蒸氣的净化。

采用冷凝法處理有害氣體時,只有將廢氣的冷却溫度降低到露點溫度以下,有害蒸氣才能冷凝成液體,同時仍有一部分有害蒸氣殘留在空氣中。因此,冷却溫度愈低,净化程度愈高。常用的冷凝劑是自來水或深井水。爲了强化冷却,也可以使用冰、冷凍水、固體二氧化碳等冷却劑。

五、高空排放法

車間排氣中含有害氣體時應净化后排入大氣,以保證居住區的空氣環境符合衛生標準。但在有害氣體濃度較小,没有經濟有效的净化方法時,可采用高空排放擴散的方法來稀釋有害氣體,使有害氣體降落到地面的最大濃度不超過衛生標準的規定。

影響有害氣體在大氣中擴散的因素很多,主要有地形情況、大氣狀態、排氣溫度、排氣量、大氣風速等。考慮這些影響因素可以采用公式計算排氣立管高度,也可以用公式繪制的綫算圖查取排氣立管高度。圖5.4就是對地形平坦、大氣處于中性狀態時排氣立管高度的綫算圖。

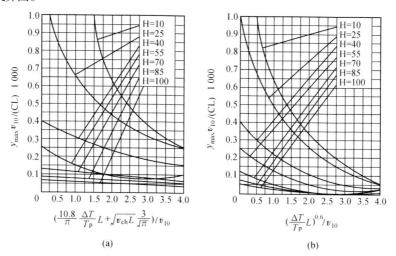

(a)   (b)

圖 5.4 排氣立管高度綫算圖

(a) $\Delta T < 35$ K 或 $Q_h < 2\ 093.4$;(b)$\Delta T < 35$ K 或 $2\ 093.4 \leqslant Q_h < 2\ 093.4$;其中 Q_h—烟氣的排熱量 kW

圖中縱坐標爲 $(y_{max} v_{10})/1\ 000\ CL$。其中 y_{max} 爲"居住區大氣中有害物質的最高允許濃度",mg/m^3;v_{10} 爲距地面 10 m 高度處的平均風速(由各地氣象臺取得),m/s;C 爲排氣中有害物濃度,mg/m^3;L 爲排氣量,m^3/s。圖中橫坐標爲 $(\frac{10.8}{\pi}\frac{\Delta T}{T_p}L + \sqrt{Lv_{ch}}\frac{3}{\sqrt{\pi}})/v_{10}$ 和 $(\frac{\Delta T}{T_p}L)^{0.6}/v_{10}$,其中 ΔT 爲排氣立管出口處氣流溫度之差,K;T_p 爲排氣溫度,K;v_{ch}爲排氣立管出口處排氣速度,m/s;一般取 15 m/s 左右。其他符號意義同前。圖中每條曲綫代表一個排氣立管高度。

第二節　粉塵的特性

實踐表明,通風除塵系統的設計和運行與粉塵的許多性質密切相關,恰到好處地利用這些性質,可以大大提高通風除塵的效果,并保證設備的可靠運行。

一、粉塵的真密度(塵粒密度)

塵粒的密度分真密度和容積密度兩種。

自然堆積狀態下的粉塵其顆粒間及顆粒内部充滿空隙,即呈松散狀態,此狀態下單位體積粉塵的質量稱爲粉塵的容積密度。如果設法排除顆粒之間及顆粒内部的空氣,此時測出的單位體積粉塵的質量稱爲真密度(或塵粒密度)。研究單個塵粒在空氣中的運動時應用真密度,計算灰斗體積時應用容積密度。

二、粉塵的分散度

粉塵的粒徑分布稱爲分散度。由于粉塵是由粒徑不同的顆粒組成的,各粒徑粉塵只占總粉塵的一部分,如果某粒徑粉塵的質量和總質量相比較大,這種粉塵的分散度就大。通常把各種不同粒徑粉塵質量占總質量的百分比稱爲質量分散度,簡稱分散度。

塵源不同所產生的粉塵的分散度也不同。

設粉塵樣品中某一粒徑粉塵質量爲 S_d 克,粉塵的總質量爲 S_0 克,則該粒徑粉塵的分散度爲

$$f_d = \frac{S_d}{S_0} \times 100\% \tag{5.1}$$

且有

$$\sum_{i=1}^{\infty} f_{di} = 1 \tag{5.2}$$

式中　f_d——某粒徑粉塵的分散度,% ;

　　　S_d——某粒徑粉塵的質量,g;

　　　S_0——粉塵的總質量,g;

　　　f_{di}——第 i 種粒徑粉塵的分散度,% 。

粉塵的分散度一般是根據測定決定的,但在測定時由于粒徑有無窮多個,用任何方法都無法把各種粒徑粉塵的質量測出。所以通常是把粉塵按粒徑分組,如:0 ~ 5 μm、5 ~ 10 μm、10 ~ 20 μm 等。把每一組的質量測出和總質量相比,即得出該組的分散度。

三、粘附性

粉塵相互間的凝聚與粉塵在器壁上的堆積,都與粉塵的粘附性有關。前者會使塵粒逐漸增大,有利于提高除塵效率;后者會使除塵設備或管道發生故障和阻塞。粒徑小于 1 μm 的細粉塵主要由于分子間的作用產生粘附,如鉛丹、氧化鈦等;吸濕性、溶水粉塵或含水率較高的粉塵主要由于表面水分產生粘附,如鹽類、農藥等;纖維狀粉塵的粘附主要與壁面狀態有關。

四、爆炸性

粉塵由于比表面積很大,化學活潑性很强。當粉塵在空氣中達到一定濃度時,在外界的高溫、摩擦、震動等作用下會引起爆炸。這一點在設計除塵系統時尤其要注意。不同粉塵爆炸的濃度極限不同。

五、粉塵的比電阻和荷電性

懸浮在空氣中的粉塵由于碰撞、摩擦、輻射、静電感應等原因會帶一定電荷,帶電量的

大小與塵粒的表面積和含濕量有關。在同一溫度下,表面積大,含濕量小的塵粒帶電量大;表面積小,含濕量大的灰塵顆粒帶電量小。電除塵器就是利用塵粒的帶電特性進行工作的。粉塵的比電阻是粉塵的重要特性之一,反映粉塵的導電性能,它對電除塵器的有效運行具有重要影響。

六、潤濕性

粉塵是否易于被水(或其他液體)濕潤的性質稱爲潤濕性。根據粉塵被水濕潤的不同可分爲兩類。容易被水濕潤的粉塵(如泥土)等稱爲親水性粉塵;難以被水濕潤的粉塵(如炭黑等)稱爲疏水性粉塵。親水性粉塵被水濕潤后會發生凝聚、增重,有利于粉塵從空氣中分離。疏水性粉塵則不宜用濕法除塵。

粒徑對粉塵的潤濕性也有很大影響,5 μm 以下(特別是 1 μm 以下)的塵粒因表面吸附了一層氣膜,即使是親水性粉塵也難以被水濕潤。只有當液滴與塵粒之間具有較高的相對速度時,才能冲破氣膜使其濕潤。有的粉塵(如水泥、石灰等)與水接觸后,會發生粘結和變硬,這種粉塵稱爲水硬性粉塵。水硬性粉塵不宜采用濕法除塵。

七、粉塵的安息角和滑動角

粉塵的安息角是指粉塵在水平面上自然堆積成圓錐體的錐體母綫同水平面的夾角;粉塵的滑動角是將粉塵置于光滑的平板上,使該板傾斜到粉塵能沿着平板滑下的角度。

第三節　除塵效率

一、除塵器的全效率和穿透率

除塵器的效率是指除塵器從氣流中捕集粉塵的能力,是評價除塵器性能的重要指標之一,表示方法有除塵器的全效率、分級效率等。

1. 除塵器的全效率

含塵氣流在通過除塵器時被捕集下來的粉塵量占進入除塵器的粉塵總量的百分數稱爲除塵器的全效率 η。

$$\eta = \frac{G_3}{G_1} \times 100\% = \frac{G_1 - G_2}{G_1} \times 100\% \qquad (5.3)$$

式中　G_1——進入除塵器的粉塵量,g/s;

　　　G_2——從除塵器排出的粉塵量,g/s;

　　　G_3——除塵器所捕集的粉塵量,g/s。

如果除塵器結構嚴密,沒有漏風,公式(5.3)可改寫爲

$$\eta = \frac{Ly_1 - Ly_2}{Ly_1} \times 100\% \qquad (5.4)$$

式中　L——除塵器處理的空氣量,m³/s;

　　　y_1——除塵器進口的空氣含塵濃度,g/m³;

　　　y_2——除塵器出口的空氣含塵濃度,g/m³。

式(5.3)要通過稱重求得全效率,稱爲質量法。用這種方法測得的結果比較準確,主要用于實驗室。在現場測定除塵器效率時,通常是同時測出除塵器前后的空氣含塵濃度,再按

式(5.4)求得全效率,這種方法稱爲濃度法。管道內含塵空氣的濃度分布不均勻又不穩定,要測得準確的結果是比較困難的。

當多臺除塵器串聯使用時,除塵全效率爲

$$\eta = 1 - (1 - \eta_1)(1 - \eta_2)\cdots(1 - \eta_n) \tag{5.5}$$

式中,η_1、$\eta_2\cdots\eta_n$ 爲第一級、第二級…第 n 級除塵器的除塵效率。

當多臺除塵器并聯使用時,除塵全效率爲

$$\eta = g_1\eta_1 + g_2\eta_2 + \cdots g_n\eta_n \tag{5.6}$$

式中,g_1、$g_2\cdots g_n$ 爲進入第一級、第二級…第 n 級除塵器的粉塵質量份額。

若兩臺除塵器全效率分別爲 99% 或 99.5%,兩者非常接近,似乎兩者的除塵效率差別不大。但是從大氣污染的角度去分析,兩者的差別是很大的,前者排入大氣的粉塵量要比后者高出一倍,因此,有些文獻中,除了用除塵器效率外,還用穿透率 P 表示除塵器的性能。

穿透率

$$P = (1 - \eta) \times 100\% \tag{5.7}$$

除塵器全效率的大小與處理粉塵的粒徑有很大關系,例如有的旋風除塵器處理 40 μm 以上的粉塵時效率接近 100%,

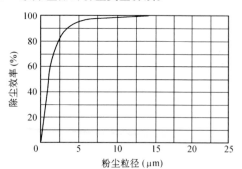

圖 5.5　某除塵器的分級效率曲綫

處理 5 μm 以下的粉塵時,效率會下降到 40% 左右。因此,只給出除塵器的全效率對工程設計是沒有意義的。要正確評價除塵器的除塵效果,必須按粒徑標定除塵器效率,這種效率稱爲分級效率。圖 5.5 是某種除塵器的分級效率曲綫。

二、除塵器的分級效率

如果除塵器進口處粉塵的粒徑分布爲 $f_1(d_c)$、空氣含塵濃度爲 y_1,那么進入除塵器的粒徑在 $d_c \pm \frac{1}{2}\Delta d_c$ 範圍內的粉塵量 $\Delta G_1(d_c) = L_1 y_1 f_1(d_c)\Delta d_c$。同理在除塵器出口處,$\Delta G_2(d_c) = L_2 y_2 f_2(d_c)\Delta d_c$。$f_2(d_c)$ 是除塵器出口處粉塵的粒徑分布。

對粒徑在 $d_c \pm \frac{1}{2}\Delta d_c$ 範圍內的粉塵,除塵器的分級效率爲

$$\eta(d_c) = 1 - \frac{\Delta G_2(d_c)}{\Delta G_1(d_c)} = 1 - \frac{L_2 y_2 f_2(d_c)\Delta d_c}{L_1 y_1 f_1(d_c)\Delta d_c}$$

如果 $L_1 = L_2$,則

$$\eta(d_c) = 1 - \frac{y_2 f_2(d_c)\Delta d_c}{y_1 f_1(d_c)\Delta d_c} = 1 - \frac{y_2 d\phi_2(d_c)}{y_1 d\phi_1(d_c)} \tag{5.8}$$

如果除塵器捕集下的粉塵的粒徑分布爲 $f_3(d_c)$,除塵器所捕集的粒徑在 $d_c \pm \frac{1}{2}\Delta d_c$ 範圍內的粉塵量爲

$$G_3(d_c) = (L_1 y_1 - L_2 y_2)f_3(d_c)\Delta d_c$$

當 $L_1 = L_2$ 時,上式可簡化爲

$$G_3(d_c) = L_1(y_1 - y_2)f_3(d_c)\Delta d_c$$

分級效率

$$\eta(d_c) = \frac{G_3(d_c)}{G_1(d_c)} = \frac{(y_1 - y_2)f_3(d_c)\Delta d_c}{y_1 f_1(d_c)\Delta d_c} = \frac{(y_1 - y_2)d\phi_3(d_c)}{y_1 d\phi_1(d_c)} \tag{5.9}$$

研究表明,大多數除塵器的分級效率可用下列經驗公式表示

$$\eta(d_c) = 1 - \exp[-\alpha d_c^m] \tag{5.10}$$

式中,α、m——待定的常數。

當 $\eta(d_c) = 50\%$ 時,$d_c = d_{c50}$。我們把除塵器分級效率爲 50% 時的粒徑 d_{c50} 稱爲分割粒徑或臨界粒徑。根據公式(5.10)

$$0.5 = 1 - \exp[-\alpha d_c^m] \tag{5.11}$$

$$\alpha = \ln2/d_{c50}^m = 0.693/d_{c50}^m$$

把上式代入式(5.10),則得

$$\eta(d_c) = 1 - \exp\left[-0.693\left(\frac{d_c}{d_{c50}}\right)^m\right] \tag{5.12}$$

這是分級效率的一般表達式,只要已知 d_{c50} 及除塵器特性系數 m,就可以求得不同粒徑下的分級效率。

三、分級效率和全效率的關系

$$\eta(d_c) = \frac{G_3(d_c)}{G_1(d_c)} = \frac{G_3 f_3(d_c)\Delta d_c}{G_1 f_1(d_c)\Delta d_c} = \eta\frac{d\phi_3(d_c)}{d\phi_1(d_c)} \tag{5.13}$$

式中　η——除塵器全效率;

$d\phi_1(d_c)$——在除塵器進口處,該粒徑範圍内的粉塵所占的質量百分比;

$d\phi_3(d_c)$——在除塵器灰斗中,該粒徑範圍内的粉塵所占的質量百分比。

$$\eta = \frac{G_3}{G_1} = \frac{\int_0^\infty G_1 d\phi_1(d_c)\eta(d_c)}{G_1} = \int_0^\infty \eta(d_c)d\phi_1(d_c) \tag{5.14}$$

【例 5.1】　已知某除塵器的進口處粒徑分布和分級效率如下:

粒徑(μm)	0~5	5~10	10~20	20~40	40 以上
$f_1(d_c)\Delta d_c(\%)$	10	30	40	15	5
$\eta(d_c)(\%)$	60	89	92.2	97	99

解　計算其全效率 $\eta = \int_0^\infty \eta(d_c)f_1(d_c)\Delta d_c = 0.1\times0.6 + 0.3\times0.89 + 0.4\times0.922 +$ $0.15\times0.97 + 0.05\times0.99 = 89.1\%$

第四節　重力沉降室與慣性除塵器

重力沉降室是利用塵粒本身的重力作用使其從含塵氣流中分離出來。它的結構如圖 5.6 所示。含塵氣流進入重力沉降室后,流速迅速下降,在層流或接近層流的狀態下運動,其中的塵粒在重力作用下緩慢向灰斗沉降。

一、塵粒的沉降速度

根據流體力學,塵粒在静止空氣中自由沉降時,其末端沉降速度按下式計算。

$$v_s = \sqrt{\frac{3(\rho_c - \rho)gd_c}{3c_R\rho}} \quad \text{m/s} \tag{5.15}$$

其中　ρ_c——塵粒密度,$\mathrm{kg/m^3}$;

　　　ρ——空氣密度,$\mathrm{kg/m^3}$;

　　　g——重力加速度,$\mathrm{m/s^2}$;

　　　d_c——塵粒直徑,m;

　　　c_R——空氣阻力系數,與塵粒和氣流
　　　　　相對運動的雷諾數 Re_c 有關,
　　　　　通常在通風除塵中可近似認爲
　　　　　$Re_c \leqslant 1$,則有

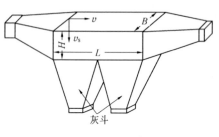

圖5.6　重力沉降室

$$c_R = 24/Re_c \qquad (5.16)$$

則

$$v_s = \frac{g(\rho_c - \rho)\,d_c^2}{18\mu} \qquad (5.17)$$

由于 $\rho_c \gg \rho$,公式(5.17)簡化爲

$$v_s = \frac{\rho_c d_c^2 g}{18\mu} \quad \mathrm{m/s} \qquad (5.18)$$

式中　ρ_c——塵粒密度,$\mathrm{kg/m^3}$;

　　　g——重力加速度,$\mathrm{m/s^3}$;

　　　d_c——塵粒直徑,m;

　　　μ——空氣的動力粘度,$\mathrm{Pa \cdot s}$。

如果已知塵粒的沉降速度,可用下式求得對應得塵粒直徑。

$$d_c = \sqrt{\frac{18\mu v_s}{g\rho_c}} \qquad (5.19)$$

如果塵粒不是處于靜止空氣中,而是處于流速爲 v_s 的上升氣流中,塵粒將會處于懸浮狀態,這時的氣流速度稱爲懸浮速度。懸浮速度和沉降速度兩者的數值相等,但意義不同。沉降速度是指塵粒下落時所能達到的最大速度,懸浮速度是指要使塵粒處于懸浮狀態,上升氣流的最小上升速度。懸浮速度用于除塵管道的設計。

當塵粒粒徑較小,特別是小于 $1\ \mu\mathrm{m}$ 時,其大小已接近空氣中氣體分子的平均自由行程(約 $0.1\ \mu\mathrm{m}$),這時候塵粒與周圍空氣層發生"滑動"現象,氣流對塵粒的實際阻力變小,塵粒實際的沉降速度要比計算值大。因此對 $d_c \leqslant 5\ \mu\mathrm{m}$ 的塵粒計算沉降速度時要進行修正。

$$v_s = k_c \frac{\rho_c g d_c^2}{18\mu} \qquad (5.19)$$

式中,k_c——庫寧漢滑動修正系數。

當空氣溫度 $t = 20\ ℃$、壓力 $P = 1\ \mathrm{atm}$ 時

$$k_c = 1 + \frac{0.172}{d_c} \qquad (5.20)$$

式中,d_c——塵粒直徑,$\mu\mathrm{m}$。

二、重力塵降室的計算

氣流在沉降室内停留時間

$$t_1 = \frac{l}{v} \quad s$$

式中 l—沉降室長度,m;

v——沉降室內氣流運動速度,m/s。

沉降速度為 v_s 的塵粒從除塵器頂部降落到底部所需時間為 t_2

$$t_2 = \frac{H}{v_s} \quad s$$

式中,H——重力沉降室高度,m。

要把沉降速度為 v_s 的塵粒在沉降室內全部除掉,必須滿足 $t_1 \geqslant t_2$,即

$$\left(\frac{l}{v}\right) \geqslant \left(\frac{H}{v_s}\right)$$

把公式(5.19)代入上式,就可求得重力沉降室能 100% 捕集的最小粒徑

$$d_{\min} = \sqrt{\frac{18\mu Hv}{g\rho_c l}} \quad m \tag{5.21}$$

式中,$d_{\min}$——重力沉降室能 100% 捕集的最小粒徑,m。

沉降室內的氣流速度要根據塵粒的密度和粒徑確定,一般為 $0.3 \sim 2$ m/s。

設計新的重力沉降室時,先要根據式(5.18)算出捕集塵粒的沉降速度 v_s,假設沉降室內的氣流速度和沉降室高度(或寬度),然后再求得沉降室的長度和寬度(或高度)。

沉降室長度 $\qquad\qquad l \geqslant \dfrac{H}{v_s} v \quad m \tag{5.22}$

沉降室寬度 $\qquad\qquad B \geqslant \dfrac{L}{Hv} \quad m \tag{5.23}$

式中,L——沉降室處理的空氣量,m³/s。

重力沉降室僅適用于 50 μm 以上的粉塵。由于它除塵效率低、占地面積大,通風工程中應用較少。

三、慣性除塵器

為了改善重力沉降室的除塵效果,可在其中設置各種形式擋板,利用塵粒的慣性使其和擋板發生碰撞而捕集,這種除塵器稱為慣性除塵器。慣性除塵器的結構形式分為碰撞式和回轉式兩類,見圖 5.7。氣流在撞擊或方向轉變前速度愈高,方向轉變的曲率半徑愈小,則除塵效率愈高。

圖 5.8 所示的百葉窗式分離器也是一種慣性除塵器。含塵氣流進入錐形的百葉窗分離器后,大部分氣體從柵條之間縫隙流出。氣流繞出柵條時突然改變方向,塵粒由于自身的慣性繼續保持直綫運動,隨部分氣流(約 5 ~ 20%)一起進入下部灰斗,在重力和慣性力作用下,塵粒在灰斗中分離。百葉窗分離器的主要優點是外形尺寸小,阻力比旋風除塵器小。

慣性除塵器主要用于捕集 20 ~ 30 μm 以上的粗大塵粒,常用作多級除塵器的第一級除塵。

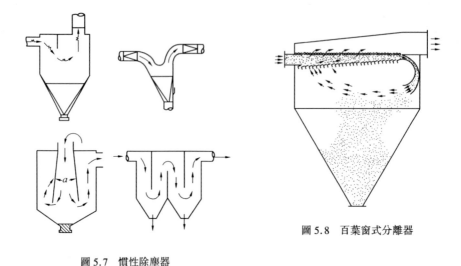

圖 5.8　百葉窗式分離器

圖 5.7　慣性除塵器

第五節　旋風除塵器

　　旋風除塵器是利用氣流旋轉過程中作用在塵粒上的離心力和慣性力,使塵粒從氣流中分離出來的。旋風除塵器一般由五部分組成:切向入口、圓筒體、圓錐體、排出管和集灰斗。它結構簡單、體積小、維護方便,主要用于 10 μm 以上的粉塵,也用作多級除塵中的第一級除塵器。

一、旋風除塵器的工作原理

　　1. 工作過程
　　含塵氣流由切綫進口進入除塵器,沿外壁由上向下作螺旋形旋轉運動,這股向下旋轉的氣流稱爲外渦旋。外渦旋到達錐體底部后,轉而向上,沿軸心向上旋轉,最后經排出管排出。這股向上旋轉的氣流稱爲內渦旋。向下的外渦旋和向上的內渦旋,兩者的旋轉方向是相同的。氣流作旋轉運動時,塵粒在慣性離心力的推動下,要向外壁移動。到達外壁的塵粒在氣流和重力的共同作用下,沿壁面落入灰斗,見圖 5.9。
　　塵粒的含塵氣流中分離出來與氣流速度、壓力分布有直接關系。
　　2. 速度分布
　　切向速度　圖 5.10 是實測的除塵器某一斷面上的速度分布和壓力分布。由圖可看出,外渦旋的切向速度 v_t 是隨半徑 r 的減小而增加的,在內、外渦旋交界面上,v_t 達到最大。可以近似認爲,內外渦旋交界面的半徑 $r_0 = (0.6 \sim 0.65)r_p$(r_p 爲排出管半徑)。內渦旋的切向速度是隨 r 的減小而減小的,類似于剛體的旋轉運動。旋風除塵器內某一斷面上的切向速度分布規律可用下式表示

外渦旋　　　　　　　　　　　$v_t^{1/n} r = c$　　　　　　　　　　　(5.24)

內渦旋　　　　　　　　　　　$v_t / r = c'$　　　　　　　　　　　(5.25)

式中　v_t——切向速度,m/s;

    r——距軸心的距離,m;

    c'、c、n——常數,通過實測確定。

一般 $n=0.5\sim0.8$,如果近似的取 $n=0.5$,公式(5.24)可以改寫爲

$$v_t^2 r = c \tag{5.26}$$

    徑向速度   外渦旋的徑向速度是向内的,内渦旋的徑向速度是向外的,氣流的切向分速度 v_t 和徑向分速度 w 對塵粒的分離起着相反的影響,前者產生慣性離心力,使塵粒有向外的徑向運動,后者則造成塵粒作向心的徑向運動,把它推入内渦旋。由于内渦旋的徑向分速度是向外的,内渦旋對塵粒仍有一定的分離作用。

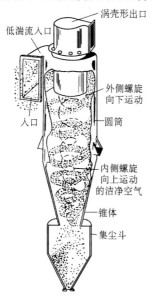

圖 5.9 旋風除塵器示意圖

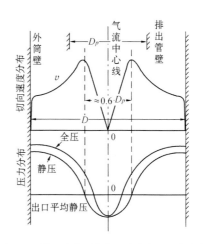

圖 5.10 旋風除塵器内的切向速度和壓力分布

    軸向速度   外渦旋的軸向速度是向下的,内渦旋的軸向速度是向上的。

3. 壓力分布

    見圖 5.10,從圖看出靜壓和全壓均是筒外壁向軸心越來越小。在軸心壓力最低。外渦旋基本爲正值,而内渦旋壓力爲負值,所以除塵器底部要嚴密,否則外界氣體被吸入,會捲起已除下的粉塵,形成返混,使除塵效率迅速下降。

二、旋風除塵器的計算

    旋風除塵器的分離理論主要有兩類,轉圈理論和篩分理論。下面介紹比較接近實際,應用也較爲廣泛的篩分理論。

    處于外渦旋的塵粒在徑向會受到兩個力的作用

慣性離心力

$$F_1 = \frac{\pi}{6} d_c^3 \rho_c \frac{v_t^2}{r} \tag{5.27}$$

向心運動的氣流對塵粒形成阻力爲 P:(在雷諾數 $Re \leqslant 1$ 時)

$$P = 3\pi \mu \omega d_c \tag{5.28}$$

式中，ω——氣流與塵粒在徑向的相對運動速度，m/s。

這兩個力相反，因此作用在塵粒上的合力爲

$$F = F_1 - P = \frac{\pi}{6} d_c^3 \rho_c \frac{v_t^2}{r} - 3\pi\mu\omega d_c \tag{5.29}$$

當 $F > 0$ 時，塵粒被推向外壁分離出來；當 $F < 0$ 時，塵粒被推向軸心從排出管排出。又因 F 同 d_c 有關，而 d_c 是連續的，則總有一粒徑能使合力 $F = 0$，即離心力和阻力相等。$F_1 = P$，這一粒徑稱爲除塵器的分割粒徑。處于這一粒徑的粉塵從概率上講有 50% 被推向軸心，50% 被推向筒壁，它的分級效率將是 50%。此時好像有一個篩子，把 $d_c > d_{c50}$ 的塵粒全部除掉，$d_c < d_{c50}$ 的通過篩子跑掉，所以這一理論稱爲篩分理論。從 $F = 0$ 有

$$\frac{\pi}{6} d_{c50}^3 \rho_c \frac{v_{0t}^2}{r_0} = 3\pi\mu\omega_0 d_{c50}$$

旋風除塵器的分割粒徑

$$d_{c50} = \left[\frac{18\mu\omega_0 r_0}{\rho_c v_{0t}^2} \right]^{1/2} \quad \text{m} \tag{5.30}$$

式中　r_0——交界面的半徑，m；

　　　ω_0——交界面上的氣流徑向速度，m/s；

　　　v_{0t}——交界面上的氣流切向速度，m/s。

如果近似把內、外渦旋交界面看作是一個圓柱面，外渦旋氣流均勻地經該圓柱面進入內渦旋，見圖 5.11，交界面上氣流的平均徑向速度

$$\omega_0 = \frac{L}{2\pi r_0 H} \tag{5.31}$$

式中　L——旋風除塵器處理風量，m³/s；

　　　H——假想圓柱面高度，m。

應當指出，實際的徑向速度分布沿除塵器高度是不均勻的，上部大，下部小。根據公式 $v_t^2 r = c$ 和 $v_{1t}^2 D = v_{0t}^2 D_0$

$$v_{0t} = v_{1t}(D/D_0)^{1/2} \tag{5.32}$$

式中　v_{1t}——旋風除塵器外壁附近的切綫速度，m/s；

　　　D——旋風除塵器筒體直徑，m；

　　　D_0——交界面的直徑，m。

根據實驗研究，v_{1t} 與進口速度 u 具有下列關系。

當 $0.17 < \sqrt{F_j}/D < 0.41$ 時

$$v_{1t} = 3.74(\sqrt{F_j}/D) u \tag{5.33}$$

式中，F_j——除塵器進口面積，m²。

$$v_{0t} = 3.74(\sqrt{F_j}/D) u (\frac{D}{D_0})^{1/2} \tag{5.34}$$

當 $\sqrt{F_j}/D < 0.17$ 時，$v_{1t} = 0.6u$

$$v_{0t} = 0.6u(\frac{D}{D_0})^{1/2} \tag{5.35}$$

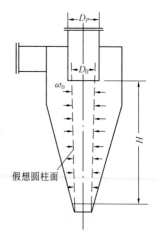

圖 5.11　交界面上氣流的徑向速度

旋風除塵器結構尺寸及進口速度確定以后，即可按上列公式求得分割粒徑 d_{c50}。旋風除塵器的阻力按下式計算

$$\Delta P = \xi \frac{u^2}{2}\rho \quad \text{Pa} \tag{5.36}$$

式中　ξ——局部阻力系數,通過實測求得;

$\quad\quad u$——進口速度,m/s;

$\quad\quad \rho$——氣體密度,kg/m^3。

三、影響旋風除塵器性能的因素

1. 進口速度 u

從公式(5.30)和式(5.34)可以看出,旋風除塵器的分割粒徑 d_{c50} 是隨進口速度 u 的增加而減小的,d_{c50} 愈小,説明除塵器效率愈高。但是進口速度 u 也不宜過大,u 值過大,旋風除塵器內的氣流運動過于強烈,會把有些已分離的塵粒重新帶走,造成除塵效率下降。另外從公式(5.36)可以看出,阻力 ΔP 是與進口速度的平方成比例的,u 值過大,旋風除塵器的阻力會急劇上升。因此,一般控制在 12~25 m/s 之間。這個範圍并不是絕對的,它與除塵器的結構型式、幾何尺寸等因素有關。

2. 簡體直徑 D 和排出管直徑 D_p

從實踐可看出,在同樣的切綫速度下,筒體直徑愈小,塵粒受到的慣性離心力愈大,除塵效率愈高。目前常用的旋風除塵器,直徑一般不超過 800 mm,風量較大時可用幾臺除塵器并聯運行。一般認爲,內、外渦旋交界面的直徑 $D_0 = 0.6D_p$,內渦旋的範圍是隨 D_p 的減小而減小的,減小內渦旋有利于提高除塵效率。但是 D_p 不能取得過小,以免阻力過大,一般取 $D_p = (0.5~0.6)D$。

3. 旋風除塵器的筒體和錐體高度

筒體和錐體總高度過大,沒有實際意義。實踐經驗表明,一般以不大于五倍筒體直徑爲宜。在錐體部分,由于斷面不斷減小,塵粒到達外壁的距離也逐漸減小,氣流的切向速度不斷增大,這對塵粒的分離都是有利的。

4. 除塵器下部的嚴密性

從圖 5.10 的壓力分布圖可以看出,由外壁向中心靜壓是逐漸下降的,即使旋風除塵器在正壓下運行,錐體底部也會處于負壓狀態。如果除塵器下部不嚴密,滲入外部空氣,會把已經落入灰斗的粉塵重新帶走,使除塵效率顯著下降。

四、旋風除塵器的其他結構形式

1. 多管除塵器

如前所述,旋風除塵器效率是隨圓筒直徑增加而減小的,爲了提高除塵效率可以把許多小直徑(100~250 mm)旋風管(稱爲旋風子)并聯使用,這種除塵器稱爲多管除塵器。圖 5.12 是多管除塵器的示意圖,含塵氣流沿軸向通過螺旋形導流片進入旋風子,在其中作旋轉運動。多管除塵器內通常要并聯幾十個以上的旋風子。對于多管除塵器重要的問題是如何保證各進氣口氣流分布均勻。旋風子尺寸不宜過小,不宜處理粘性大的粉塵,以免阻塞。多管除塵器主要用于高溫烟氣净化。

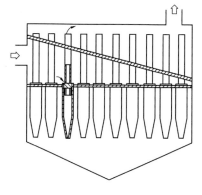

圖 5.12　多管除塵器

2. 旁路式旋風除塵器

旁路式旋風除塵器的結構如圖 5.13 所示,它有以下幾個特點:

(1) 設有切向分離室(旁路分離室);

(2) 頂蓋和進口之間保持一定距離;

(3) 排出管插入深度較短。

若按圖的形式設置進口,由于上渦旋不受進口氣流干擾,細小的粉塵會在頂部積聚,形成灰環。爲此在旁路式旋風除塵器上專門設有旁路分離室,讓積聚在上部的細粉塵經旁路進入除塵器下部。

試驗表明,設旁路分離室后,旋風除塵器的除塵效率明顯提高,約提高 20%。

3. 錐體彎曲的水平旋風除塵器

爲了節省空間,簡化管路系統,出現了圖 5.14 所示的錐體彎曲的水平旋風除塵器。實驗研究表明,進口速度較大時,直立安裝與水平安裝的阻力及除塵效率基本相同,但隨着進口速度的下降兩者的效率稍有差別。旋風除塵器即使倒立安裝,對其效率的影響也是不大的。、

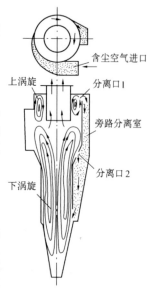

圖 5.13　旁路式旋風除塵器

五、旋風除塵器的進口形式

目前常有的進口形式有直入式、渦殼式和軸向式三種,直入式又分爲平頂蓋和螺旋形頂蓋。平頂蓋直入式進口結構簡單,應用最爲廣泛。螺旋形直入式進口避免了進口氣流與旋轉氣流之間的干擾,可減小阻力,但效率會下降。渦殼式進口的設計原意是通過減少進口氣流與旋轉氣流之間的干擾以減小阻力、提高效率。實踐的結果表明,與設計良好的直入式進口相比,它的好處并不明顯。如果除塵器處理風量大,需要大的進口,采用渦殼式進口可以避免進口氣流與排出管發生直接碰撞,見圖 5.15(a)、(b),有利于除塵效率和阻力的改善。軸向式進口主要用于多管旋風除塵器的旋風子,圖 5.15(c)。

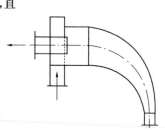

圖 5.14　錐體彎曲的水平旋風除塵器

六、旋風除塵器的排灰裝置

收塵量不大的除塵器下部出現漏風時,效率會顯著下降。如何在不漏風的情況下進行正常排灰是旋風除塵器運行中必須重視的一個問題。收塵量不大的除塵器,可在下部設固定灰斗,定期排除。收塵量較大,要求連續排灰時,可設雙翻板式和回轉式鎖氣器,見圖 5.16,翻板式鎖氣器是利用翻板上的平衡錘和積灰質量的平衡發生變化時,進行自動卸灰的。它設有兩塊翻板輪流啓閉,可以避免漏風。回轉式鎖氣器采用外來動力使刮板緩慢旋轉,轉速一般在 15～20 r/min 之間,它適用于排灰量較大的除塵器。回轉式鎖氣器能否保持嚴密,關鍵在于刮板和外殼之間緊密貼合的程度。

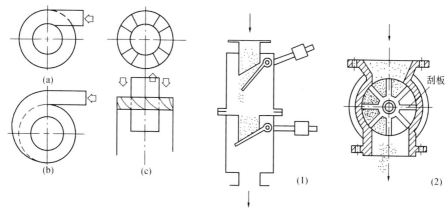

圖 5.15　旋風除塵器的進口形式
(a) 直入式;(b) 蝸殼式;(c) 軸向式

圖 5.16　鎖氣器
(1) 雙翻板式;(2) 回轉式

第六節　電除塵器

電除塵器又稱靜電除塵器,它是利用電場產生的靜電力使塵粒從氣流中分離的。電除塵器是一種干式高效過濾器,它的優點是:

1. 電除塵器適用于微粒控制,對粒徑 $d_c = 1 \sim 2\ \mu m$ 的塵粒,效率可達 $98 \sim 99\%$。

2. 在電除塵器內,塵粒從氣流中分離出來的能量,不是供給氣流,而是直接供給塵粒的。因此,和其他的高效除塵器相比,電除塵器的阻力比較低,約爲 $100 \sim 200$ Pa。

3. 可以處理高溫(在 400℃以下)氣體。

4. 適用于大型的工程,處理的氣體量愈大,它的經濟效果愈明顯。

電除塵器的缺點是:

1. 設備龐大,占地面積大。

2. 耗用鋼材多,一次投資大。

3. 結構較復雜,制造、安裝的精度要求高。

4. 對粉塵的比電阻有一定要求。

電除塵器在國內主要用于某些大型的工程。小型的電除塵器用于進氣的净化。

一、電除塵器的工作原理

電除塵器除塵的基本過程是:空氣電離→塵粒荷電→塵粒向集塵板移動并沉積在上面→塵粒放出電荷→振打后粉塵落入灰斗。

1. 空氣電離

用一電場實驗裝置來說明空氣電離,實驗裝置如圖 5.17 所示。在電場的作用下空氣中帶電離子定向運動,即形成電流。電壓越大,電流也隨之增大。當電場強度增大到一定程度,空氣中的中性原子被電離成電子和正離子,這就是空氣電離。見圖 5.18 中電離曲綫。

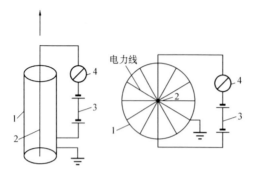

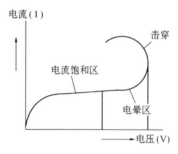

圖 5.18　空氣電離曲綫

圖 5.17　電場除塵實驗裝置示意圖
1—金屬圓管;2—導綫;3—電源;4—電流計

　　圖 5.18 中縱坐標爲兩極間電流,橫坐標爲兩極間所加電壓。隨着電壓的增大,兩極間帶電離子運動加快,所以曲綫呈上升趨勢,這時帶電離子數目并没有增多,見曲綫的電流飽和區。過了飽和區,電壓增大,空氣開始被電離,帶電離子增多,電流上升也較多,所以曲綫變陡。在空氣被電離的同時,負極周圍有一淡藍色光環,此現象稱爲"電暈"。隨着電壓增大,電暈區變大,當電暈區擴大到兩極整個空間時,即出現擊穿(即正負極短路),電場停止工作。

　　2. 粉塵的荷電

　　含塵氣體進入電場后,空氣先電離,電離后的正負離子將附着在塵粒上,此過程稱爲粉塵荷電過程。

　　3. 荷電粉塵的沉積

　　荷電后的粉塵在高壓電場作用下,按其電荷性質奔向异性極。因爲電暈區的範圍很小,通常局限于電暈綫周圍幾毫米處,因而只有少量粒子沉積在電暈綫上,大部分含塵氣流是在電暈區外通過的,因此大多數塵粒是帶負電,最后沉積在陽極板上,這也是把陽極板稱爲集塵板的原因。

　　在集塵板上塵粒放出電荷,振打后落入灰斗。

二、電除塵器分類

　　1. 按集塵極型式分爲管式和板式

　　管式電除塵器如圖 5.19 所示,集塵極一般爲金屬圓管,管徑爲 150 ~ 300 mm。也有的采用多圓同心圓方式,在各圓圈之間布置電暈綫。管式電除塵器主要用于處理風量小的場合,如小型鍋爐烟氣除塵等。

　　板式電除塵器如圖 5.20 所示,它采用不同斷面形狀的平行鋼板作集塵極。平行鋼板之間均匀布置電暈綫,極板間距一般爲 200 ~ 400 mm。板式電除塵器的集塵面積大大增加,目前大多采用板式電除塵器。

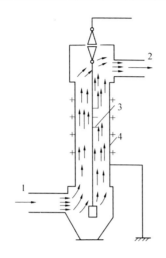

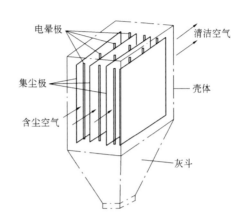

圖 5.19　管式電除塵器
1—含塵氣體入口；2—凈化氣體出口；
3—電暈極；4—集塵極

圖 5.20　板式電除塵器

2. 按粉塵荷電區和分離區布置不同分爲單區和雙區電除塵器

粉塵的荷電和分離、沉降都在同一空間內完成的稱爲單區電除塵器，如圖 5.19、5.20 所示。分別在兩個空間完成的稱爲雙區電除塵器，如圖 5.21 所示，它主要用于空調系統的進氣凈化。在雙區電除塵器中粉塵的荷電和分離分開，電暈極爲正極（電離后產生的臭氧和氮氧化物量較少），電壓僅 10 kV 左右。由于采用多塊集塵極板，增大了集塵面積，縮小了極板間距，因而集塵極電壓較低，僅 5 kV 左右。這樣做較爲安全。

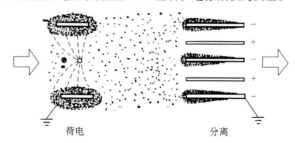

圖 5.21　雙區電除塵器

3. 按照氣流流動方式分爲卧式和立式。

4. 按照清灰方式分爲干式和濕式。

沉積在電暈極和集塵極上的粉塵必須通過振打及時清除，以防止反電暈現象，防止驅進速度的降低。振打后粉塵下落易產生二次飛揚，因而有的電除塵器在集塵極的表面淋水，用水膜把粉塵帶走，即濕式電除塵器。

三、電除塵器內塵粒的運動和收集

1. 驅進速度

塵粒在電暈場內的荷電機理分爲電場荷電和擴散荷電。由于離子在靜電力作用下作定向運動,與塵粒碰撞而使塵粒荷電的稱爲電場荷電或碰撞荷電。由離子的擴散使塵粒荷電,稱擴散荷電。粒徑大于 $0.5~\mu m$ 的塵粒主要依靠碰撞荷電,是電除塵器內塵粒荷電的主要機理。粒徑小于 $0.2~\mu m$ 的塵粒主要依靠擴散荷電。對 $0.2\sim0.5~\mu m$ 的塵粒兩者同時起作用。

在飽和狀態下塵粒的荷電量

$$q = 4\pi\varepsilon_0\left(\frac{3\varepsilon_p}{\varepsilon_p+2}\right)\frac{d_c^2}{4}E_f \quad \text{C(庫侖)} \tag{5.37}$$

式中　ε_0——真空介電常數,$\varepsilon_0 = 8.85\times10^{-12}~\text{C/N}\cdot\text{m}^2$;

ε_p——塵粒的相對介電常數(無因次),對導體 $\varepsilon_p = \infty$,絕緣材料 $\varepsilon_p = 1$,金屬氧化物 $\varepsilon_p = 12\sim18$;

d_c——粒徑,m;

E_f——放電極周圍電場強度,V/m(或 N/C)。

荷電塵粒在電場內受到的靜電力

$$F = qE_j \quad \text{N} \tag{5.38}$$

式中　E_j——集塵極周圍電場強度,V/m。

塵粒在電場內作橫向運動時,要受到空氣的阻力,當 $Re_c \leqslant 1$ 時,

空氣阻力

$$p = 3\pi\mu d_c\omega \quad \text{N} \tag{5.39}$$

式中　ω——塵粒與氣流在橫向的相對運動速度,m/s。

當靜電力等于空氣阻力時,作用在塵粒上的外力之和等于零,塵粒在橫向作等速運動。這時塵粒的運動速度稱爲驅進速度。

驅進速度

$$\omega = \frac{qE_j}{3\pi\mu d_c} \quad \text{m/s} \tag{5.40}$$

把公式(5.37)代入上式

$$\omega = \frac{\varepsilon_0\varepsilon_p d_c E_j E_f}{(\varepsilon_p+2)\mu} \quad \text{m/s} \tag{5.41}$$

對 $d_c \leqslant 5~\mu m$ 的塵粒,上式應進行修正。

$$\omega = K_c\frac{\varepsilon_0\varepsilon_p d_c E_j E_f}{(\varepsilon_p+2)\mu} \quad \text{m/s} \tag{5.42}$$

式中　K_c——庫寧漢滑動修正系數。

爲簡化計算,可近似認爲

$$E_j = E_f = U/B = E_p \quad \text{V/m}$$

式中　U——電除塵器工作電壓,V;

B——電暈極至集塵極的間距,m;

E_p——電除塵器的平均電場強度,V/m。

因此

$$\omega = K_c\frac{\varepsilon_0\varepsilon_p d_c E_p^2}{(\varepsilon_p+2)\mu} \quad \text{m/s} \tag{5.43}$$

從公式(5.43)可以看出,電除塵器的工作電壓 U 愈高,電暈極至集塵極的距離 B 愈小,電場強度 E 愈大,塵粒的驅進速度 ω 也愈大。因此,在不發生擊穿的前提下,應盡量

采用較高的工作電壓。影響電除塵器工作的另一個因素是氣體的動力粘度 μ，μ 值是隨溫度的增加而增加的，因此烟氣溫度增加時，塵粒的驅進速度和除塵效率都會下降。

2. 除塵效率方程式（多依奇方程式）

電除塵器的除塵效率與粉塵性質、電場強度、氣流速度、氣體性質及除塵器結構等因素有關。嚴格地從理論上推導除塵效率方程式是困難的，因此在推導過程中作一些假設后得出了除塵效率公式

$$\eta = 1 - y_2/y_1 = 1 - \exp\left[-\frac{A}{L}\omega\right] \tag{5.44}$$

式中　y_1——除塵器進口處含塵濃度，g/m^3；

　　　y_2——除塵器出口處含塵濃度，g/m^3；

　　　A——集塵極總的集塵面積，m^2；

　　　L——除塵器處理風量，m^3/s。

不同 $(\frac{A}{L}\omega)$ 值下的除塵效率見表 5.1。

表 5.1

$\frac{A}{L}\omega$	0	1.0	2.0	2.3	3.0	3.91	4.61	6.91
$\eta(\%)$	0	63.2	86.5	90	95	98	99	99.9

驅進速度 ω 是粒徑 d_c 的函數，如果考慮進口處粉塵的粒徑分布，則上式可改寫爲

$$\eta = 1 - \int_0^\infty \exp\left[-\frac{A}{L}\omega(d_c)f(d_c)d(d_c)\right] \tag{5.45}$$

式中　$\omega(d_c)$——不同粒徑塵粒的驅進速度；

　　　$f(d_c)$——除塵器進口處粉塵的粒徑分布函數。

公式(5.44)是在一系列假設的前提下得出來的，和實際情況并不完全相符。但是它給我們提供了分析、估計和比較電除塵器效率的基礎。從該式可以看出在除塵效率一定的情況下，除塵器尺寸和塵粒的驅進速度成反比，和處理風量成正比，在除塵器尺寸一定的情況下，除塵效率和氣流速度成反比。

3. 有效驅進速度

公式(5.44)在推導過程中忽略了氣流分布不均匀、粉塵性質、振打清灰時的二次揚塵等因素的影響，因此理論效率值要比實際高。爲了解決這一矛盾，提出有效驅進速度的概念。有效驅進速度是根據某一除塵器實際測定的除塵效率和它的集塵極總面積 A、氣體流量 L，利用公式(5.44)倒算出驅進速度。在有效驅進速度中包含了粒徑、氣流速度、氣體溫度、粉塵比電阻、粉塵層厚度、電極型式、振打清灰時的二次揚塵等因素。表 5.2 是某部門實測的有效驅進速度 ω_e 值。

表 5.2　某些粉塵的有效驅進速度 ω_e

粉塵種類	ω_e (cm/s)	粉塵種類	ω_e (cm/s)
鍋爐飛灰	8~12.2	鎂　砂	4.7
水　泥	9.5	氧化鋅、氧化鉛	4
鐵礦燒結粉塵	6~20	石　膏	19.5
氧化亞鐵	7~22	氧化鋁熟料	13
焦　油	8~23	氧化鋁	6.4
平　爐	5.7		

4. 粉塵的比電阻

粉塵的比電阻是評定粉塵導電性能的一個指標。由電工學可知,某物體(物質)當溫度一定時,其電阻 R 和長度 l 成正比,與物體的橫斷面積 F 成反比,即

$$R = R_b \frac{l}{F} \tag{5.46}$$

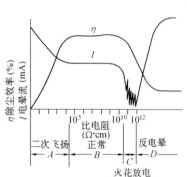

圖 5.22 粉塵比電阻與除塵效率關係

從上式可看出,某一物質的比電阻就是長度和橫斷面積各爲 1 時的電阻。沉積在集塵極上的粉塵的比電阻對電除塵器的有效運行具有顯著影響,比電阻過大($R_b > 10^{11} \sim 10^{12}$ Ω·cm)或過小($R_b < 10^4$ Ω·cm)都會降低除塵效率。粉塵比電阻與除塵效率的關系見圖 5.22。

比電阻低于 10^4 Ω·cm 的粉塵稱爲低阻型粉塵。這類粉塵有較好的導電能力,荷電塵粒到達集塵極后,會很快放出所帶的負電荷,同時由于靜電感應獲得與集塵極同性的正電荷。如果正電荷形成的斥力大于粉塵的粘附力,沉積的塵粒將離開集塵極重返氣流。塵粒在空間受到負離子碰撞后又重新獲得負電荷,再向集塵極移動。這樣很多粉塵沿極板表面跳動前進,最后被氣流帶出除塵器。用電除塵器處理金屬粉塵、炭黑粉塵、石墨粉塵都可以看到這一現象。

粉塵比電阻位于 $10^4 \sim 10^{11}$ Ω·cm 的稱爲正常型。這類粉塵到達集塵極后,會以正常速度放出電荷。對這類粉塵(如鍋爐飛灰、水泥塵、高爐粉塵、平爐粉塵、石灰石粉塵等)電除塵器一般都能獲得較好的除塵效果。

粉塵比電阻超過 $10^{11} \sim 10^{12}$ Ω·cm 的稱爲高阻型粉塵。高比電阻粉塵到達集塵極后,電荷釋放很慢,殘留着部分負電荷,這樣集塵極表面逐漸聚集了一層荷負電的粉塵層。由于同性相斥,使隨后塵粒的驅進速度減慢。另外隨粉塵厚度的增加,在粉塵層和極板之間形成了很大的電壓降 Δu。

$$\Delta u = jR_b \delta \quad V \tag{5.47}$$

式中　j——通過粉塵層的電暈電流密度,A/cm²;

δ——粉塵層厚度,cm。

在粉塵層內部包含着許多松散的空隙,由于粉塵層內具有電位梯度,形成了許多微電場。隨 Δu 增大,局部地點微電場擊穿,空隙中的空氣被電離,產生正、負離子。Δu 繼續增高,這種現象會從粉塵層內部空隙發展到粉塵層表面,大量正離子被排斥,穿透粉塵層流向電暈極。在電場內它們與負離子或荷負電的塵粒接觸,產生電性中和,大量中性塵粒由氣流帶出除塵器,使除塵效果急劇惡化,這種現象稱爲反電暈。所以高比電阻粉塵不宜用電除塵器處理。

根據研究發現,含塵氣體的溫度和濕度是影響粉塵比電阻的兩個重要因素,故提出降低粉塵比電阻的措施是:

1. 選擇適當的操作溫度;

2. 增加烟氣的含濕量;

3. 在烟氣中加入調節劑(SO_3、NH_3 等),它們吸附在塵粒表面,使比電阻下降。

有些工廠通過噴霧、降溫,提高了電除塵器的效率,其中的一個原因就是降低了粉塵的比電阻。飛灰電除塵器是國外應用較多的一種電除塵器,鍋爐燃用高硫煤時,烟氣中含

有一定量的 SO_2，飛灰表面由于吸附了一層 SO_2，它的比電阻一般都在 10^{11} $\Omega\cdot cm$ 以下。採用低硫煤時飛灰的比電阻大大增高，煤的含硫量與飛灰比電阻的關系見圖 5.23。

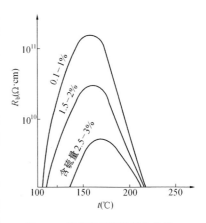

圖 5.23　飛灰比電阻的變化曲綫

四、電除塵器的結構

電除塵器一般由本體和供電源組成，本體主要包括殼體、灰斗、放電極、集塵極、氣流分布裝置、振打清灰裝置、絶緣子等。

1. 集塵極

集塵極板要求板面的場强和電流的分布盡可能均匀，二次揚塵少，振打性能好，機械强度好，耐高溫，耐腐蝕，且消耗鋼材少，多用 $\delta = 1.2 \sim 2.0$ mm 的鋼板軋制，常用的斷面形狀如圖 5.24 所示。

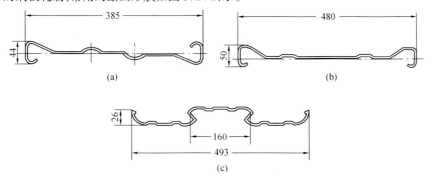

圖 5.24　極板型式

(a) Z 型電極；(b) C 型電極；(c) CS 型電極

2. 放電極

對放電極的要求是起暈電壓低、擊穿電壓高、電暈電流强，機械强度和耐腐性好，易于清灰，耐高溫，通常由鋼或特殊合金制成。

常用形式見圖 5.25，有圓形、星形、鋸齒形、芒刺形、麻花形等。

3. 振打清灰裝置

振打的方式有錘擊振打、電磁振打多種形式，常用的是機械錘周期性振打。

4. 氣流分布裝置

氣流分布的均匀性對除塵效率的影響很大，因此電除塵器進口需設氣流分布板。常見的有圓孔形、方孔形幾種，采用 3～5 mm 的鋼板制作，孔徑 40～60 mm，開孔率爲 50～65%。

5. 供電裝置

供電裝置包括：(1)升壓變壓器，將 380 V 或 220 V 交流電升到除塵所需高電壓，通常工作電壓爲 50～60 kV；

(2)整流器，將高壓交流電變爲高壓直流電，通常爲半導體硅整流器；

(3)控制裝置，起自動調壓作用，使工作電壓始終在接近于擊穿電壓下工作，保證電除塵器的高效運行。

五、電除塵器設計中的幾個問題

1. 集塵極面積的確定

電除塵器所需的集塵面積可按公式(5.44)計算確定。

2. 電場風速

電除塵器內氣體的運動速度稱為電場風速,按下式計算

$$v = \frac{L}{F} \quad \text{m/s} \qquad (5.48)$$

式中 F——電除塵器橫斷面積,m^2。

電場風速的大小對除塵效率有較大影響,風速過大,容易產生二次揚塵,除塵效率下降。但是風速過低,電除塵器體積大,投資增加。根據經驗,電場風速最高不宜超過 $1.5 \sim 2.0$ m/s,除塵效率要求高的除塵器不宜超過 $1.0 \sim 1.5$ m/s。

3. 氣體含塵濃度

電除塵器內同時存在着兩種電荷,一

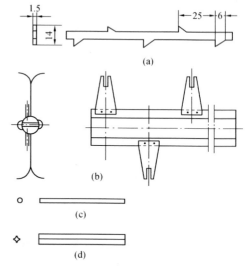

圖 5.25 放電極型式

(a) 鋸齒形;(b) R－S 綫(芒刺形);(c) 圓形;(d) 星形

種是離子的電荷,一種是帶電塵粒的電荷。離子的運動速度較高,約為 $60 \sim 100$ m/s,而帶電塵粒的運動速度卻是較低的,一般在 60 cm/s 以下。因此含塵氣體通過電除塵器時,單位時間轉移的電荷量要比通過清潔空氣時少,即這時的電暈電流小。如果氣體的含塵濃度很高,電場內懸浮大量的微小塵粒,會使電除塵器的電暈電流急劇下降,嚴重時可能會趨近于零,這種情況稱為電暈閉塞。為了防止電暈閉塞的產生,處理含塵濃度較高的氣體時,必須采取措施,如提高工作電壓,采用放電強烈的電暈極,增設預淨化設備等。氣體的含塵濃度超過 30 g/m^3 時,必須設預淨化設備。

第七節　袋式除塵器

袋式除塵器是一種干式的高效除塵器,它利用纖維織物為濾料進行除塵。濾袋通常作成圓柱形(直徑為 $125 \sim 500$ mm),有時也作成扁長方形,濾袋長度一般為 2 m 左右。

一、袋式除塵器工作原理

袋式除塵器利用棉、毛、人造纖維等加工的濾料進行過濾,濾料本身的網孔較大,一般為 $20 \sim 50$ μm,表面起絨的濾料約為 $5 \sim 10$ μm。因此,新濾袋的除塵效率是不高的,對 1 μm 的塵粒只有 40% 左右,見圖 5.26。含塵氣體通過濾袋,把粉塵截留在布袋的表面上,淨化后的氣體經排氣管排出。含塵氣體通過濾料時,隨着它們深入濾料內部,使纖維間孔隙逐漸減小,最終形成附着在濾料表面的粉塵層,稱為初層。袋式除塵器的過濾作用主要是依靠這個初層以及逐漸堆積起來的粉塵層進行的,見圖 5.27 所示,即使過濾很微細(1 μm 左右)粉塵也能獲得較高的除塵效率($\eta = 99\%$ 左右)。隨着粉塵在初層基礎上不斷積聚,使其透氣性變壞,除塵器的阻力增加,當然濾袋的除塵效率也增大。但阻力過大會使濾袋容易損壞或因濾袋兩側的壓差增大,空氣通過濾袋孔眼的流速過高,將已粘附的粉塵

帶走,使除塵效率下降。因此,袋式除塵器運行一定時間后要及時清灰,清灰時又不能破壞初層,以免效率下降。

二、袋式除塵器的阻力計算

袋式除塵器阻力與除塵器結構、濾袋布置、粉塵層特性、清灰方法、過濾風速、粉塵濃度等因素有關。可作以下定性分析。

袋式除塵器阻力

$$\Delta P = \Delta P_g + \Delta P_0 + \Delta P_c \quad \text{Pa} \tag{5.49}$$

式中 ΔP_g——機械設備阻力,Pa;

ΔP_0——濾料本身的阻力,Pa;

ΔP_c——粉塵層阻力,Pa。

機械設備阻力 ΔP_g 是指設備進、出口及内部流道内擋板等造成的流動阻力,約爲200 ~ 500 Pa。

濾料阻力

$$\Delta P_0 = \xi_0 \mu v_F / 60 \quad \text{Pa} \tag{5.50}$$

式中 μ——空氣的粘度,Pa·s;

v_F——過濾風速,即單位時間每平方濾料表面積所通過的空氣量,$\text{m}^3/\text{min·m}^2$;

ξ_0——濾料的阻力系數,m^{-1}。

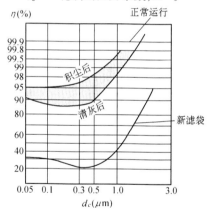

圖 5.26 某袋式除塵器分級效率曲綫

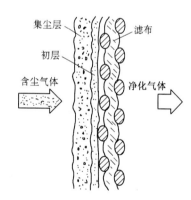

圖 5.27 濾料的過濾作用

棉布 $\xi_0 = 1.0 \times 10^7 \text{ m}^{-1}$、呢料 $\xi_0 = 3.6 \times 10^7 \text{ m}^{-1}$、滌綸絨布 $\xi_0 = 4.8 \times 10^7 \text{ m}^{-1}$。

濾料上粉塵層阻力

$$\Delta P_c = \alpha_m \delta_c \rho_c \mu v_F / 60 = \alpha_m \left(\frac{G_c}{F}\right) \mu v_F / 60 \quad \text{Pa} \tag{5.51}$$

式中 δ_c——濾料上粉塵層厚度,m;

G_c——濾料上堆積的粉塵量,kg;

F——濾料的表面積,m^2;

α_m——粉塵層的平均比阻,m/kg。

α_m 是隨粉塵粒徑、真密度及粉塵層内部空隙的減小而增加。這就是說,處理粉塵的粒徑愈細小，ΔP_c 愈大。

除塵器運行 τ 秒鐘后，濾料上堆積的粉塵量

$$G_c = \frac{(v_F F)}{60} \tau y \quad \text{kg} \tag{5.52}$$

式中　τ——濾料的連續過濾時間，s；

　　　y——除塵器進口處含塵濃度，kg/m³。

把公式(5.52)代入式(5.51)，則得

$$\Delta P_c = \alpha_m \mu y \tau (v_F/60)^2 \quad \text{Pa} \tag{5.53}$$

除塵器處理的氣體及粉塵確定以后，α_m、μ 都是定值。從公式(5.53)可以看出，粉塵層的阻力取決於過濾風速、氣體的含塵濃度和連續運行的時間。除塵器允許的 ΔP_c 確定以后，y、τ、v_F 這三個參數是相互制約的。處理含塵濃度高的氣體時，清灰時間間隔應盡量縮短；進口含塵濃度低、清灰時間間隔短、清灰效果好的除塵器，可以選用較高的過濾風速；相反，則應選用較低的過濾風速。不同的清灰方法要選用不同的過濾風速就是這個原因。

三、除塵效率

袋式除塵的機理是過濾除塵。過濾除塵分兩個階段，首先是含塵氣體通過清潔濾料，此時過濾除塵作用主要靠纖維，這是過濾除塵的初級階段；其次是含塵氣體通過濾袋，經過一段時間后濾料表面積塵不斷增加形成了初層，此時除塵主要靠初層起作用，該階段爲過涉除塵的第二階段。

根據實驗得知，袋式除塵器的除塵效率與濾料種類、濾料狀態、含塵氣體的含塵濃度、清灰方式、過濾風速以及粉塵性質和含塵氣體特性等有關。

四、清灰方法

從上面的分析可以看出，袋式除塵器的運行與清灰方法密切相關。目前常用的清灰方法有簡易清灰、機械清灰、和氣流清灰三類。簡易清灰是通過關閉風機時濾袋的變形及粉塵層的自重進行的，同時輔以人工的輕度拍打。爲了充分利用粉塵層的過濾作用，它的過濾風速較低，清灰時間間隔較長，即使用普通的棉布作濾料，也會有較高的除塵效率。

圖 5.28 所示是機械清灰和氣流清灰的示意圖。機械清灰有三種形式：

(1)、(2) 是濾袋在振打機構的作用下，上下或左右運動，這種清灰方法容易使濾袋產生局部的損壞。

(3) 是濾袋在振動器的作用下產生微振，從而使粉塵脫落。

(4) 是氣流清灰的示意圖。反吹空氣從相反方向通過濾袋和粉塵層，利用氣流使粉塵從濾袋上脫落。采用氣流清灰時，濾袋內必須有支撑結構，如撑環或網架，避免把濾袋壓扁，粘連，破壞初層。反吹氣流是均勻通過整個濾袋的，稱爲逆氣流清灰。反吹空氣可以由專門的風機供給，也可以利用除塵器本身的負壓從外部吸入，采用后者，除塵器本身

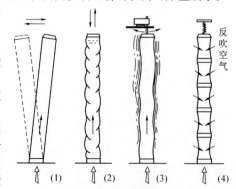

圖 5.28　機械清灰和氣流清灰

1—左右搖動；2—上下運動；3—振動器振動；4—氣流反吹

的負壓值不得小于 500 Pa。

　上述的清灰方法屬于間歇清灰,即除塵器被分隔成若干室,逐室切斷氣路,順次對各室進行清灰。

　圖 5.29 是脉冲噴吹清灰,它利用噴嘴噴出壓縮空氣進行反吹,每 60 秒鐘左右噴吹一次,每次噴吹 0.1 秒左右。脉冲噴吹清灰的優點是清灰過程不中斷濾料工作,能使粘附性强的粉塵脱落,清灰時間間隔短,過濾風速高。采用脉冲噴吹需要有壓縮空氣源。

　某些袋式除塵器常把上述的幾種清灰方法結合在一起使用。

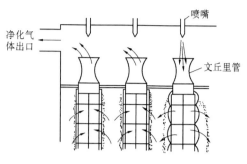

圖 5.29　脉冲噴吹清灰

五、過濾風速

　過濾風速是指單位時間每平方米濾料表面積上所通過的空氣量。

$$v_F = L/60F \quad \text{m}^3/\text{min} \cdot \text{m}^2 \tag{5.54}$$

式中　L——除塵器處理風量,m^3/h;

　　　F——過濾面積,m^2。

　過濾風速是影響袋式除塵器性能的重要因素之一。選用較高的過濾風速可以減小過濾面積,使設備小型化。但是會使阻力增大,除塵效率下降,并影響濾袋的使用壽命,每一個過濾系統根據它的清灰方式、濾料、粉塵性質、處理氣體温度等因素都有一個最佳的過濾風速。一般細粉塵的過濾風速要比粗粉塵低,大除塵器的過濾風速要比小除塵器低(因大除塵器氣流分布不均匀)。

　采用簡易清灰的簡易袋式除塵器其過濾風速 $v_F = 0.35 \sim 0.5 \text{ m}^3/\text{min} \cdot \text{m}^2$。

　據國外資料介紹,對于采用振動和逆氣流反吹的除塵器,處理粗大的粉塵時 $v_F = 1.5 \sim 3.0 \text{ m}^3/\text{min} \cdot \text{m}^2$;處理普通粉塵時 $v_F = 1 \text{ m}^3/\text{min} \cdot \text{m}^2$;處理細粉塵(如電弧煉鋼爐的烟塵) $v_F = 0.5 \sim 0.75 \text{ m}^3/\text{min} \cdot \text{m}^2$。

　脉冲噴吹清灰的除塵器的過濾風速可參考國外的下列近似公式確定。

$$v_F = A \times B \times C \times D \times E \quad \text{m}^3/\text{min} \cdot \text{m}^2 \tag{5.55}$$

式中　A——粉塵因素,見表 5.3;

　　　B——應用因素,見表 5.4;

　　　C——温度影響系數,見圖 5.30;

　　　D——粒徑因素,見表 5.5;

　　　E——含塵濃度影響系數,見圖 5.31。

　根據我國的使用經驗,一般含塵濃度在 15 g/m^3 左右時,取 $E = 1.0$。

　公式(5.55)中所考慮的影響過濾風速的因素,對其他清灰方式的袋式除塵器也是適用的。

六、常用袋式除塵器的結構和性能

1. 簡易清灰的袋式除塵器

　圖 5.32 是簡易清灰袋式除塵器的示意圖。簡易袋式除塵大多在正壓下運行,有時

濾袋直接布置在室內,净化后的空氣在室內再循環。它的清灰是依靠風機關閉時濾袋的變形和粉塵層的自重進行的,有時也輔以人工輕度拍打。

簡易袋式除塵器的特點是除塵效率高、性能穩定、投資省、對濾料要求不高(棉布、玻璃纖維濾布均可)、維修量小、濾袋使用壽命長。它的缺點是過濾風速小,占地面積大。阻力爲 400～600 Pa。

表 5.3　粉塵因素 A

過濾風速 $m^3/min \cdot m^2$	粉　　　塵
4.5	紙板塵、可可、飼料、面粉、谷物、皮革塵、鋸塵、烟草塵
3.6	石棉、抛光塵、纖維、鑄造落砂、石膏、熟石灰、橡膠化學產品、鹽、砂、噴砂塵、蘇打灰、滑石粉
3.0	礬石、炭黑、水泥、陶瓷顔料、粘土和磚塵、煤、螢石、天然樹膠、高嶺土、石灰石、高氯酸鹽、岩石塵、礦石和礦物、硅石、糖
2.7	磷肥、焦碳、干的石油化工產品、染料、金屬氧化物、顔料、塑料、樹脂、硅酸鹽、香料、硬脂酸鹽
1.8	活性炭、炭黑(分子的)、去污粉、烟和其他直接反應生成物、奶粉、皂粉

表 5.4　應用因素 B

應用場合	因素 B
排除有害物質的通風	1.0
產品回收	0.9
生產工藝氣體的過濾(如噴霧干燥窑、反應器)	0.8

表 5.5　粒徑因素 D

粒徑範圍(μm)	因素 D
> 100	1.2
50～100	1.1
10～50	1.0
3～10	0.9
< 3	0.8

2. 大氣反吹氣流和振動聯合清灰的除塵器

圖 5.33 是利用大氣反吹進行清灰的袋式除塵器。反吹氣流利用除塵器本身的負壓吸入。在氣流反吹的同時,在彈簧的作用,濾袋產生輕微振動,通過反吹氣流和振動聯合進行清灰。清灰過程是分組進行的,某一組濾袋清灰時,反吹空氣閥門 1 自動打開,净化空氣出口閥門 U 處于關閉狀態。清灰時間約爲 30～60 秒,清灰的時間間隔約爲 3～8 分鐘。除塵器阻力約爲 600～1 000Pa。

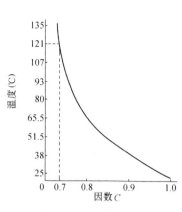

圖 5.30　溫度影響系數 C

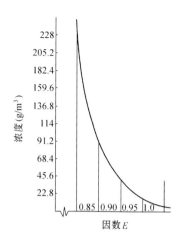

圖 5.31　含塵濃度影響系數

　　除塵器采用分組清灰時,若除塵器分隔室較少,關閉一個分隔室后,會使其他分隔室濾料的過濾速度和阻力增大。采用逆氣流清灰時,反吹空氣還必須由正在工作的濾袋再過濾,這樣也會使過濾風速增大。在設計和選用時,必須考慮這些因素。

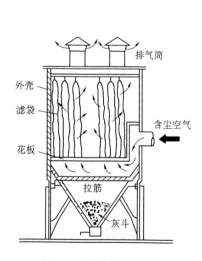

圖 5.32　簡易袋式除塵器

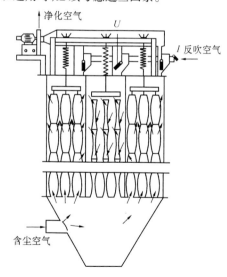

圖 5.33　大氣反吹清灰的袋式除塵器

3. 回轉式逆氣流反吹

　　圖 5.34 是回轉反吹袋式除塵器的示意圖,反吹空氣由風機供給。反吹空氣經中心管送到設在濾袋上的旋臂內,電動機帶動旋臂旋轉,使所有濾袋都得到均勻反吹。每只濾袋的反吹時間約爲 0.5 s,反吹的時間間隔約爲 15 min 左右,反吹風機的風壓約爲 5 kPa 左右。在高溫工況下(80 ~ 120 ℃),推薦的過濾風速 $v_F = 0.8 ~ 1.2$ m³/min·m²;在低溫工況

下(<80℃)推薦的過濾風速 $v_F = 1.5 \sim 2.5 \text{ m}^3/\text{min·m}^2$。阻力約爲 800 ~ 1400 Pa。

4. 脉冲噴吹袋式除塵器

圖 5.35 是脉冲噴吹袋式除塵器的工作示意圖,含塵空氣通過濾袋時,粉塵阻留在濾袋外表面,净化后的氣體經文丘里管從上部排出。每排濾袋上方設一根噴吹管,噴吹管上設有與每個濾袋相對應的噴嘴,噴吹管前端裝設脉冲閥,通過程序控制機構控制脉冲閥的啓閉。脉冲閥開啓時,壓縮空氣從噴嘴高速噴出,帶着比自身體積大 5 ~ 7 倍的誘導空氣一起經文丘里管進入濾袋。濾袋急劇膨脹引起冲擊振動,使附在濾袋外的粉塵脱落。

壓縮空氣的噴吹壓力爲 600 ~ 700 kPa,脉冲周期(噴吹的時間間隔)爲 60 s 左右,脉冲寬度(噴吹一次的時間)爲 0.1 ~ 0.2 s。采用脉冲噴吹袋式除塵器必須要有壓縮空氣源,因此使用上有一定局限性。目前常用的脉冲控制儀有無觸點脉冲控制儀(采用晶體管邏輯電路和可控硅無觸點開關組成)、氣動脉冲控制儀和機械脉冲控制儀三種。

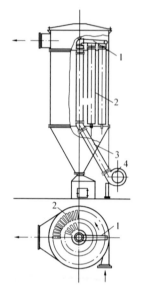

圖 5.34　回轉反吹袋式除塵器
1—旋臂;2—濾袋;3—灰斗;4—反吹風機

七、袋式除塵器的應用

袋式除塵器作爲一種干式高效除塵器廣泛應用于各工業部門,它比静電除塵器結構簡單、投資省、運行穩定可靠,可回收高比電阻粉塵。與下一節介紹的文丘里除塵器相比,它能量消耗小,能回收干的粉塵,不存在泥漿處理問題。袋式除塵器適宜處理細小而干燥的粉塵。

使用袋式除塵器時應注意以下問題:

1. 由于濾料使用溫度的限制,它不宜處理高溫烟氣。如需用袋式除塵器處理高溫烟氣,必須預冷却。通常采用的烟氣冷却方式有直接噴霧蒸發冷却、表面換熱器(用水或空氣間接冷却)冷却、混入周圍冷空氣等。實際應用時,可根據具體情况確定。國外已有用不銹鋼絲混編而成的濾料,使用溫度超過 600 ~ 700℃。

2. 處理高溫、高濕氣體(如球磨機排氣)時,爲防止蒸氣在濾袋上凝結,應對含塵空氣進行加熱(用電或蒸汽),并對除塵器保溫。

3. 不宜處理含有油霧、凝結水和粘性粉塵的氣體。

4. 不能用于有爆炸危險和帶有火花的烟氣。

5. 處理含塵濃度高的氣體時,爲减輕袋式除塵器負擔,最好采用兩級除塵。用低阻力除塵器進行預净化。

第八節　濕式除塵器

濕式除塵器是通過含塵氣體與液滴式液膜、氣泡相接觸使塵粒從氣流中分離的,也稱洗滌式除塵器。濕式除塵器主要用于親水性粉塵。它比干式除塵器除塵效率高,對于粒徑小于或等于 0.1 μm 的粉塵分級效率很高。而且在除塵的同時,還能除掉部分有害氣體。濕式除塵器比較適合在南方使用,對于高溫、高濕及粘性大的粉塵都能很好的捕集。它的缺點是用物料不能干法回收,混漿處理比較困難,爲了避免水系污染,有時要設置專

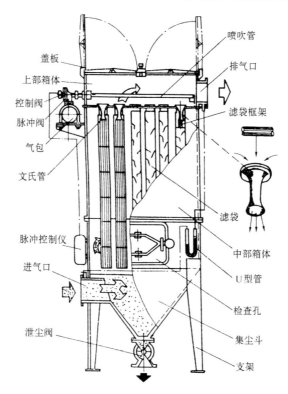

圖 5.35　脉冲噴吹袋式除塵器

門的廢水處理設備;高温烟氣洗滌后,温度下降,會影響烟氣在大氣中的擴散。

一、濕式除塵器的除塵機理

1. 通過慣性碰撞、接觸阻留,塵粒與液滴、液膜發生接觸,使塵粒加濕、增重、凝聚;
2. 細小塵粒通過擴散與液滴、液膜接觸;
3. 由于烟氣增濕,塵粒的凝聚性增加;
4. 高温烟氣中的水蒸汽冷却凝結時,要以塵粒爲凝結核,形成一層液膜包圍在塵粒表面,增强了粉塵的凝聚性。對疏水性粉塵能改善其可濕性。

粒徑爲 $1 \sim 5 \ \mu m$ 的粉塵主要利用第一個機理,粒徑在 $1 \ \mu m$ 以下的粉塵主要利用后三個機理。目前常用的各種濕式除塵器主要利用塵粒與液滴、液膜的慣性碰撞進行除塵。下面對慣性碰撞及擴散的機理做簡要分析:

1. 慣性碰撞

含塵氣體在運動過程中與液滴相遇時,在液滴前 X_d 處,氣流開始改變方向,繞着液滴流動。而慣性大的塵粒要繼續保持原有的直綫運動,見圖 5.36。塵粒脱離流綫后,由于空氣的阻力,塵粒的慣性運動速度不斷下降,從最初的 v_0 一直下降到等于零爲止(或者和液滴發生碰撞爲止)。如果塵粒從脱離流綫到慣性運動結束,總共移動的直綫距離爲 X_s,當 $X_s/X_d > 1$ 時,塵粒會和液滴發生碰撞,X_s/X_d 值愈大,碰撞愈强烈,除塵效果越好。

慣性碰撞數 N_i 是和 Re 數一樣的一個準則數,反映慣性碰撞的特性。N_i 的數學表達

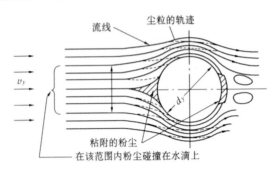

圖 5.36　塵粒與液滴的慣性碰撞

式爲

$$\frac{X_s}{d_y} = \frac{v_y d_c^2 \rho_c}{18\mu d_y} = N_i \tag{5.56}$$

式中　d_y——液滴直徑，m;

$\quad v_y$——塵粒與液滴的相對運動速度，m/s;

$\quad d_c$——塵粒直徑，m;

$\quad \rho_c$——塵粒密度，Kg/m;

$\quad \mu$——空氣的動力粘度，Pa·s。

N_i 數越大，說明塵粒和物體(如液滴、擋板、纖維)的碰撞機會越多，碰撞越強烈，因而慣性碰撞所造成的除塵效率也愈高，慣性碰撞除塵效率 η_t 與 N_i 數的關系可近似用下式表示

$$\eta_t = \frac{1}{1 + \frac{0.65}{N_i}} \tag{5.57}$$

從上式可以看出，N_i 數越大，即塵粒粒徑、塵粒密度、氣液相對運動速度愈大，液滴直徑越小，則慣性碰撞除塵效率 η_t 越高。

必須指出，并不是液滴直徑 d_y 越小越好，d_y 過小，液滴容易隨氣流一起運動，減小了氣流的相對運動速度。實驗表明，液滴直徑約爲捕集粒徑的 150 倍時，效果最好，過大或過小都會使除塵效率下降。氣流的速度也不宜過高，以免阻力增加。

2. 擴散

從公式(5.57)可以看出，當 N_i 數在 0.05 以下時，$\eta_t \approx 0$。但是實際的除塵效率并不一定爲零，這是因爲塵粒向液體表面的擴散在起作用。粒徑在 0.1 μm 左右時，擴散是塵粒運動的主要因素。擴散引起的塵粒轉移與氣體分子的擴散是相同的，擴散轉移量與塵液接觸面積、擴散系數、粉塵濃度成正比，與液體表面的液膜厚度成反比。粒徑越大，擴散系數越小。另外擴散除塵效率是隨液滴直徑、氣體粘度、氣液相對運動速度的減小而增加的。在工業上單純利用擴散機理的除塵裝置是沒有的，但是某些難以捕集的細小塵粒能在濕式除塵器或過濾式除塵器中捕集是與擴散、凝聚等機理有關的。當處理粉塵的粒徑比較細小，在設計和選用濕式除塵器或過濾式除塵器時，應有意識的利用擴散機理。

二、濕式除塵器的結構形式

濕式除塵器的種類很多，但是按照氣液接觸方式，分爲兩大類。

(1)塵粒隨氣流一起冲入液體內部，塵粒加濕后被液體捕集，它的作用是液體洗滌含

塵氣體。屬于這類的濕式除塵器有自激式除塵器、臥式旋風水膜除塵器、泡沫塔等。

（2）用各種方式向氣流中噴入水霧使塵粒與液滴、液膜發生碰撞。屬于這類的濕式除塵器有文丘里除塵器、噴淋塔等。

1．自激式除塵器

自激式除塵器內先要貯存一定量的水，它利用氣流與液面的高速接觸，激起大量水滴使塵粒從氣流中分離，水浴除塵器、冲激式除塵器都屬于這一類。

（1）水浴除塵器（圖 5.37）

含塵氣流從噴頭高速噴出，冲入水中時激起大量泡沫和水滴。大顆粒粉塵直接在水池內分離出來，細小的塵粒通過水層向上返時，與水滴碰撞，由于凝聚、增重而被捕集。

（2）冲激式除塵器（圖 5.38）

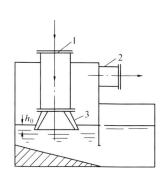

圖 5.37 水浴除塵器
1—含塵氣體進口；2—净化氣體出口；3—噴頭

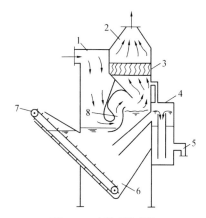

圖 5.38 冲激式除塵器
1—進口；2—出口；3—擋水板；4—溢流箱；5—溢流口；6—泥漿斗；7—刮板運輸機；8—S 型通道

含塵氣體進入除塵器後碰到出口管外壁轉彎向下，冲激到液面上，除掉一部分大顆粒粉塵。隨後含塵氣體高速通過 S 型通道，激起大量泡沫和水滴，含塵氣體與泡沫、水滴充分接觸混合，在慣性力和泡沫、水滴的洗滌作用下，粉塵被分離出來。净化后的氣體從出口排出。

2．臥式旋風水膜除塵器（圖 5.39）

它由橫臥的外筒和內筒構成，內、外筒之間設有導流葉片。含塵氣體由進口沿切向進入，沿導流葉片作旋轉運動。在氣流作用下液體在外筒壁形成一層水膜，同時產生大量水滴。塵粒在離心力作用下甩向外筒壁，被外筒壁表面水膜粘附，除掉部分粉塵。還有一部分粉塵與液滴發生碰撞被捕集。經過多次旋轉的反復作用，使絕大部分粉塵分離出來。净化后的氣體從出口排出。

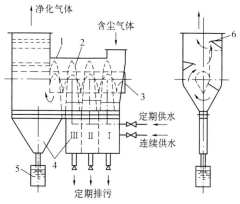

圖 5.39 臥式旋風水膜除塵器
1—外筒；2—螺旋導流片；3—內筒；4—灰斗；5—溢流筒；6—檐式擋水板

3. 文丘里除塵器

粉塵的粒徑較小時,要得到較高的 N_i 數必須制造較高的氣液相對速度和非常細小的液滴。文丘里除塵器就是爲了適應這個要求而發展起來的。

如圖 5.40,含塵氣體以 $60 \sim 120\ m/s$ 的高速通過喉管,在喉管處設有噴嘴,向氣流進行供水。由于氣液間有非常高的相對速度,液體被霧化成無數細小的液滴,液滴冲破塵粒周圍的氣膜使其加濕、增重。在運動過程中,通過碰撞塵粒還會凝聚增大,增重后的塵粒在分離器中與氣流分離。

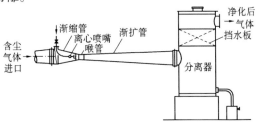

圖 5.40　文丘里除塵器

文丘里除塵器的優點是體積小,構造簡單,布置靈活。對 $1\ \mu m$ 以下的粉塵,文丘里除塵器具有較高的效率,缺點是阻力大。一般爲 $4 \sim 10$ kPa。由于烟氣溫度高、含濕量大或比電阻過大等原因不宜采用電除塵器或袋式除塵器式,可用文丘里除塵器。

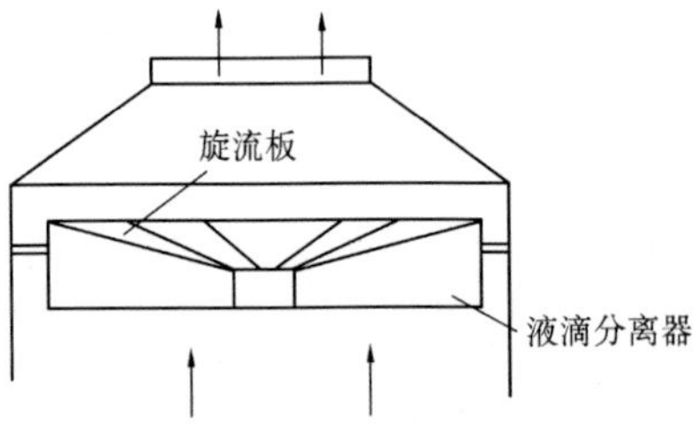

三、液滴分離器

氣流在洗滌器中接觸液體后,帶有大量水滴,如直接進入通風系統,會影響系統的正常使用,在洗滌器出口處必須設置液滴分離器。目前常用的有重力式、撞擊式、離心式三種。

圖 5.41　旋流式液滴分離器

重力式液滴分離器是依靠液滴的重力使其從氣流中分離的,它只能分離粗大的液滴,要求氣流的上升速度不超過 0.3 m/s。

撞擊式液滴分離器是依靠液滴與擋板或紗網的撞擊使其從氣流中分離的。擋板式是在洗滌器出口設置 4~6 折擋水板,氣流通過擋水板時的風速應在 2~3 m/s 之間,小于 2 m/s 碰撞效率低,大于 3 m/s 氣流會把液滴帶走。擋水板排列不能過于緊密,以免堵塞。擋板式液滴分離器能分離 150 μm 以上的液滴。絲網式是在除塵器出口設置多層尼龍窗紗或鋼絲網,它的分離效果較好,對大于 100 μm 的液滴,效率可達 99%。

離心式液滴分離器是利用慣性離心力使液滴分離的,它有兩種形式,一種是利用氣流自身的旋轉運動造成氣液分離,另一種是在洗滌器内設置固定的螺旋葉片,造成氣流旋轉,使氣液分離,見圖 5.41 所示。這種液滴分離器稱爲旋流式液滴分離器。

第六章 通風管道的設計計算

第一節 風道中的阻力

根據流體力學可知,流體在管道內流動,必然要克服阻力產生能量損失。空氣在管道內流動有兩種形式的阻力和損失,即沿程阻力與沿程損失,局部阻力與局部損失。

一、沿程損失

由於空氣本身的粘滯性和管壁的粗糙度所引起的空氣與管壁間的摩擦而產生的阻力稱爲摩擦阻力或沿程阻力,克服摩擦阻力而引起的能量損失稱爲沿程壓力損失,簡稱沿程損失。

空氣在橫斷面不變的管道內流動時,沿程損失可按下式計算

$$\Delta P_m = \lambda \, \frac{1}{4R_s} \cdot \frac{\rho v^2}{2} l \tag{6.1}$$

式中 ΔP_m——風道的沿程損失,Pa;

  λ——摩擦阻力系数;

  v——風道內空氣的平均流速,m/s;

  ρ——空氣的密度,kg/m³;

  l——風道的長度,m;

  R_s——風道的水力半徑,m;

$$R_s = \frac{F}{P} \tag{6.2}$$

  F——管道中充滿流體部分的橫斷面積,m²;

  P——濕周,在通風系統中即爲風管周長,m。

單位長度的摩擦阻力,也稱比摩阻,爲

$$R_m = \lambda \, \frac{1}{4R_s} \cdot \frac{\rho v^2}{2} \quad \text{Pa/m} \tag{6.3}$$

1. 圓形風管的沿程損失

  對于圓形風管

$$R_s = \frac{F}{P} = \frac{\frac{\pi}{4} D^2}{\pi D} = \frac{D}{4}$$

式中 D——風管直徑。

  則圓形風管的沿程損失和單位長度沿程損失分別爲

$$\Delta P_m = \lambda \, \frac{1}{D} \cdot \frac{\rho v^2}{2} l \quad \text{Pa} \tag{6.4}$$

$$R_m = \frac{\lambda}{D} \cdot \frac{\rho v^2}{2} \quad \text{Pa/m} \tag{6.5}$$

摩擦阻力系數 λ 與風管管壁的粗糙度和管內空氣的流動狀態有關,對大部分通風和空調系統中的風道,空氣的流動處于紊流過渡區。在這一區域中 λ 用下式計算

$$\frac{1}{\sqrt{\lambda}} = -2\lg\left(\frac{K}{3.71D} + \frac{2.51}{Re\sqrt{\lambda}}\right) \tag{6.6}$$

式中　K——風管內壁的當量絕對粗糙度,mm;

　　　Re——雷諾數。

$$Re = \frac{vD}{\gamma} \tag{6.7}$$

式中　γ——風管內流體(空氣)的運動粘度,m^2/s。

在通風管道設計中,爲了簡化計算,可根據公式(6.5)和式(6.6)繪制的各種形式的綫算圖或計算表進行計算。附錄 6.1 爲風管單位長度沿程損失綫算圖,附錄 6.2 爲圓形風管計算表。只要知道風量、管徑、比摩阻、流速四個參數中的任意兩個,即可求出其余的兩個參數。附錄 6.1 和附錄 6.2 的編制條件是:大氣壓力爲 101.3 kPa,溫度爲 20 ℃,空氣密度爲 1.2 kg/m^3,運動粘度爲 $15.06 \times 10^{-6}\ m^2/s$,管壁粗糙度 $K = 0.15$ mm,當實際使用條件與上述條件不同時,應進行修正。

(1) 大氣溫度和大氣壓力的修正

$$R'_m = \varepsilon_t \varepsilon_B R_m \quad Pa/m \tag{6.8}$$

式中　R'_m——實際使用條件下的單位長度沿程損失,Pa/m;

　　　ε_t——溫度修正系數;

　　　ε_B——大氣壓力修正系數;

　　　R_m——綫算圖或表中查出的單位長度沿程損失,Pa/m。

$$\varepsilon_t = \left(\frac{273 + 20}{273 + t}\right)^{0.825} \tag{6.9}$$

$$\varepsilon_B = \left(\frac{B}{101.3}\right)^{0.9} \tag{6.10}$$

式中　t——實際的空氣溫度,℃;

　　　B——實際的大氣壓力,kPa。

ε_t 和 ε_B 也可直接由圖 6.1 查得。

(2) 絕對粗糙度的修正

通風空調工程中常采用不同材料制成的風管,各種材料的絕對粗糙度見表 6.1。

$$R'_m = \varepsilon_k R_m \tag{6.11}$$

ε_k——粗糙度修正系數。

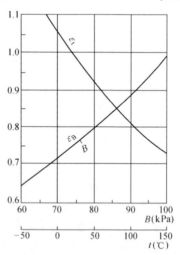

圖 6.1　溫度和大氣壓力曲綫

$$\varepsilon_k = (Kv)^{0.25} \tag{6.12}$$

式中　v——管內空氣流速,m/s。

【例 6.1】 已知太原市某廠一通風系統采用鋼板制圓形風道,風量 $L = 1\,000\ m^3/h$,管內空氣流速 $v = 10$ m/s,空氣溫度 $t = 80$ ℃,求風管的管徑和單位長度的沿程損失。

　　解　由附錄 6.1 查得:$D = 200$ mm　$R_m = 6.8$ Pa/m,太原市大氣壓力:$B = 91.9$ kPa

由圖 6.1 查得:$\varepsilon_t = 0.86$,$\varepsilon_B = 0.92$

所以,$R_m = \varepsilon_t \varepsilon_B R_m = 0.86 \times 0.92 \times 6.8 = 5.38$ Pa/m

表 6.1　各種材料的粗糙度 K

管道材料	$K(\text{mm})$	管道材料	$K(\text{mm})$
薄鋼板和鍍鋅薄鋼板	0.15 ~ 0.18	膠合板	1.0
塑 料 板	0.01 ~ 0.05	磚 管 道	3 ~ 6
礦渣石膏板	1.0	混凝土管道	1 ~ 3
礦渣混凝土板	1.5	木 板	0.2 ~ 1.0

2. 矩形風管的沿程損失

風管阻力損失的計算圖表是根據圓形風管繪製的。當風管截面爲矩形時,需首先把矩形風管斷面尺寸折算成相當於圓形風管的當量直徑,再由此求出矩形風管的單位長度沿程損失。

當量直徑就是與矩形風管有相同單位長度沿程損失的圓形風管直徑,它分爲流速當量直徑和流量當量直徑兩種。

(1) 流速當量直徑

假設某一圓形風管中的空氣流速與矩形風管中的空氣流速相等,且兩風管的單位長度沿程損失相等,此時圓形風管的直徑就稱爲該矩形風管的流速當量直徑,以 D_v 表示
圓形風管水力半徑

$$R'_s = \frac{D}{4} \tag{6.13}$$

矩形風管水力半徑

$$R''_s = \frac{F}{P} = \frac{ab}{2(a+b)} \tag{6.14}$$

式中　a、b——矩形風管的長度和寬度。

根據式(6.3),當流速與比摩阻均相同時,水力半徑必相等
則有

$$R'_s = R''_s \quad \frac{D}{4} = \frac{ab}{2(a+b)}$$

$$D = \frac{2ab}{a+b} = D_v \tag{6.15}$$

(2) 流量當量直徑

假設某一圓形風管中的空氣流量與矩形風管中的空氣流量相等,且兩風管的單位長度沿程損失也相等,此時圓形風管的直徑就稱爲該矩形風管的流量當量直徑,以 D_L 表示:
圓形風管流量

$$L = \frac{\pi}{4} D^2 v'$$

$$v' = \frac{4L}{\pi D^2}$$

$$R'_m = \frac{\lambda}{D_L} \cdot \frac{\rho(\frac{4L}{\pi D^2})^2}{2}$$

矩形風管流量

$$L = abv''$$

$$v'' = \frac{L}{ab}$$

$$R''_m = \frac{\lambda}{4} \frac{1}{\dfrac{ab}{2(a+b)}} \frac{\rho(\dfrac{L}{ab})^2}{2}$$

令

$$R'_m = R''_m$$

則

$$D_L = 1.265\sqrt[5]{\frac{a^3 b^3}{a+b}} \qquad (6.16)$$

必須説明,利用當量直徑求矩形風管的沿程損失,要注意其對應關系:當采用流速當量直徑時,必須采用矩形風管内的空氣流速去查沿程損失;當采用流量當量直徑時,必須用矩形風管中的空氣流量去查單位管長沿程損失。這兩種方法得出的矩形風管比摩阻是相等的。

爲方便起見,附録 6.3 列出了標準尺寸的鋼板矩形風管計算表。制表條件同附録 6.1、附録 6.2,這樣即可直接查出對應矩形風管的單位管長沿程損失,但應注意表中的風量是按風道長邊和短邊的内邊長得出的。

【例 6.2】 有一鋼板制矩形風道,$K = 0.15$ mm,斷面尺寸爲 500×250 mm,流量爲 $2\,700$ m³/h,空氣温度爲 50 ℃,求單位長度沿程損失。

解一 矩形風管内空氣流速

$$v = \frac{L}{3\,600F} = \frac{2\,700}{3\,600 \times 0.5 \times 0.25} = 6 \text{ m/s}$$

流速當量直徑

$$D_v = \frac{2ab}{a+b} = \frac{2 \times 0.5 \times 0.25}{0.5 + 0.25} = 0.33 \text{ m}$$

由 $v = 6$ m/s,$D_v = 330$ mm,查附録 6.1 得 $R_m = 1.2$ Pa/m

由圖 6.1 查得 $t = 50$ ℃時,$\varepsilon_t = 0.92$

所以 $R'_m = \varepsilon_t R_m = 0.92 \times 1.2 = 1.1$ Pa/m

解二 流量當量直徑

$$D_L = 1.265\sqrt[5]{\frac{a^3 b^3}{a+b}} = 1.265\sqrt[5]{\frac{0.5^3 \times 0.25^3}{0.5 + 0.25}} = 0.384 \text{ m}$$

由 $L = 2\,700$ m³/h,$D_L = 384$ mm 查附録 6.1 得 $R_m = 1.2$ Pa/m

所以 $R'_m = \varepsilon_t R_m = 0.92 \times 1.2 = 1.1$ Pa/m

解三 利用附録 6.3,查矩形風道 500×250 mm

當 $v = 6$ m/s 時,$L = 2\,660$ m³/h,$R_m = 1.27$ Pa/m

當 $v = 6.5$ m/s 時,$L = 2\,881$ m³/h,$R_m = 1.48$ Pa/m

由内插法求得:

當 $L = 2\,700$ m³/h 時,$v = 6.09$ m/s,$R_m = 1.308$ Pa/m

則 $R'_m = \varepsilon_t R_m = 1.12 \times 0.92 = 1.2$ Pa/m

二、局部損失

風道中流動的空氣,當其方向和斷面大小發生變化或通過管件設備時,由于在邊界急劇改變的區域出現旋渦區和流速的重新分布而產生的阻力稱爲局部阻力,克服局部阻力而引起的能量損失稱爲局部壓力損失,簡稱局部損失。

局部損失按下式計算

$$\Delta P_j = \xi \frac{\rho v^2}{2} \quad \text{Pa} \qquad (6.17)$$

式中　ΔP_j——局部損失,Pa;

　　　ξ——局部阻力系數。

局部阻力系數通常用實驗方法確定,附錄6.4中列出了部分管件的局部阻力系數。在計算局部阻力時,一定要注意 ξ 值所對應的空氣流速。

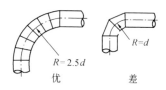

圖 6.2　圓形風管彎頭

在通風系統中,局部阻力所造成的能量損失占有很大的比例,甚至是主要的能量損失,爲減小局部阻力,以利于節能,在設計中應盡量減小局部阻力。通常采用以下措施:

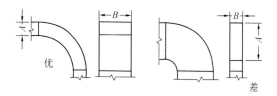

圖 6.3　矩形風管彎頭

1. 布置管道時,應力求管綫短直,減少彎頭。圓形風管彎頭的曲率半徑一般應大于 $(1 \sim 2)$ 倍管徑,見圖6.2。矩形風管彎頭的長寬比愈大,阻力愈小,應優先采用,見圖6.3。必要時可在彎頭內部設置導流葉片,見圖6.4,以減小阻力。應盡量采用轉角小的彎頭,用弧彎代替直角彎,如圖6.5所示。

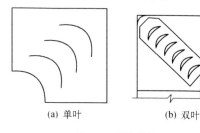

(a) 单叶　　　　(b) 双叶

圖 6.4　導流葉片

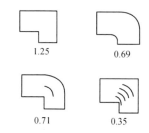

圖 6.5　幾種矩形彎頭的局部阻
　　　　力系數

2. 避免風管斷面的突然變化,管道變徑時,盡量利用漸擴、漸縮代替突擴、突縮。其中心角 α 最好在 $8 \sim 10°$,不超過45°,如圖6.6。

3. 管道和風機的連接要盡量避免在接管處產生局部渦流,如圖6.7所示。

4. 三通的局部阻力大小與斷面形狀、兩支管夾角、支管與總管的截面比有關,爲減小三通的局部阻力,應盡量使支管與干管連接的夾角不超過30°,如圖6.9所示。當合流三通內直管的氣流速度大于支管的氣流速度時,會發生直管氣流引射支管氣流的作用,有時支管的局部阻力出現負

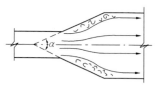

圖 6.6　漸擴管內的空氣流動

值,同樣直管的局部阻力也會出現負值,但不可能同時出現負值。爲避免引射時的能量損失,減小局部阻力,如圖 6.10,應使 $v_1 \approx v_2 \approx v_3$,即 $F_1 + F_2 = F_3$,以避免出現這種現象。

5. 風管的進、出口:氣流流出時將流出前的能量全部損失掉,損失值等于出口動壓,因此可采用漸擴管(擴壓管)來降低出口動壓損失。圖 6.8 所示,空氣進入風管會產生渦流而造成局部阻力,可采取措施減少渦流,降低其局部阻力。

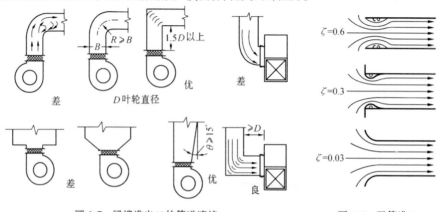

圖 6.7 風機進出口的管道連接   圖 6.8 風管進口

三、總損失

總損失即爲沿程損失與局部損失之和

$$\Delta P = \Delta P_m + \Delta P_j \tag{6.18}$$

式中 ΔP——管段總損失,Pa。

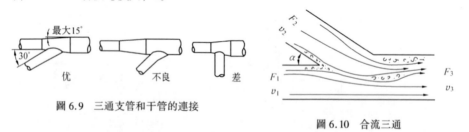

圖 6.9 三通支管和干管的連接

圖 6.10 合流三通

第二節 風道的水力計算

一、水力計算的任務

水力計算是通風系統設計計算的主要部分。它是在確定了系統的形式、設備布置、各送、排風點的位置及風管材料后進行的。

水力計算最主要的任務是確定系統中各管段的斷面尺寸,計算阻力損失,選擇風機。

二、水力計算的方法步驟

1. 水力計算方法

風管水力計算的方法主要有以下三種：

（1）等壓損法

該方法是以單位長度風道有相等的壓力損失爲前提條件，在已知總作用壓力的情況下，將總壓力值按干管長度平均分配給各部分，再根據各部分的風量確定風管斷面尺寸，該法適用于風機壓頭已定及進行分支管路阻力平衡等場合。

（2）假定流速法

該方法是以技術經濟要求的空氣流速作爲控制指標，再根據風量來確定風管的斷面尺寸和壓力損失，目前常用此法進行水力計算。

（3）靜壓復得法

該方法是利用風管分支處復得的靜壓來克服該管段的阻力，根據這一原則確定風管的斷面尺寸，此法適用于高速風道的水力計算。

2. 水力計算步驟

現以假定流速法爲例，説明水力計算的步驟：

（1）繪制系統軸測示意圖，并對各管段進行編號，標注長度和風量。通常把流量和斷面尺寸不變的管段劃爲一個計算管段。

（2）確定合理的氣流速度

風管内的空氣流速對系統有很大的影響。流速低，阻力小，動力消耗少，運行費用低，但是風管斷面尺寸大，耗材料多，造建費用大。反之，流速高，風管段面尺寸小，建造費用低，但阻力大，運行費用會增加，另外還會加劇管道與設備的磨損。因此，必須經過技術經濟分析來確定合理的流速，表 6.2、表 6.3、表 6.4 列出了不同情況下風管内空氣流速範圍。

表 6.2　工業管道中常用的空氣流速(m/s)

建築物類別	管道系統的部位	風　　速		靠近風機處的極限流速
		自然通風	機械通風	
輔助建築	吸入空氣的百葉窗	0～1.0	2～4	10～12
	吸 風 道	1～2	2～6	
	支管及垂直風道	0.5～1.5	2～5	
	水平總風道	0.5～1.0	5～8	
	近地面的進風口	0.2～0.5	0.2～0.5	
	近頂棚的進風口	0.5～1.0	1～2	
	近頂棚的排風口	0.5～1.0	1～2	
	排 風 塔	1～1.5	3～6	
工業建築	材料	總管	支管	室内進風口	室内回風口	新鮮空氣入口
	薄鋼板	6～14	2～8	1.5～3.5	2.5～3.5	5.5～6.5
	磚、礦渣、石棉水泥、礦渣混凝土	4～12	2～6	1.5～3.0	2.0～3.0	5～6

表 6.3　除塵風道空氣流速(m/s)

灰塵性質	垂直管	水平管	灰塵性質	垂直管	水平管
粉狀的粘土和砂	11	13	鐵和鋼(屑)	19	23
耐火泥	14	17	灰土、砂塵	16	18
重礦物灰塵	14	16	鋸屑、刨屑	12	14
輕礦物灰塵	12	14	大塊干木屑	14	15
干型砂	11	13	干微塵	8	10
煤　灰	10	12	染料灰塵	14~16	16~18
濕土(2%以下)	15	18	大塊濕木屑	18	20
鐵和銅(塵末)	13	15	谷物灰塵	10	12
棉絮	8	10	麻(短纖維灰塵、雜質)	8	12
水泥灰塵	8~12	18~22			

表 6.4　空調系統中的空氣流速(m/s)

風速 (m/s) 部　位	低　速　風　管						高速風管	
	推薦風速			最大風速			推薦	最大
	居住	公共	工業	居住	公共	工業	一般建築	
新風入口	2.5	2.5	2.5	4.0	4.5	6	3	5
風機入口	3.5	4.0	5.0	4.5	5.0	7.0	8.5	16.5
風機出口	5~8	6.5~10	8~12	8.5	7.5~11	8.5~14	12.5	25
主風道	3.5~4.5	5~6.5	6~9	4~6	5.5~8	6.5~11	12.5	30
水平支風道	3.0	3.0~4.5	4~5	3.5~4.0	4.0~6.5	5~9	10	22.5
垂直支風道	2.5	3.0~3.5	4.0	3.25~4.0	4.0~6.0	5~8	10	22.5
送風口	1~2	1.5~3.5	3~4.0	2.0~3.0	3.0~5.0	3~5	4	—

(3) 由風量和流速確定最不利環路各管段風管斷面尺寸,計算沿程損失、局部損失及總損失。計算時應首先從最不利環路開始,即從阻力最大的環路開始。確定風管斷面尺寸時,應盡量采用通風管道的統一規格。見附錄6.5。

(4) 其余并聯環路的計算

爲保證系統能按要求的流量進行分配,并聯環路的阻力必須平衡。因受到風管斷面尺寸的限制,對除塵系統各并聯環路間的壓損差值不宜超過10%,其他通風系統不宜超過15%。若超過時可通過調整管徑或采用閥門來進行調節。調整后的管徑可按下式確定

$$D' = D(\frac{\Delta P}{\Delta P'})^{0.225} \quad \text{mm} \tag{6.19}$$

式中　D'——調整后的管徑,mm;

　　　D——原設計的管徑,mm;

　　　ΔP——原設計的支管阻力,Pa;

　　　$\Delta P'$——要求達到的支管阻力,Pa。

需要指出的是,在設計階段不把阻力平衡的問題解決,而一味的依靠閥門開度的調節,對多支管的系統平衡來說是很困難的,需反復調整測試。有時甚至無法達到預期風量分配,或出現再生噪聲等問題。因此,我們一方面加強風管布置方案的合理性,減少阻力平衡的工作量,另一方面要重視在設計階段阻力平衡問題的解決。

(5) 選擇風機

考慮到設備、風管的漏風和阻力損失計算的不精確,選擇風機的風量,風壓應按下式考慮

$$L_f = K_L L \quad \text{m}^3/\text{h} \tag{6.20}$$

$$P_f = K_p \Delta P \quad \text{Pa} \tag{6.21}$$

式中　L_f——風機的風量,m^3/h;

　　　L——系統總風量,m^3/h;

　　　P_f——風機的風壓,Pa;

　　　ΔP——系統總阻力,Pa;

　　　K_L——風量附加系數,除塵系統 $K_L = 1.1 \sim 1.5$;一般送排風系統 $K_L = 1.1$;

　　　K_p——風壓附加系數,除塵系統 $K_p = 1.15 \sim 1.20$;一般送排風系統 $K_p = 1.1 \sim 1.15$。

　　當風機在非標準狀態下工作時,應對風機性能進行換算,在此不再詳述,可參閱《流體力學及泵與風機》。

　　【例6.3】　如圖6.11所示的機械排風系統,全部采用鋼板制作的圓形風管,輸送含有有害氣體的空氣($\rho = 1.2\ \text{kg/m}^3$),氣體溫度爲常溫,圓形傘形罩的擴張角爲 $60°$,合流三通分支管夾角爲 $30°$,帶擴壓管的傘形風帽 $h/D_0 = 0.5$,當地大氣壓力爲 92 kPa,對該系統進行水力計算。

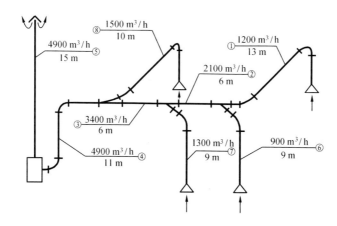

圖 6.11　機械排風系統圖

　　解　1. 對管段進行編號,標注長度和風量,如圖示。

　　2. 確定各管段氣流速度,查表6.2有:工業建築機械通風對于干管 $v = 6 \sim 14\ \text{m/s}$;對于支管 $v = 2 \sim 8\ \text{m/s}$。

　　3. 確定最不利環路,本系統①~⑤爲最不利環路。

　　4. 根據各管段風量及流速,確定各管段的管徑及比摩阻,計算沿程損失,應首先計算最不利環路,然后計算其余分支環路。

　　如管段①,根據 $L = 1\ 200\ \text{m}^3/\text{h}, v = 6 \sim 14\ \text{m/s}$

　　查附錄6.2可得出管徑 $D = 220\ \text{mm}, v = 9\ \text{m/s}, R_m = 4.5\ \text{Pa/m}$

　　查圖6.1有 $\varepsilon_B = 0.91$,則有 $R'_m = 0.91 \times 4.5 = 4.1\ \text{Pa/m}$

$$\Delta P_m = R'_m l = 4.1 \times 13 = 53.3\ \text{Pa}$$

也可查附錄 6.2 確定管徑后，利用內插法求出：v、R_m。

同理可查出其余管段的管徑、實際流速、比摩阻，計算出沿程損失，具體結果見表 6.5。

5. 計算各管段局部損失

如管段①，查附錄 6.4 有：圓形傘形罩擴張角 $60°$，$\xi = 0.09$，$90°$彎頭 2 個，$\xi = 0.15 \times 2 = 0.3$，合流三通直管段，見圖 6.12。

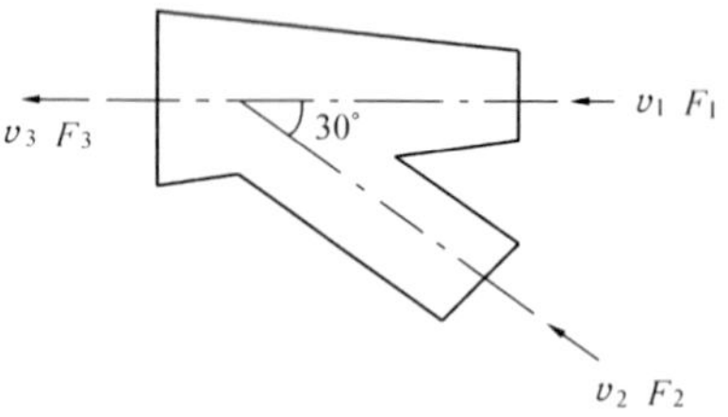

$$\frac{L_2}{L_3} = \frac{900}{2\,100} = 0.43$$

$$\frac{F_2}{F_3} = (\frac{200}{280})^2 = 0.51$$

圖 6.12　合流三通

$$F_1 = \frac{\pi}{4}(0.22)^2 = 0.038 \qquad F_2 = \frac{\pi}{4}(0.2)^2 = 0.031$$

$$F_3 = \frac{\pi}{4}(0.28)^2 = 0.062 \qquad F_1 + F_2 \approx F_3$$

$\alpha = 30°$，查得 $\xi = 0.76$，$\sum \xi = 0.09 + 0.3 + 0.76 = 1.15$

其余各管段的局部阻力系數見表 6.6。

$$\Delta P_j = \sum \xi \frac{\rho v^2}{2} = 1.15 \times \frac{1.2 \times 9^2}{2} = 55.89 \text{ Pa}$$

同理可得出其余管段的局部損失，具體結果見表 6.5。

6. 計算各管段的總損失，結果見表 6.5。

表 6.5　通風管道水力計算表

管段編號	流量 $L/$ m^3/h	管段長度 l/m	管徑 $D/$ mm	流速 $v/$ m/s	比摩阻 $R_m/$ Pa/m	比摩阻修正系數 ε_B	實際比摩阻 $R'_m/$ Pa/m	動壓 $P_d/$ Pa	局部阻力系數 ξ	沿程損失 $\Delta P_m/$ Pa	局部損失 $\Delta P_j/$ Pa	管段總損失 $\Delta P/$ Pa	備注
最不利環路													
1	1 200	13	220	9	4.5	0.91	4.1	48.6	1.15	53.3	55.89	109.2	
2	2 100	6	280	9.6	3.9	0.91	3.55	55.3	0.81	21.3	44.79	66.1	
3	3 400	6	360	9.4	2.7	0.91	2.46	53	1.08	14.76	57.24	72.0	
4	4 900	11	400	10.6	3	0.91	2.73	67.4	0.3	30.03	20.22	50.3	
5	4 900	15	400	10.6	3	0.91	2.73	67.4	0.6	40.95	40.44	81.4	
分支環路													
6	900	9	200	8	4.1	0.91	3.73	38.4	0.03	33.57	1.2	35.1	與①平衡
7	1 300	9	200	11.9	9.5	0.91	8.7	85	0.64	78.3	54.4	132.7	與①+②平衡
8	1 500	10	200	13.0	11	0.91	10	101.4	1.26	100	127.8	227.8	與①+②+③平衡
6	900	9	160	12.3	13	0.91	11.83	90.8	0.03	106.4	2.7	109.1	阻力平衡

表 6.6　各管段局部阻力系數統計表

管段	局部阻力名稱、數量	ξ	管段	局部阻力名稱、數量	ξ
1	圓形傘形罩(擴張角 60°)1 個	0.09	6	圓形傘形罩(擴張角 60°)1 個	0.09×2
	90° 彎頭($r/d = 2.0$)2 個	0.15×2		90° 彎頭($r/d = 2.0$)1 個	0.15×1
	合流三通直管段	0.76		合流三通分支段	-0.21
		$\sum \xi = 1.15$			$\sum \xi = 0.03$
2	合流三通直管段	0.81	7	圓形傘形罩(擴張角 60°)1 個	0.09×1
3	合流三通直管段	1.08		90° 彎頭($r/d = 2.0$)1 個	0.15×1
4	90° 彎頭($r/d = 2.0$)2 個	0.15×2		合流三通分支段	0.4
	風機入口變徑(忽略)	0.0			$\sum \xi = 0.64$
		$\sum \xi = 0.3$	8	圓形傘形罩(擴張角 60°)1 個	0.09×1
5	風機出口變徑(忽略)	0.0		90° 彎頭($r/d = 2.0$)1 個	0.15×1
	帶擴散管傘形風帽($h/D_0 = 0.5$)1 個	0.6×1		合流三通分支段	0.9
		$\sum \xi = 0.6$		60° 彎頭($r/d = 2.0$)1 個	0.12
					$\sum \xi = 1.26$

7. 檢查并聯管路阻力損失的不平衡率

(1) 管段⑥和管段①

不平衡率爲

$$\frac{\Delta P_1 - \Delta P_6}{\Delta P_1} \times 100\% = \frac{109.2 - 35.1}{109.2} \times 100\% = 67.9\% > 15\%$$

調整管徑

$$D' = D(\frac{\Delta P}{\Delta P'})^{0.225} = 200(\frac{35.1}{109.2})^{0.225} = 155 \text{ mm}$$

取 $D' = 160$ mm

查附錄 6.2,得

$$D = 160 \text{ mm}, v = 12.3 \text{ m/s}, R_m = 13 \text{ Pa/m}$$
$$R'_m = \varepsilon_B R_m = 0.91 \times 13 = 11.83 \text{ Pa/m}$$
$$F_1 + F_2 = 0.058 \text{ m}^2 \qquad F_3 = 0.062 \text{ m}^2$$
$$F_1 + F_2 \approx F_3$$

查附錄 6.4,合流三通分支管阻力系數約爲 -0.21, $\sum \xi = 0.03$(見表 6.6)。

阻力計算結果見表 6.5,$\Delta P = 109.1$ Pa

不平衡率爲　　$\dfrac{\Delta P_1 - \Delta P_6}{\Delta P_1} = \dfrac{109.2 - 109.1}{109.2} = 0.1\% < 15\%$

滿足要求。

(2) 管段⑦與管段①+②

不平衡率爲

$$\frac{(\Delta P_1 + \Delta P_2) - \Delta P_7}{\Delta P_{1-2}} = \frac{175.3 - 132.7}{175.3} = 24.4\% > 15\%$$

若將管段⑦調至 $D_7 = 180$ mm,不平衡率仍然超過 15%,因此采用 $D_7 = 200$ mm,用閥門調節。

(3) 管段⑧與管段①+②+③

不平衡率

$$\frac{(\Delta P_1 + \Delta P_2 + \Delta P_3) - \Delta P_8}{(\Delta P_1 + \Delta P_2 + \Delta P_3)} = \frac{247.3 - 227.8}{247.3} = 7.9\% < 15\%$$

滿足要求。

8. 計算系統總阻力

$$P = \sum (\Delta P_m + \Delta P_j)_{1-5} = 379 \text{ Pa}$$

9. 選擇風機

風機風量 $L_f = K_L L = 1.1 \times 4\,900 = 5\,390 \text{ m}^3/\text{h}$

風機風壓 $P_f = K_p P = 1.15 \times 379 = 436 \text{ Pa}$, 可根據 L_f、P_f 查風機樣本選擇風機, 電動機。

第三節　均勻送風

在通風系統中, 常以相同的出口速度, 由風道側壁的若干孔口或短管, 均勻地把等量的空氣送入室內, 這種送風方式稱爲均勻送風。均勻送風可以使房間得到均勻的空氣分布, 且風道制作簡單, 節省材料, 因此應用得比較廣泛, 在車間、候車室、影院、冷庫等場所都可看到均勻送風管道。

均勻送風管道有兩種形式, 一種是送風管的斷面逐漸減小而孔口面積相等; 另一種是送風管道斷面不變而孔口面積不相等。

一、基本原理

風管內流動的空氣, 具有動壓和靜壓。空氣本身的運動速度取決于平行風道軸綫方向動壓的大小, 而作用于管壁的壓力則是靜壓。

1. 空氣通過側孔的流速

若在風道側壁開孔, 由于孔口內外的靜壓差, 空氣就會沿垂直于管壁的方向從孔口流出, 這種單純由風道內外靜壓差所造成的空氣流速爲

$$v_j = \sqrt{\frac{2P_j}{\rho}} \quad \text{m/s} \tag{6.22}$$

式中　v_j——由靜壓差造成的空氣流速, m/s;

　　　P_j——風道內空氣的靜壓, Pa。

在動壓作用下, 風道內的空氣流速爲

$$v_d = \sqrt{\frac{2P_d}{\rho}} \quad \text{m/s} \tag{6.23}$$

式中　v_d——由動壓造成的空氣流速, m/s;

　　　P_d——風道內空氣的動壓, Pa。

因此, 如圖 6.13 所示, 空氣的實際流速是 v_j 和 v_d 的合成流速, 它不僅取決于靜壓産生的流速和方向, 還受管內流速的影響。孔口出流方向要發生偏斜。實際流速可用速度四邊形表示爲

$$v = \sqrt{v_j^2 + v_d^2} \tag{6.24}$$

將式(6.22)和式(6.23)代入后可得

$$v = \sqrt{\frac{2}{\rho}(P_j + P_d)} = \sqrt{\frac{2P_q}{\rho}} \quad \text{m/s} \tag{6.25}$$

式中　P_q——風道內的全壓,Pa。

空氣實際流速與風道軸綫的夾角 α 稱爲出流角,其正切爲

$$\operatorname{tg} \alpha = \frac{v_j}{v_d} = \sqrt{\frac{P_j}{P_d}} \qquad (6.26)$$

均勻送風管道的設計,應使出口氣流方向盡量與管壁面垂直,即要求 α 角盡量大一些。通過側孔風量和平均速度

$$L_0 = 3\,600\ \mu F_0'v = 3\,600\ \mu F_0 v \sin \alpha = 3\,600\ \mu F_0 v_j \quad \text{m}^3/\text{h}$$
$$(6.27)$$

式中　μ——孔口的流量系數;

　　　F_0——孔口面積,m^2;

　　　F_0'——孔中在氣流垂直方向上的投影面積,m^2。

空氣通過側孔時的平均流速 v_0 爲

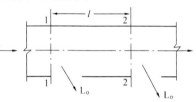

圖 6.13　側孔出流示意圖

$$v_0 = \frac{L}{3\,600\,F} = \mu v_j \qquad (6.28)$$

二、實現均勻送風的條件

由式(6.26)可看出,要使各等面積的側孔送出的風量相等,就必須保證各側孔的靜壓和流量系數均相等;要使出口氣流盡量保持垂直,就要使出流角接近 $90°$:

1. 保持各側孔靜壓相等

列出如圖 6.14 所示風道斷面 1、2 的能量方程式

$$P_{j1} + P_{d1} = P_{j2} + P_{d2} + \Delta P_{1-2} \qquad (6.28)$$

要使兩側孔靜壓相等,就必須使

$$P_{d1} - P_{d2} = \Delta P_{1-2} \qquad (6.29)$$

由此可見,兩側孔間靜壓相等的條件是兩側孔間的動壓降等于兩側孔間的阻力。

圖 6.14　均勻送風管道側孔示意圖

2. 保持各側孔流量系數相等

流量系數 μ 與孔口形狀、出流角 α 和孔口的相對流量 $\overline{L}_0(\overline{L}_0 = \frac{L_0}{L}$,即孔口送風量和孔口前風道內風量之比)等因素有關,它是由實驗確定的。對于銳邊的孔口,在 $\alpha \geqslant 60°$,$\overline{L}_0 = 0.1 \sim 0.5$ 範圍內,爲簡化計算,可近似取 $\mu = 0.6$。

3. 增大出流角

出流角 α 越大,出流方向越接近于垂直,均勻送風性能也越好。爲此一般要求保持 $\alpha \geqslant 60°$,即 $\operatorname{tg} \alpha = \frac{v_j}{v_d} = \sqrt{\frac{P_j}{P_d}} \geqslant 1.73$,$\frac{P_j}{P_d} \geqslant 3.0$。如果需要使氣流方向盡可能地垂直于風道軸綫,可在孔口處加設導向葉片或把孔口改爲短管。

三、側孔送風時的局部阻力系數

通常,可以把側孔看作是支管長度爲零的三通。當空氣從側孔送出時,産生兩種局部阻力,即直通部分的局部阻力和側孔局部阻力。

直通部分的局部阻力系數可用下式計算

$$\xi = 0.35(\frac{L_0}{L})^2 \tag{6.30}$$

側孔送風口的流量係數一般近似取爲 $\mu = 0.6 \sim 0.65$，局部阻力係數取爲 2.37。

四、均勻送風管道的計算

均勻送風管道計算的任務是在側孔個數、間距及每個側孔送風量確定的基礎上，計算側孔的面積、風管斷面及管道的阻力。爲簡化計算，假定側孔流量係數和摩擦係數均爲常數，且把兩側孔間管段的平均動壓以管段首端的動壓來代替。下面通過例題說明均勻送風管道計算的方法和步驟。

【例 6.4】 如圖 6.15 所示的薄鋼板圓錐形側孔均勻送風道。總送風量爲 7 200 m³/h，開設 6 個等面積的側孔，孔間距爲 1.5 m，試確定側孔面積、各斷面直徑及風道總阻力損失。

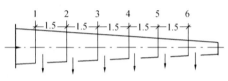

圖 6.15 均勻送風管道

解 1. 計算靜壓速度 v_j 和側孔面積

設側孔平均流速 $v_0 = 4.5$ m/s，孔口流量係數 $\mu = 0.6$，則側孔靜壓流速

$$v_j = \frac{v_0}{\mu} = \frac{4.5}{0.6} = 7.5 \text{ m/s}$$

側孔面積

$$F_0 = \frac{L}{3\ 600 \times v_0} = \frac{7\ 200}{6 \times 3\ 600 \times 4.5} = 0.074 \text{ m}^2$$

取側孔的尺寸高×寬爲：250×300 mm

2. 計算斷面 1 處流速和斷面尺寸

由 $\alpha \geqslant 60°$，即 $\frac{v_j}{v_d} \geqslant 1.73$ 的原則確定斷面 1 處流速

$$v_d = \frac{v_j}{1.73} = \frac{7.5}{1.73} = 4.34 \text{ m/s}$$

取 $v_d = 4$ m/s，斷面 1 動壓

$$P_{d1} = \frac{\rho v_d^2}{2} = \frac{1.2 \times 4^2}{2} = 9.6 \text{ Pa}$$

斷面 1 直徑

$$D_1 = \sqrt{\frac{7\ 200 \times 4}{3\ 600 \times 4 \times 3.14}} = 0.8 \text{ m}$$

3. 計算管段 1~2 的阻力損失

由風量 $L = 6\ 000$ m³/h，近似以 $D_1 = 800$ mm 作爲平均直徑，查附錄 6.1 得

$$R_{m1} = 0.14 \text{ Pa/m}$$

沿程損失

$$\Delta P_{m1} = R_{m1}l_1 = 0.14 \times 1.5 = 0.21 \text{ Pa}$$

空氣流過側孔直通部分的局部阻力係數

$$\xi = 0.35(\frac{L_0}{L})^2 = 0.35(\frac{1\ 200}{7\ 200})^2 = 0.01$$

局部損失

$$\Delta P_{j1} = \xi P_{d1} = 0.01 \times 9.6 = 0.096$$

管段 1~2 總損失

$$\Delta P_{1-2} = \Delta P_{m1} + \Delta P_{j1} = 0.21 + 0.096 = 0.306 \ Pa$$

4. 計算斷面 2 處流速和斷面尺寸

根據兩側孔間的動壓降等於兩側孔間的阻力可得

$$P_{d2} = P_{d1} - \Delta P_{1-2} = 9.6 - 0.306 = 9.294 \ Pa$$

斷面 2 流速

$$v_{d2} = \sqrt{\frac{2 \times 9.294}{1.2}} = 3.94 \ m/s$$

斷面 2 直徑

$$D_2 = \sqrt{\frac{6\,000 \times 4}{3\,600 \times 3.94 \times 3.14}} = 0.73 \ m$$

5. 計算管段 2~3 的阻力

由風量 $L = 4\,800 \ m^3/h$, $D_2 = 730 \ mm$ 查附錄 6.1 得

$$R_{m2} = 0.14 \ Pa/m$$

沿程損失

$$\Delta P_{m2} = R_{m2} l_2 = 0.14 \times 1.5 = 0.21 \ Pa$$

局部損失

$$\xi = 3.5 (\frac{L_0}{L})^2 = 0.35 \times (\frac{1\,200}{6\,000})^2 = 0.014$$

$$\Delta P_{j2} = \xi P_{d2} = 0.014 \times 9.294 = 0.13 \ Pa$$

總損失

$$\Delta P_{2-3} = \Delta P_{m2} + \Delta P_{j2} = 0.21 + 0.13 = 0.34 \ Pa$$

6. 按上述步驟計算其余各斷面尺寸,計算結果見表 6.7。

表 6.7 均勻送風風道計算表

段面編號	截面風量 $L/m^3/h$	靜壓 P_j /Pa	動壓 P_d /Pa	流速 $v_d/$ m/s	管徑 D/mm	管段編號	管段風量 $L/m^3/h$	管段長度 l/m	比摩阻 $R_m/$ Pa/m	$\frac{L_0}{L}$	局部阻力系數 ξ	沿程損失 $\Delta P_m/$ Pa	局部損失 $\Delta P_j/$ Pa	管段總損失 ΔP
1	7 200	33.75	9.6	4	800	1~2	6 000	1.5	0.14	0.167	0.01	0.21	0.096	0.306
2	6 000	33.75	9.294	3.94	734	2~3	4 800	1.5	0.14	0.2	0.014	0.21	0.13	0.34
3	4 800	33.75	8.954	3.86	663	3~4	3 600	1.5	0.15	0.25	0.022	0.225	0.197	0.422
4	3 600	33.75	8.532	3.77	580	4~5	2 400	1.5	0.14	0.333	0.039	0.21	0.333	0.543
5	2 400	33.75	7.989	3.65	482	5~6	1 200	1.5	0.1	0.5	0.088	0.15	0.703	0.853
6	1 200	33.75	7.136	3.45	350									

7. 計算風道總阻力

因風道最末端的全壓爲零,因此風道總阻力應爲斷面 1 處具有的全壓,即

$$\Delta P = P_{q1} = P_{d1} + P_{j1} = 33.75 + 9.6 = 43.35 \ Pa$$

第四節　風道內的空氣壓力分布

空氣在風道中流動時,由于風道內阻力和流速的變化,空氣的壓力也在不斷地發生變化。下面通過圖 6.16 所示的單風機通風系統風道內的壓力分布圖來定性分析風道內空氣的壓力分布。

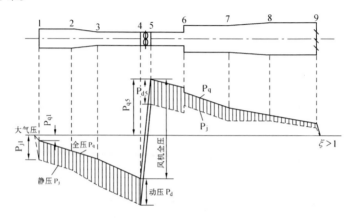

圖 6.16　風管壓力分布示意圖

壓力分布圖的繪制方法是取一坐標軸,將大氣壓力作爲零點,標出各斷面的全壓和静壓值,將各點的全壓、静壓分別連接起來,即可得出。圖中全壓和静壓的差值即爲動壓。

系統停止工作時,通風機不運行,風道內空氣處于静止狀態,其中任一點的壓力均等于大氣壓力,此時,整個系統的静壓、動壓和全壓都等于零。

系統工作時,通風機投入運行,空氣以一定的速度開始流動,此時,空氣在風道中流動時所產生的能量損失由通風機的動力來克服。

從圖中可以看出,在吸風口處的全壓和静壓均比大氣壓力低,在入口處一部分静壓降轉化爲動壓,另一部分用于克服入口處產生的局部阻力。

在斷面不變的風道中,能量的損失是由摩擦阻力引起的,此時全壓和静壓的損失是相等的,如管段 1~2、3~4、5~6、6~7 和 8~9。

在收縮段 2~3,沿着空氣的流動方向,全壓值和静壓值都減小了,減小值也不相等,但動壓值相應增加了。

在擴張段 7~8 和突擴點 6 處,動壓和全壓都減小了,而静壓則有所增加,即會產生所說的静壓復得現象。

在出風口點 9 處,全壓的損失與出風口形狀和流動特性有關,由于出風口的局部阻力系數可大于 1、等于 1 或小于 1,所以全壓和静壓變化也會不一樣。

在風機段 4~5 處可看出,風機的風壓即是風機入口和出口處的全壓差,等于風道的總阻力損失。

第五節　風道設計中的若干注意問題

一、系統劃分

由於建築物內不同的地點有不同的送排風要求,或面積較大、送排風點較多,無論是通風還是空調,都需分設多個系統。系統的劃分應當本着運行維護方便、經濟可靠爲主要原則,通常系統既不宜過大,也不宜過小、過細。

1. 空氣處理要求相同或接近、同一生產流程且運行班次和時間相同的,可劃爲一個系統。

2. 以下情況需單設排風系統:

(1) 兩種或兩種以上的有害物質混合后能引起燃燒、爆炸,或形成毒害更大、腐蝕性更强的混合物或化合物;

(2) 兩種有害物質混合后易使蒸氣凝結并積聚粉塵;

(3) 放散劇毒的房間和設備。

3. 對除塵系統還應考慮揚塵點的距離,粉塵是否回收,不同種粉塵是否可以混合回收,混合后的含塵氣體是否有結露可能等因素來確定系統劃分。

4. 排風量大的排風點位于風機附近,不宜和遠處排風量小的排風點合爲同一系統。

二、風道形狀與材料

1. 形狀:常用的有矩形和圓形兩種斷面,圓風管强度大、阻力小、節省材料、保溫方便,但構件制作較困難,不易與建築、結構配合。矩形風管在民用建築、低速風管系統方面應用更多些。工程實際中有時會爲節省空間、美觀等原因而把寬長比作的很小,如寬長比1:8,甚至 1:10 以上,但寬長比過小,一方面增加了材料消耗,另一方面也會增加比摩阻,因此只要條件允許應控制在 1:3 以內。考慮到最大限度的利用板材,加强建築安裝的工廠化生產,在設計、施工中應盡量按附錄 6.5 選用國家統一規格。

2. 材料:風管材料要求堅固耐用、表面光滑、防腐蝕性好、易于制造和安裝,且不產生表面脫落等。常用的有普通薄鋼板和鍍鋅薄鋼板,通常的選用厚度爲 0.5～1.5 mm。硬聚氯乙烯板、膠合板、石膏板、玻璃鋼等材料使用較少。目前國內也出現了保溫材料與風管合一的風管形式,以及金屬軟管、橡膠管等安裝快捷的風管材料。磚、混凝土等材料的風管主要用于與建築配合的場合,多用于公共建築。

三、風管的保溫

當輸送空氣的過程中冷、熱量損耗大,或防止風管穿越房間對室內空氣參數產生影響及低溫風管表面結露,都需對風管進行保溫。保溫材料主要有軟木、聚苯乙烯泡沫塑料(通常爲阻燃型)、超細玻璃棉、玻璃纖維保溫板、聚氨酯泡沫塑料和硅石板等,導熱系數大都在 $0.12 W/m \cdot \text{℃}$ 以內,保溫風管的傳熱系數一般控制在 $1.84 W/m^2 \cdot \text{℃}$ 以內。

通常保溫結構有四層:

(1) 防腐層:涂防腐漆或瀝青;

(2) 保溫層:粘貼、捆扎、用保溫釘固定;

(3) 防潮層:包塑料布、油毛氈、鋁箔或刷瀝青,以防潮濕空氣或水分進入保溫層內,破壞保溫層或在其內部結露,降低保溫效果;

(4) 保護層:室內可用玻璃布、塑料布、木板、聚合板等作保護,室外管道應用鍍鋅鐵皮或鐵絲網水泥作保護。

四、風管布置

風管布置直接影響通風、空調系統的總體布置,與工藝、土建、電氣、給排水、消防等專業關系密切,應相互配合、協調。

風管布置力求順直,除塵風管應盡可能垂直或傾斜敷設,傾斜時與水平面夾角最好大于 45°。如必須水平敷設或傾角小于 30°時,應采取措施,如加大流速、設清潔口等。當輸送含有蒸汽、霧滴的氣體時,應有不小于 0.005 的坡度,并在風管的最低點和風機底部設水封泄液管,注意水封高度應滿足各種運行情況的要求。

風管上應設必需的調節和測量裝置(如閥門、壓力表、溫度計、測定孔和采樣孔等)或預留安裝測量裝置的接口,且應設在便于操作和觀察的地點。

第七章　自然通風與局部送風

第一節　自然通風的作用原理

如果建築物外牆上的窗孔兩側由于熱壓和風壓的作用而存在着壓力差,則壓力較高一側的空氣必定會通過窗孔流到壓力較低的一側。空氣流過的阻力應等于兩側存在的壓差,即

$$\Delta P = \xi \frac{\rho v^2}{2} \tag{7.1}$$

式中　ΔP——窗孔兩側的壓力差,Pa;
　　　v——空氣通過窗孔的流速,m/s;
　　　ξ——窗孔的局部阻力系數;
　　　ρ——空氣的密度,kg/m³。
變換式(7.1)有

$$v = \sqrt{\frac{2\Delta P}{\xi\rho}} = \mu\sqrt{\frac{2\Delta P}{\rho}} \tag{7.2}$$

式中　μ——窗孔的流量系數,$\mu = \frac{1}{\sqrt{\xi}}$,其值的大小與窗孔的構造有關,一般 $\mu < 1$。

通過窗孔的空氣量爲

$$L = vF = \mu F\sqrt{\frac{2\Delta P}{\rho}} \quad \text{m}^3/\text{s} \tag{7.3}$$

$$G = L\rho = \mu F\sqrt{2\Delta P \cdot \rho} \quad \text{kg/s} \tag{7.4}$$

式中　F——窗孔的面積,m²。

可見,當已知窗孔兩側的壓力差、窗孔面積和窗的構造時,即可求出通過該窗孔的流量。實現自然通風的條件是窗孔兩側必須存在壓差,它是影響自然通風量大小的主要因素。

一、熱壓作用下的自然通風

如圖7.1所示,設某車間外牆上開有窗孔 a 和 b,兩窗孔中心距爲 h,假設室內外的空氣溫度和密度分別爲 t_n、ρ_n 和 t_w、ρ_w,窗孔外的靜壓分別爲 P_a、P_b,窗孔內的靜壓分別爲 P'_a、P'_b。此時,窗孔 a 的內外壓差 $\Delta P_a = P'_a - P_a$,窗孔 b 的內外壓差爲 $\Delta P_b = P'_b - P_b$,由流體靜力學原理可知

$$P_a = P_b + gh\rho_w$$
$$P'_a = P'_b + gh\rho_n$$

因此

$$\Delta P_a = P'_a - P_a = P'_b - P_b - gh(\rho_w - \rho_n) = \Delta P_b - gh(\rho_w - \rho_n)$$
$$\Delta P_b = \Delta P_a + gh(\rho_w - \rho_n) \tag{7.5}$$

式中　ΔP_a、ΔP_b——窗孔 a 和 b 的内外壓差,Pa;

　　　h——兩窗孔中心間距,m。

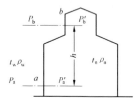

圖 7.1　熱壓作用下的自然通風

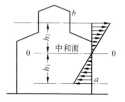

圖 7.2　余壓沿高度的變化

當 $t_n > t_w$ 時,$\rho_w > \rho_n$,下部窗孔兩側室外靜壓大于室内靜壓,上部窗孔則相反。此時,下部窗孔將進風,上部窗孔排風。反之,當 $t_n < t_w$ 時,$\rho_w < \rho_n$,下部窗孔排風,上部窗孔進風。下面我們僅討論下進上排房間内的自然通風。

式(7.5)可變换爲

$$\Delta P_b + (-\Delta P_a) = \Delta P_b + |\Delta P_a| = gh(\rho_w - \rho_n) \tag{7.6}$$

由上式可看出,進風窗孔和排風窗孔兩側壓差的絶對值之和,與室内外空氣的密度差和兩窗孔的中心距成正比。通常將 $gh(\rho_w - \rho_n)$ 稱爲熱壓,它是流動的動力。若室内外空氣没有温差或兩窗孔間無高差,則不會産生熱壓作用下的自然通風。

室内某一點的壓力和室外同標高未受建築或其他物體擾動的空氣壓力的差值稱爲該點的余壓。對僅有熱壓作用的自然通風,窗孔内外的壓差,即爲該窗孔的余壓。

由式(7.5)可見,當室内外空氣的温度一定時,上下兩個窗孔的余壓差該兩個窗孔的高差 h 成綫性比例關系。因此,在熱壓作用下,余壓沿車間高度的變化如圖 7.2 所示。余壓值從進風窗孔的負值增大到排風窗孔的正值。在 0 − 0 平面上,余壓等于零,我們將這個平面稱爲中和面,在中和面上的窗孔是没有空氣流動的。若將中和面作爲基準面,則各窗孔的余壓爲:

窗孔 a　　　$P_{ya} = P_{y0} - h_1 g(\rho_w - \rho_n) = -h_1 g(\rho_w - \rho_n)$　Pa $\tag{7.7}$

窗孔 b　　　$P_{yb} = P_{y0} + h_2 g(\rho_w - \rho_n) = h_2 g(\rho_w - \rho_n)$　Pa $\tag{7.8}$

式中　P_{ya}、P_{yb}——窗孔 a、b 的余壓,Pa;

　　　P_{y0}——中和面的余壓,$P_{y0} = 0$;

　　　h_1、h_2——窗孔 a、b 至中和面的距離,m。

二、風壓作用下的自然通風

室外氣流經過建築物時,自然流動狀況要發生變化,將發生繞流。由于建築物的阻擋,建築物四周室外氣流的壓力將發生變化。如圖 7.3 所示,迎風面氣流受阻,動壓降低、静壓升高;側面和背面由于産生渦流,使得静壓降低。這種由于風的作用所造成的静壓的升高或降低,我們稱之爲風壓。静壓升高,風壓爲正,形成正壓;静壓降低,風壓爲負,形成負壓。風壓爲負值的區域稱爲空氣動力陰影區。

建築物四周的風壓分布,與該建築物的幾何形狀以及室外的風向有關。風向一定時,建築物外圍結構上各點的風壓值可按下式計算

$$P_f = k \frac{\rho_w v_w^2}{2}　Pa \tag{7.9}$$

式中　k——空氣動力系数,一般由實驗確定;

v_w——室外空氣流速, m/s;

ρ_w——室外空氣密度, kg/m³。

如果在建築物外圍結構上風壓不同的兩個部位開設窗孔,則處于 $k > 0$ 的正壓窗孔將進風,而處于 $k < 0$ 的負壓窗孔將排風。

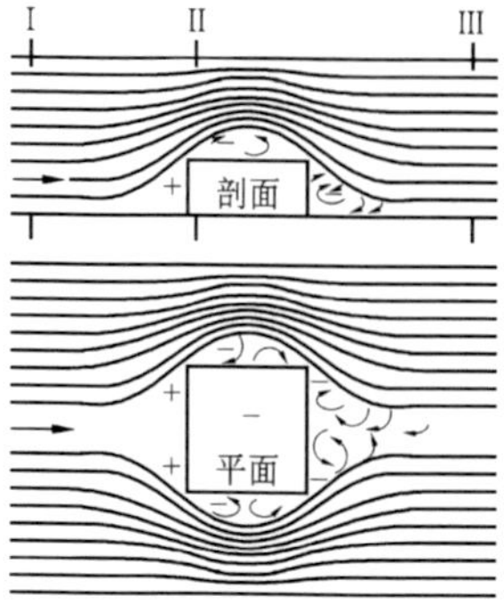

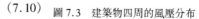

三、風壓和熱壓同時作用下的自然通風

在熱壓和風壓同時作用下,建築物外圍結構上各窗孔的內外壓差等于熱壓、風壓單獨作用時窗孔內外壓差之和,即窗孔的余壓和室外風壓之和,即

$$\Delta P_z = \Delta P_y + \Delta P_f \qquad (7.10)$$

圖 7.3 建築物四周的風壓分布

對于迎風面上的窗孔,有利于進風而不利于排風;對于背風面和側面上窗孔,則有利于排風而不利于進風。由于室外風向和風速經常變化,而自然通風的風壓作用完全由室外空氣的流動產生,在沒有風的情況下,室內的實際通風量會小于設計通風量,使通風效果達不到設計要求。因此采暖通風與空氣調節設計規範中明確規定了在放散熱量的生產廠房及輔助建築物,其自然通風僅考慮熱壓作用,而不考慮風壓作用,以保證通風效果。

第二節　自然通風的設計計算

自然通風設計的目的主要是爲了消除房間余熱,設計計算的任務是根據已確定的工藝條件和要求的工作區溫度,計算所必須達到的通風換氣量,確定進排風窗口的位置和面積。

設計的具體方法步驟如下:車間內部的溫度分布和氣流分布對自然通風有較大影響,內部溫度和氣流分布是比較復雜的,目前采用的自然通風計算方法是在一系列的簡化條件下進行的,如認爲通風過程是穩定的,空氣流動不受任何障礙物的阻擋等。

一、計算車間通風換氣量

$$G = \frac{Q}{c(t_p - t_j)} \quad \text{kg/s} \qquad (7.11)$$

式中　Q——車間總余熱量, kw;

c——空氣比熱, $c = 1.01$ kJ/kg·℃;

t_p——車間的排風溫度, ℃;

t_j——車間的進風溫度, $t_j = t_w$, ℃。

根據《采暖通風與空氣調節設計規範》規定,夏季通風室外計算溫度,應采用歷年最熱月 14 時的夏季月平均溫度的平均值;冬季通風室外計算溫度,應采用累年最冷月平均溫度。

車間的排風溫度:

① 對某些特定的車間可按排風溫度與夏季通風計算溫度差的允許值確定,對大多數車間要保證 $(t_n - t_w) \leq 5$ ℃, $(t_p - t_w)$ 應不超過 $10 \sim 12$ ℃;

② 對于廠房高度不大于 15 m, 室內散熱較均勻,且散熱量不大于 116 W/m³ 時,用溫度梯度法進行計算

$$t_p = t_g + \Delta t_h(h - 2) \qquad (7.12)$$

式中　　t_g——工作地點溫度,℃;

　　　　Δt_h——溫度梯度,℃/m,見表 7.1;

　　　　h——排風天窗中心距地面高度,m。

表 7.1　溫度梯度 Δt_h(℃/m)

室内散熱量(W/m³)	廠房高度/m										
	5	6	7	8	9	10	11	12	13	14	15
12～23	1.0	0.9	0.8	0.7	0.6	0.5	0.4	0.4	0.4	0.3	0.2
24～47	1.2	1.2	0.9	0.8	0.7	0.6	0.5	0.5	0.5	0.4	0.4
48～70	1.5	1.5	1.2	1.1	0.9	0.8	0.8	0.8	0.8	0.8	0.5
71～93		1.5	1.5	1.3	1.2	1.2	1.2	1.2	1.1	1.0	0.9
94～116			1.5	1.5	1.5	1.5	1.5	1.5	1.5	1.4	1.3

　　③ 對于有强熱源的車間,空氣溫度沿高度方向的分布是比較復雜的,循環氣流與從下部窗孔流入室内的室外氣流混合后,一起進入工作區,如果車間的總散熱量爲 Q,直接散入工作區的那部分熱量爲 mQ,稱爲有效余熱量,m 稱爲有效熱量系數。

　　根據整個車間的熱平衡,消除車間的余熱所需的全面進風量

$$L = \frac{Q}{C(t_p - t_w)\rho_w\beta} \quad \mathrm{m^3/s} \tag{7.13}$$

　　根據工作區的熱平衡,消除工作區的余熱所需全面進風量

$$L' = \frac{mQ}{C(t_n - t_w)\rho_w\beta} \quad \mathrm{m^3/s} \tag{7.14}$$

　　式中,β 爲進風有效系數,是考慮室外空氣能否直接進入室内工作區。當進風口高度小于(或等于)2 m 時,$\beta = 1.0$。當進風口高度大于 2 m 時,$\beta < 1$,可由圖 7.4 確定。

　　由 $L = L'$,所以 $m = \dfrac{t_n - t_w}{t_p - t_w}$,即

$$t_p = t_w + \frac{t_n - t_w}{m} \tag{7.15}$$

式中　　t_n——室内工作區溫度,℃;

　　　　m——有效熱量系數,$m = m_1 \times m_2 \times m_3$。

　　有效熱量系數表明實際進入作業地帶并影響該處溫度的熱量與車間總余熱量的比值。它的大小主要取决于熱源的集中程度和熱源布置情况,m_1 是根據熱源占地面積 f 和地板面積 F 之比值,按圖 7.5 確定的系數;m_2 是根據熱源高度,按表 7.2 確定的系數;m_3 是根據熱源輻射散熱量 Q_f 和總熱量 Q 之比值,按表 7.3 確定的系數。

表 7.2　m_2 值

熱源高度(m)	≤2	4	6	8	10	12	≥14
m_2	1.0	0.85	0.75	0.65	0.60	0.55	0.5

表 7.3　m_3 值

Q_f/Q	≤0.4	0.5	0.55	0.60	0.65	0.7
m_3	1.0	1.07	1.12	1.18	1.30	1.45

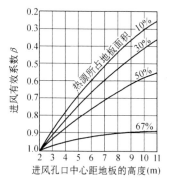

圖 7.4　進風有效系數 β 值

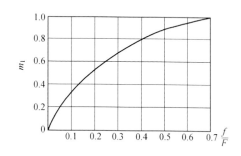

圖 7.5　m_1 與 f/F 值的關系曲綫

二、確定進、排風窗孔位置

三、計算各窗孔的内外壓差

在計算窗孔内外壓差時,先假定某一窗孔的余壓或中和面的位置,再由式(7.7)計算其余各窗孔的余壓。

四、分配各窗孔的進、排風量,計算各窗孔面積。

在熱壓作用下,進、排風窗孔的面積分别爲
進風窗孔

$$F_a = \frac{G_a}{\mu_a \sqrt{2|\Delta P_a|\rho_w}} = \frac{G_a}{\mu_a \sqrt{2h_1 g(\rho_w - \rho_n)\rho_w}} \tag{7.16}$$

排風窗孔

$$F_b = \frac{G_b}{\mu_b \sqrt{2|\Delta P_b|\rho_p}} = \frac{G_b}{\mu_b \sqrt{2h_2 g(\rho_w - \rho_n)\rho_p}} \tag{7.17}$$

式中　G_a、G_b——窗孔 a、b 的流量,kg/s;

μ_a、μ_b——窗孔 a、b 的流量系數;

ρ_p——上部排風温度下的空氣密度,kg/m³;

ρ_n——室内平均温度下空氣密度,kg/m³;

ρ_w——室外空氣的密度,kg/m³。

根據空氣的平衡方程式 $G_a = G_b$,若假設 $\mu_a = \mu_b$,$\rho_w = \rho_p$,則上式可簡化爲

$$\left(\frac{F_a}{F_b}\right)^2 = \frac{h_2}{h_1} \tag{7.18}$$

由此可見,進、排風窗孔面積之比是隨中和面位置的改變而變化的。最初假設的中和面位置不同,最后計算得出的各窗孔面積分配是不同的。熱車間通常都是上部天窗排風,天窗造價高,因此中和面位置不宜選得太高,宜取在 $h/3$ 左右。

【例 7.1】　某車間如圖 7.6 所示(非强熱源車間),已知車間余熱量 $Q = 300 \text{ kW}$, $m = 0.6$,室外空氣温度 $t_w = 30 \text{ ℃}$,室内工作區温度 $t_n = 38 \text{ ℃}$,$\mu_1 = \mu_3 = 0.5$,$\mu_2 = \mu_4 = 0.55$,若不考慮風壓作用,計算所需各窗孔面積。

解 1.計算通風換氣量

排風溫度

$$t_p = t_w + \frac{t_n - t_w}{m} = 30 + \frac{38 - 30}{0.6} = 43.3 \ ℃$$

車間空氣平均溫度

$$t_{pj} = \frac{1}{2}(t_n + t_p) = \frac{1}{2}(38 + 43.3) = 40.65 \ ℃$$

全面換氣量

$$G = \frac{300}{C(t_p - t_w)} = \frac{300}{1.01(43.3 - 30)} = 22.33 \ kg/s$$

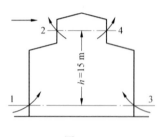

圖 7.6

2.確定窗孔位置及中和面位置,分配各窗孔進、排風量。

進、排風窗孔位置見圖 7.6,設中和面位置在 $\frac{2}{5}h$ 處,即

$$h_1 = \frac{2}{5}h = \frac{2}{5} \times 15 = 6 \ m$$

$$h_2 = \frac{3}{5}h = \frac{3}{5} \times 15 = 9 \ m$$

3.計算各窗孔內外壓差

根據 $t_p = 43.3 \ ℃, t_{pj} = 40.65 \ ℃, t_w = 30 \ ℃$ 查得

$$\rho_p = 1.07 \ kg/m^3 \quad \rho_{pj} = \rho_n = 1.08 \ kg/m^3 \quad \rho_w = 1.13 \ kg/m^3$$

$$\Delta P_1 = \Delta P_3 = -h_1 g(\rho_w - \rho_n) = -9.81 \times 6 \times (1.13 - 1.08) = -2.943 \ Pa$$

$$\Delta P_2 = \Delta P_4 = h_2 g(\rho_w - \rho_n) = 9.81 \times 9 \times (1.13 - 1.08) = 4.415 \ Pa$$

4.計算各窗孔面積

由熱平衡方程式

$$G_1 + G_3 = G_2 + G_4$$

令

$$G_1 = G_3, G_2 = G_4$$

則

$$F_1 = F_3 = \frac{G_1}{\mu_1 \sqrt{2|\Delta P_1|\rho_w}} = \frac{22.33/2}{0.5 \times \sqrt{2 \times 2.94 \times 1.13}} = 9.95 \ m^2$$

$$F_3 = F_4 = \frac{G_2}{\mu_2 \sqrt{2|\Delta P_2|\rho_p}} = \frac{22.33/2}{0.55 \times \sqrt{2 \times 4.415 \times 1.07}} = 6.6 \ m^2$$

第三節　避風天窗、屋頂通風器及風帽

一、避風天窗

在風力作用下,普通天窗迎風面的排風窗孔會發生倒灌現象,使房間氣流組織受到破壞,不能滿足室內衛生要求。因此當出現這種情況時應及時關閉迎風面天窗,只能依靠背風面的天窗進行排風,給管理上帶來了麻煩。爲使天窗能保持穩定的排風性能,不出現倒灌現象,需采取一定的措施,如在天窗上加裝擋風板,以保證天窗的排風口在任何風向時

均處于負壓區而順利排風,這種天窗稱之爲避風天窗。

常用的避風天窗主要有以下幾種:

1. 矩形天窗

如圖 7.7 所示,擋風板高度爲 1.1~1.5 倍的天窗高度,其下緣至屋頂設 100~300 mm 的間隙。這種天窗采光面積較大,窗孔多集中在中部,當熱源集中在中間時熱氣流能迅速排除,但其造價高,結構復雜。

2. 下沉式天窗

這種天窗是利用屋架上下弦之間的空間,讓屋面部分下沉而形成的。根據處理方法不同,又分爲縱向下沉式(圖 7.8)、橫向下沉式(圖 7.9)和天井式(圖 7.10)。

下沉式天窗比矩形天窗降低廠房高度 2~5 m,節省擋風板和天窗架,但天窗高度受屋架的限制,排水也較困難。

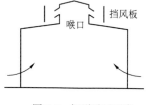

圖 7.7 矩形避風天窗

1—擋風板;2—喉口

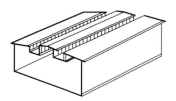

圖 7.8 縱向下沉式天窗

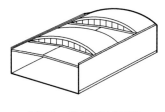

圖 7.9 橫向下沉式天窗

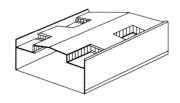

圖 7.10 天井式天窗

3. 曲(折)綫型天窗

這種天窗將矩形天窗的竪直板改成曲(折)綫型結構見圖 7.11,特點是阻力小,産生的負壓大,排風能力强。

二、屋頂通風器

采用避風天窗使得建築結構較復雜,安裝也不太方便。另外由于風向的不定性,也很難保證不倒灌,爲此可采用屋頂通風器解決以上問題,見圖 7.12。它由外殼、防雨罩、喉口部分及蝶閥組成,用合金鍍鋅板制作,一般可在工廠加工制作。它的特點是在室外風速的作用下,不論風向如何變化,均可利用排氣口處造成的負壓排氣,重量輕,安裝方便,但價格高。

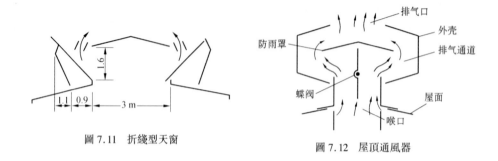

圖 7.11　折綫型天窗　　　　　　圖 7.12　屋頂通風器

三、風帽

　　風帽是排風系統的末端設備,它利用風力造成的負壓來加强自然通風的排風能力。避風風帽是在普通風帽的外圍增設一圈擋風板而制成的。目前常用的風帽主要有傘形風帽(圖 7.13)、圓形風帽(圖 7.14)和錐形風帽(圖 7.15)。

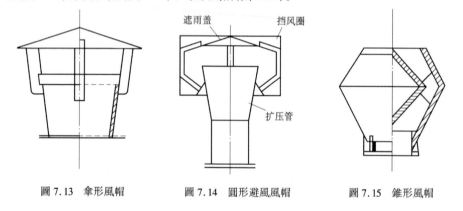

圖 7.13　傘形風帽　　　　圖 7.14　圓形避風風帽　　　　圖 7.15　錐形風帽

第四節　局部送風

　　某些車間溫度很高,既使采取了改革工藝、隔熱、全面通風降溫等措施,工作地點的空氣溫度仍然達不到衛生標準的要求,或者生産設備溫度極高、余熱量極大,使熱輻射强度超過 350 w/m^2,這時應設置局部送風。在北方地區的冬季,要使高大的廠房中工作區的溫度滿足要求是很困難的,熱損耗非常驚人,尤其是自動化程度較高、車間里工作人員較少,而工藝過程又不要求較高溫度時,對車間的全部進行通風來保證工作區的溫度要求顯得勞而無功。在這種情況下,如果工作地點固定,采用局部送風就是一種經濟有效的辦法。

　　局部送風裝置常用的有普通風扇、噴霧風扇、行車司機室、系統式局部送風裝置等。

一、普通風扇

1. 適用範圍

普通風扇適用于輻射强度小,空氣溫度 $t_n \leqslant 35$ ℃的車間。在這種場合使用風扇增加工作地點的風速,可幫助人體散熱,但是當空氣溫度接近體表溫度時,用風扇吹風不能再加強對流散熱,而是加強人體的蒸發散熱。人體的汗液蒸發過多,不僅影響勞動生產率,更對人體健康不利。當工作地點的空氣溫度超過 36.5 ℃ 時,使用風扇,通過對流人體不能散熱而是得熱。需要注意的另一點是産塵車間不宜用風扇,避免引起粉塵飛揚。通常工作地點的風速應符合下列規定:

輕作業	2~4 m/s
中作業	3~5 m/s
重作業	5~7 m/s

在設置風扇時,還要注意吹風方向,避免"腦后風"。

2. 分類及特點

風扇的種類很多,如吊扇、臺扇、落地式扇、墻壁式風扇等。構造簡單、價格便宜、調節控制方便。

二、噴霧風扇

1. 適用範圍

噴霧風扇只適用于溫度高于 35 ℃、輻射強度大于 1 400 W/m^2,且細小霧滴對工藝過程無影響的中、重作業地點。

2. 構造及特點

圖 7.16 是勞研型噴霧風扇的構造簡圖,包括一個軸流風機、一個甩水盤和供水管。該機成霧率穩定,霧量調節範圍較大,霧滴直徑均匀。風機與甩水盤同軸,盤上的水在慣性離心力作用下,沿切綫方向甩出、形成的水滴隨氣流一起吹出。噴霧風扇不僅提高了工作地點的風速,水滴在空氣中蒸發,吸收周圍空氣的熱量,有一定的降溫作用。另一方面未蒸發完的水滴落在人體表面后繼續蒸發,也起到"人造汗"的作用。由于水滴過大不易蒸發,噴霧風扇吹出的水滴直徑最好在 60 μm 下,最大不超過 100 μm。噴霧風扇的用水要求清潔,但對水源的壓力無要求,通常用水量小于 50 kg/h。

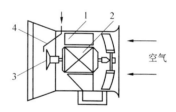

圖 7.16 噴霧風扇
1—導風板;2—電動機;
3—甩水盤;4—供水管

三、系統式局部送風

1. 適宜範圍

系統式局部送風適用于工作地較爲固定、輻射強度高、空氣溫度高,而工藝過程又不允許有水滴,或工作地點散發有害氣體或粉塵不允許采用再循環空氣的情況。

2. 組成及特點

在組成上,系統式局部送風與一般集中送風系統基本相同,只是送風口是用"噴頭",而不是常用的送風口。將空氣經過處理(通常是冷却),由風道送至工作地點附近,再經"噴頭"送出,使工作人員包圍在符合要求的空氣中,如同"空氣淋浴"一樣。

最簡單的"噴頭"是漸擴管,只能向固定地點送風,其紊流系數爲 0.09。圖 7.17 是旋轉式噴頭,噴頭出口設活動的導流葉片,噴頭和風管之間是可轉動的活動連接,因而可以向任意方向送風,送風距離也是在一定範圍内可調的。這種噴頭適用于工作地點不固定,或設計時工作地點難以確定的場合。旋轉式送風口的紊流系數爲 0.2。另一種是廣泛應用于車、船舶、飛機和生産車間的球形可調式風口,也可以調整氣流的噴射方向。

吹風氣流應從人體前側上方傾斜吹向人體的上部軀干(頭、頸、胸),使人體的上部處于新鮮空氣的包圍之中,必要時也可由上至下垂直送風。送到人體的有效氣流寬度宜采用 1 m,對室内散熱量小于 23 W/m² 的輕作業可采用 0.6 m。

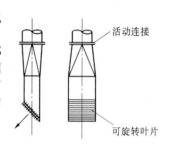

圖 7.17　旋轉式噴頭

活动连接

可旋转叶片

四、行車司機室

熱車間的行車司機室位于車間上部、氣温較高,在南方炎熱地區夏季可達 60 ℃,同時還有強烈的熱輻射、粉塵和有毒氣體,工作條件十分惡劣。爲了給行車司機創造好的工作條件,司機室必須密閉隔熱,同時用特制的小型局部送風裝置向行車司機室送風。司機室所需冷風由冷風機組提供,由于冷凝器工作温度高,通常采用氟利昂 R - 142 作爲冷媒。在設置冷風機組后,行車司機室夏季可維持在 30 ℃左右。TL - 3 型行車司機室冷風機組目前應用較廣。

五、暖風機

主要應用于北方寒冷地區的廠房,向固定的工作地點送熱風,通常由軸流風機、蒸汽盤管或電加熱器、自垂百葉和殼體構成,經濟實用,但運行維護工作量大。設計時要注意送風的温度最好在 37℃ 以上,防止吹冷風的感覺出現。目前很多場合已被電輻射板代替。

第八章 民用建築通風

進入 20 世紀末,隨着我國經濟建設的飛速發展,大量新建築出現,其中絕大部分是民用建築(賓館、寫字樓、住宅等),作爲暖通技術人員經常接觸到這些建築的采暖、通風、空調、防火排烟等問題。民用建築通風技術的研究和應用變得十分迫切和必要。

所謂通風,是利用自然或機械的方法向某些房間或空間送入室外空氣,和由該房間或空間將室內空氣排出的過程,送入的室外空氣通常是經過處理的,也可以是不經處理的。通風的主要目的是用換氣的方法來改善室內空氣環境。

民用建築通風可以全部或部分完成以下功能:

(1) 稀釋室內污染物或异味;

(2) 排除室內各種污染物;

(3) 提供人們呼吸需要的和燃燒所需要的氧氣;

(4) 消除污染物的同時,可在一定程度上消除室內的余熱、余濕。

了解空氣品質及其評價、室內空氣污染物的產生和特點是我們獲得良好空氣環境的基礎。

第一節 空氣品質與室內空氣污染物

與工業通風不同,民用建築通風所研究的不僅是有害物濃度及其控制,還有室內空氣環境多方面的綜合性指標是否符合人們的需要。在過去的二十年中,長期生活和工作在現代化建築物內的人們出現一些明顯的病態反應,如眼睛發紅、流鼻涕、嗓子痛、頭痛、惡心、頭暈、困倦嗜睡和皮膚瘙癢等,即所謂的病態建築綜合症(Sick Building Syndrome,簡稱 SBS),大量調查分析表明,人們全天有 80% 以上的時間在室內度過,病態建築綜合症的問題主要是由室內空氣品質(indoor air quality)不良而引起的。現在人們關心的不僅是熱環境(溫、濕度)的影響。而對室內空氣品質、光綫、噪聲、環境視覺效果等諸多因素都給予廣泛的關注。空氣品質極其重要,它與身體健康有直接關系。

一、空氣品質及其評價

最初室內空氣品質幾乎完全等價于一系列污染物濃度的指標。近年人們認識到這種純客觀的定義不能完全涵蓋空氣品質的內容。丹麥哥本哈根大學的 P.O. Fanger 提出:品質反映了滿足人們要求的程度,如果人們對空氣滿意,就是高品質;反之就是低品質,即衡量室內空氣品質的標準是人們的主觀感受。

美國供暖、制冷、空調工程師學會的標準 ASHRAE – 62 – 1989R 中首次提出了可接受的室內空氣品質(acceptable indoor air quality)和感受到的可接受的室內空氣品質(acceptable perceived indoor air quality)的概念。其中前者爲空調房間中絕大多數人沒有對室內空氣表示不滿意,并且空氣中沒有已知的污染物達到了可能對人體健康產生嚴重威脅的濃度。后者的定義是空調房間中絕大多數人沒有因爲氣味或刺激性而表示不滿。后者是達到可接受的室內空氣品質的必要而非充分條件,由于某些氣體,如氡等沒有氣味,對人也没有刺激作用,不被人感知,但對人危害很大,因而僅用感受到的室内空氣品質是不夠的,必須同時引入可接受的室内空氣品質。這種定義涵蓋了客觀指標和人的主觀感受兩個方面的内容:

(1) 客觀評價指標——污染物的濃度;

(2) 主觀評價指標——人的感覺。

客觀評價就是直接利用室内污染物指標來評價室内空氣品質,即選擇具有代表性的污染物作爲評價指標,全面、公正地反映室内空氣品質的狀況。通常選用二氧化碳、一氧化碳、甲醛、可吸入性微粒、氮氧化物、二氧化硫、室内細菌總數,加上温度、相對濕度、風速、照度以及噪聲共十二個指標來定量地反映室内環境質量。這些指標可以根據具體對象適當增減。

主觀評價主要通過對室内人員的問詢得到,即利用人體的感覺器官對環境進行描述和評價。主觀評價引用國際通用的主觀評價調查表結合個人背景資料,歸納爲在室者、來訪者對室内空氣不接受率,對不佳空氣的感受程度,在室者受環境影響而出現的症狀及其程度等幾個方面。

主、客觀評價的方法利用人類極敏感的嗅覺器官和其他器官感受空氣品質,解決了很多情況下儀器不能測定或難以測定室内空氣品質綜合作用的困難。如某一室内環境檢測結果各種污染物濃度均未超過規定濃度,而處在該環境的人有 20%以上對空氣品質不滿意,則該環境可定義爲不滿意的空氣品質。

二、室内污染物的來源及危害

民用建築中的空氣污染不象工業建築那麼嚴重,但却存在多種污染源、導致空氣品質下降。空氣中對健康有害或令人討厭的粒子、氣體或蒸氣稱爲污染物。

1. 室内污染物的主要來源:

(1) 人及其進行的活動;

(2) 建築材料,尤其是現代技術的發展,各種各樣的合成材料大量進入建築物,包括建築材料、裝飾材料等;

(3) 設備,如復印機,甚至空氣處理設備本身;

(4) 寵物;

(5) 家具、日用品,如清洗劑、發膠等;

(6) 室外空氣帶入的污染物,如 SO_2 等。

2. 室内污染物的有害因素

(1) 毒性;

(2) 放射性;

(3) 導致感冒、過敏、皮炎等的潜在因素;

(4) 產生令人討厭的氣味。

三、室内污染物的分類

按其在空氣中的狀態,可分爲:

① 固體粒子;② 液體粒子;③ 氣體或蒸氣。包括:

1. 二氧化碳

(1) 來源:二氧化碳來源于人的新陳代謝和燃燒過程。人產生的二氧化碳量與代謝狀況有關,一個標準人(體表面積 $1.8m^2$),其 CO_2 發生量爲

$$q = 7.3 \times 10^{-5} \cdot M \quad \text{l/s·人} \tag{8.1}$$

式中　M——代謝率,W/m^2。M 與人的活動狀態有關,見表 8.1

表 8.1

活動狀態	躺臥	坐着休息	坐着活動(辦公)	站着休息	站着活動(輕勞動)	站着活動(家務、營業員)	中等活動(修車、鉗類)
$M(W/m^2)$	46	58	70	70	93	116	165

(2) 危害:CO_2 本身無毒,但其濃度升高時,會使人呼吸加快,頭痛,濃度太大時,會產生中毒症狀,失去知覺,死亡,因此必須限制 CO_2 在空氣中的含量,一般控制在 0.5% 以下。加拿大的標準爲 0.35%(3 500 ppm),世界衛生組織(WHO)建議控制值爲 0.25%(2 500ppm)。

2. 一氧化碳(CO)

(1) 來源:① 爐竈的不完全燃燒;② 燃氣熱水器;③ 室內停車場汽車尾氣,怠速時尾氣排放量更大,如國產小汽車的平均 CO 排放量爲 0.56 mg/s;④ 吸烟,一氧化碳釋放量爲 1.8 ~ 17 mg/支;⑤ 炭火鍋等。

(2) 危害:一氧化碳與血液中血紅蛋白的親和力是氧氣的 250 余倍,因此一氧化碳濃度過高會導致缺氧,窒息至死。一般規定其允許濃度不超過 35ppm(約 $40mg/m^3$)

3. 可吸入粒子

可吸入粒子在民用建築中來源于衣物、鞋,步行時揚起的灰塵,吸烟排放的烟塵及室外空氣中的懸浮粒子。可吸入粒子又分爲可溶性粒子(可進入血液循環,運行全身)和難溶性粒子。(長期吸入沉積于體內使肺細胞及淋巴組織纖維化,形成所謂的"塵肺病",如矽肺、石棉肺等。)可吸入粒子對人體的危害與粒子本身性質、粒徑等有關,在第二章已述及。

4. 卷烟的烟氣

烟氣含有烟塵及燃燒中產生的氣體,其成分由于品牌不同,測試環境與條件不同和吸烟速度的不同,而差異甚大,表 8.2 所列成分僅供參考。據統計全世界因吸烟死亡者在 300 萬人/年以上,每天吸兩包以上的烟民,約有 14% 患肺癌。

表 8.2

烟氣成分	排放量 mg/支	危　　害
CO_2	10 ~ 60	略
CO	1.8 ~ 17	略
氮氧化物	0.01 ~ 0.6	NO_2 濃度較高時會引發肺炎或肺水腫
焦　油	0.5 ~ 3.5	焦油中已證明致癌的物質有十多種,引起支氣管粘膜細胞增生變異,放發癌變
尼古丁	0.05 ~ 2.5	使氣管中纖毛脫落,降低氣管的自净能力,使進入肺泡的有毒物質的毒害作用加劇,并使心率加快誘發多種疾病
其　他	微量	略

5. 揮發性有機化合物 VOC(Volatile Organic Compounds)

室內空氣中已證實的 VOC 有 250 余種,主要來源有:

(1) 人體本身自然散發 VOC,如丙酮、异戊二烯等;

(2) 建築材料如水泥、油漆、墙板、地磚,及地毯、新家具等都釋放混雜的有機化合物,如甲醛等;

(3) 爲了節能,建築物大量使用的絕熱保温材料和密封材料也釋放 VOC。VOC 是建築內各種异味的主要根源,决定人們對空氣新鮮度的感受,影響了對室內空氣品質的可接受性。實驗顯示,當各種不同的揮發性有機化合物混合,并與臭氧產生化學作用,將對人體産生諸多嚴重的危害。

6. 其他

包括各種氣味、砌體材料和土壤散發的氡等,會對人體産生危害或使人厭煩等不良后果。

四、提高室內空氣品質的手段

1. 污染物的控制

(1) 對室外空氣需進行清潔過濾處理。由于城市人口密度的增加,汽車擁有量的提高、生産和生活過程中污染物的排放,室外空氣的某些指標已超過室內空氣質量的控制指標。

(2) 建築設計人員應盡量選擇低揮發性的建築材料、裝飾材料;

(3) 對室內污染源,應消除、減少其污染物的排放量,或隔離室內污染源。如盡量減少吸烟,降低氣霧劑、化妝品的使用量,對復印室進行隔離等。

2. 系統設計與運行

通風空調系統設計方面,需加強新風和回風的處理手段,加強氣流組織的優化,提高通風效率,合理設計建築物內房間與房間的氣流運動,避免建築物內部的交叉污染。系統運行時加強設備的保養與維護,防止微生物污染。據報道,2000 年 4 月澳大利亞墨爾本水族館發生了空調系統吹出軍團病菌的事件,造成 4 人死亡,99 人生病。通風空調系統既可以改善空氣環境,也可以成爲污染源。過濾器淋水室、表冷器、冷却塔等都可能滋生繁殖大量細菌和微生物,又被帶入室內,造成室內空氣品質惡化,因此必須重視設備的維護,定期清潔、消毒。

3. 設置必要的空氣過濾設備

有些地方室外污染物的含量已超過標準,用這種空氣送入室內來稀釋有害物、污染物就不可能達到要求。例如室內懸浮微粒的濃度控制標準爲 0.15 mg/m^3,而很多城市的大氣含塵濃度都超過這個值,甚至超出數倍。若室內有部分空氣參與送風,即設有回風,則必須對回風進行空氣處理,以減少新風量。若回風不經過處理,而單純依靠新風稀釋,是非常不經濟的。

4. 空氣的離子化

人體吸入負離子對健康有益,尤其對腦力勞動的能力有明顯改善,關于離子化的問題我們將在第十四章討論。

綜上所述,室內空氣品質對人類的影響很大,直接關系到健康和勞動生産率。提高室內空氣品質,解決病態建築綜合症等方面的研究正在進行,人們已經認識到室內空氣品質問題解決的重要性和迫切性。

第二節　通風方式與通風效率

對民用建築來説,通風是消除室內污染物,改善室內空氣品質的一個既有效、經濟又不可替代的手段。與工業通風相同,民用建築通風按其作用範圍可分爲全面通風和局部通風,按空氣流動的動力又可分爲機械通風和自然通風。

一、通風方式

1. 全面通風

所謂全面通風是當有害物源不固定,或局部通風后有害物濃度仍超標時對整個房間進行的通風換氣。按其作用機理不同,又分爲:

（1）稀釋通風,又稱混合通風,即送入比室內的污染物濃度低的空氣與室內空氣混合,以此降低室內污染物的濃度,使之滿足衛生要求。

（2）置換通風

置換通風系統最初始于北歐,目前在我國已有一些應用。在置換通風系統中,新鮮冷空氣由房間底部以很低的速度(0.03 ~ 0.5 m/s)送入,送風溫差僅爲 2 ~ 4℃。送入的新鮮空氣因密度大而像水一樣彌漫整個房間的底部,熱源引起的熱對流氣流使室內產生垂直的溫度梯度,氣流緩慢上升,脫離工作區,將余熱和污染物推向房間頂部,最后由設在天花板上或房間頂部的排風口直接排出。

室內空氣近似呈活塞狀流動,使污染物隨空氣流動從房間頂部排出,工作區基本處于送入空氣中,即工作區污染物濃度約等于送入空氣的濃度,這是置換通風與傳統稀釋全面通風的最大區別。顯然置換通風的通風效果比稀釋通風好得多。

2. 局部通風

局部通風是對房間局部區域進行通風以控制局部區域污染物的擴散,或在局部區域內獲得較好的空氣環境,即局部排風(如圖 8.1)和局部送風。

例如廚房爐竈的排風屬于典型的局部排風。

圖 8.1　局部排風示意圖

二、全面通風量的確定

全面通風量的計算方法與計算公式同第三章,不再重復。當多種污染物同時放散時,如何確定全面通風量在民用建築中尚無明確規定,可參照《工業企業設計衛生標準》中的規定確定送風量,即數種污染物的作用各不相同時,應分別計算消除各種有害物所需的送風量,取最大值;當數種污染物的作用相同或相互促進時,應分別計算所需風量,取和。

當有害物散發量無法計算時,全面通風量可按換氣次數法計算,即 L = V·n,V 爲房間容積,n 爲換氣次數,n 值可根據建築物形式和使用功能查有關資料確定。

三、通風效率和污染物捕捉效率

全面通風量的計算方法是建立在假設污染物與送入空氣充分混合,室內污染物濃度均勻的基礎上的,而實際情況是室內污染物濃度往往是不均勻的,送入空氣通常有一部分沒有與污染物混合、摻混而旁通至排風口,即只有部分新風真正稀釋了室內產生的污染物(這也是取安全系數 K 的主要原因)。因此引入兩個概念——通風效率、污染物捕捉效率。

1. 通風效率 E_v

設室內工作區污染物的濃度爲 C,排風污染物濃度 C_p,送風污染物濃度 C_s,則

$$E_v = \frac{進入工作區的空氣量}{送入室內的空氣量} = \frac{\dfrac{x}{C - C_s}}{\dfrac{x}{C_p - C_s}} = \frac{C_p - C_s}{C - C_s} \qquad (8.2)$$

$$L = \frac{x}{E_v(C - C_s)} \qquad (8.3)$$

一般通風效率 $E_v < 1$,當通風量一定時,E_v 下降將會使工作區污染物濃度上升。通風效率值與氣流組織、換氣次數等有關(x 爲污染物發生量)。

2. 污染物捕捉效率

實際上,如果污染源靠近排風口,部分污染物未送入空氣混合而直接被排走,使參與混合的污染物量減少。因而,定義污染物捕捉率 η_c:

$$\eta_c = \frac{\text{直接排出的污染物量}}{\text{房間總污染物量}}$$

如果污染物全部被排風口直接排走,則 $\eta_c = 1$,對工作理想的局部排風罩 $\eta_c \approx 1$。如果考慮污染物捕捉效率的影響,則通風量爲

$$L = \frac{(1 - \eta_c) x}{E_v (C - C_s)} \tag{8.4}$$

顯然,由于 η_c 的存在,使系統所需通風量減少。目前,有關 E_v 和 η_c 的研究開始不久,還不具備實際解決問題的條件,但可引導我們在工程實際中解決新風能否起到應有的稀釋作用和如何更有效排除污染物的問題。

第三節　機械通風與自然通風

機械通風與自然通風在民用建築中都是常見的通風形式,只不過機械通風系統是依靠風機提供空氣流動所需的壓力,而自然通風是依靠風壓和熱壓的作用使空氣流動的。

一、機械通風系統

包括機械進風系統和機械排風系統(全面),局部送風和局部排風系統。局部送風和局部排風系統與工業通風非常相近、不再贅述。在這里,我們只介紹機械送、排風系統在民用建築中有何特點。

1. 機械進風系統

圖 8.2 是機械進風系統示意圖,由以下各部分組成:

(1) 新風口:引入新風的構件,通常采用固定百葉窗,以防止雨、雪、昆蟲、樹葉、柳絮等吸入系統。通常設在室外較清潔處,距離污染嚴重的地方(如鍋爐房、廁所、厨房)至少 10 m 以上;新風口底部距室外地坪不宜低于 2 m,當布置在綠化地帶時,不宜低于 1 m,若與排風口在一處,應使新風口位于主導風向的上側,并盡量低于排風口。

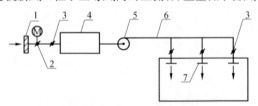

圖 8.2　機械進風系統示意圖
1—新風口;2—電動密閉閥;3—閥門;4—空氣處理設備;5—風機;6—風管;7—送風口

(2) 密閉閥:在寒冷地區,密閉閥在系統停運時,防止侵入冷風而凍壞加熱器或表冷器,如系統管理不善,經常會產生這類事故。通常密閉閥爲電動啓閉、與風機聯鎖,只起保溫作用不起任何調節作用。

(3) 閥門:用于調節風量,使系統和房間風量符合設計要求,常用的是多葉對開風量調節閥。

（4）空氣處理設備：根據建築物的需要進行送風的處理，包括初、中過濾，加熱、冷却、去濕、加濕等功能段。功能段的選擇應根據地域要求及溫濕度要求等因素綜合考慮。可按以下原則確定：

① 對于不采暖地區，如無溫、濕度要求，可只設初效過濾，或初、中兩級過濾；如室內對溫濕度有要求，則可只設過濾，熱濕處理由空調系統完成，或設過濾、加熱、冷却、加濕、去濕等功能。

② 對于采暖地區，當只在冬季需要加熱，而夏季無空調要求時，應設過濾、加熱段；如全年均有溫濕度要求，則可設置過濾、加熱、冷却、加濕、去濕等功能，或只設過濾、加熱功能，其他空氣處理過程由空調系統承擔。

（5）風機：提供空氣從新風口到室內流動的動力，包括所有構件及設備的局部阻力和沿程阻力，再附加房間可能維持的正壓值。

（6）風管：新風系統的風管材料宜用鍍鋅薄鋼板，應避免使用可能產生二次污染的材料，如土建風道，有機或無機的玻璃鋼風道（尤其是劣質的）。當輸送的空氣經冷却或加熱處理時，應在管外進行保溫。

（7）送風口：送風口的設置位置、結構型式、出口風速對室內污染物的濃度場、溫度場、速度場有直接影響。爲了提高通風效率，宜盡量使新風直接送入工作區。同時，送風溫度必須滿足衛生標準的要求。

2. 機械排風系統

在民用建築中，大型車庫、商場、地下室、會議廳、浴室、厠所等房間大都設有全面機械排風系統，如圖8.3所示。

（1）風口：最好設置于靠近污染源或污染物濃度最高處，可選格柵風口或百葉風口等。

（2）閥門：略。

（3）風道：可以選鍍鋅鋼板、普通鋼板（作防腐）、土建風道、玻璃鋼風道等，如排風濕度較大或排風有腐蝕性時，宜采用土建風道或玻璃鋼風道。

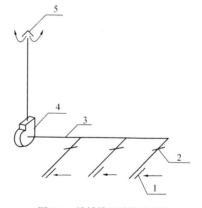

圖8.3　機械排風系統示意圖

（4）風機：略。

（5）排風出口：設于外墻時通常采用百葉窗或自垂式百葉風口，設于屋頂則采用風帽。

二、自然通風

自然通風是一種不消耗動力就能獲得較大風量的最經濟的通風方法，如有可能應盡量利用。自然通風的作用原理，在第七章已述及，不再重復。需要說明的是自然通風的作用是復雜多變的，尤其是對高層建築、對外形復雜的建築來說更是這樣，并不是在迎風面就會進風，背風面就一定會排風。

對于高層建築來說，自然通風中的熱壓和風壓的作用很大，在采暖負荷計算中要注意對冷風滲透耗熱量和外門開啓的冷風侵入耗熱量的增加。另外由于熱壓、風壓的存在，高層建築的電梯井、樓梯間等會產生"烟囱效應"，這對防火排烟很不利。

在高層建築密集處，建築物互相影響，空氣動力系數 K 的變化很大，室外空氣流速和壓力也會有很大變化,這一點已引起有關人員的重視。

第四節　置換通風

置換通風是二十世紀七十年代初從北歐發展起來的一種通風方式,由于困擾通風空調界的室內空氣品質、病態建築和空調能耗巨大等問題,置換通風可以較好的解決,因此這種通風方式在歐洲非常普遍,在我國也日益受到設計者的關注。與稀釋通風相比,置換通風在工作區可以獲得較好的空氣品質、較高的熱舒適性和通風效率。

一、置換通風的原理及特點

置換通風是基于空氣的密度差而形成熱氣流上升、冷氣流下降的原理,從而在室內形成近似活塞流(圖8.4)的流動狀態。置換通風的送風溫度通常低于室內空氣溫度$2 \sim 4℃$,以極低速度($0.5m/s$以下,一般爲$0.25m/s$左右)從房間底部的送風口送出,由于其動量很低,不會對室內主導氣流造成影響,像倒水

圖8.4　活塞流

一樣地在地面形成一層很薄的空氣層,熱源引起的熱對流氣流使室內產生溫度梯度,置換通風的流態如圖8.5。最終使室內空氣在流態上分成兩個區:上部混合流動的高溫空氣區,下部單向流動的低溫空氣區。兩個區域之間存在一個過渡區,或稱界面,高度很小,然而溫度梯度和污染物的濃度梯度却很大。由于在低溫空氣區內無大的空氣流動,污染物的橫向擴散速度很慢,從而直接被上升氣流帶到上部非人活動的高溫空氣區,最終被房間頂部的排風口排出。這就是低溫空氣區和高溫空氣區污染物濃度相差很大的主要原因。

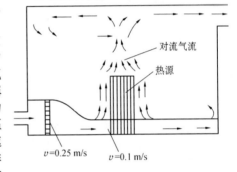

圖8.5　置換通風的流態

置換通風房間的熱源有工作人員、辦公設備、機器設備三大類。熱源產生熱上升氣流如圖8.5所示,站姿人員產生的熱上升氣流如圖8.6所示。置換通風熱力分層情況如圖8.7所示,上部爲紊流混合區,下部爲單向流動清潔區。

置換通風與稀釋通風的比較,見表8.3。圖8.8是置換通風與混合通風在溫度、速度、污染物濃度分布的比較。

二、置換通風的設計參考

由于置換通風在我國尚屬起步階段,設計時宜參考國際標準和歐洲國家的數據和方法,并遵照《采暖通風與空氣調節設計規範》(GB50019—2003)中的相關規定進行。

1. 置換通風的設置條件

(1) 污染源與熱源共存;

(2) 房間高度不小于2.4 m;

(3) 冷負荷小于120 W/m²。

2. 設計參數

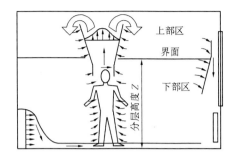

圖 8.6 站姿人員産生的上升氣流

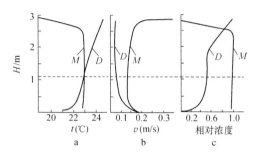

圖 8.7 熱分層示意圖

圖 8.8 置換通風的温度、速度和相對濃度分布
注:曲綫 D 表示置換通風,曲綫 M 表示混合通風,相對濃度以房間平均濃度爲基準,虛綫表示坐姿時的分層高度爲 $z = 1.1\ m$

表 8.3 兩種通風方式的比較

	稀釋通風	置換通風
目標	全室温濕度均匀	工作區舒適性
動力	流體動力控制	浮力控制
機理	氣流强烈摻混	氣流擴散浮力提升
送風	大温差高風速	小温差低風速
氣流組織	上送下回	下側送上回
末端裝置	風口紊流系數大 風口摻混性好	送風紊流小 風口擴散性好
流態	回流區爲紊流區	送風區爲層流區
分布	上下均匀	温度/濃度分層
效果 1	消除全室負荷	消除工作區負荷
效果 2	空氣品質接近于回風	空氣品質接近于送風

(1) 人員爲坐姿時,頭部與足部温差 $\Delta t \leqslant 2℃$;
(2) 人員爲站姿時,頭部與足部温差 $\Delta t \leqslant 3℃$;
(3) 送風量 Q

$$Q = (3\pi^2 B)^{1/3} \cdot (2\alpha)^{1/3} \cdot (z_s)^{5/3} \tag{8.5}$$

式中 Q——所求送風量,m^3/s;

$$B \frac{g\beta E}{\rho C_p}$$

g——重力加速度，m/s²；

E——熱源熱量，W；

C_p——空氣的定壓比熱，J/(kg·℃)；

β——空氣的溫度膨脹系數，m³/℃；

ρ——空氣密度，kg/m³；

α——熱對流卷吸系數(實驗測定)，1/m³；

z_s——分界面高度，通常民用建築中辦公室、教室等人員處于坐姿，$z_s = 1.1$ m。如站姿時，$z_s = 1.8$ m。

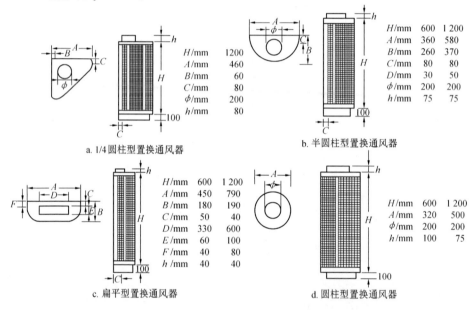

圖8.9　置換通風器

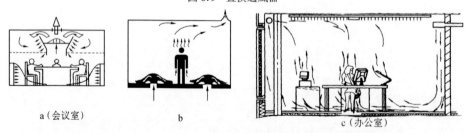

圖8.10　置換通風器的安裝形式

3. 置換通風器的選型與布置

（1）置換通風器的面風速，對工業建築不宜大于 0.5 m/s，對民用建築不宜大于 0.2 m/s。通常根據送風量和面風速確定置換通風器的數量。

（2）置換通風和末端裝置主要有圓柱型、半圓柱型、1/4 圓柱型、扁平型及壁型等，見

圖 8.9。

(3) 置換通風器主要有落地安裝(8.10(a)),地平安裝(裝于夾層地板下,如圖 8.10 (b)),架空安裝(圖 8.10(c))等三種安裝布置形式。其布置原則如下:

① 置換通風置宜靠外墻或外窗布置,圓柱型置換通風器可布置在房間中部;

② 置換通風器附近不應有大的障礙物;

③ 冷負荷較高時,宜布置多個置換通風器;

④ 置換通風器布置應與室内空間協調。

第五節　空氣平衡與熱平衡

與工業建築相同,民用建築的通風也要考慮空氣平衡和熱平衡。有關平衡計算的方法與工業通風相同,下面介紹一下民用建築通風的空氣平衡與熱平衡需要注意的幾點。

一、空氣平衡

無論空氣平衡計算正確與否,房間進出空氣量終會平衡,只是房間的壓力會出現偏差。有時偏差大,造成很大的正壓值或負壓值,就會出現門開關困難等問題,甚至會使建築物的通風效果變得很差,排風排不出、送風送不進、房間之間的空氣流動無法控制,出現交叉污染等。例如某家賓館的客房、走廊、大廳充滿厨房的烟氣、味道,這不一定是厨房排風系統本身的問題,更可能是空氣平衡的問題。

在通風設計中,經常會碰到維持房間一定正壓或負壓的問題,如要求高的房間需維持 $5 \sim 10$ Pa 的正壓,污染嚴重的房間如汽車庫、厨房、吸烟室等通常要保持一定的負壓。

1. 保持正壓所需的風量

(1) 縫隙法

$$L_i = CA(\Delta P)^n \tag{8.6}$$

式中　L_i——通風房間的滲透風量,m^3/s;

C——流量系數,一般取 $0.39 \sim 0.64$;

A——房間縫隙面積,m^2;

ΔP——縫隙兩側的壓差,Pa;

n——流動指數,在 $0.5 \sim 1$ 之間,通常取 0.65;

ρ——空氣密度,kg/m^3。

(2) 換氣次數法

用縫隙法計算比較繁瑣,因此可采用換氣次數法來估算風量,對有窗的房間換氣次數可取 $1 \sim 1.5$ 次/h。

2. 保持負壓的滲入風量

其計算方法與正壓風量計算法相同。對厠所和衛生間通常只設排風、不設送風,爲不使房間負壓過大或影響排風量,應在門上或墻上裝設百葉風口,風口面積按下式確定。

$$A = \varphi L_p \tag{8.7}$$

式中　A——風口迎風面積,m^2;

φ——系數,對于木百葉,$\varphi = 0.36$;對于其他百葉風口,$\varphi = (0.20 \sim 0.24)\sqrt{\xi}$,$\xi$ 爲風口阻力系數;

L_p——房間排風量,m^3/s。

二、熱平衡

對于空調房間必須計算房間得熱與失熱。對于非空調房間,如在非采暖地區可不考慮熱平衡,在采暖地區夏季可不考慮熱平衡,冬季必須考慮因通風造成的熱量得失。

民用建築熱平衡計算的幾點説明:

(1) 室内温度 t_n 應根據有關規範或衛生標準確定,若無明確規定,對人員長期停留的房間,t_n 應取不低于 18 ℃;對人員短暫停留的房間 t_n 取 12 ℃或 12 ℃以下,但不得低于5 ℃。

(2) 室外温度 t_w,一般可取冬季采暖室外計算温度,比較重要的房間可取冬季空調室外計算温度,對于一些人員停留時間短暫的房間可取冬季通風室外計算温度。當室外温度低于冬季通風室外計算温度時,可以减少通風量或降低室内温度。

(3) 室内的人員、燈光的散熱隨機性大,很難確定,可不計算,只有存在穩定的熱源時,其散熱量才予以考慮。如某些房間的人員、燈光的啓閉是非常穩定的,應予以考慮。

第六節　空氣幕

空氣幕是一種利用空氣射流形成幕簾來隔斷空氣流動的設備,應用廣泛。

在人員進出頻繁的公共建築和人員進出或運輸工具進出較頻繁的生産車間,外界冷氣流或熱氣流的侵入量很大,加大了熱負荷或冷負荷,增加了建築能耗。另外還使臨近大門的區域衛生條件不能滿足要求。寒冷地區的建築物在冬季時一層通常很冷、地面附近的空氣温度非常低,尤其當門廳附近有樓梯間時(樓梯間在熱壓作用下,産生"烟囱效應")門廳的温度更低,單純在首層大量增加散熱器的作法往往收效甚微,甚至適得其反。若在大門處設置空氣幕,利用氣幕來隔絶室内外空氣的流動,既美觀又有效,可顯著提高門廳附近的熱舒適性,降低熱負荷。對任何建築只要存在室内外温差,存在風壓的作用,都會有外界空氣的侵入。

當然,不僅是建築物大門,很多地方都會用到空氣幕,如生産車間可利用氣幕進行局部隔斷,防治有害物的擴散;大型超市會利用空氣幕來封閉開敞式冷藏櫃,既不影響取放貨品,又可降低冷量損失。

空氣幕的構造主要有風機和條縫形噴口,另外根據使用場合可能設有加熱器或表冷器。各種空氣幕均有工廠化定型生産,設計和安裝日趨簡化。

一、民用建築常用空氣幕的分類

1. 按送出氣流温度的不同,空氣幕可分爲

(1) 熱空氣幕,内設空氣加熱器,空氣經加熱后送出,適于寒冷地區隔斷大門的冷風侵入。按熱源形式的不同又可分爲:

① 蒸汽型熱風幕;

② 熱水型空氣幕;

③ 電熱型空氣幕。

(2) 等温空氣幕,空氣未經處理直接送出,構造簡單、體積小,適用範圍廣,用于非嚴寒地區隔斷氣味、昆蟲或用于夏季空調建築的大門。

(3) 冷空氣幕,内設冷却器,空氣經冷却處理后送出,主要用于炎熱地區。

2. 按風機形式不同,可分爲

(1) 貫流式空氣幕,風壓小,通常是無加熱器的風幕,或電熱風幕。

(2)離心式空氣幕,采用離心風機,有較大的風壓,通常熱風幕采用這種形式。

(3)軸流式空氣幕,其風壓介于兩者之間,使用較少。

3. 按吹風方向,可分爲

(1)側送式,把條縫形吹風口設在大門的側面,效果較好,但受安裝範圍限制,側送式民用風幕很少。如圖 8.11。

(2)下送式,即氣流由下部的地下風道送出,阻擋橫向氣流的效率很高,但易受到不同程度的遮蔽,而且容易把地面的灰塵吹起,因此在民用建築中幾乎沒有應用。如圖8.12所示。

(3)上送式,即把條縫吹風口設在大門上方,送風氣流由上而下,很常用,其擋風效率低于下送式空氣幕,但其安裝隱蔽,占用空間小,美觀。見圖8.13。當門上框至頂棚高度較高(約 1.3 m以上),宜選用立式空氣幕(圖8.14);當高度較低時,選用臥式空氣幕(圖8.15)。

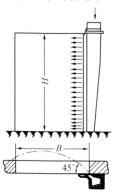

圖 8.11 側送式空氣幕

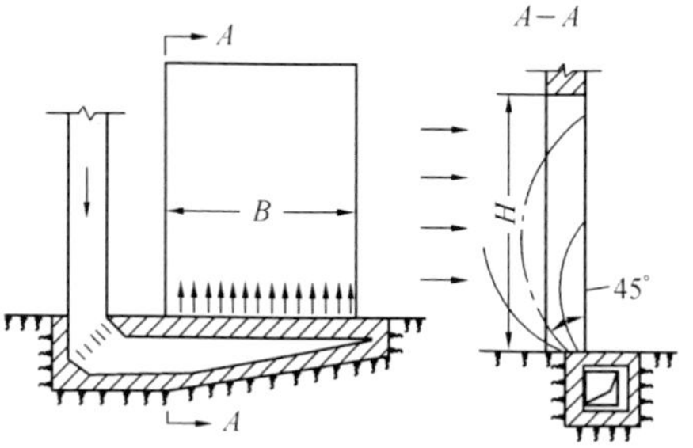

圖 8.12 下送式空氣幕

4. 從吹吸組合方式,可分爲

(1)單吹式,只有吹風口,不設回風口,射流射出后自由向室內外擴散;

(2)吹吸式,一側吹,一側吸,用于防烟場所效果很好,吸氣有排烟作用,吹風用室外空氣。

二、影響空氣幕效果的主要因素

1. 風量 當大門的寬、高尺寸一定時,空氣幕的風量愈大,隔離阻擋的效果愈好。

2. 風速 同等風量的情況下,在一定範圍內,送出風速愈高,即風口愈窄,效果愈好。爲不使人有不舒適的吹風感,對公共建築的外門不宜大于 6 m/s。生産廠房外門不宜大于 8 m/s。

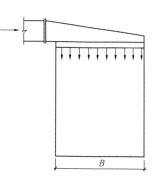

圖 8.13 上送式空氣幕

3. 出口角度 側送時噴射角 α 一般取 45°;下送時,爲了避免射流偏向地面,取 $\alpha = 30° \sim 40°$;上送時爲了使空氣幕射流不易折彎、噴射角宜朝向熱面,噴射角度範圍0° ~ 30°,一般取 15°。

4. 對上送式熱風幕,當以上三個因素均不變時,懸挂的高度愈小,則射流射程短,射流衰減小,阻擋室外空氣進入的能力強,因此不能因爲門上框至屋頂的距離充足而任意提高上送式熱風幕的安裝高度,這樣會影響阻隔室外空氣的效果。

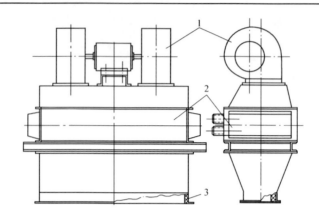

圖 8.14　立式熱風幕
1—風機；2—盤管；3—條縫噴口

三、目前空氣幕應用中存在的問題

1. 國產上送式熱風幕應用于民用建築多爲貫流式，風量設計偏小，難以有效阻擋冷風入侵；

2. 上送式空氣幕角度都爲 0°，如增大噴射角度，則可阻擋的冷風侵入速度必會提高；

3. 缺乏設計計算，空氣幕的使用者少有進行設計計算的，往往直接選用，實際上空氣幕應經設計計算確定，按室外氣流和吹出射流的合成來確定射流角度、吹風量大小和送風溫度。

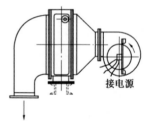

接电源

圖 8.15　臥式熱風幕

第九章　建築防火排烟

　　建築物火灾是多發的,對人民的生命財産是一種嚴重的威脅。火灾不僅導致巨大的經濟損失和大量的人員傷亡,甚至對政治、文化造成巨大影響,産生無法彌補的損失。例如 1971 年韓國高達 22 層的"大然閣"酒店,二層公共部起火,火勢沿非封閉樓梯間向上蔓延,將全部客房燒毀,死亡 163 人。1994 年吉林博物館發生火灾,燒毀了參展的最完整的一具恐龍化石骨架。1997 年 12 月 11 日夜,哈爾濱市匯豐酒店發生火灾,造成 31 人死亡。新疆的克拉瑪依,古城洛陽等地發生的火灾更是讓人充分認識了火灾的危害。火灾中的一部分是可避免的,但總是會有火灾發生,那么如何減少火灾的發生,如何降低火灾的危害呢?

　　火灾過程大致可分爲初起期、成長期、旺盛期和衰減期等四個階段,通常建築物設有相應的消防設施,如滅火器、消火栓系統,自動噴淋系統等,只要消防設計合理、設施維護較好,大多數情况下是可以在火灾初期將其撲滅的。火灾過程中的初起期和成長期是烟氣産生的主要階段,而烟氣是造成人員傷亡的最大原因。據國外資料統計,火灾中由于烟氣致死的人數占 50% 以上,很多時候多達 70%,被燒死的人中,多數也是先烟氣中毒,窒息暈倒而后被燒死的。也就是說,一方面要加强消防系統的作用,盡量將火灾消滅于初期;另一方面要減少烟氣的危害,使人們在發生火灾時有疏散逃生的時間、通道和機會。避免烟氣蔓延,這就需要一個防排烟系統來控制火灾發生時烟氣的流動,及時將其排出,在建築物内創造無烟(或烟氣含量極低)的疏散通道或安全區,以確保人員安全疏散,并爲救火人員創造條件。

　　我國頒布的設計防火規範主要有《建築設計防火規範》GB50016—2006 和 1995 年修訂的《高層民用建築設計防火規範》GB50045,另外還有一些適用範圍較小的規範,如 1997 年頒布的《汽車庫、修車庫、停車場設計防火規範》等。關于普通民用建築,其防排烟設計没有明文規定,一般只在發生火灾時,打開門窗自然排烟即可,特殊重要的場所可按《高層民用建築設計防火規範》來設置。防火排烟的重點是高層建築。高層建築與普通建築相比有許多不利因素,主要表現爲:

　　(1) 建築高度大,人員衆多,發生火灾時人員疏散、滅火、救援均受到限制。據資料顯示,一幢人員密集的 20 層大樓,其疏散時間爲半小時,50 層高樓的疏散時間爲 2 小時,人員撤離的時間比火灾從發生、發展到失控的時間長得多。

　　(2) 高層建築的火灾擴散蔓延的速度非常快。高層建築内各種竪井(電梯井、樓梯間、垃圾井、管道井、電纜井等)數量多,自上而下貫穿整個建築物,通風空調管道縱横交錯,發生火灾時,烟氣沿竪井、管道迅速擴散,濃烟嚴重影響人員疏散。

　　(3) 高層建築承受風力大,熱壓作用明顯,加劇火灾擴散、發展,且一旦發生火灾后會對下風向的其他建築造成威脅。

　　(4) 高層建築往往功能繁多,設備裝飾、陳設多,存在大量火源和可燃物,其中很多材料燃燒會産生大量有毒氣體。

　　(5) 高層建築中有大量的公共廳堂,許多布置在建築内部,人員密度大,一旦發生火警,普通電源被切斷,且事故照明又未及時接通,就會引起恐慌,可能造成大量傷亡。

《高層民用建築設計防火規範》規定十層及十層以上的居住建築、建築高度超過 24 m 的公共建築即爲高層建築。高層建築的特點決定了其設置防火排烟設施的重要性。建築物的防排烟必須是通過綜合措施來實現：

(1) 劃分防火分區、防烟分區；

(2) 合理布置疏散通道；

(3) 建築材料、裝飾材料、管道材料等的非燃化，必須滿足建築耐火等級的要求；

(4) 采取合理的防、排烟措施進行烟氣流動的控制等。

第一節　火災烟氣的成分和危害

一、烟氣的成分

火災發生時，燃燒可分爲兩個階段：熱分解過程和燃燒過程。火灾烟氣是指火災時各種物質在熱分解和燃燒的作用下生成的産物與剩余空氣的混合物，是懸浮的固態粒子、液態粒子和氣體的混合物。

由于燃燒物質的不同、燃燒的條件千差萬別，因而烟氣的成分、濃度也不會相同。但建築物中絕大部分材料都含有碳、氫等元素、燃燒的生成物主要是 CO_2、CO 及水蒸汽，如燃燒時缺氧，則會産生大量的 CO。另外，塑料等含有氯，燃燒會産生 Cl_2、HCl、$COCl_2$（光氣）等；很多織物中含有氮，燃燒后會産生 HCN（氰化氫）、NH_3 等。

火災時烟氣發生量與材料性質、燃燒條件等有關，如玻璃鋼的發烟量比木材大，且玻璃鋼燃燒時，溫度越高發烟量也越大。

二、烟氣的危害性

1. 烟氣的毒害性

烟氣的産物可分爲 CO_2、水蒸汽、SO_2 等完全燃燒産物和 CO、氰化物、酮類、醛類等不完全燃燒的有毒物質。燃燒會消耗大量氧氣，導致空氣中缺氧。研究表明當空氣 CO_2 超過 20% 或含氧量低于 6%，都會在短時間内使人死亡。氰化氫在空氣中達到 270 ppm 時，就會致人死亡。烟氣中衆多的有害氣體、有毒氣體，如 H_2S、NH_3、Cl_2 等達到一定濃度后都會致人死亡。另外烟氣中懸浮的微粒也會對人造成危害。

2. 烟氣的遮光作用

烟氣的存在會使光强度減弱，導致人的能見距離縮短。能見距離關系到火災發生時人員的正確判斷，直接影響疏散、救援和救火的進行。火災中對于熟悉建築物内部情况的人能見距離要求爲最少 5 m，而對不熟悉建築物内部情况的人，要求能見距離爲不小于 30 m。能見距離取決于透過烟氣的光强度，而光强度在光源强度一定時取決于烟氣的光學濃度 Cl，實測中發現火災時烟氣的光學濃度約爲 Cl = 25 ~ 30 1/m，而相應的對發光型光源的能見距離約爲 0.2 ~ 0.4 m，對反光型光源的能見距離爲 0.07 ~ 0.16 m，因此如對烟氣不加控制，火災中人們很難找到應急指示，找到正確的疏散通道。能見距離短，易使人産生恐慌，自救能力下降，造成局面混亂，逃生困難。

3. 烟氣的高溫危害

火災初期(5 ~ 20 分鐘)烟氣溫度能達到 250 ℃，隨后空氣量不足溫度會有所下降，當燃燒至窗户爆裂或人爲將窗户打開則燃燒驟然加劇，短時間溫度可達 500℃。高溫使火灾蔓延迅速，使金屬材料强度降低，從而使建築物倒塌。同時高溫還會使人燒傷、昏迷等。

第二節　烟氣的流動與控制原則

　　建築物內設置防排烟系統不是爲了稀釋烟氣的濃度,而是要使火災區的烟氣向室外流動,使烟氣不侵入疏散通道或使通道中的烟氣流向室外,即人爲的控制烟氣流動。只有掌握了烟氣擴散、流動的規律,才可能設置合理的防排烟系統,使烟氣按設計路綫流向室外。

一、火災烟氣的流動規律

　　引起烟氣流動的因素很多,如擴散、熱膨脹、風力等,下面介紹主要因素:

1. "烟囪效應"

　　"烟囪效應"指室內溫度高于室外溫度時,在熱壓的作用下,空氣沿建築物的竪井(如電梯井、樓梯間等)向上流動的現象。當室外溫度高于室內溫度時,空氣在竪井內向下流動,稱爲"逆向烟囪效應"。當發生火災時,烟氣會在"烟囪效應"的作用下傳播。"烟囪效應"對烟氣的作用是比較復雜的,因着火點的不同、室內外溫度和時間的變化烟氣的流動也是不同的。烟氣垂直方向的流動速度約爲 3~4 m/s,無阻擋時 1~2 min 左右即可擴散到幾十層的大樓的頂部。圖 9.1 是當室內溫度 t_n 高于室外溫度 t_w,着火層在中和面以下,假定樓層間無其他滲漏時,火災初期烟氣的流動情況。烟氣進入竪井后,竪井內空氣溫度上升,"烟囪效應"的抽吸作用增强,烟氣竪直方向的流動速度也會提高。此時中和面以下,着火層以上的各層是相對無烟的。當着火層溫度繼續上升,窗户爆裂后,烟氣自窗户逸出,則可能通過窗户進入這些樓層。此圖的繪制忽略了風壓的影響。

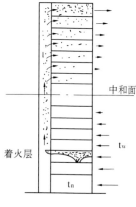

中和面

t_w

着火层

t_n

圖 9.1　烟氣流動示意圖

2. 浮力作用

　　火災發生后,溫度升高,産生向上的浮力,烟氣會沿天棚向四周擴散,擴散的速度約爲 0.3~0.8 m/s。浮力作用是烟氣水平方向流動的主要原因,同時也會使烟氣通過縫隙孔洞向上層流動。

3. 熱膨脹

　　着火房間由于溫度較低的空氣受熱,體積膨脹而産生壓力變化。若着火房間門窗敞開,可忽略不計,若着火房間爲密閉房間,壓力升高會使窗户爆裂。

4. 風力作用

　　由于風力的作用,建築物表面的壓力是不同的,通常迎風面爲正壓,如着火區在迎風面的房間,烟氣會向背風側房間流動。如着火房間在背風側,則有向室外流動的趨勢和可能。

5. 通風、空調系統

　　通風空調系統的管路是烟氣傳播的路徑之一。當系統運行時,空氣由新風口或室內回風口經空調機或通風機,通過風管送至房間。如有火災發生就會通過這些系統傳播蔓延。

　　建築物火災發生時烟氣的流動是諸多因素共同作用下的結果,因而準確的描述烟氣在各時刻的流動是相當困難的。了解烟氣流動的各種因素的影響和烟氣流動規律有助于防排烟系統的正確設計。

二、火灾烟氣的控制原則

控制火灾烟氣流動的主要措施有：
（1）防火分區和防烟分區的劃分；
（2）加壓送風防烟；
（3）疏導排烟。

1. 防火分區和防烟分區
（1）防火分區

在建築設計中對建築物進行防火分區的目的是防止發生火灾時火勢蔓延，同時便于消防人員撲救，減少火灾損失。進行防火分區，即是把建築物劃分成若干防火單元，在兩個防火分區之間，在水平方向應設防火墙、防火門和防火卷簾等進行隔斷，垂直方向以耐火樓板等進行防火分隔。阻斷火勢的同時，當然也阻止了烟氣擴散。通風空調系統應盡量減少跨越防火分區，必須穿越防火分區時，應在穿越防火墙時，加設防火閥。

防火分區的最大面積一般與建築物的重要性、耐火等級、滅火設施的種類等因素有關，每個防火分區的面積不應超過以下規定：

一類建築　1 000 m²，二類建築　1 500 m²，地下室　500 m²

設有自動滅火系統的防火分區，其最大允許建築面積可相應增加一倍。

相關規定具體可查《高層民用建築設計防火規範》。

（2）防烟分區

防烟分區是指在設置排烟措施的過道、房間用隔墙或其它措施限制烟氣流動的區域。

防烟分區的劃分是在防火分區内進行的，是防火分區的細化。按照有效排烟的原則劃分，單個防烟分區的面積越大，需要的排烟風量越多，效果不一定好。《高層民用建築設計防火規範》中規定當房間高度 < 6 m 時，防烟分區的建築面積不宜超過 500 m²。因此對于超過 500 m² 的房間應分隔成幾個防烟分區，分隔的方法除采用隔墙外，還可采用擋烟垂壁或從頂棚下突出不小于 0.5 m 的梁。防烟分區的前提是設置排烟措施，只有設了排烟措施，防烟分區才有意義。圖 9.2 爲某百貨大樓防火防烟分區的示例。

2. 加壓送風防烟

當火灾發生時，對房間送入一定量的室外空氣，以保證房間具有一定壓力或在門洞處造成一定流速，以避免烟氣侵入，稱爲加壓送風防烟。

圖 9.3 表示保持房間一定的正壓，使空氣從門的縫隙和其他縫隙處流出，以防止烟氣的侵入。

圖 9.4 表示開門時，送入空氣在門洞形成一定流速，以防止烟氣侵入。

3. 疏導排烟

利用自然或機械作爲動力，將烟氣排至室外，稱之爲排烟。排烟的目的是排除着火區的烟氣和熱量，不使烟氣氣流侵入非着火區，以利于人員疏散和進行撲救。

（1）自然排烟：利用烟氣產生的浮力和熱壓進行排烟、通常利用可開啓的窗户來實現。簡單經濟，但排烟效果不穩定，受着火點位置、烟氣温度、開啓窗口的大小、風力、風向等諸多因素的影響。

（2）機械排烟：利用風機的負壓排出烟氣，排烟效果好，穩定可靠。需設置專用的排烟口、排烟管道和排烟風機，且需專用電源，投資較大。

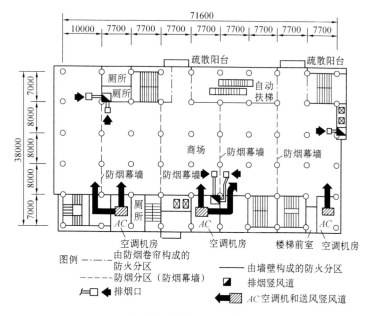

圖 9.2　防火防煙分區

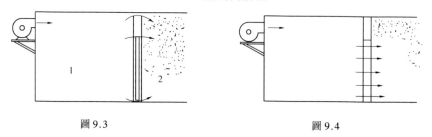

圖 9.3　　　　　　　　　　　　　　　　　圖 9.4

三、建築物中需設置防排烟的部位

普通民用建築無規定,可依靠門、窗作自然排烟。對高層建築規定:

1. 一類高層建築和建築高度超過 32 m 的二類高層建築的下列部位,應設機械排烟設施:

(1) 無直接自然通風,且長度超過 20 m 的内走道或雖有直接自然通風,但長度超過 60 m 的内走道;

(2) 面積超過 100 m^2,且經常有人停留,或可燃物較多的地上無窗房間或設固定窗的房間;

(3) 各房間累計面積超過 200 m^2,或一個房間面積超過 50 m^2,且經常有人停留,或可燃物較多且無自然排烟條件的地下室;

(4) 净空高度超過 12 m,或不具備自然排烟條件的中庭。

2. 不具備自然排烟條件的防烟樓梯間及其前室、消防電梯前室或合用前室,應設加壓送風防烟措施。防烟樓梯間及消防電梯的入口處設有一個小室,稱前室。前室起防烟的作用,又可供不能同時進入樓梯間或消防電梯的人短暫停留。如前室爲防烟樓梯間和消防電梯合用,則稱合用前室。

3. 高層建築一旦發生火災,短時間內疏散是困難的,因此在建築高度超過 100 m 的公共建築中應設避難層,供人員暫避。避難層或避難區應設加壓防烟措施。避難層的設置原則是自首層至第一個避難層或兩個避難層之間不宜超過 15 層。加壓風量爲 $\nless 30 \ m^3/h\cdot m^2$。

第三節　自然排烟

自然排烟投資少,易操作,不占用空間,只要滿足規範的要求應盡量采用。自然排烟通常由可開啓窗實現。排烟窗可由烟感器控制,電訊號開啓,也可由纜繩手動開啓。

一、走道與房間的自然排烟

除建築高度超過 50 m 的一類公共建築和建築高度超過 100 m 的居住建築外的高層建築中,長度超過 20 m 且小于 60m 的內走道和面積超過 100 m^2,且經常有人停留或可燃物較多的房間,有可開啓窗或窗井時,可采用自然排烟。走道或房間采用自然排烟時,可開啓外窗的面積不應小于走道或房間面積的 2%。

二、中庭自然排烟

中庭的防排烟比較困難,烟氣流動的變化較多。當中庭高度小于 12 m 時,可以采用自然排烟,規定可開啓的天窗或高側窗的面積不應小于該中庭面積的 5%。

通常認爲在火災初期,烟氣的溫度不會很高,約 60℃ 左右,當烟氣上升時,卷吸周圍空氣,被持續冷却,烟氣會不再上升而停留在一定水平位置,從而向同一高度層的房間擴散。所以對于高的中庭,烟氣無法靠自身浮力上升到中庭頂部通過可開啓窗排出。

三、防烟樓梯間及其前室、消防電梯前室和合同前室的自然排烟

1. 除建築高度超過 50 m 的一類公共建築和建築高度超過 100 m 的居住建築外,靠外墙的防烟樓梯間及其前室和合用前室,宜采用自然排烟方式,如圖 9.5 所示。如不滿足自然排烟條件,應設加壓送風防烟。

2. 當采用自然排烟時,靠外墙的防烟樓梯間每五層可開啓外窗總面積之和不應小于 2 m^2;防烟樓梯間前室,消防電梯前室每層可開啓外窗面積不應小于 2 m^2,合用前室不應小于每層 3 m^2。

3. 當前室或合用前室采用凹廊,陽臺時,或前室內有兩面外窗時,樓梯間如無自然排烟條件,也可不設防烟措施。如圖 9.6、圖 9.7 所示。

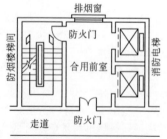

圖 9.5　合用前室采用自然排烟

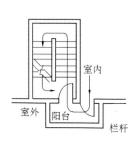

圖 9.6　利用陽臺排烟

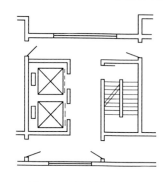

圖 9.7　兩面外窗的前室

第四節　機械排烟

　　機械排烟系統工作可靠、排烟效果好,當需要排烟的部位不滿足自然排烟條件時,則應設機械排烟。

一、機械排烟系統排烟風量的計算

　　機械排烟風量按應設機械排烟部位(中庭除外)每平方地板面積不小于 60 m³/h 確定,因此只要正確確定機械排烟部位的地板面積,就可計算所需的排烟風量。

　　1. 地板面積的確定

　　(1) 内走道:長度超過 20 m,且無自然排烟條件或長度超過 60 m 的内走道均應設機械排烟,排烟面積應爲走道面積與無窗房間或設固定窗房間面積之和。

　　(2) 房間:面積超過 100 m²,且經常有人停留或可燃物較多的無窗房間、設固定窗的房間應設機械排烟;除可自然排烟的房間外,單個房間面積超過 50 m²,或各房間總面積超過 200 m² 的經常有人停留或可燃物較多的地下室,應設機械排烟。

　　當防烟分區面積小于 500 m² 時,排烟面積即爲房間地面面積;當面積超過 500 m² 時,且净高小于 6 m 時,應當用擋烟垂壁等將防烟分區劃小,每個防烟分區的面積即爲該防烟分區排烟風量的計算面積。

　　(3) 設機械排烟的前室或合用前室

　　部分防烟樓梯間及前室、或合用前室可以用自然排烟,而其他的防烟樓梯間及前室或合用前室采用機械排烟。如高層建築的塔樓部分有自然排烟條件,而在裙房部分没有自然排烟條件,可在裙房部分的前室或合用前室設機械排烟,前室或合用前室的面積即爲排烟計算面積。

　　2. 中庭排烟風量的計算

　　一類建築或建築高度超過 32 m 的二類建築中高度超過 12 m 的中庭應設機械排烟。中庭排烟風量的計算方法因中庭内烟氣流動和火灾發生情况的復雜和多變而有多種方法,各國標準和規定不同,尚未統一。我國的《高層民用建築設計防火規範》中規定用換氣次數法進行計算:

　　(1) 中庭體積 > 17 000 m³,按 n = 4 次/h 計算排烟量,最小排烟量不得小于 10.2×10^4 m³/h;

(2)中庭體積≤17 000 m³,按 n=6 次/h 計算排烟量。

中庭體積按以下規定計算:

(1)當中庭與周圍房間用防火墙,可自動關閉的防火門窗、防火卷簾分隔時,其所圍體積即爲中庭計算體積;

(2)當中庭與周圍房間相通時,計算體積應包括相通房間的體積。

3.機械排烟系統排烟風量的確定原則

(1)當一個排烟系統只爲一個房間或防烟分區服務時,該房間或排烟分區的排烟風量即爲系統的排烟風量,但系統最小風量不得小于 7 200 m³/h;

(2)當一個排烟系統負責幾個房間或内走道或防烟分區的排烟時,系統排烟風量按該系統所擔負的最大面積房間(或内走道,或防烟分區)的每 m² 地板面積的排烟量爲 120 m³/h 確定。

【例 9.1】　　如圖 9.8 所示機械排烟系統,該系統所擔負的排烟區域共 4 個,每個排烟區域的面積如圖 9.8 所示,試確定系統排烟風量和各管段排烟風量。

【解】

管　段	計算排烟面積(m²)	每 m² 排烟風量(m³/h)	排烟風量(m³/h)
①	180	60	180×60 = 10 800
②	300	60	300×60 = 18 000
③	300	120	300×120 = 36 000
④	250	60	250×60 = 15 000
⑤	200	60	200×60 = 12 000
⑥	250	120	250×120 = 30 000
⑦	300	120	300×120 = 36 000
⑧	300	120	300×120 = 36 000

可知系統排烟風量爲 36 000 m³/h。

二、機械排烟的系統劃分與布置

機械排烟系統的劃分與布置應遵守可靠性和經濟性的原則,考慮最佳排烟效果的要求。系統過大,則排烟口多、管路長、漏風量大、遠端排烟效果差,管路布置可能出現困難,但設備少,總投資可能少一些;如系統小,則排烟口少、排烟效果好,可靠性強,但設備多,分散,投資高,維護管理不便。因此應仔細考慮、論證后確定排烟系統的方案。

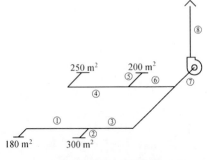

圖 9.8　例 9.1 排烟系統

1.前室或合用前室、内走道的機械排烟系統

(1)前室或合用前室通常在各層的同一位置,所以常采用竪向布置,如圖 9.9 所示,排烟設在前室鄰近走道的頂部,排烟風機設于屋頂或頂層。排烟口爲常閉狀態,火警時電信號開啓或手動開啓,當排烟溫度達到 280°時自動關閉。

(2) 内走道通常也在各層的同一位置因此也常采用竪向布置,但如走道太長,因每個排煙口的作用距離不超過 30 m,需設 2 個以上排煙口時,可以用一個水平支管連接,排煙口可采用普通金屬風口(常開型),并在水平支管處設排煙防火閥,見圖 9.10。該閥應爲常閉狀態,火警發生時電訊號開啓或手動開啓,280 ℃時關閉并輸出電訊號。如走道内無法安裝水平風管,則可采用兩個垂直系統。在風機的入口處應設排煙防火閥(常閉狀態),以防平時室外空氣侵入系統,這一點在寒冷地區尤其重要,可防止冷風侵入風管内,造成風管外表面結露、結霜等現象。排煙風機出口處應設金屬百葉窗,防止雨、雪、雜物侵入系統,造成腐蝕或故障。

2. 多個房間(或防烟分區)的排烟系統

通常采用水平布置,把各房間或防烟分區的排烟口用水平風管連接起來,再用竪向風道連接各層的水平風管形成一個排烟系統。當每層的房間或防烟分區很多時,系統過大或水平風管布置困難時,可分成若干系統。

三、排烟口的設置

通常排烟口的尺寸可按迎面風速確定,一般迎面風速不宜超過 10 m/s(排風風速愈高,排出氣體中空氣的比率愈大)。排烟口在一個排烟區内可設一個或多個,主要考慮排烟口的作用距離最高不大于 30 m,如圖 9.11 所示。應綜合考慮設置排烟口,最好設于防烟區的中心,以盡量減少其數量。

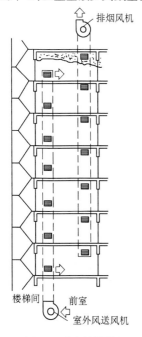

圖9.9　前室機械排烟

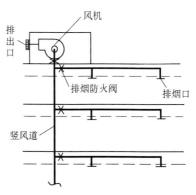

圖9.10　内走道機械排烟

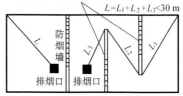

圖9.11　排烟口的作用距離

當系統只爲一個房間或防烟分區排烟時,排烟口可采用普通金屬常開型百葉風口。

如爲多個排烟區域服務,則排烟口必須爲常閉型,火警發生時,由電信號控制自動開啓或手動開啓,可手動復位,并具有 280 ℃ 自動關閉功能。

排烟口也可由普通金屬百葉風口和常閉型排烟防火閥組合而成。走道内的排烟口宜選用條縫形,如圖 9.12 所示,橫貫走道的寬度,排烟效果好。

排烟口必須設在頂棚或靠近頂棚的墻上,且與附近安全出口沿走道方向相鄰邊緣之間的最小水平距離不應小于 1.5 m。設在頂棚上的排烟口,距可燃構件或可燃物的距離不應小于 1.00 m。

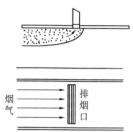

圖 9.12 條縫形排烟口的設置

四、排烟風管

因爲工作條件惡劣,排烟風管應有一定的耐火、絶熱性能。目前我國規定排烟風管必須爲不燃材料,對于竪風道通常采用混凝土或磚砌的土建風道,有較好的耐火性和絶熱性;對于天棚内或室内的水平風管宜采用耐火板制作,不僅耐火,而且絶熱性能好。目前通常使用普通鋼板制作水平排烟管,鋼板不燃,但耐火性和絶熱性都很差,當排烟温度很高時,易引起風管外的可燃材料着火,因此天棚内的排烟風管最好用不燃的保温材料作保温。

五、排烟風機

《高層民用建築設計防火規範》規定排烟風機在 280 ℃ 的風温下應能保證連續工作 30 min。通常選擇電機外置的離心式風機。目前排烟專用風機中軸流式、斜流式、屋頂風機等都有,但均作耐高温技術處理,如電機外置、裝設電機冷却裝置等。

排烟風機通常設于屋頂或頂層,應有專用的排烟機房。排烟機房的圍擴結構宜采用不燃材料。排出風管不宜太長,以防正壓使烟氣從不嚴密處溢出,甚至可能使火災蔓延。

第五節　加壓送風防烟

機械加壓送風主要用于不符合自然排烟條件的防烟樓梯間及其前室、消防電梯前室及合用前室的防烟。另外在高層建築的避難層也需設置機械加壓送風,以防烟氣侵入。

機械加壓送風向防烟區送入室外空氣,造成一定的正壓,在樓梯間、前室或合用前室和走道中形成一個壓力階差,防止烟氣侵入疏散通道,使空氣流動方向是從樓梯間流向前室,由前室流向走道,再由走道流向室外或先流入房間再流向室外。氣流流向與人流疏散方向相反,增加了疏散、援救與撲救的機會。

一、加壓送風量的計算

1. 門洞送風法

$$L_v = (\sum A)v \qquad m^3/s \qquad (9.1)$$

式中　L_v—— 維持開啓門洞處一定的風速所需的送風量,m^3/s;

$\sum A$—— 所有門洞的面積,m^2;

v—— 門洞的平均風速,m/s。

門洞的平均風速值取 $0.7 \sim 1.2\ m/s$。實際上由于着火點的位置、着火點的燃燒强度、着火的延續時間的不同,需要的門洞平均風速也會變化。各國的取值範圍也不相同,如英國爲 0.5～0.7 m/s,澳大利亞爲 1.0 m/s。

2. 壓差法

當防烟區門關閉時,保持一定壓差所需風量

$$L_p = CA(2\Delta P/\rho)^n \tag{9.2}$$

式中　　L_p——保持壓差所需的送風量,m^3/s;

C——流量系數,取 0.6～0.7;

A——總漏風面積,m^2;

ρ——空氣密度,kg/m^3;

n——指數,0.5～1,通常取 0.5;

ΔP——加壓區與非加壓區的壓差,Pa。

也可按式(9.3)直接求解。

$$L_p = 0.827A(\Delta P)^{0.5} \times 3\ 600 \quad m^3/h \tag{9.3}$$

式中,L_p、A、ΔP 同式(9.2)。

《高層民用建築設計防火規範》規定 $\Delta P = 25～50$ Pa,樓梯間加壓時取 50 Pa,前室加壓時取 25 Pa。

總漏風面積爲門、窗等處縫隙總和,縫隙寬度建議按表 9.1 選取。

表 9.1　門窗縫隙寬度　　（單位:mm）

疏散門	2～4	單層鋼窗	0.66
電梯門	5～6	雙層鋼窗	0.46
單層木窗	0.67	鋁合金推拉窗	0.32
雙層木窗	0.47	鋁合金平開窗	0.08

《民用建築采暖通風設計技術措施》、《供暖通風設計手册》和《實用供熱空調設計手册》分別給了多種加壓送風防烟的計算方法,由于影響加壓送風量的因素復雜,再加上使用公式時取值的不同,計算結果差別很大,因此《高層民用建築設計防火規範》中給出不同情況下加壓送風量的定值範圍表。在選擇合適的加壓送風計算方法進行計算后,計算結果若高于該表的風量範圍,則爲最終加壓送風量,否則加壓送風量按定值範圍表確定。

二、加壓防烟的幾個問題

1. 爲使防烟樓梯間的壓力保持均匀,應使樓梯間内加壓送風口均匀分布,一般可分隔三層設一個加壓送風口。

2. 樓梯間内正壓過大,會使疏散人員開門困難。爲防止樓梯間内壓力過高,應設卸壓裝置:

① 設置余壓閥,必要時可設置多個。

② 利用加壓風機旁通泄壓,通過設在樓梯間的静壓傳感器控制加壓送風機的旁通風門,調節送風量。

3. 對于超高層建築,由于熱壓過大,一個加壓系統很難使樓梯井壓力均匀,可將樓梯井分區(高、低區或多區),在兩區之間設密閉門,隔斷"烟囱效應"。

4. 加壓送風管不設防火閥,送風口平時關閉,并與加壓風機聯鎖,發生火警后所有送風口均自動開啓。

常用的防火排烟裝置見表 9.2。

表 9.2　通風空調系統中常用的防火、排烟裝置

類別	名　稱	性　能　和　用　途
防火類	防火調節閥 FVD 防火閥 FD	70℃温度熔斷器自動關閉(防火),可輸出聯動訊號,用于通風空調系統風管内,防止火焰沿風管蔓延
	防烟防火閥 SFD	靠烟感器控制動作,用電訊號通過電磁鐵關閉(防烟);還可用70℃温度熔斷器自動關閉(防火),用于通風空調系統風管内,防止火焰沿風管蔓延
防烟類	加壓送風口	靠烟感器控制動作,電訊號開啓,也可手動(或遠距離纜繩)開啓;可設 280℃温度熔斷器重新關閉裝置,輸出動作電訊號,聯動送風機開啓。用于加壓送風系統的風口,起趕烟、防烟作用
	余壓閥	防止防烟超壓,起卸壓作用
排烟類	排　烟　閥	電訊號開啓或手動開啓;輸出開啓電訊號聯動排烟機開啓。用于排烟系統風管上
	排烟防火閥	電訊號開啓,手動開啓。280℃温度熔斷器重新關閉,輸出動作電訊號,用于排烟機吸入口處管道上
	排　烟　口	電訊號開啓,也可用動(或遠距離纜繩)開啓;輸出電訊號聯動排烟機,用于排烟房間的頂棚和墙壁上,可設 280℃温度熔斷器重新關閉裝置
	排　烟　窗	靠烟感器控制動作,電訊號開啓,也可纜繩手動開啓,用于自然排烟處的外墙上
分隔類	防火卷簾	劃分防火分區,用于不能設置防火墙處,水幕保護
	擋烟垂壁	劃分防烟區域,手動或自動控制

第十章　濕空氣的物理性質和焓濕圖

第一節　濕空氣的物理性質和狀態參數

一、濕空氣的組成及物理性質

　　我們把環繞地球的空氣層稱爲大氣,大氣是由干空氣和一定量的水蒸汽混合而成的,因此常把大氣稱爲濕空氣。干空氣是由氮、氧、氬、二氧化碳、氖、氦和其他一些微量氣體組成的混合氣體。干空氣的多數成分比較穩定,只有少數成分隨時間、地理位置、海拔高度等因素有少許變化。干空氣中除了二氧化碳的含量有較大的變化外,其他氣體的含量很穩定,但二氧化碳的含量非常少,對干空氣性質的影響可以忽略不計,因此,可以將濕空氣作爲一個穩定的混合物來對待。

　　爲了統一干空氣的熱工性質,便于熱工計算,一般將海平面高度附近的清潔干空氣作爲標準,其組成見表 10.1 所示。

表 10.1　干空氣的標準成分

成分氣體(分子式)	成分體積百分比(%)	對于成分標準值的變化	分子量(C—12 標準)
氮(N_2)	78.084	—	28.013
氧(O_2)	20.9476	—	31.9988
氬(Ar)	0.934	—	39.934
二氧化碳(CO_2)	0.0314	*	44.00995
氖(Ne)	0.001818	—	21.183
氦(He)	0.000524	—	4.0026
氪(Kr)	0.000114	—	83.80
氙(Xe)	0.0000087	—	131.30
氫(H_2)	0.00005	?	2.01594
甲烷(CH_4)	0.00015	*	16.04303
氧化氮(N_2O)	0.00005	—	44.0128
臭氧(O_3)　夏	$0 \sim 0.000007$	*	47.9982
冬	$0 \sim 0.000002$	*	47.9982
二氧化硫(SO_2)	$0 \sim 0.0001$	*	64.0828
二氧化氮(NO_2)	$0 \sim 0.000002$	*	46.0055
氨(NH_4)	0~微量	*	17.03061
一氧化碳(CO)	0~微量	*	28.01055
碘(I_2)	$0 \sim 0.000001$	*	253.8088
氡(Rn)	6×10^{-13}	?	+

　　注: * 隨時間和場所的不同,該成分對標準值有較大的變化; + 氡有放射性,由 Rn^{220} 和 Rn^{222} 兩種同位素構成,因爲同位素混合物的原子量變化,所以不作規定。(Rn^{220} 半衰期 54 s, Rn^{222} 半衰期 3.83 日)

　　濕空氣中水蒸汽的含量很少,不穩定,常隨季節、氣候等各種條件而變化。由于空氣中水蒸汽變化對空氣的干燥和潮濕程度產生重要的影響,從而對人體的感覺、產品的質量等都有直接的影響。同時,空氣中水蒸汽含量的變化又會使濕空氣的物理性質隨之發生變化。因此研究濕空氣中水蒸汽含量的調節在空氣調節中占有重要地位。

在地球表面的空氣中,還有懸浮塵埃、烟霧、微生物以及廢氣、化學排放物等,它們不影響濕空氣的物理性質,因而不作介紹。

二、濕空氣的狀態參數

通常用壓力、溫度、比容等參數來描述濕空氣的狀態,因此我們把這些能够描述濕空氣狀態特性的物理量稱爲濕空氣的狀態參數。

在熱力學中,把常溫常壓下的干空氣視爲理想氣體,而濕空氣中的水蒸汽一般處於過熱狀態,加上水蒸汽的數量少,分壓力很低,比容很大,也可近似地作爲理想氣體。所以,由干空氣和水蒸汽組成的濕空氣也具有理想氣體特性,即可以用理想氣體狀態方程來表示濕空氣的主要狀態參數的相互關系:

$$P_g V = m_g R_g T \quad 或 \quad P_g v_g = R_g T \tag{10.1}$$

$$P_q V = m_q R_q T \quad 或 \quad P_q v_q = R_q T \tag{10.2}$$

式中　　P_g、P_q——干空氣、水蒸汽的分壓力,Pa;

　　　　V——濕空氣的總容積,m³;

　　　　m_g、m_q——干空氣及水蒸汽的質量,Kg;

　　　　T——濕空氣的熱力學溫度,K;

　　　　R_g、R_q——干空氣及水蒸汽的氣體常數,J/(kg.K);

　　　　v_g、v_q——干空氣及水蒸汽的比容,m³/kg。

$$v_g = \frac{1}{\rho_g} = \frac{V}{m_g}, v_q = \frac{1}{\rho_q} = \frac{V}{m_q}$$

根據阿佛加德羅定律,在溫度、壓力相同的條件下,不同氣體在同體積中所含分子數均相同,由此可知:

當 $P = 101325$ Pa, $T = 273.15$ K 時,1 kmol 氣體分子的體積 V_m 都相等,由實驗測得 V_m 爲 22.4145 m³/kmol,因此可得通用氣體常數 R_0:

$$R_0 = \frac{101325 \times 22.4145}{273.15} = 8314.66 \quad J/(kmol \cdot K) \tag{10.3}$$

將 R_0 除以任何氣體的分子量 M,就得到 1 kg 該氣體的氣體常數,那么干空氣和水蒸汽的氣體常數分別爲:

$$R_g = \frac{8314.66}{28.97} = 287 \quad J/(kg \cdot K)$$

$$R_q = \frac{8314.66}{18.02} = 461 \quad J/(kg \cdot K)$$

1.大氣壓力 B

地球表面單位面積上所受的空氣層的壓力叫作大氣壓力,常用 B 表示,它的單位以帕(Pa)或千帕(kPa)表示。

大氣壓力不是一個定值,它隨着各地海拔高度的不同而不同,還隨季節、氣候的變化而略有不同,大氣壓力隨海拔高度的變化如圖 10.1

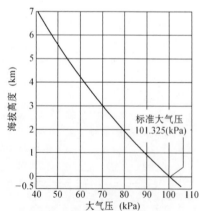

圖 10.1　大氣壓與海拔高度的關系

所示。一般以北緯 45 度處海平面的全年平均大氣壓作爲一個標準大氣壓或物理大氣壓，其數值爲 101325 Pa，或者 760 mmHg，多種大氣壓力之間的換算見表 10.2。由于空氣的狀態參數隨大氣壓力不同而不同，因此在空調系統設計和運行中，一定要考慮當地的大氣壓力的大小，否則就會造成一定的誤差。

表 10.2　大氣壓力單位換算表

帕(Pa)	千帕(kPa)	巴(bar)	毫巴(mbar)	物理大氣壓(atm)	毫米汞柱(mmHg)
1	10^{-3}	10^{-5}	10^{-2}	9.86923×10^{-6}	7.50062×10^{-3}
10^3	1	10^{-2}	10	9.86923×10^{-3}	7.50062
10^5	10^2	1	10^3	9.86923×10^{-1}	7.50062×10^2
10^2	10^{-1}	10^{-3}	1	9.86923×10^{-4}	0.750062×10^{-1}
101325	101.325	1.01325	1013.25	1	760
133.332	0.133332	1.33332×10^{-3}	1.33332	1.31579×10^{-3}	1

2.水蒸汽分壓力

濕空氣中水蒸汽分壓力是指水蒸汽獨占濕空氣的容積，并具有與濕空氣相同的溫度時所産生的壓力。

濕空氣是由干空氣和水蒸汽組成，因此根據道爾頓定律，濕空氣的壓力應等于干空氣與水蒸汽分壓力之和，即

$$B = P_g + P_q \tag{10.4}$$

從氣體分子運動的觀點來看，分子數越多，氣體壓力越高，因此，水蒸汽分壓力的大小反映了空氣中水蒸汽含量的多少。

3.含濕量 d

含濕量是指對應于一千克干空氣的濕空氣中所含有的水蒸汽量，單位是 kg/kg 干。

$$d = \frac{G_q}{G_g} \qquad \text{kg/kg·干} \tag{10.5}$$

式中　　d——濕空氣的含濕量，kg/kg·干；

　　　　G_q——濕空氣中水蒸汽的質量，kg；

　　　　G_g——濕空氣中干空氣的質量，kg。

干空氣和水蒸汽在常溫常壓下都可看作理想氣體，因此都遵循理想氣體狀態方程式。根據公式(10.1)、(10.2)，公式(10.5)可以整理爲：

$$d = 0.622 \frac{P_q}{P_g} \qquad \text{kg/kg·干} \tag{10.6}$$

或　　　　　　　　$$d = 0.622 \frac{P_q}{B - P_q} \qquad \text{kg/kg·干} \tag{10.7}$$

4.相對濕度 φ

在一定的溫度下，濕空氣中的水蒸汽含量是有一定限度的，超過這個限度，多余的水蒸汽就會從濕空氣中凝結出來。這種含有最大限度水蒸汽量的濕空氣稱爲飽和空氣，與之相對應的水蒸汽分壓力和含濕量稱爲該溫度下濕空氣的飽和水蒸汽分壓力 $P_{q.b}$ 和飽和含濕量 d_b。飽和水蒸汽分壓力和飽和含濕量要隨溫度的變化而變化，如表 10.3 所示。

表 10.3　空氣温度與飽和水蒸汽壓力及飽和含濕量的關系

空氣温度 t(℃)	飽和水蒸汽分壓力 $P_{q.b}$(Pa)	飽和含濕量 d_b(g/kg·干) ($B = 101325 Pa$)
10	1225	7.63
20	2331	14.70
30	4232	27.20

　　由于含濕量只能反映空氣中所含水蒸汽量的多少,而不能反映空氣的吸濕能力,因此,我們引出另一種度量濕空氣中水蒸汽含量的間接指標——相對濕度 φ。

　　相對濕度就是在某一温度下,空氣的水蒸汽分壓力與同温度下飽和濕空氣的水蒸汽分壓力的比值,即:

$$\varphi = \frac{P_q}{P_{q·b}} \times 100\% \tag{10.8}$$

　　式中　φ——濕空氣的相對濕度;

　　　　　P_q——濕空氣的水蒸汽分壓力,Pa;

　　　　　$P_{q.b}$——同温度下空氣的飽和水蒸汽分壓力,Pa。

　　由式(10.8)可知,相對濕度反映了濕空氣中水蒸汽接近飽和含量的程度,即反映濕空氣接近飽和的程度。φ 值小,説明濕空氣接近飽和的程度小,空氣干燥,吸收水蒸汽的能力强;φ 值大,説明濕空氣接近飽和的程度大,空氣潮濕,吸收水蒸汽的能力弱。當 φ 爲零,空氣爲干空氣;反之 φ 爲 100% ,空氣爲飽和空氣。

　　相對濕度和含濕量都是表征濕空氣濕度的參數,但兩者的意義却不同:相對濕度反映濕空氣接近飽和的程度,却不能表示水蒸汽的含量;含濕量可以表示水蒸汽的含量,但不能表示濕空氣接近飽和的程度。

　　濕空氣的相對濕度和含濕量的關系由式(10.7)、式(10.8)可導出,根據

$$d = 0.622 \frac{\varphi P_{q·b}}{B - \varphi P_{q·b}} \tag{10.9}$$

$$d_b = 0.622 \frac{P_{q·b}}{B - P_{q·b}}$$

d_b——飽和空氣的含濕量,即飽和含濕量,kg/kg.干。

　　得　　　　　　　　　　$$\frac{d}{d_b} = \frac{P_q(B - P_{q·b})}{P_{q·b}(B - P_q)}$$

　　即　　　　　　$$\varphi = \frac{d}{d_b} \cdot \frac{(B - P_q)}{(B - P_{q·b})} \times 100\% \tag{10.10}$$

　　式(10.10)中的 B 要比 P_q 和 $P_{q.b}$ 大得多,認爲 $B - P_q \approx B - P_{q.b}$,只會造成 1～3% 的誤差,因此相對濕度可近似表達爲

$$\varphi = \frac{d}{d_b} \times 100\% \tag{10.11}$$

5. 濕空氣的焓 i

　　在空調工程中,濕空氣的狀態經常發生變化,常需要確定濕空氣狀態變化過程中發生的熱交換量。從工程熱力學可知,在定壓過程中,可用焓差來表示熱交換量,即

$$G \cdot \Delta i = \Delta Q \tag{10.12}$$

　　在空調工程中,濕空氣的壓力變化一般很小,所以濕空氣的狀態變化可以近似于定壓過程,因此能夠用濕空氣變化前后的焓差來計算空氣的熱量變化。

濕空氣的焓是以 1 kg 干空氣爲計算基礎。1 kg 干空氣的焓和 d kg 水蒸汽的焓的總和,稱爲$(1 + d)$kg 濕空氣的焓。如取 0℃的干空氣和 0℃的水的焓值爲零,則濕空氣的焓表達爲

$$i = i_g + d \cdot i_q \quad kJ/kg \cdot 干 \tag{10.13}$$

干空氣的焓 i_g $\qquad\qquad i_g = c_{p \cdot g} t \quad kJ/kg. 干$
水蒸汽的焓 i_q $\qquad\qquad i_q = c_{pq} t + 2\ 500 \quad kJ/kg. 汽$
式中 $\quad c_{p.g}$——干空氣的定壓比熱,在常溫下 $c_{p.g} = 1.005\ kJ/(kg.K)$,近似取 1 或 1.01 $kJ/(kg.K)$;

$\qquad c_{p.q}$——水蒸汽的定壓比熱,在常溫下 $c_{p.q} = 1.84\ kJ/(kg.K)$;

$\qquad 2\ 500$——0℃的水的汽化潛熱,kJ/kg。

則濕空氣的焓爲:

$$i = 1.01t + d(2\ 500 + 1.84t) \quad kJ/kg. 干 \tag{10.14}$$

或 $\qquad i = (1.01 + 1.84d)t + 2\ 500d \quad kJ/kg. 干 \tag{10.15}$

從式(10.15)可以看出,$(1.01 + 1.84d)t$ 是與溫度有關的熱量,稱爲"顯熱";而 2500d 是 0℃時 dkg 水的汽化熱,它僅隨含濕量的變化而變化,與溫度無關,故稱爲"潛熱"。由此可見,濕空氣的焓將隨溫度和含濕量的變化而變化,當溫度和含濕量升高時,焓值增加;反之,焓值降低。而在溫度升高,含濕量減少時,由于 2 500 比 1.84 和 1.01 大得多,焓值不一定會增加。

6. 密度和比容

濕空氣是由干空氣和水蒸汽混合而成,而干空氣和水蒸汽是均勻混合并占有相同的體積,因此,濕空氣的密度等于干空氣的密度和水蒸汽的密度之和,即

$$\rho = \rho_g + \rho_q = \frac{P_g}{R_g T} + \frac{P_q}{R_q T} = 0.003484 \frac{B}{T} - 0.00134 \frac{P_q}{T} \tag{10.16}$$

在標準條件下,干空氣的密度爲 1.205 kg/m³,而水蒸汽的密度取決于 P_q 的大小。由于 P_q 值相對于 P_g 值小,因此,濕空氣的密度比干空氣的密度小,在實際計算中,可近似取 $\rho = 1.2$ kg/m³。

【例 10.1】 已知當地大氣壓力 $B = 101\ 325$ Pa,溫度 $t = 20$ ℃,試計算(1)干空氣的密度;(2)相對濕度爲 80%的濕空氣密度。

解 (1)已知干空氣的氣體常數 $R_g = 287\ J/(kg.K)$,干空氣的壓力爲大氣壓力 B,所以

$$\rho_g = \frac{B}{287 \cdot T} = 0.00384 \frac{B}{T} = 0.00384 \frac{101325}{293} = 1.025\ kg/m^3$$

(2)由表 10.3 查得,20℃時的水蒸汽飽和壓力爲 $P_{q.b} = 2331$ Pa,代入式(10.16)得:

$$\rho = 0.003484 \frac{B}{T} - 0.00134 \frac{P_q}{T} = 0.003484 \frac{B}{T} - 0.00134 \frac{\varphi P_{q.b}}{T}$$

$$= 0.003484 \frac{101325}{293} - 0.00134 \frac{0.8 \times 2331}{293} = 1.196\ kg/m^3$$

【例 10.2】 試計算在 30℃條件下,大氣壓力 B 爲 101325 Pa,相對濕度爲 60%的濕空氣的含濕量和焓值。

解 在 $B = 101325$ Pa 時,查表 10.3 得,$t = 30$℃的飽和水蒸汽分壓力爲 4231 Pa,按式(10.9)可得含濕量爲:

$$d = 0.622 \frac{\varphi P_{q.b}}{B - \varphi P_{q.b}} = 0.622 \frac{0.6 \times 4231}{101325 - 0.6 \times 4231} = 0.016 \quad kg/kg. 干$$

濕空氣的焓爲:

$$i = 1.01t + d(2500 + 1.84t) = 1.01 \times 30 + 0.016 \times (2500 + 1.84 \times 30) =$$
$$71.18 \ kJ/kg \cdot 干$$

第二節　濕空氣的焓濕圖

濕空氣的狀態參數可以通過上節介紹的公式來計算或查已經計算好的濕空氣性質表(見附錄 10.1)確定,但在空氣調節工程中,爲了避免繁瑣的公式計算,同時又能直觀地描述濕空氣狀態變化過程,常用綫算圖來表示濕空氣的狀態參數之間的關系。

這里主要介紹我國現在使用的焓濕圖。

一、焓濕圖

焓濕圖是以焓 i 與含濕量 d 爲縱橫坐標繪制而成的,也常稱 $i - d$ 圖。濕空氣的狀態取決于 B、d、t 三個基本參數,因此應該有三個獨立的坐標,但可以選定大氣壓力 B 爲已知(在空氣調節中,空氣的狀態變化可以認爲是在一定的大氣壓力下進行的),那么,就剩下 t 和 d 了,因爲焓 i 與溫度 t 有關,爲了便于使用,用焓 i 代替溫度 t。取焓 i 爲縱坐標,含濕量 d 爲橫坐標,取 $t = 0$ 和 $d = 0$ 的干空氣狀態點爲坐標原點,爲使圖全面展開、綫條清晰,兩坐標之間的夾角由常用的 $90°$ 擴展爲等于或大于 $135°$。在實際使用中,爲了避免圖面過長,常把 d 坐標改爲水平綫(見附錄 10.2)。

1.等溫綫

等溫綫是根據公式 $i = 1.01t + d(2500 + 1.84t)$ 制作而成的。

由公式可知,當溫度爲常數時,i 和 d 成綫性關系,因此只須給定兩個值,即可確定一等溫綫,給定不同的溫度就可得到一些對應的等溫綫。

公式中 $1.01t$ 爲等溫綫在縱坐標上的截距,$(2\ 500 + 1.84t)$ 爲等溫綫的斜率。由于 t 值不同,等溫綫的斜率也就不同,因此,等溫綫不是一組平行的直綫。但由于 $1.84t$ 遠小于 $2\ 500$,所以等溫綫又近似看作是平行的(圖 10.2)。

2.等相對濕度綫

根據公式 $d = 0.622 \dfrac{\varphi P_{q \cdot b}}{B - \varphi P_{q \cdot b}}$ 可以繪制出等相對濕度綫。在一定的大氣壓力 B 下,當相對濕度爲常數時,含濕量 d 就取决于 $P_{q \cdot b}$,而 $P_{q \cdot b}$ 又是溫度 t 的單值函數,其值可以從附錄 10.1 或水蒸汽性質表中查出。因此,根據不同溫度 t 值,可以求得對應的 d 值,從而可在 $i - d$ 圖上得到由 (t, d) 確定的點,連接各點即成等相對濕度 φ 綫。等 φ 綫是一組發散形曲綫。顯然,$\varphi = 0\%$ 的等 φ 綫是縱軸綫,$\varphi = 100\%$ 的等 φ 綫就是飽和濕度綫。

以 $\varphi = 100\%$ 綫爲界,該曲綫上方爲濕空氣區(又稱未飽和區),水蒸汽處在過熱狀態,曲綫下方爲過飽和區,由于過飽和區的狀態是不穩定的,常有凝結現象,所以此區又稱爲"結霧區",在 $i - d$ 圖上不表示出來。

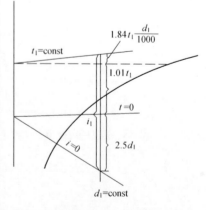

圖 10.2　等溫綫在 $i - d$ 圖上的確定

3. 水蒸汽分壓力綫

根據公式可得 $d = 0.622 \dfrac{\varphi P_{q \cdot b}}{B - \varphi P_{q \cdot b}}$ 可得

$$P_q = \frac{B \cdot d}{0.622 + d}$$

當大氣壓力 B 一定時,水蒸汽分壓力 P_q 是含濕量 d 的單值函數,因此可在 d 軸的上方繪一條水平綫,標上 d 對應的 P_q 值即可。

4. 熱濕比綫

在空氣調節中,被處理的空氣常常由一個狀態 A 變爲另一個狀態 B,如果認爲在整個過程中,濕空氣的熱、濕變化是同時、均勻發生的,那麼,在 $i - d$ 圖上連接狀態點 A 到狀態點 B 的直綫就代表了濕空氣的狀態變化過程,如圖 10.3 所示。爲了説明濕空氣狀態變化前後的方向和特征,常用濕空氣的焓變化與濕變化的比值來表示,稱爲熱濕比 ε:

$$\varepsilon = \frac{i_B - i_A}{d_B - d_A} = \frac{\Delta i}{\Delta d} \quad \text{kJ/kg} \tag{10.17}$$

如有 A 狀態的濕空氣,其熱量 Q 變化(可正可負)和濕量 W 變化(可正可負)已知,則其熱濕比應爲

$$\varepsilon = \frac{\pm Q}{\pm W} \quad \text{kJ/kg} \tag{10.18}$$

式中 Q 的單位爲 kJ/h,W 的單位爲 kg/h。熱濕比的正負代表濕空氣狀態變化的方向。

在附錄 10.2 的右下角示出不同 ε 值的等值綫。如果 A 狀態的濕空氣的 ε 值已知,則可以過 A 點作平行于 ε 等值綫的直綫,這一直綫就代表了 A 狀態的濕空氣在一定的熱濕作用下的變化方向。

【例 10.3】 已知大氣壓力 $B = 101\ 325$ Pa,濕空氣初參數爲 $t_A = 20\,℃$,$\varphi_A = 60\%$,當該狀態的空氣吸收 10 000 kJ/h 的熱量和 2kg/h 的濕量后,相對濕度爲 $\varphi_B = 51\%$,試確定濕空氣的終狀態。

解 在大氣壓力爲 101325 Pa 的 $i - d$ 圖上,根據 $t_A = 20\,℃$ 和 $\varphi_A = 60\%$,可以確定初始狀態點 A(圖 10.4)。

求熱濕比:

$$\varepsilon = \frac{\pm Q}{\pm W} = \frac{10\ 000}{2} = 5\ 000 \text{ kJ/kg}$$

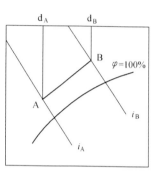

圖 10.3 空氣狀態變化在在 $i - d$ 圖上的表示

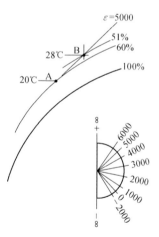

圖 10.4 例題 10.3 示圖

過 A 點作與等值綫 $\varepsilon = 5000$ kJ/kg 的平行綫,即爲 A 狀態變化的過程綫,該綫與 $\varphi_B = 51\%$ 等 φ 綫交點即爲濕空氣的終狀態 B,由圖查得 B 點的狀態參數爲:

$$t_B = 28\,℃,d_B = 0.012 \text{ g/kg.干},i_B = 59 \text{ kJ/ kg.干}。$$

5. 大氣壓力變化對 $i - d$ 圖的影響

根據公式 $d = 0.622 \dfrac{\varphi P_{q \cdot b}}{B - \varphi P_{q \cdot b}}$ 可知,當 $\varphi = \text{const}$,B 增大,d 則減少,反之 d 則增大,因此,繪制出的等 φ 綫也不同,如圖 10.5 所示。所以,對于不同的大氣壓力應采用與之相對

應的 $i-d$ 圖,否則,所得的參數將會有誤差。

但一般大氣壓力變化不大(B 變化小于 10^3 Pa 時),所得結果誤差不大,因此在工程中允許采用同一張 $i-d$ 圖來確定參數。

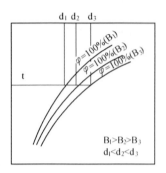

二、濕球溫度和露點溫度

1. 濕球溫度

(1)熱力學濕球溫度

假設有一理想絶熱加濕器如圖 10.6 所示,它的器壁與外界環境是完全絶熱的。加濕器内裝有溫度恒定爲 t_W 的水,狀態爲 P、t_1、d_1、i_1 濕空氣進入加濕器,與水有充分的接觸時間和接觸面積,濕空氣離開加濕器已經達到飽和狀態,濕空氣的溫度等于水溫。

圖 10.5　相對濕度綫隨大氣壓力變化圖

我們把在定壓絶熱條件下,空氣與水直接接觸達到穩定熱濕平衡時的絶熱飽和溫度稱爲熱力學濕球溫度,也叫濕球溫度。

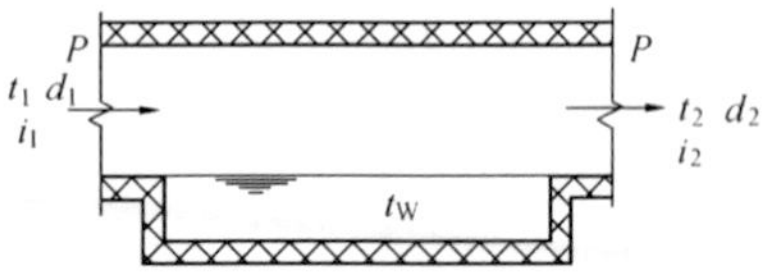

在這個絶熱加濕過程中,其穩定流動能量方程式爲

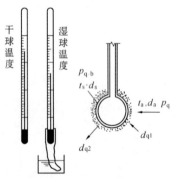

$$i_1 + (d_2 - d_1) i_W = i_2 \qquad (10.19)$$

圖 10.6　絶熱加濕器

式中　i_W——液態水的熔,$i_W = 4.19 t_W$,kJ/kg。

可得　　　　　　　　$i_2 - i_1 = (d_2 - d_1) \times 4.19 t_W$　　　　　　(10.20)

從式(10.19)(10.20)可見,雖然空氣因提供水分蒸發所需的熱量而溫度下降,但它的熔值却因爲得到了水蒸汽的汽化潜熱和液體熱而增加,熔值的增量等于蒸發的水分所具有的熔。

(2) 濕球溫度

絶熱加濕器并非實用裝置,在實際應用中,一般用干、濕球溫度計來測量出的濕球溫度,近似代替熱力學濕球溫度。

干、濕球溫度計是由兩支溫度計或其他感溫元件組成,通常用的普通溫度計。一只溫度計的感溫包裹上紗布,紗布的下端浸入盛有蒸餾水的容器中,在紗布纖維的毛細作用下,使紗布始終處于潤濕狀態,把此溫度計稱爲濕球溫度計。另一只未包紗布的溫度計稱爲干球溫度計(見圖 10.7)。

當空氣的 $\varphi < 100\%$ 時,濕紗布中的水分必然存在着蒸發現象。若水溫高于空氣的溫度,水蒸發的熱量

圖 10.7　干、濕球溫度計

首先取自水分本身,因此紗布的溫度下降。不管原來水溫多高,經過一段時間后,水溫最終降至空氣溫度以下,這時,出現了空氣要向水面傳熱,該傳熱量隨着空氣與水之間溫差的加大而增多。當水溫降至某一溫度值時,空氣向水面的傳熱量剛好補充水分蒸發所需的汽化潜熱,此時,水溫不再下降,達到穩定的狀態。在這一穩定狀態下,濕球溫度計所讀出的數就是濕球溫度。若水溫低于空氣溫度時,空氣向水面的溫差傳熱一方面供給水分蒸發所需的汽化熱,另一方面供水溫的升高。隨着水溫的升高,傳熱量减少,最終達到溫

差傳熱與蒸發所需熱量的平衡,水溫穩定并等于空氣的濕球溫度。

在相對濕度不變的情況下,濕球溫度計紗布上的水分蒸發可以認爲是穩定,從而蒸發所需的熱量也是一定的。當空氣的相對濕度較小時,紗布上的水分蒸發快,所需的熱量多,濕球水溫下降得愈多,因而干、濕球溫差大。反之,干、濕球溫差小。當 $\varphi = 100\%$ 時,紗布上的水分就不再蒸發,干、濕球溫度計讀數就相等。由此可見,在一定的空氣狀態下,干、濕球溫差值反映了該狀態空氣的相對濕度的大小。

如果忽略濕球與周圍物體表面之輻射換熱的影響,同時保持濕球表面周圍的空氣不滯留,熱濕交換充分,則分析濕球表面的熱濕交換情況可以看出:

濕球周圍空氣向濕球表面的溫差傳熱量爲

$$d_{q1} = a(t - t'_s) df \tag{10.21}$$

式中　a——空氣與濕球表面的換熱系數,$W/(m^2 \cdot °C)$;

　　　　t——空氣的干球溫度,$°C$;

　　　　t_s'——濕球表面水的溫度,$°C$;

　　　　df——濕球表面的面積,m^2

與溫差傳熱同時進行的水的蒸發量爲

$$dW = \beta(P'_{q \cdot b} - P_q) df \frac{B_0}{B} \tag{10.22}$$

式中　β——濕交換系數,$kg/(m^2 \cdot s \cdot Pa)$;

　　　　$P'_{q \cdot b}$——濕球表面水溫下的飽和水蒸汽分壓力, Pa;

　　　　P_q——周圍空氣的水蒸汽分壓力, Pa;

　　　　B_0, B——標準大氣壓和當地實際大氣壓, Pa。

水分蒸發所需的汽化潛熱量:

$$d_{q2} = dW \cdot r \tag{10.23}$$

當濕球與周圍空氣間的熱濕交換達到穩定狀態時,則濕球溫度計的指示值將是定值,同時也說明空氣傳給濕球的熱量必定等于濕球水分蒸發所需的熱量,即

$$d_{q1} = d_{q2} \tag{10.24}$$

$$a(t - t'_s) df = \beta(P'_{q \cdot b} - P_q) df \frac{B_0}{B} r \tag{10.25}$$

在式(10.25)中的 t_s' 即爲濕空氣的濕球溫度 t_s,濕球表面的 $P'_{q \cdot b}$ 即爲對應于 t_s 下的飽和空氣層的水蒸汽分壓力,記爲 $P^*_{q.b}$。整理式(10.25)得

$$P_q = P^*_{q \cdot b} - A(t - t_s) B \tag{10.26}$$

式中 $A = a/(r \cdot \beta \cdot 101325)$,由于 a、β 均與空氣流過濕球表面的風速有關,因此 A 值應由實驗確定或采用經驗公式計算:

$$A = (65 + \frac{6.75}{v}) \times 10^{-5} \tag{10.27}$$

式中　v——空氣流速,m/s,一般取 $v \geqslant 2.5$ m/s。

根據式(10.26),可以用干、濕球溫度差 $(t - t_s)$ 來計算出濕空氣中水蒸汽的分壓力 P_q。干、濕球溫度差值越大,水蒸汽分壓力越小,當 $(t - t_s) = 0$ 時,$P_q = P^*_{q \cdot b}$,空氣達到飽和。再由干球溫度 t,查附錄10.1或有關圖表可得空氣的飽和水蒸汽分壓力 $P'_{q \cdot b}$,再根據 $\varphi = \dfrac{P_q}{P_{q \cdot b}}$ 計算出空氣的相對濕度。由此可見,干、濕球溫度計讀數差的大小,間接地反映了濕空氣相對濕度的狀況。

需要注意的是,水與空氣的熱濕交換與濕球周圍的空氣流速有很大的關係。即使在相同的空氣條件下,空氣流速不同,所測得的濕球溫度也會出現差異。空氣流速愈小,空氣與水的熱濕交換不充分,所測的誤差就大;空氣流速愈大,空氣與水的熱濕交換愈充分,所測得的濕球溫度愈準確。實驗證明,當空氣流速大于 2.5 m/s 時,空氣流速對水與空氣的熱濕交換影響不大,濕球溫度趨于穩定。因此,要用干、濕球溫度計準確地反映濕空氣的相對濕度,應使流經濕球的空氣流速大于 2.5 m/s。在實際測量中,要求濕球周圍的空氣流速保持在 2.5 ~ 4.0 m/s。

(3) 濕球溫度在 $i-d$ 圖上的表示

當空氣流經濕球時,濕球表面的水與空氣存在熱濕交換。該熱濕交換過程根據熱濕比的定義可以導出:

$$\varepsilon = \frac{i_2 - i_1}{d_2 - d_1} = 4.19\, t_s \qquad (10.28)$$

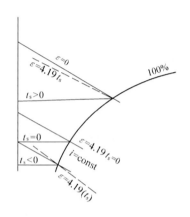

圖 10.8 等濕球溫度綫

在 $i-d$ 圖上,已知初始狀態點 A,過 A 點作 $\varepsilon = 4.19\, t_s$ 的熱濕比綫,與 $\varphi_B = 100\%$ 的交點即可得到 A 點的濕球溫度。因此,把 $\varepsilon = 4.19 t_s$ 綫稱爲空氣的等濕球溫度綫。當 $t_s = 0℃$ 時,$\varepsilon = 0$,此時,等濕球溫度綫與等焓綫重合;當 $t_s > 0℃$ 時,$\varepsilon > 0$;$t_s < 0℃$ 時,$\varepsilon < 0$。所以,嚴格來說,等濕球溫度綫與等焓綫并不重合,但在空氣調節工程中,一般 $t_s \leqslant 30℃$,$\varepsilon = 4.19\, t_s$ 的等溫綫與等焓綫非常接近,可以近似認爲等焓綫即爲等濕球溫度綫,如圖 10.8 所示。

【例 10.4】 已知 $B = 101325$ Pa,用通風式干、濕球溫度計測得 $t = 40℃$,$t_s = 25℃$,試在 $i-d$ 圖上確定該濕空氣的狀態(狀態參數 i, d, φ)

解 在 $B = 101325$ Pa 的 $i-d$ 圖上,由 $t_s = 25℃$ 和 $\varphi = 100\%$ 的飽和綫相交得到 B 點,過 B 點作等焓綫與 $t = 40℃$ 的等溫綫相交于 A 點。該點即是所求的濕空氣的狀態點(圖 10.9),由 $i-d$ 圖可知 $\varphi_A = 30\%$,$i_A = 76$ kJ/kg,$d_A = 0.014$ kg/kg.干。

A 點實際上是近似的空氣狀態點。過 B 點作 $\varepsilon = 4.19 t_s = 4.19 \times 25 = 104.75$ 的熱濕比綫與 $t = 40℃$ 的等溫綫相交于 A' 點,A' 點才是真正的狀態點。由 $i-d$ 圖可查得 $\varphi'_A = 29.9\%$,$i'_A = 75$ kJ/kg,$d'_A = 0.0138$ kg/kg.干。

比較所得結果發現,兩者之間的誤差很小。在工程計算中爲方便起見,用近似方法即可。

2. 露點溫度

濕空氣的露點溫度定義是在含濕量不變的條件下,濕空氣達到飽和時的溫度。將未飽和的空氣冷却,并且保持其含濕量不變,隨着空氣溫度的降低,所對應的飽和含濕量也降低,而實際含濕量未變化,因此空氣的相對濕度增大,當溫度降低至 t_L 時,空氣的相對濕度達到 100\%,此時,空氣的含濕量達到飽和,如再繼續冷却,則會有凝結水出現。把 t_L 稱爲該狀態空氣的露點溫度,即 A 狀態濕空氣的露點溫度是由 A 沿等 d 綫向下與 $\varphi = 100\%$ 綫交點的溫度如圖 10.10 所示。從圖上可以看出,空氣被冷却時,只要濕空氣的溫度大于或等于其露點溫度,就不會結露。

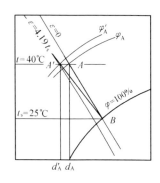

圖 10.9　根據干、濕球溫度確定空
　　　　氣狀態

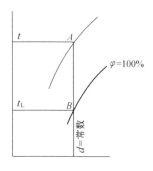

圖 10.10　露點溫度在 $i-d$
　　　　　圖上的表示

第三節　空氣的處理過程

在空氣調節工程中,不僅要知道空氣的狀態,而且還要對空氣進行處理,還要能表達濕空氣的狀態變化過程。

一、濕空氣狀態變化過程在 $i-d$ 圖上的表示

1.濕空氣的加熱過程

空氣調節中常用表面式加熱器或電加熱器來處理空氣,當空氣通過加熱器時,獲得了熱量,提高了溫度,但含濕量沒有變化,又稱爲干式加熱過程或等濕加熱過程。因此,空氣狀態變化是等濕、增焓、升溫過程。在 $i-d$ 圖上這一過程可表示爲 $A \rightarrow B$ 的變化過程(見

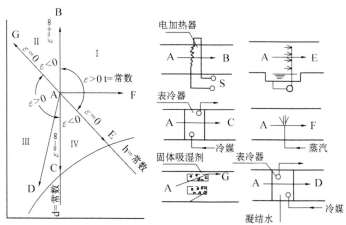

圖 10.11　幾種典型的濕空氣狀態變化過程

圖 10.11)。它的熱濕比爲:

$$\varepsilon = \frac{\Delta i}{\Delta d} = \frac{i_B - i_A}{d_B - d_A} = \frac{i_B - i_A}{0} = \infty$$

2.濕空氣的冷却過程

利用冷凍水或其他冷媒通過表面式冷却器對濕空氣冷却,根據冷表面的溫度高低可分爲干式冷却過程和減濕冷却過程兩類。

(1)干式冷却過程

用表面溫度低于空氣溫度却又高于空氣露點溫度的表面式空氣冷却器來處理空氣的空氣處理過程。此時,空氣的溫度降低,熔值減少。空氣狀態變化是等濕、減熔、降溫過程,在 $i-d$ 圖上這一過程可表示爲 $A \rightarrow C$ 的變化過程。它的熱濕比爲:

$$\varepsilon = \frac{\Delta i}{\Delta d} = \frac{i_C - i_A}{d_C - d_A} = \frac{i_C - i_A}{0} = -\infty$$

(2)減濕冷却過程

減濕冷却過程是指用溫度低于空氣露點溫度的表面式空氣冷却器來處理空氣的空氣處理過程。空氣中的水蒸汽將凝結爲水,從而使空氣減濕,空氣的狀態變化是減濕冷却或冷却干燥過程。在 $i-d$ 圖上這一過程可表示爲 $A \rightarrow D$ 的變化過程。它的熱濕比爲:

$$\varepsilon = \frac{\Delta i}{\Delta d} = \frac{i_D - i_A}{d_D - d_A} > 0$$

3.等熔加濕過程

利用噴水室噴循環水處理空氣時,水將吸收空氣的熱量蒸發形成水蒸汽進入空氣,使空氣在失去部分顯熱的同時,增加了含濕量,增加了潛熱量,從而補償了失去的顯熱量,使得空氣的熔值基本不變,只是略增加了水帶入的液體熱,近似于等熔過程,因此稱爲等熔加濕過程。在 $i-d$ 圖上這一過程可表示爲 $A \rightarrow E$ 的變化過程。它的熱濕比爲:

$$\varepsilon = \frac{\Delta i}{\Delta d} = \frac{i_E - i_A}{d_E - d_A} = 0$$

4.等熔減濕過程

利用固體吸濕劑干燥空氣時,水蒸汽被吸濕劑吸附,空氣的含濕量降低,而水蒸汽凝結時放出的汽化潛熱使空氣的溫度升高,空氣的熔值基本不變,只是略減少了水帶走的液體熱,其過程近似于等熔減濕過程,在 $i-d$ 圖上這一過程可表示爲 $A \rightarrow G$ 的變化過程。它的熱濕比爲:

$$\varepsilon = \frac{\Delta i}{\Delta d} = \frac{i_G - i_A}{d_G - d_A} = \frac{0}{d_G - d_A} = 0$$

5.等溫加濕過程

通過向空氣中噴蒸汽來實現的。空氣中增加水蒸汽后,熔值和含濕量將增加,熔的增量爲加入的水蒸汽的全熱量,即

$$\Delta i = \Delta d(2\ 500 + 1.84 t_q) \text{ kJ/kg·干}$$

Δd——每 kg 干空氣增加的含濕量,kg/kg.干;

t_q——蒸汽的溫度,℃。

這一過程的熱濕比爲:

$$\varepsilon = \frac{\Delta i}{\Delta d} = \frac{\Delta d(2\ 500 + 1.84 t_q)}{\Delta d} = 2\ 500 + 1.84\ t_q$$

當蒸汽的溫度爲100℃時,則 $\varepsilon = 2684$,該過程近似于沿等溫綫變化,因此,噴蒸汽可使濕空氣實現等溫加濕過程,在 $i-d$ 圖上這一過程可表示爲 $A \rightarrow F$ 的變化過程。

以上介紹了空氣調節中常用的幾種典型空氣狀態變化過程,從圖 10.11 可以看出代表空氣狀態變化的四個典型過程的 $\varepsilon = \pm \infty$ 和 $\varepsilon = 0$ 的兩條綫把 $i-d$ 圖分爲四個象限,

不同象限內濕空氣狀態變化的特征如表 10.4 所示。

表 10.4 　$i-d$ 圖上各象限內空氣狀態變化的特征

象限	熱濕比 ε	狀態參數變化趨勢			過程特征
		i	d	t	
Ⅰ	$\varepsilon > 0$	+	+	±	增焓增濕 噴蒸汽可近似實現等溫過程
Ⅱ	$\varepsilon < 0$	+	−	+	增焓,減濕,升溫
Ⅲ	$\varepsilon > 0$	−	−	±	減焓,減濕
Ⅳ	$\varepsilon < 0$	−	+	−	減焓,增濕,降溫

二、不同狀態空氣的混合在 $i-d$ 圖上的確定

在空氣調節中,常遇到不同狀態的空氣相互混合,因此,必須研究空氣混合的計算規律。

假設狀態爲 i_A、d_A 的空氣 $G_A(\text{kg/s})$ 與狀態爲 i_B、d_B 的空氣 $G_B(\text{kg/s})$ 相混合,混合后的空氣狀態爲 i_C、d_C,流量爲 $G_C(\text{kg/s})$,根據熱濕平衡原理有:

$$G_A i_A + G_B i_B = G_C i_C = (G_A + G_B) i_C \quad (10.29)$$

$$G_A d_A + G_B d_B = G_C d_C = (G_A + G_B) d_C \quad (10.30)$$

由式(10.29)及(10.30)可得

$$\frac{G_A}{G_B} = \frac{i_C - i_B}{i_A - i_C} = \frac{d_C - d_B}{d_A - d_C} \quad (10.31)$$

$$\frac{i_C - i_B}{d_C - d_B} = \frac{i_A - i_C}{d_A - d_C} \quad (10.32)$$

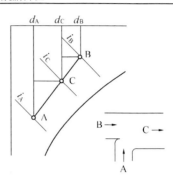

圖 10.12　兩種狀態空氣的混合

顯然,在 $i-d$ 圖上,$\dfrac{i_C - i_B}{d_C - d_B}$ 和 $\dfrac{i_A - i_C}{d_A - d_C}$ 分別是綫段 $\overline{BC}$ 和 $\overline{CA}$ 的斜率,兩綫段的斜率相等并且有公共點,因此,A,C,B 在同一條直綫上(如圖 10.12),且有:

$$\frac{\overline{BC}}{\overline{CA}} = \frac{i_C - i_B}{i_A - i_C} = \frac{d_C - d_B}{d_A - d_C} = \frac{G_A}{G_B} \quad (10.33)$$

式(10.33)說明,混合點 C 將綫段 $\overline{AB}$ 分成兩段,兩段的長度之比與參與混合的兩種空氣的質量成反比,混合點 C 靠近質量大的空氣狀態一端。

若混合點 C 處于"結霧區",此時空氣的狀態是飽和空氣加水霧,這是一種不穩定的狀態。狀態變化過程如圖 10.13 所示。由于空氣中的水蒸汽凝結后,帶走了水的液體熱,使得空氣的焓值略有降低。混合點的焓值爲:

$$i_C = i_D + 4.19 \, t_D \Delta d \quad (10.34)$$

在式(10.34)中,由于 $i_D, \Delta d, t_D$ 是三個相互關聯的未知數,且 i_C 已知,可以通過試算的方法來確定 D 的狀態。

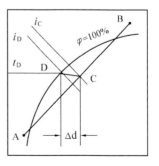

圖 10.13　過飽和空氣狀態變化過程圖

【例 10.5】 已知大氣壓力 $B = 101325 \ \text{Pa}$, $G_A = 1\,000$ kg/h, $t_A = 20\,℃$, $\varphi = 60\%$, $G_B = 250 \ \text{kg/h}$, $t_B = 35\,℃$, $\varphi = 80\%$,求混合后的空氣狀態。

解 1.在 $B = 101325 \ \text{Pa}$ 的 $i-d$ 圖上根據已知的 t、φ 描出狀態點 A 和 B,并用直綫相連(見圖 10.14)

2.設混合點爲 C,根據公式(10.33)得

$$\frac{\overline{BC}}{\overline{CA}} = \frac{G_A}{G_B} = \frac{1\ 000}{250} = \frac{4}{1}$$

3.將 $\overline{AB}$ 分成五等分,則 C 點位于靠近 A 狀態的一等分處。查圖得 $t_C = 23.1℃$, $\varphi_C = 73\%$, $i_C = 56$ kJ/kg.干, $d_C = 12.8$ g/kg.干。

也可通過計算來確定空氣的參數:從圖上查出 $i_A = 42.54$ kJ/kg.干, $d_A = 8.8$ g/kg.干; $i_B = 109.44$ kJ/kg.干, $d_B = 29.0$ g/kg.干,然后按式(10.29)(10.30)計算可得:

$$i_C = \frac{G_A i_A + G_B i_B}{G_B + G_A} = \frac{1\ 000 \times 42.54 + 250 \times 109.44}{1\ 000 + 250} = 56 \text{ kJ/kg·干}$$

$$d_C = \frac{G_A d_A + G_B d_B}{G_B + G_A} = \frac{1\ 000 \times 8.8 + 250 \times 29}{1\ 000 + 250} = 12.8 \text{ g/kg·干}$$

由此可見,兩種方法確定的混合點 C 的結果相同。

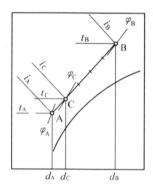

圖 10.14　例 10.5 附圖

第十一章　空調房間的負荷計算及送風量確定

空調房間的冷(熱)、濕負荷是確定空調系統的送風量和空調設備容量的基本依據。

在室內外熱、濕擾量的作用下,某一時刻進入一個恒溫恒濕房間內的總熱量和總濕量稱爲在該時刻的得熱量和得濕量。當得熱量爲負值時稱爲耗(失)熱量。在某一時刻爲保持房間恒溫恒濕,需向房間供應的冷量稱爲冷負荷;反之,爲補償房間失熱而需向房間供應的熱量稱爲熱負荷;爲維持室內相對濕度所需由房間除去或向房間增加的濕量稱爲濕負荷。

房間冷(熱)、濕負荷的計算必須以室外氣象參數和室內要求維持的空氣參數爲依據。

第一節　室內外空氣的計算參數的選擇

一、室內空氣計算參數

空調房間室內溫度、濕度通常用兩組指標來規定:即溫度濕度基數和空調精度。

室內溫、濕度基數是指在空調區域內所需要保持的空氣基準溫度與基準濕度;空調精度是指在空調區域內,在要求的工件旁所設一個或數個測溫(或測相對濕度)點上水銀溫度計(或相對濕度計)在要求的持續時間內,所示的空氣溫度(或相對濕度)偏離溫(濕)度基數的最大偏差。例如,$t_N = 25 \pm 0.5℃$ 和 $\varphi_N = 60 \pm 5\%$,表示室內空調溫、濕度基數 $t_N = 25℃$,$\varphi_N = 60\%$,而空調精度 $\triangle t_N = \pm 0.5℃$,$\triangle \varphi_N = \pm 5\%$。

空調系統根據所服務對象的不同,可分爲舒適性空調和工藝性空調。舒適性空調是從人體舒適感的角度來確定室內溫、濕度設計標準,一般不提空調精度要求;工藝性空調主要滿足工藝過程對溫、濕度基數的特殊要求,同時兼顧人體的衛生要求。

1. 人體熱平衡方程和舒適感

人體靠攝取食物獲得能量,在人體的新陳代謝過程中食物被分解氧化,同時釋放出能量以維持生命,最終都轉化爲熱能散發到體外。根據能量轉換和守恒定律可得人體熱平衡方程式:

$$S = M - R - C - E - W \tag{11.1}$$

式中　　S——人體蓄熱率,W/m^2;

M——人體能量代謝率,取決于人體的活動量的大小,W/m^2;

W——人體所作的機械功,W/m^2;

R——穿衣人體外表面與周圍表面間的輻射換熱量,W/m^2;

C——穿衣人體外表面與周圍表面間的對流換熱量 W/m^2;

E——汗液蒸發和呼出的水蒸汽所帶走的熱量,W/m^2。

公式(11.1)中的各項均是以人體單位表面積爲計算基礎的,并且各項在一定程度上與人體表面積成綫性關系,這樣就可以忽略人的體形、年齡、性別等的差別,使研究和計算簡單方便。人體表面積的計算如下:

$$A = 0.61H + 0.0128W - 0.1529 \tag{11.2}$$

式中　A——人體表面積,m^2;

　　　H——人的身高,m;

　　　W——人的體重,kg。

在穩定的環境條件下,S 應該爲零,這時,人體保持了能量平衡。如果周圍環境溫度(空氣溫度及圍護結構、周圍物體表面溫度)提高,則人體的對流和輻射散熱量將減少,爲了保持熱平衡,人體會運用自身的自動調節機能來加强汗腺的分泌。這樣,由于排汗量和消耗在汗液蒸發上的熱量的增加,在一定程度上會補償人體對流和輻射散熱的減少。當人體余熱量難以全部散出時,余熱量就會在體內蓄存起來,于是式(11.1)中 S 變爲正值,導致體溫上升,人體會感到很不舒服,體溫到 40℃ 時,出汗停止,如不采取措施,則體溫將迅速上升,當體溫上升到 43.5℃ 時,人即死亡。

汗的蒸發强度不僅與周圍空氣溫度有關,而且和相對濕度、空氣流動速度有關。

在一定溫度下,空氣相對濕度的大小,表示空氣中水蒸汽含量接近飽和的程度。相對濕度愈高,空氣中水蒸汽分壓力愈大,人體汗液蒸發量則愈少。所以增加室內空氣濕度,在高溫時,會增加人體的熱感;在低溫時,由于空氣潮濕增强了導熱和輻射,會加劇人體的冷感。

周圍空氣的流動速度是影響人體對流散熱和水分蒸發散熱的主要因素之一,氣流速度大時,由于提高了對流換熱系數及濕交換系數,使對流散熱和水分蒸發散熱隨之增强,亦即加劇了人體的冷感。

在冷的空氣環境中,人體散熱量增多。若人體比正常熱平衡情況多散出 $87W$ 的熱量時,則一個睡眠者將被凍醒,這時人體皮膚平均溫度相當于下降了 $2.8℃$,人體會感到很不舒服,甚至會生病。

周圍物體表面溫度決定了人體輻射散熱的强度。在同樣的室內空氣參數條件下,維護結構內表面溫度高,人體增加熱感,表面溫度低則會增加冷感。

綜上所述,人體舒適感與下列因素有關:

室內空氣的溫度、室內空氣的相對濕度、人體附近的空氣流速、圍護結構內表面及其他物體表面溫度。

人的舒適感除與上述四項因素有關外,還和人體的活動量、人體的衣着、生活習慣、年齡、性別有關。

(1)有效温度區和舒適區

美國供暖、制冷、空調工程師學會(ASHRAE)在 1977 年版手册基礎篇中給出了新的等效溫度,它的定義是:一個具有相同溫度且 $\varphi = 50\%$ 的封閉黑體空間的溫度,在此假想環境中人體的全熱損失與實際環境相同。圖 11.1 所示爲 *ASHRAE* 舒適圖,圖中斜畫的一組虛綫即爲等效溫度綫,它們的數值是在 $\varphi = 50\%$ 的相對濕度曲綫上標注的,在該條虛綫上的各點所表示的實際空氣狀態的干球溫度和相對濕度都不同,但各點空氣狀態給人體的冷熱感覺却相同,都相當于該虛綫與 $\varphi = 50\%$ 的相對濕度曲綫交點處的空氣狀態給人的感覺。

　　在圖 11.1 中還畫出了兩塊舒適區,一塊是菱形面積,它是美國堪薩斯州大學通過實驗所得出的;另一塊有陰影的平行四邊形面積是 ASHRAE 標準 55 – 74 所推薦的舒適區。兩者的實驗條件不同,前者適用于穿着 0.6 ~ 0.8 clo(clo 是衣服的熱阻,1 clo = 0.155 $m^2 \cdot$ K/W)服裝坐着的人,后者適用于穿着 0.8 ~ 1.0 clo 服裝但活動量稍大的人。兩塊舒適區重叠處則是推薦的室內空氣設計條件。25℃ 的等效溫度綫正好通過重叠區的中心。

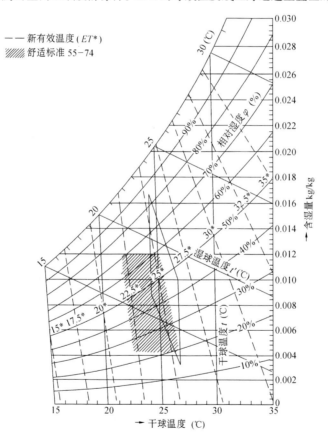

圖 11.1　ASHRAE 舒適圖(ASHRAE 手册,1977)

(2)人體熱舒適方程和 PMV—PPD 指標[①]

在人體熱平衡方程式(11.1)中,當人體蓄熱 $S = 0$ 時

$$M - W - R - E - C = 0 \tag{11.3}$$

其中各項分別爲：

①人體的能量代謝率(M)

人體的能量代謝率(M)是人體通過新陳代謝作用將食物轉化爲能量的速率。人體的新陳代謝率與活動强度、環境温度、年齡、性别、進食后的時間長短等因素有關。成年男子的能量代謝率見表11.1。

表 11.1 能量代謝率(ISO7730)

活動强度	能量代謝率	
	(W/m²)	(met)
躺着	46	0.8
坐着休息	58	1.0
站着休息	70	1.2
坐着活動(辦公室、住房、學校、實驗室等)	70	1.2
站着活動(買東西、實驗室、輕勞動)	93	1.6
站着活動(商店營業員、家務勞動、機械加工)	116	2.0
中等活動(重機械加工、修理汽車)	165	2.8

注：met(metabolic rate) = 某活動强度時能量代謝率/静坐時能量代謝率

②穿衣人體與周圍環境的輻射熱交換

穿衣人體的外表温度與周圍環砍壁面温度不相等時會發生熱交換，這部分熱交換遵循斯蒂芬—玻爾茨曼定律。

$$R = 3.96 \times 10^{-8} f_{cl} [(t_{cl} + 273)^4 - (\bar{t}_r + 273)^4] \tag{11.4}$$

式中 f_{cl}——服裝面積系數，表示穿衣服人體外表面積與裸體人表面積之比；

$$f_{cl} = \begin{cases} 1.00 + 1.290 I_{cl} & \text{當 } I_{cl} > 0.078 \text{ 時；} \\ 1.00 + 0.645 I_{cl} & \text{當 } I_{cl} \leq 0.078 \text{ 時；} \end{cases} \tag{11.5}$$

I_{cl}——衣服熱阻，m². K/W，夏季服裝：0.08 m². K/W；工作服裝：0.11 m². K/W；

t_{cl}——穿着服裝的人體外表面的温度，℃；根據熱平衡關系

$$t_{cl} = t_s - I_{cl}(R + C) \tag{11.6}$$

$\bar{t}_r$——房間的平均輻射温度，℃；

$$\bar{t}_r = \frac{\sum\limits^n (F_n \tau_n)}{\sum\limits^n F_n} \tag{11.7}$$

外墻或外窗

$$\tau_n = t_n - \frac{K_n}{\alpha_n}(t_n - t_w) \tag{11.8}$$

式中　F_n——房間圍護結構各内表面積，m²；

τ_n——房間圍護結構各内表面温度，℃；

K_n、α_n——外墻或外窗的傳熱系數和放熱系數，W/m². K。

③穿衣人體與周圍環境的對流熱交換

穿衣人體的表面與周圍空氣存在温差就有對流換熱。

$$C = f_{cl} h_c (t_{cl} - t_a) \tag{11.9}$$

式中 h_c——對流換熱系數，W/m². K；

$$h_c = \begin{cases} 2.38(t_{cl} - t_a)^{0.25} & \text{當 } 2.38(t_{cl} - t_a)^{0.25} > 12.1\sqrt{v_a} \\ 12.1\sqrt{v_a} & \text{當 } 2.38(t_{cl} - t_a)^{0.25} < 12.1\sqrt{v_a} \end{cases} \tag{11.10}$$

式中　v_a——空氣的流速,m/s;

　　　t_a——人體周圍空氣溫度,℃。

④人體蒸發散熱量

人體的蒸發散熱可分爲呼吸散熱和皮膚的蒸發散熱。呼吸散熱又可分爲蒸發潛熱和蒸發顯熱兩部分,通常呼出的空氣要比吸入的空氣潮濕。

呼吸時的潛熱散熱量 E_{res} 爲:

$$E_{res} = 1.72 \times 10^{-5} M(5867 - P_a) \tag{11.11}$$

式中　P_a——吸入空氣中的水蒸汽分壓力,Pa。

呼吸時的顯熱散熱量 L 爲:

$$L = 0.0014M(34 - t_a) \tag{11.12}$$

式中　t_a——人體周圍空氣溫度,℃。

皮膚蒸發散熱可分爲隱性出汗和明顯的汗液蒸發。隱性出汗是指皮膚表面看上去是干燥的,没有明顯的汗液造成的潤濕情況,但仍有一部分水分通過皮膚表層直接蒸發到空氣中去了。由隱性出汗形成的蒸發散熱量 E_d 爲:

$$E_d = 3.054 \times 10^{-3}(254t_s - 3335 - P_a) \tag{11.13}$$

式中　t_s——人體平均皮膚溫度,℃。

在舒適條件下,

$$t_s = 35.7 - 0.028(M - W) \tag{11.14}$$

皮膚表面汗液蒸發造成的散熱量 E_{sw} 爲:

$$E_{sw} = 0.42(M - W - 58.15) \tag{11.15}$$

這樣人體總蒸發散熱量 E 爲:

$$E = L + E_d + E_{res} + E_{sw} \tag{11.16}$$

將式(11.4)至式(11.16)代入式(11.3)得熱舒適方程:

$$M - W - 3.05 \times 10^{-3} \times [5733 - 6.99(M - W) - P_a] - 0.42[(M - W) - 58.15] -$$
$$1.72 \times 10^{-5} M(5867 - P_a) - 0.0014M \times (34 - t_a) - 3.96 \times 10^{-8} f_{cl} \times$$
$$[(t_{cl} + 273)^4 - (\bar{t}_r + 273)^4] - f_{cl} h_c(t_{cl} - t_a) = 0$$

$$\tag{11.17}$$

式中
$$t_{cl} = 3.57 - 0.028(M - W) - I_{cl}\{3.96 \times 10^{-8} f_{cl} \times$$
$$[(t_{cl} + 273)^4 - (\bar{t}_r + 273)^4] + f_{cl} h_c(t_{cl-t_a})\} \tag{11.18}$$

熱舒適方程是在穩定條件下,根據人體熱平衡得出的,從式(11.17)和式(11.18)可以看出影響熱舒適的一些變量:

人體活動量參數: M 和 W

服裝熱工性能參數: I_{cl} 和 f_{cl}

環境參數: t_a、P_a、$\bar{t}_r$、h_c

其中人體在靜坐時的機械功爲零,對流換熱系數 h_c 是風速的函數。因此熱平衡方程實際上反映了人體處在熱平衡狀態時,六個影響人體熱舒適變量 M、I_{cl}、$\bar{t}_r$、t_a、P_a 和 v_a 之間的定量關系。

熱舒適感是作爲一種人的主觀感覺很難給出其確切的定義,由于人的個體差异,即使在大多數人滿意的熱舒適環境下總還有一部分人感覺不滿意,因此,丹麥工業大學 P.O. Fanger 教授收集了來自美國和丹麥的 1396 名受試者的冷熱感覺資料,在熱舒適方程的基礎上,建立了表征人體熱反映(冷熱感)的評價指標 PMV(PMV——預期平均評價):

$$PMV = [0.303\exp(-0.036M) + 0.028]\{M - W - 3.05 \times 10^{-3} \times$$
$$[5733 - 6.99(M - W) - P_a] - 0.42[(M - W) - 58.15] - 1.7 \times 10^{-5}M$$
$$(5867 - P_a) - 0.0014M \times (34 - t_a) - 3.96 \times 10^{-8}f_{cl} \times$$
$$[(t_{cl} + 273)^4 - (\bar{t}_r + 273)^4] - f_{cl}h_c(t_{cl} - t_a)\} \qquad (11.19)$$

PMV 的分度如表 11.2。

表 11.2　PMV 熱感覺標尺

熱感覺	熱	暖	微暖	適中	微凉	凉	冷
PMV	+3	+2	+1	0	-1	-2	-3

PMV 指標代表了對同一環境絕大多數人的冷熱感覺,因此可用 PMV 指標預測熱環境人體的熱反應。由于人與人之間生理上的差异,故用預期不滿意百分率(PPD)指標來表示對熱環境不滿意的百分數。

PPD 和 PMV 之間的關系可用圖 11.2 表示,在 PMV = 0 處,PPD 爲 5%,這意味着:即使室內環境爲最佳熱舒適狀態,由于人的生理差別還有 5% 的人感到不滿意,*ISO*7730 對 PMV—PPD 指標的推薦值爲:PPD < 10%,即 PMV 值 -0.5 ~ +0.5 之間,相對于人群中允許有 10% 的人感覺不滿意。

在實際應用中,丹麥有關公司已研制出了模擬人體散熱機理可直接測得室內環境 PMV 和 PPD 指標的儀器,能方便地對房間熱舒適性進行檢測和評價。

最后應指出:以上討論,包括 PMV 指標,都是在穩定條件下利用熱舒適方程導出的,而對于人們在不穩定情況下的多變環境,如由室外或由非空調房間進入空調房間,或由空調房間走出時,人的熱感覺和散熱量還有待進一步研究,動態環境下的熱感覺指標也有待研究。

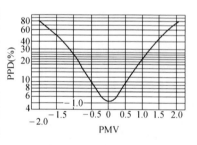

圖 11.2　PPD 與 PMV 的關系

2. 室內空氣溫、濕度計算參數

室內空氣溫、濕度設計參數的確定,除了要考慮室內參數綜合作用下的舒適度外,還應根據室外氣溫、經濟條件和節能要求進行綜合考慮。

對于舒適性空調,根據我國《采暖通風與空氣調節設計規範》(GB50019—2003)中的規定,舒適性空調的室內計算參數如下:

夏季:　溫度　　　　　應采用 22 ~ 28℃;
　　　　相對濕度　　　應采用 40% ~ 65%;
　　　　風速　　　　　不應大于 0.3m/s;
冬季:　溫度　　　　　應采用 18 ~ 24℃;
　　　　相對濕度　　　應采用 30% ~ 60%;
　　　　風速　　　　　不應大于 0.2m/s。

對于工藝空調,室內溫、濕度基數及允許波動範圍,應根據工藝需要,并考慮必要的衛生條件來確定。

各種建築物室内空氣計算參數的具體規定見《采暖通風與空氣調節設計規範》（GB50019—2003）。

二、室外空氣計算參數

同室内計算參數一樣,室外參數也是空調負荷計算的依據,也需要室外計算參數。室外空氣的干、濕球溫度不僅隨季節變化,而且在每一晝夜裏也在不斷變化着。

1.室外空氣溫、濕度的變化規律

(1)室外空氣溫度的日變化

室外空氣溫度在一晝夜内的波動稱爲氣溫的日變化(或日較差)。室外氣溫的日變化是由于太陽對地球的輻射引起的,在白天,地球吸收了太陽的輻射熱量而使靠近地面的氣溫升高,在下午二、三點達到全天最高值;到夜晚,地面不僅得不到太陽輻射熱而且還要向大氣層和太空放散熱量,一般在凌晨四、五點氣溫最低。在一段時間内,可以認爲氣溫的日變化是以 24 小時爲周期的周期波動。但室外氣溫的日變化并非諧波,這是因爲全天的最低溫度到最高溫度的時間與最高溫度到下一個最低溫度的時間并非完全相等。

圖 11.3 是北京地區 1975 年夏季最熱一天的氣溫日變化曲綫。

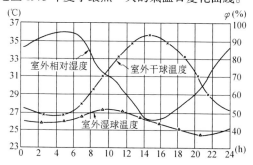

圖 11.3　氣溫日變化曲綫

(2)室外氣溫的季節性變化

室外氣溫的季節性變化也呈周期性的,全國各地的最熱月份在七～八月,最冷月份在一月。圖 11.4 給出了北京、西安、上海三地區 10 年(1961～1970 年)平均的月平均氣溫變化曲綫。

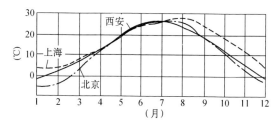

圖 11.4　氣溫月變化曲綫

(3)室外空氣濕度的變化

空氣的相對濕度取决于空氣的干球溫度和含濕量,而通常認爲室外大氣中全天的含濕量保持不變,因此,室外空氣相對濕度的變化規律正好與干球溫度的變化規律相反,即干球溫度升高時,相對濕度減小;干球溫度降低時,相對濕度則變大。如圖 11.3 所示。從圖中還可以看出濕球溫度的變化規律與干球溫度相似,只是峰值時間不同。

2.夏季室外空氣計算參數

室內空氣的溫、濕度參數是否能夠保證,空調系統設備容量確定是否合理都與室外空氣計算參數的取值有直接的關系,因此,必須合理確定室外空氣計算參數。

空調系統的設計計算中所用的室外空氣計算參數,并非是某一地區某一天的實際氣象參數,而是應用科學方法從很長一段時間內的實際氣象參數中整理出來的統計值,因此,用于計算的這一天實際上是抽象的一天,在空氣調節中稱之爲設計日或標準天。

我國《采暖通風與空氣調節設計規範》中規定的室外實際參數。

(1)夏季空調室外計算干、濕球溫度

夏季空調室外計算干球溫度采用歷年平均不保證 50 h 的干球溫度;夏季空調室外計算濕球溫度采用歷年平均不保證 50 h 的濕球溫度。

(2)夏季空調室外計算日平均溫度和逐時溫度

夏季在計算通過圍護結構的傳熱量時,采用的是不穩定的傳熱過程,因此必須知道設計日的室外平均溫度和逐時溫度。

夏季空調室外設計日平均溫度采用歷年平均不保證 5 天的日平均溫度。

夏季設計日的逐時溫度可按下式確定:

$$t_{sh} = t_{wp} + \beta\Delta t_r \tag{11.20}$$

式中　　t_{sh}——夏季設計日的逐時溫度,$^{\circ}\!C$;

t_{wp}——夏季空氣調節室外計算日平均溫度,$^{\circ}\!C$;主要城市的 t_{wp}見附錄 11.1;

Δt_r——夏季室外計算平均日較差,應按下式計算:

$$\Delta t_r = \frac{t_{wg} - t_{wp}}{0.52} \tag{11.21}$$

式中　　t_{wg}——夏季空氣調節室外計算干球溫度,$^{\circ}\!C$,見附錄 11.1;

β——室外溫度逐時變化系數,見表 11.3。

表 11.3　室外溫度逐時變化系數

時刻	1	2	3	4	5	6	7	8
β	—0.35	—0.38	—0.42	—0.45	—0.47	—0.41	—0.28	—0.12
時刻	9	10	11	12	13	14	15	16
β	0.03	0.16	0.29	0.40	0.48	0.52	0.51	0.43
時刻	17	18	19	20	21	22	23	24
β	0.39	0.28	0.14	0.00	—0.10	—0.17	—0.23	—0.26

3.冬季空調室外計算溫度、濕度的確定

由于空調系統冬季的加熱、加濕量所需費用遠小于夏季冷却除濕所耗的費用,而且室外氣溫的波動也比較小,因此冬季通過圍護結構的傳熱量的計算按穩定傳熱方法,不考慮室外氣溫的波動,所以冬季只給定一個冬季空調室外計算溫度作爲計算新風負荷和計算圍護結構傳熱的依據。

《采暖通風與空氣調節設計規範》中規定冬季空調室外計算溫度采用歷年平均不保證一天的日平均溫度,當冬季不使用空調設備送熱風,而僅使用采暖設備時,計算圍護結構的傳熱應采用采暖室外計算溫度。

由于冬季室外空氣含濕量遠小于夏季,而且變化也很小,因此不給出濕球溫度,只給出冬季室外計算相對濕度。《采暖通風與空氣調節設計規範》中規定冬季空調室外計算相對濕度采用歷年最冷月平均相對濕度。

第二節　太陽輻射熱

太陽輻射熱是地球上生物最大的天然能源,從空氣調節的角度看,它有利于冬季的室內采暖,但在夏季它使室內産生大量余熱,使空調冷負荷增加,因此,在進行室內冷負荷計算時,要掌握太陽輻射熱對建築物的熱作用。

一、太陽及太陽輻射强度

1. 太陽及其與地球間各種角度

太陽是一個直徑相當于地球 110 倍的高溫氣團,其表面溫度約爲 6000 K,內部溫度可高達 2×10^7 K。太陽的能量,由氫聚變爲氦的熱核反應所産生的巨大能量維持着太陽的高溫。太陽表面不斷地以電磁波輻射方式向宇宙發射出巨大的熱能,地球接受的太陽輻射能量約爲 1.7×10^{12} kW。

當太陽與地球之間的距離爲年平均距離時,地球大氣上界處垂直于太陽光綫的單位面積的黑體表面在單位時間內吸收的太陽輻射能稱爲太陽常數,記爲 I_0,$I_0 = 1353$ W/m²。

由于地球被一層大氣所包圍,太陽輻射綫到達大氣層時,其能量的一部分在地球大氣層被反射回宇宙空間,另一部分被大氣層所吸收,剩下的 1/3 多一些才能到達地球表面。

透過大氣到達地面的太陽輻射綫中,一部分按原來直綫輻射方向到達地面稱爲直射輻射,這部分輻射是具有方向性的,是太陽到達地面總輻射的主要部分;另一部分由于被各種氣體分子、塵埃、冰晶、微小水珠等反射或折射,到達地球表面且無特定方向稱爲散射輻射,它沒有方向性,特別是在晴天,它只占總輻射的一小部分。我們把直射輻射和散射輻射之總和稱爲太陽總輻射或簡稱太陽輻射。

(1)太陽與地球的各種角度

地球自轉的軸綫和它繞太陽公轉的軌道平面始終保持一個固定的 66.5° 的傾斜角,而且自轉軸總是指向大致相同的方向(北極星附近)。

①緯度(φ)

地球某地的緯度是指該點對赤道平面偏北或偏南的角位移,亦即是該點與地心連綫與赤道平面的夾角。如圖 11.5 所示。

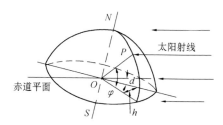

圖 11.5　太陽與地球間各種角度關系

②太陽赤緯(d)

太陽赤緯(d)是指太陽光綫對地球赤道的角位移,亦即太陽與地球中心綫和地球赤道平面的夾角。太陽赤緯(d)全年在 +23.5° ~ —23.5° 之間變化。

③太陽時角(h)

如圖 11.5 所示,太陽時角(h)是指 OP 綫在地球赤道平面上的投影與當地時間 12 點

式中 θ——日墙方位角,是太陽輻射綫與墙面法綫在水平面上投影的夾角,
$\theta = A \pm \alpha$;

      α——墙面方位角,是墙面法綫在水平面上的投影與南向的夾角。

②散射輻射

水平面上的散射輻射强度 $I_{S.S}$

$$I_{S.S} = 0.5 I_0 \sin\beta \frac{1 - Pm}{1 - 1.4\ln P} \tag{11.25}$$

垂直面上的散射輻射强度 $I_{C.S}$

$$I_{C.S} = \frac{I_{S.S}}{2} \tag{11.26}$$

③太陽總輻射强度

水平面上的總輻射强度 I_S

$$I_S = I_{S.z} + I_{S.S} \tag{11.27}$$

垂直面上的總輻射强度 I_C

$$I_C = I_{C.z} + \frac{I_{C.z} + I_D}{2} \tag{11.28}$$

式中 I_D——地面反射輻射强度,W/m^2。

附録 11.4 給出了北緯 40° 夏季各朝向的太陽輻射强度。

太陽射綫照射到不透明的圍護結構表面時,一部分被反射,另一部分被吸收,二者的比例關系取决於圍護結構外表面的粗糙度和顏色,表面愈粗糙,顏色愈深,則吸收的太陽輻射熱愈多。

二、室外空氣綜合温度

在室外氣温和太陽輻射的共同作用下,建築物外表面上單位面積得到的熱量爲:

$$q = a_w(t_w - \tau_w) + \rho I - \varepsilon \Delta R = a_w \left[(t_w - \tau_w) + \frac{\rho I}{a_w} - \varepsilon \frac{\Delta R}{\alpha_w} \right]$$

式中 α_w——夏季圍護結構外表面換熱系數,$W/m^2 \cdot °C$;

      t_w——室外空氣計算温度,$°C$;

      τ_w——圍護結構外表面温度,$°C$;

      ρ——圍護結構外表面對太陽輻射的吸收率;

      I——太陽直接輻射强度和散射輻射强度之和,W/m^2;

      ε——圍護結構外表面的長波輻射系數;

      $\triangle R$——圍護結構外表面向外界發射的長波輻射和由天空及周圍向圍護結構外表面的長波輻射之差,W/m^2。

對于垂直表面 $\triangle R = 0$

對于水平面 $\dfrac{\varepsilon \Delta R}{\alpha_w} = 3.5 \sim 4.0°C$

爲了計算方便,將室外氣温與太陽輻射對圍護結構的作用用“綜合温度”t_z 來表示,其意義是一個相當的室外温度,并非真實的空氣温度。

$$t_z = t_w + \frac{\rho I}{\alpha_w} - \frac{\varepsilon \Delta R}{\alpha_w} \tag{11.29}$$

則 $$q = \alpha_w(t_z - \tau_w) \tag{11.30}$$

第三節　空調房間冷(熱)、濕負荷的計算

一、得熱量與冷負荷

房間的得熱量是指在某一時刻由室外和室內熱源散入房間的熱量的總和。房間冷負荷是指在某一時刻爲了維持某個穩定的室內基準溫度需要從房間排出的熱量或者是向房間供應的冷量。

房間的得熱量通常包括以下幾方面：
(1)傳導得熱：由室內、室外溫差傳熱進入的熱量；
(2)日射得熱：太陽輻射經過窗玻璃時引起的得熱；
(3)人員得熱：由室內停留人員的人體散熱引起的得熱；
(4)燈光得熱：由室內照明燈具引起的得熱；
(5)設備得熱：由室內發熱設備引起的得熱；
(6)滲透和新風得熱：由室外進入室內的空氣帶入的熱量。

在這些得熱中，又可分爲潛熱和顯熱兩類，而顯熱又包括對流熱和輻射熱兩種成分。在瞬時得熱中的潛熱得熱和顯熱得熱中的對流成分會立即傳給室內空氣，構成瞬時冷負荷；而顯熱得熱中的輻射成分(如經窗的瞬時日射得熱及照明輻射得熱等)被室內各種物體(圍護結構和室內家具)所吸收和貯存，當這些蓄熱體的表面溫度高于室內空氣溫度時，它們又以對流方式將貯存的熱量再次散發給空氣，從而不能立即成爲瞬時冷負荷。各種瞬時得熱量中所含各種熱量成分的百分比如表 11.4 所示。

表 11.4　各種瞬時得熱量中所含的熱量成分

得　熱	輻射熱 β_f(%)	對流熱 β_d(%)	潛熱(%)
太陽輻射熱(無內遮陽)	100	0	0
太陽輻射熱(有內遮陽)	58	42	0
熒光燈	50	50	0
白熾燈	80	20	0
人體	40	20	40
傳導體	60	40	0
機械設備	20 ~ 80	80 ~ 20	0
滲透和通風	0	100	0

得熱量轉化爲冷負荷的過程中，存在着衰減和延遲現象，不只是冷負荷的峰值低于得熱量的峰值，而且還在時間上有滯后，如圖 11.8 所示。這些衰減和滯后是由于建築物的蓄熱能力所決定的，圖 11.9 所示爲不同重量的圍護結構的蓄熱能力對冷負荷的影響。

二、冷負荷系數法計算空調冷負荷

計算空調冷負荷的方法有兩種：即冷負荷系數法和諧波反應法，冷負荷系數法是工

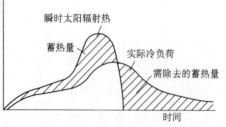

圖 11.8　瞬時太陽輻射得熱與房間實際冷負荷之間的關系

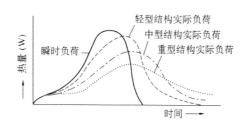

圖 11.9 瞬時日射的得熱與輕、中、重型建築實
際冷負荷的關系

程中計算空調冷負荷的一種簡化計算法,下面介紹冷負荷系數法的計算方法。

1.外墙和屋面瞬變傳熱引起的冷負荷

在日射和室外氣溫的綜合作用下,外墙和屋面瞬變傳熱引起的空調冷負荷,可按下式計算:

$$CL = KF(t_1 - t_n) \tag{11.31}$$

式中　　CL——外墙和屋面瞬變傳熱引起的逐時冷負荷,W;

　　　　F——外墙和屋面的面積,m^2;

　　　　K——外墙和屋面的傳熱系數,$W/m^2 \cdot °C$,根據外墙和屋面的不同構造和厚度分別在附錄11.5中查出;

　　　　t_n——室內設計溫度,$°C$;

　　　　t_1——外墙和屋面的冷負荷計算溫度的逐時值,$°C$,根據外墙和屋面的不同類型在附錄11.6中查出。

按照構造和建築熱物理特性不同,現將外墙和屋面分別劃分爲六種類型(I ~ VI)。在設計選用時,先應在附錄11.5中查出欲計算的外墙或屋面所屬的類型,再在附錄11.6中查出相應的 t_l 值,便可用式(11.31)進行冷負荷的逐時計算。

附錄11.6中的 t_1 是在下列條件下編制的:

(1)北京市地區(北緯39°48′)的氣象參數數據爲依據,以七月代表夏季,室外日平均溫度爲29$°C$,室外最高溫度爲33.5$°C$,日氣溫波幅9.6$°C$;

(2)室外表面放熱系數 $\alpha_w = 18.6 \ W/m^2 \cdot K$;室內表面放熱系數 $\alpha_n = 8.72 \ W/m^2 \cdot K$

(3)圍護結構外表面吸收系數 $\rho = 0.9$

與制表狀態不相符的其他城市,做如下修正:

$$t'_1 = (t_1 + t_d)K_\alpha K_\rho \tag{11.32}$$

式中　　t_d——地點修正系數,見附錄11.7;

　　　　K_α——外表面放熱系數修正值,見表11.5;

　　　　K_ρ——外表面吸收系數修正值,見表11.6。

表 11.5　外表面放熱系數修正值 K_α

$\alpha_w(W/m^2 \cdot K)$	14	16.3	18.6	20.9	23.3	25.6	27.9	30.2
K_α	1.06	1.03	1	0.98	0.97	0.95	0.94	0.93

表 11.6 吸收系數修正值 K_ρ

顏色	類 別	
	外 牆	屋 面
淺 色	0.94	0.88
中 色	0.97	0.94

經修正后,相應的冷負荷計算式爲:

$$CL = KF(t'_1 - t_n) \qquad (11.33)$$

2.玻璃窗瞬變傳熱引起的冷負荷

在室內外溫差作用下,玻璃窗瞬變傳熱引起的冷負荷,可按下式計算:

$$CL = KF(t_1 - t_n) \qquad (11.34)$$

式中 CL——玻璃窗瞬變傳熱引起的逐時冷負荷,W;

t_1——玻璃窗的冷負荷計算溫度的逐時值,℃,見表 11.7。

F——窗口的面積,m^2;

K——玻璃窗的傳熱系數,$W/m^2 \cdot ℃$,根據單層窗玻璃和雙層窗玻璃的不同情況可分別按附錄 11.8 和附錄 11.9 中查出,當窗框情況不同時,按表 11.8 修正;有內遮陽設施時,單層玻璃窗 K 應減小 25%,雙層玻璃窗 K 應減小 15%;

t_n——室內設計溫度,℃;

表 11.7 玻璃窗冷負荷計算溫度 t_1

時刻	0	1	2	3	4	5	6	7
t_1	27.2	26.7	26.2	25.8	25.5	25.3	25.4	26.0
時刻	8	9	10	11	12	13	14	15
t_1	26.9	27.9	29.0	29.9	30.8	31.5	31.9	32.2
時刻	16	17	18	19	20	21	22	23
t_1	32.2	32.0	31.6	30.8	29.9	29.1	28.4	27.8

表 11.8 玻璃窗傳熱系數的修正值

窗框類型	單 層 窗	雙 層 窗
全部玻璃	1.00	1.00
木窗框,80% 玻璃	0.90	0.95
木窗框,60% 玻璃	0.80	0.85
金屬窗框,80% 玻璃	1.00	1.20

如計算地點不在北京市,則應按附錄 11.10 對 t_1 值加上地點修正 t_d。

如外表面放熱系數不是 $\alpha_w = 18.6 \ W/m^2 \cdot K$,則應用 K_α 修正 t_1。

3.玻璃窗日射得熱引起的冷負荷

無外遮陽玻璃窗的日射得熱引起的冷負荷,按下式計算:

$$CL = FC_s C_n D_{J \cdot max} C_{CL} \qquad (11.35)$$

式中 F——窗玻璃的淨面積,m^2,是將窗口面積乘以有效面積系數 C_a,見表 11.9;

C_S——窗玻璃的遮擋系數,見表 11.10;

C_n——窗內遮陽設施的遮陽系數,見表 11.11;

C_{CL}——冷負荷系數,以北緯 27°30′ 爲界劃爲南、北兩區,見附錄 11.11;

$D_{\text{J.max}}$——日射得熱因素的最大值，見表 11.12。

表 11.9　窗的有效面積係數 C_a

窗類型	單層鋼窗	單層木窗	雙層鋼窗	雙層木窗
C_a	0.85	0.70	0.75	0.60

表 11.10　窗玻璃的遮擋係數 C_s

玻璃類型	C_s 值
標準玻璃（$3mm$）	1.00
5 mm 厚普通玻璃	0.93
6 mm 厚普通玻璃	0.89
3 mm 厚吸熱玻璃	0.96
5 mm 厚吸熱玻璃	0.88
6 mm 厚吸熱玻璃	0.83
雙層 3 mm 厚普通玻璃	0.86
雙層 5 mm 厚普通玻璃	0.78
雙層 6 mm 厚普通玻璃	0.74

表 11.11　窗內遮陽設施的遮陽係數 C_n

內遮陽類型	顏　色	C_n
白布簾	淺色	0.50
淺藍布簾	中間色	0.60
深黃、紫紅、深綠布簾	深色	0.65
活動百葉窗	中間色	0.60

表 11.12　夏季各緯度帶的日射得熱因素最大值 $D_{\text{J.max}}$

緯度帶＼朝向	S	SE	E	NE	N	NW	W	SW	水平
20°	130	311	541	465	130	465	541	311	876
25°	146	332	509	421	134	421	509	332	834
30°	174	374	539	415	115	415	539	374	833
35°	251	436	575	430	122	430	575	436	844
40°	302	477	599	442	114	442	599	477	842
45°	368	508	598	432	109	432	598	508	811
拉薩	174	462	727	592	133	593	727	462	991

4.隔墙、樓板等內圍護結構傳熱形成的冷負荷

當空調房間與鄰室的溫差大于 3℃ 時，可按下式計算通過隔墙、樓板等傳熱形成的冷負

荷:

$$CL = KF(t_{wp} + \Delta t_{ls} - t_n) \qquad (11.36)$$

式中　CL——內圍護結構傳熱形成的冷負荷,W;

　　　K——內圍護結構的傳熱系數,W/m^2.K;

　　　F——內圍護結構的面積,m^2;

　　　Δt_{ls}——鄰室計算平均溫度與夏季空調室外計算日平均溫度的差值,℃,見表
　　　　　　11.13;

　　　t_{wp}——夏季空調室外計算日平均溫度,℃。

表 11.13　溫差 Δt_{ls} 值

鄰室散熱量	Δt_{ls}(℃)
很少(如辦公室和走廊)	0 ~ 2
< 23 W/m^3	3
23 ~ 116 W/m^3	5

5.照明散熱引起的冷負荷

　　照明設備散熱量一般屬于穩定得熱,只要電壓穩定,這一得熱量是不隨時間變化的。照明設備所散發的熱量由輻射和對流兩部分組成。熒光燈的輻射成分約占 50%,白熾燈的輻射約占 80%,照明散熱的對流成分直接與室內空氣換熱成爲瞬時冷負荷。其輻射成分則首先爲室內圍護結構和家具所吸收,并蓄存于其中,當它們因受熱溫度升高至高于室內空氣溫度后,才以對流方式與室內空氣進行換熱。因而,照明散熱形成冷負荷的機理與日射透過窗玻璃形成冷負荷的機理是相同的。

　　根據照明燈具的類型及安裝方式不同,其冷負荷計算式分別爲:

熒光燈　　　　　　　　　　　　$CL = n_1 n_2 N C_{CL}$　　　　　　　　　　(11.37)

白熾燈　　　　　　　　　　　　$CL = N C_{CL}$　　　　　　　　　　　　(11.38)

式中　N——照明燈具所需功率,W;

　　　n_1——鎮流器消耗功率系數,當明裝熒光燈的鎮流器裝設在空調房間內時取
　　　　　　$n_1 = 1.2$,當暗裝熒光燈的鎮流器裝設在頂棚內內時取 $n_1 = 1.0$;

　　　n_2——燈罩隔熱系數,當熒光燈罩上部穿有小孔(下部爲玻璃板)可利用自然
　　　　　　通風散熱于頂棚內時取 $n_2 = 0.5 ~ 0.6$;而熒光燈罩無通風孔者,則視
　　　　　　頂棚內通風情況取 $n_2 = 0.6 ~ 0.8$;

　　　C_{CL}——照明散熱冷負荷系數,根據明裝和暗裝熒光燈及白熾燈,按照不同的
　　　　　　空調設備運行時間和開燈時間及開燈后的小時數,由附錄 11.12 查
　　　　　　出。

　　對 C_{CL} 的取值應注意下列幾點:

　　(1)在房間中若開燈時間足够長,冷負荷和照明的散熱量最終應是相等的,當照明爲全天 24 小時使用時,應取 $C_{CL} = 1.0$;

　　(2)若空調系統僅在有人的時候才運行,可考慮取 $C_{CL} = 1.0$;

　　(3)若在全天 24 小時內室溫不能保持恒定,如空調系統在下午下班之后關閉,則應取 $C_{CL} = 1.0$;

　　(4)當房間中一部分照明按一種時間表使用,而另一部分按另一種時間表使用時,則

應分別加以處理。

6.人體散熱引起的冷負荷

人體的散熱量與人體勞動强度、服裝、室内環境、年齡等因素有關。在人體散發的總熱量中,輻射成分占40%,對流成分占20%,其余40%則作爲潛熱成分散出。人體的潛熱可以作爲瞬時冷負荷。而在總顯熱散熱中,對流散熱也成爲瞬時冷負荷。而輻射散熱與照明散熱情況類似,形成滯后冷負荷。

由于建築物中的人群是由男子、女子和兒童組成,而成年女子和兒童的散熱量低于成年男子。爲了實際計算方便,以成年男子爲基礎,乘以考慮了不同建築内各類人員組成比例的系數,成爲群集系數。見表 11.14 所示。人體散熱引起的冷負荷計算式爲:

$$CL = \varphi n (q_s C_{CL} + q_r) \tag{11.39}$$

式中　q_s——不同室温和勞動性質時成年男子顯熱散熱量,W/人,見附録 11.13;

　　　q_r——成年男子潛熱散熱量,W/人,見附録 11.13;

　　　n——室内全部人數,人;

　　　φ——群集系數,見表 11.14;

　　　C_{CL}——人體顯熱散熱冷負荷系數,見附録 11.14,這一系數取决于人員在室内停留的時間及由進入室内時刻算起至計算時刻的時間。

表 11.14　某些工作場所的群集系數

工作場所	群集系數	工作場所	群集系數
影劇院	0.89	百貨商店	0.89
圖書館	0.96	紡織廠	0.90
旅館	0.93	鑄造車間	1.0
體育館	0.92	煉鋼車間	1.0

對于如電影院、劇院、會堂等人員密集的場所,由于人體對圍護結構和室内家具的輻射換熱量相應減少,可以取 $C_{CL} = 1.0$,若在全天 24 小時内室温不能保持恒定時,可以取 $C_{CL} = 1.0$。

7.設備散熱引起的冷負荷

空調房間的設備、用具及其他散熱表面所散發的熱量包括顯熱和潛熱兩部分。對既散發顯熱又散發潛熱的設備或用具等,其潛熱散熱量即作爲瞬時冷負荷。而其顯熱散熱量也包括對流散熱和輻射散熱,它與照明和人體的顯熱散熱一樣,對流散熱形成瞬時冷負荷,輻射散熱形成滯后冷負荷。

設備和用具散熱引起的冷負荷按下式計算:

$$CL = Q_s C_{CL} + Q_r \tag{11.40}$$

式中　Q_s——設備和用具的顯熱散熱量,W;

　　　Q_r——設備和用具的潛熱散熱量,W;

　　　C_{CL}——設備和用具的顯熱散熱冷負荷系數,由附録 11.15 和附録 11.16 查出,如果空調系統不連續運行,則 $C_{CL} = 1.0$。

8.人體和設備的散濕量

(1)人體的散濕量

$$W = \varphi n w \qquad g/h \tag{11.41}$$

式中　W——人體散濕量,g/h;

w——每個成年男子的散濕量, g/h.人, 見附錄 11.13;

n——室內總人數, 人;

φ——群集係數, 見表 11.14。

(2)敞開水面的散濕量

$$W = \beta (P_{q \cdot b} - P_q) F \frac{B}{B'} \qquad (11.42)$$

式中　W——敞開水面的散濕量, kg/h;

F——蒸發面積, m^2;

$P_{q.b}$——相應于水表面溫度下的飽和空氣的水蒸汽分壓力, Pa;

P_q——室內空氣中的水蒸汽分壓力, Pa;

B——標準大氣壓力, Pa;

B'——當地大氣壓力, Pa;

β——蒸發係數, $kg/m^2.h.Pa$

蒸發係數 β 按下式確定:

$$\beta = (\alpha + 0.00013v) \qquad (11.43)$$

式中　v——蒸發表面的空氣流速, m/s;

α——水蒸汽擴散係數, $kg/m^2.h.Pa$。周圍空氣溫度爲 $15 \sim 30$℃ 時, 在不同水溫下的擴散係數, 見表 11.15 所示。

表 11.15　水蒸汽擴散係數

水溫(℃)	< 30	40	50	60	70	80	90	100
α	0.00017	0.00021	0.00025	0.00028	0.0003	0.00035	0.00038	0.00045

三、空調冷負荷的估算指標

1.計算式估算法

把空調冷負荷分爲外圍護結構和室內人員兩部分, 把整個建築物看成一個大空間, 按各朝向計算其冷負荷, 再加上每個在室內人員按 116.3 W 計算全部人員散熱量, 然后將該結果乘以新風負荷係數 1.5, 即爲估算建築物的總負荷。

$$Q = (Q_W + 116.3n) \times 1.5 \qquad W \qquad (11.44)$$

式中　Q——建築物空調系統總冷負荷, W;

Q_W——整個建築物圍護的總冷負荷, W;

n——室內總人數。

2.單位面積冷負荷指標法

空調系統冷負荷的估算可按下表來估算, 也可參見有關的手册。

建築物		冷負荷 W/㎡		逗留者 ㎡/人	照明 W/㎡	送風量 l/s㎡
		顯冷負荷	總冷負荷			
辦公室	中部區	65	95	10	60	5
	周邊	110	160	10	60	6
	個人辦公室	160	240	15	60	8
	會議室	185	270	3	60	9
學校	教室	130	190	2.5	40	9
	圖書館	130	190	6	30	9
	自助餐廳	150	260	1.5	30	10
公寓	高層,南向	110	160	10	20	10
	高層,北向	80	130	10	20	9
戲院、大會堂		110	260	1	20	12
實驗室		150	230	10	50	10
圖書館、博物館		95	150	10	40	8
醫院	手術室	110	380	6	20	8
	公共場所	50	150	10	30	8
衛生所、診所		130	200	10	40	10
理髮室、美容院		110	200	4	50	10
百貨商店	地下	150	250	1.5	40	12
	中間層	130	225	2	60	10
	上層	110	200	3	40	8
藥店		110	210	3	30	10
零售店		110	160	2.5	40	10
精品店		110	160	5	30	10
酒吧		130	260	2	15	10
餐廳		110	320	2	17	12
飯店	房間	80	130	10	15	7
	公共場所	110	160	10	15	8
工廠	裝配室	150	260	3.5	45	9
	輕工業	160	260	15	30	10

【例 11.1】 位于天津市一四層的辦公樓,外墻爲内外抹灰 370 磚墻,試計算第三層南向一房間的夏季空調冷負荷和濕負荷。

外墻爲淺色墻面,面積 20 m²,南向窗爲 3 mm 普通單層鋼窗,窗口面積爲 3m²,内挂淺蘭色布簾,室内温度 $t_n = 25℃$,鄰室包括走廊均爲全天空調,室内壓力稍高于室外大氣壓力,室内有 6 人,40 W 熒光燈 4 支,暗裝,燈罩上有通風小孔,可散熱到頂棚,開燈時間爲上午 8 點到下午 6 點(包括中午午休 1 小時)。

解 1.外墻瞬變傳熱引起的冷負荷

查附録 11.5 得,370 mm 内外抹灰實心磚墙屬于 II 類,傳熱系數 $K = 1.50$ W/m². K,由附録 11.6 查得南向逐時冷負荷溫度 t_l 值,查附録 11.7,天津地區修正系數爲 $t_d = -0.4℃$,$\alpha_w = 23.3$ W/m². K,$\alpha_n = 8.72$ W/m². K,查表 11.5 得外表面放熱修正值 $K_\alpha = 0.97$,查表 11.6 得外表面吸收系數修正值 $K_P = 0.94$。利用下式計算逐時冷負荷:

$$t'_1 = (t_1 + t_d) K_\alpha K_\rho$$

$$CL = KF[(t_1 + t_d) K_\alpha K_\rho - t_n]$$

計算結果列入表 11.16

表 11.16 外墙瞬變傳熱引起的冷負荷

時間	7	8	9	10	11	12	
$t_1(℃)$	35.0	34.6	34.2	33.9	33.5	33.2	
$t'_1(℃)$	31.5	31.2	30.8	30.5	30.2	29.9	
$CL(W)$	195.0	186.0	174.0	165.0	156.0	147.0	
時間	13	14	15	16	17		
$t_1(℃)$	32.9	32.8	32.9	33.1	33.4		
$t'_1(℃)$	29.6	29.5	29.6	29.8	30.1		
$CL(W)$	137.7	135.0	138.0	144.0	153.0		

2. 玻璃窗瞬變傳熱引起的冷負荷

查附録 11.8 得窗户的傳熱系數 $K = 6.34$ W/m². K,查表 11.8 得鋼窗傳熱系數修正值爲 1,因用淺色布簾,K 減少 25%,查附録 11.10 得天津地區修正系數 $t_d = 0℃$,查表 11.5 得外表面放熱修正值 $K_\alpha = 0.97$,由表 11.7 得玻璃窗逐時冷負荷計算溫度 t_1。

$$t'_1 = (t_1 + t_d) K_\alpha$$

$$CL = KF[(t_1 + t_d) K_\alpha - t_n]$$

計算結果列入表 11.17

表 11.17 玻璃窗瞬變傳熱引起的冷負荷

時間	7	8	9	10	11	12	
$t_1(℃)$	26.0	26.9	27.9	29.0	29.9	30.8	
$t'_1(℃)$	25.2	26.1	27.1	28.1	29.0	29.9	
$CL(W)$	2.9	15.7	30.0	44.3	57.1	70.0	
時間	13	14	15	16	17		
$t_1(℃)$	31.5	31.9	32.2	32.2	32.0		
$t'_1(℃)$	30.6	30.9	31.2	31.2	31.0		
$CL(W)$	80.0	84.3	88.5	88.5	85.7		

3. 玻璃窗日射得熱引起的冷負荷

查表 11.9 得窗有效面積系數 $C_a = 0.85$,由表 11.10 和 11.11 查得玻璃遮陽系數 $C_s = 1$,内遮陽系數 $C_n = 0.6$,由天津緯度爲 $39°06'$,屬于 $40°$ 緯度帶,查表 11.12 得南向 $D_{Jmax} = 302$ W/m²,查附録 11.11 得冷負荷系數 C_{CL}。

$$CL = FC_s C_n D_{J·max} C_{CL}$$

計算結果列入表 11.18。

表 11.18　玻璃窗日射得熱引起的冷負荷

時間	7	8	9	10	11	12	
C_{CL}	0.18	0.26	0.4	0.58	0.72	0.84	
$CL(W)$	83.2	120.1	184.8	268.0	332.7	388.1	
時間	13	14	15	16	17		
C_{CL}	0.8	0.62	0.45	0.32	0.24		
$CL(W)$	369.6	286.5	207.9	147.9	110.9		

4. 照明、人體散熱引起的冷負荷

鎮流器的消耗功率系數 $n_1 = 1$，燈罩隔熱系數 $n_2 = 0.6$，查附錄 11.12 得照明冷負荷系數 C_{CL}，注意按開燈后的小時數查取，照明散熱引起的冷負荷按下式計算。

$$CL = n_1 n_2 N C_{CL}$$

根據室溫 $t_n = 25\,℃$，極輕活動，查附錄 11.13 得 $q_s = 65.1$ W/人，$q_r = 68.6$ W/人，$w = 102$ g/h·人，查表 11.14 得群集系數爲 0.93。查附錄 11.14 得冷負荷系數 C_{CL}，注意按進入室內后的小時數查取，人體散熱引起的冷負荷按下式計算。

$$CL = \varphi n (q_s C_{CL} + q_r)$$

計算結果見表 11.19

表 11.19　照明、人體散熱引起的冷負荷

時間	7	8	9	10	11	12	
照明 C_{CL}	0.11	0.34	0.55	0.61	0.65	0.68	
照明 $CL(W)$	10.6	32.6	52.8	58.6	62.4	65.3	
人體 C_{CL}	0.07	0.06	0.53	0.62	0.69	0.74	
人體 $CL(W)$	408.2	404.6	575.3	608.0	633.5	641.6	
時間	13	14	15	16	17		
照明 C_{CL}	0.71	0.74	0.77	0.79	0.81		
照明 $CL(W)$	68.2	71.0	73.9	75.8	77.8		
人體 CL	0.77	0.80	0.83	0.85	0.87		
人體 $CL(W)$	662.5	673.4	984.3	691.6	698.9		

各分項冷負荷匯總見表 11.20

表 11.20　各分項冷負荷匯總

時間	7	8	9	10	11	12
外墙 $CL(W)$	195.0	186.0	174.0	165.0	156.0	147.0
窗傳熱 $CL(W)$	2.9	15.7	30.0	44.3	57.1	70.0
窗日射 $CL(W)$	83.2	120.1	184.8	268.0	332.7	388.1
照明 $CL(W)$	10.6	32.6	52.8	58.6	62.4	65.3
人體 $CL(W)$	408.2	404.6	575.3	608.0	633.5	641.6
ΣCL	699.9	759	1017	1144	1242	1322
時間	13	14	15	16	17	
外墙 $CL(W)$	137.7	135.0	138.0	144.0	153.0	
窗傳熱 $CL(W)$	80.0	84.3	88.5	88.5	85.7	
窗日射 $CL(W)$	369.6	286.5	207.9	147.9	110.9	
照明 $CL(W)$	68.2	71.0	73.9	75.8	77.8	
人體 $CL(W)$	662.5	673.4	984.3	691.6	698.9	
ΣCL	1318	1250	1193	1148	1126	

由表 11.20 可以看出,最大冷負荷值出現在 12:00,其值爲 1322 W

第四節　空調房間送風狀態及送風量的確定

一、送入房間的空氣的狀態變化過程

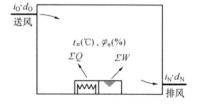

圖 11.10 表示一個空調房間送風示意圖。房間的室內狀態點爲 $N(i_N, d_N)$,室內冷負荷(室內余熱量)爲 $Q(W)$,濕負荷(余濕量)爲 $W(kg/s)$,送入房間的空氣狀態點爲 $O(i_o, d_o)$,送風量爲 $G(kg/s)$,當送入空氣吸收房間的余熱和余濕后,由狀態 $O(i_o, d_o)$ 變爲狀態 $N(i_N, d_N)$,而排除房間,從而保證了室內空氣狀態點爲 $N(i_N, d_N)$。

圖 11.10　空調房間送風

根據熱平衡得　　　　　$Gi_o + Q = Gi_N$　　　　　　　　(11.45)

根據濕平衡得　　　　　$Gd_0 + W = Gd_N$　　　　　　　(11.46)

將上述兩式整理后,有:

$$i_N - i_0 = \frac{Q}{G} \tag{11.47}$$

$$d_N - d_0 = \frac{W}{G} \tag{11.48}$$

由于送入的空氣吸收房間的余熱和余濕,其狀態由 $O(i_o, d_o)$ 變爲狀態 $N(i_N, d_N)$,將式(11.47)和式(11.48)相除,即得送入空氣由 O 點變位 N 點的狀態變化過程的熱濕比 ε

$$\varepsilon = \frac{Q}{W} = \frac{i_N - i_0}{d_N - d_o}$$

這樣,在 $i - d$ 圖上可以通過 N 點,根據 ε 值畫出一條狀態變化過程綫,送風空氣的狀態點即位于該綫上,也就是說,只要送風狀態點位于該熱濕比綫上,那么將一定質量,具有這種狀態的空氣送入房間,就能同時吸收余熱和余濕,從而保證室內要求的狀態 $N(i_N,$

d_N)。

二、夏季送風狀態點及送風量的確定

由于 Q 和 W 均已知,室內狀態點 N 在 $i-d$ 圖上的位置也已確定,因而只要經過 N 點作出 ε 過程綫,即可在該過程綫上確定送風狀態 O 點,根據下式可以算出送風量。

$$G = \frac{Q}{i_N - i_o} = \frac{W}{d_N - d_o} \tag{11.49}$$

從圖 11.11 可以看出,凡是位于 N 點以下的處于 ε 過程綫上的點均可作爲送風狀態點,送風狀態點 O 距 N 點越近,送風量越大,所需要的設備和初投資越大,反之,送風量則越小,所需要的設備和初投資也小,但送風量小,送風溫度就低,可能使人感受冷氣流的作用,而且室內溫度和濕度的分布的均勻性和穩定性將受到影響。在實際應用中,一般根據送風溫差(即 $t_N - t_o$)來確定送風狀態點 O,送風溫差的選取見表 11.21。表中的換氣次數是指房間送風量(m^3/h)和房間體積(m^3)的比值,它是空調工程中常用的衡量送風量的指標。按送風溫差確定的送風量折合的換氣次數大于表中推薦的換氣次數,才符合要求。

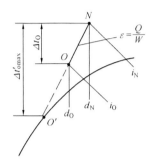
圖 11.11　送風空氣的狀態變化過程

表 11.21　送風溫差與換氣次數

室溫允許波動範圍	送風溫差(℃)	換氣次數(次/h)
±0.1~0.2℃	2~3	150~20
±0.5℃	3~6	>8
±1.0℃	6~10	≥5
>±1℃	人工冷源:≤15	
	天然冷源:可能的最大值	

三、冬季送風狀態與送風量的確定

在冬季,由于通過圍護結構的溫差傳熱一般是由內向外傳的,因此室內余熱量常比夏季小得多,還可能變爲負值而成爲熱負荷;而余濕量冬夏一般相同,因此,冬季房間的熱濕比常小于夏季,也有可能爲負值,所以空調送風溫度 t_o' 往往接近或高于室溫 t_N。

因爲冬季送熱風的送風溫差可比夏季送冷風時的送風溫差大,所以冬季送風量可比夏季小。對于全年固定送風量的系統,冬季的送風量與夏季相同,可以根據式(11.47)或式(11.48)確定冬季送風狀態點;對于全年變風量的系統,冬季的送風溫差可取得大一些,以減少送風量,從而減少空調系統的能耗,提高空調系統的經濟性。但是,減少送風量是有限的,它必須滿足最少換氣次數的要求,而且送風溫度一般不宜高于 45℃。

【例 11.2】　某空調房間總余熱量 $\sum Q = 3314W$,總余濕量 $\sum W = 0.264g/s$,要求室內全年維持空氣狀態參數爲 $t_N = 22 \pm 1℃$,$\varphi_N = 55 \pm 5\%$,當地大氣壓爲 $101325Pa$,房間體積 $150m^3$,求送風狀態和送風量。

解

(1)求熱濕比　　　　　$\varepsilon = \frac{Q}{W} = \frac{3314}{0.264} = 12553$

(2)在 $i-d$ 圖上(圖 11.12)確定室內空氣狀態點 N,通過 N 點作 $\varepsilon = 12600$ 的過程綫,

查表 11.21 取送風溫差 $\triangle t_0 = 8\text{℃}$ ，則送風溫度 $t_0 = 22 - 8 = 14\text{℃}$ 。從而得出：

$i_0 = 36$ kJ/kg　　　$i_N = 46$ kJ/kg　　　$d_0 = 8.6$ g/kg　　　$d_N = 9.3$ g/kg

(3)計算送風量

按消除余熱：　　　　　$G = \dfrac{Q}{i_N - i_0} = \dfrac{3314}{46 - 36} = 0.33$ kg/s

按消除余濕：　　　　　$G = \dfrac{W}{d_N - d_0} = \dfrac{0.264}{9.3 - 8.6} = 0.33$ kg/s

則 $L = 0.33 \times 3600/1.2 = 990$ m³/h

換氣次數 $n = 990/150 = 6.6$ 次/h，符合要求。

也可以按式 11.50 直接用送風溫差和余熱中的顯熱部分來計算送風量，其誤差不大。

$$G = \frac{Q_x}{1.01(t_n - t_0)} \tag{11.50}$$

【例 11.3】 仍按上題基本條件，如果冬季余熱量 $Q = -1.105$ kW，余濕量 $W = 0.264$ g/s，試確定冬季送風狀態及送風量。

解

(1)求冬季熱濕比 $\varepsilon = \dfrac{-1.105}{\dfrac{0.264}{1000}} = -4185$

(2)全年送風量不變，計算送風參數。

由于冬夏室內散濕量相同，根據式(11.48)可知，冬季送風的含濕量與夏季相同，即

$$d_0 = d'_0 = 8.6 \text{ g/kg}$$

在 $i - d$ 圖上過 N 點作 $\varepsilon = -4190$ 的過程綫，該綫與 $d'_0 = 8.6$ g/kg 的等含濕量綫的交點即爲冬季送風狀態點 O' 。

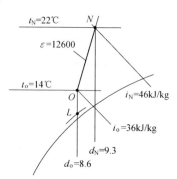

圖 11.12　例 11.2

$$i'_0 = 49.35 \text{ kJ/kg} \qquad t_0' = 28.5\text{℃}$$

另一種解法是，全年送風量不變且送風量已知，送風參數可以計算得出，即：

$$i_0' = i_N - \frac{Q}{G} = 46 + \frac{1.105}{0.33} = 49.35 \text{ kJ/kg}$$

將 $i_0' = 49.35$ kJ/kg 和 $d_0' = 8.6$ g/kg 代入式 $i'_o = 1.01 t'_o + (2\,500 + 1.84 t'_o) d'_o / 1\,000$ ，可得 $t_0' = 28.5\text{℃}$

如果希望冬季減少送風量，提高送風溫度，例如送風溫度 $t_0'' = 36\text{℃}$ ，則 $t_0'' = 36\text{℃}$ 的等溫綫與 $\varepsilon = -4190$ 的過程綫的交點 O'' 即爲新的送風狀態點。

$$i_0'' = 54.9 \text{ kJ/kg} \qquad d_0'' = 7.2 \text{ g/kg}$$

$$G = \frac{-1.105}{46 - 54.9} = 0.125 \text{ kg/s} = 450 \text{ kg/h}$$

四、新風量的確定

爲了保證空調房間的空氣品質，必須向空調房間送入一定的室外新鮮空氣，然而，新風量的多少將直接影響空調系統的能耗，使用的新風量愈少，系統就愈經濟。但系統的新風量不能無限制地減少，確定新風量考慮下面三個因素：

1.衛生要求

在人們長期停留的空調房間内,室內空氣品質的好壞直接關系到人的健康。這是因爲要維持人體的新陳代謝,人總是不斷地吸入氧氣,呼出二氧化碳,在新風量不足時,就不能供給人體足够的氧氣,因而影響了人體的健康。表 11.22 給出了人體在不同狀態下呼出的二氧化碳量,表 11.23 規定了各種場合下室内二氧化碳的允許濃度。在一般農村和城市,室外空氣中二氧化碳含量爲 $0.5 \sim 0.75$ g/kg$(0.33 \sim 0.5$ L/m$^3)$。

表 11.22 人體在不同狀態下的二氧化碳呼出量

工作狀態	CO_2 呼出量(L/h.人)	CO_2 呼出量(g/h.人)
安静時	13	19.5
極輕的工作	22	33
輕勞動	30	45
中等勞動	46	69
重勞動	74	111

表 11.23 二氧化碳的允許濃度

房間性質	CO_2 的允許濃度	
	L/m^3	g/kg
人長期停留的地方	1.0	1.5
兒童和病人停留的地方	0.7	1.0
人周期性停留的地方(機關)	1.25	1.75
人短期停留的地方	2.0	3.0

在實際工程中,空調系統的新風量可按規範規定:民用建築最小新風量按表 11.24 確定,生産廠房應按保證每人不小于 30 m^3/h 的新風量確定。

表 11.24 民用舒適性空調最小新風量(m^3/h)

空調類型	不吸烟				少量吸烟		大量吸烟
	一般病房	體育館	影劇院百貨商場	辦公室	餐廳	高級客房	會議室
每人最小新風量	17.0	8.0	8.5	25.0	20.0	30.0	50.0

2.補充局部排風量

空調房間内有排風櫃等局部排風裝置時,爲了不使車間和房間産生負壓,在系統中必須提供相應的新風量來補充排風量。

3.保持空調房間的正壓要求

爲了防止外界環境空氣(室外或相鄰的空調要求較低的房間)滲入空調房間,干擾空調房間温濕度均匀性或破壞室内潔净度,需要在空調系統中用一定量的新風來保持房間的正壓(即室内空氣壓力大于室外環境壓力)。一般情况下,室内正壓值 $\triangle H$ 在 $5 \sim 10$ Pa 即可滿足要求,過大的正壓不但没有必要,而且還降低了系統運行的經濟性。

不同窗縫結構情况下内外壓差爲 $\triangle H$ 時,經窗縫的滲透風量,可參考圖 11.13 確定,由此可以確定保持室内正壓所需要的補充新鮮空氣量。

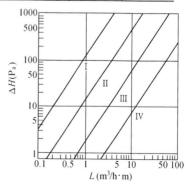

圖 11.13 内外壓差作用下,每米窗縫的滲透風量

在大多數實際工程中,按照上述方法計算出的新風量過小,不足總風量的 10% 時,爲了確保室內空氣的衛生和安全,也應按照總風量的 10% 的最小新風量計算。

五、室內空氣的平衡

圖 11.14 表示空調系統的平衡關系,從圖中可以看出:當把系統中的送、回風口調節

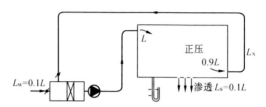

圖 11.14　空調系統空氣平衡的關系圖

閥調節到使送風量 L 大于從房間的回風量($0.9L$)時,房間即呈正壓狀態,而送、回風量差 L_S 通過門窗的不嚴密處(包括門窗的開啓)或從排風孔滲出,則:

對空調房間來説:$L = L_x + L_s$

對整個系統來説:$L_S = L_w$

必須指出,在冬夏室外設計計算參數下規定的最小新風量百分數,是出于經濟和節能方面考慮的最小新風量。多數情況下,在春、秋過渡季節中,可以提高新風比例,從而利用新風所具有的冷量或熱量以節約系統的運行費用。爲了保持室內恒定的壓力和調節新風量,必須進一步討論空調系統中的空氣平衡問題。

對于全年新風量可變的系統,在室內要求正壓并借助門窗縫隙滲透排風的情況下,空氣平衡關系如圖 11.15 所示,設房間總風量爲 L,門窗的滲透風量爲 L_S,進空調箱的回風

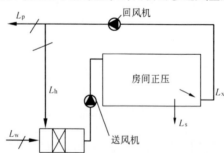

圖 11.15　全年新風量變化時的空氣平衡關系圖

量爲 L_h,新風量爲 L_W,排風量爲 L_p,則:

對房間來説,總風量 $L = L_h + L_p + L_s = L_x + L_s$

對空調箱來説,總送風量 $L = L_h + L_w$

當過渡季節采用較額定新風比大的新風量,而要求室內恒定正壓時,則在上兩式中必然要求 $L_x > L_h$,即 $L_w > L_s$。而 $L_x—L_h = L_p$,L_p 即系統要求的機械排風量。通常在回風管路上裝回風機和排風機進行排風(圖 11.15),根據新風量的多少來調節排風量,這就可能保持室內恒定的正壓(如果不設回風機,則像圖 11.14 那樣,室內正壓隨新風多少而變化),這種系統稱爲雙風機系統。

第十二章　空氣調節系統

第一節　空氣調節系統的分類

空氣調節系統一般應包括:冷(熱)源設備、冷(熱)媒輸送設備、空氣處理設備、空氣分配裝置、冷(熱)媒輸送管道、空氣輸配管道、自動控制裝置等。這些組成部分可根據建築物形式和空調空間的要求組成不同的空氣調節系統。在工程中,應根據建築物的用途和性質、熱濕負荷特點、溫濕度調節與控制的要求、空調機房的面積和位置、初投資和運行費用等許多方面的因素選定適合的空調系統,因此,首先要研究一下空調系統的分類。

一、按空氣處理設備的設置情況分類

1. 集中式空調系統

這種系統的所有空氣處理設備(包括冷却器、加熱器、過濾器、加濕器和風機等)均設置在一個集中的空調機房内,處理后的空氣經風道輸送到各空調房間。集中式空調系統又可分爲單風管系統、雙風管系統和變風量系統。

集中式空調系統處理空氣量大,有集中的冷源和熱源,運行可靠,便于管理和維修,但機房占地面積較大。

2. 半集中式空調系統

這種系統除了設有集中空調機房外,還設有分散在空調房間内的空氣處理裝置。半集中式空氣調節系統按末端裝置的形式又可分爲末端再熱式系統、風機盤管系統和誘導器系統。

3. 全分散空調系統

全分散空調系統又稱爲局部空調系統或局部機組。該系統的特點是將冷(熱)源、空氣處理設備和空氣輸送裝置都集中設置在一個空調機内。可以按照需要,靈活、方便地布置在各個不同的空調房間或鄰室内。全分散空調系統不需要集中的空氣處理機房。常用的有單元式空調器系統、窗式空調器系統和分體式空調器系統。

二、按負擔室内負荷所用的介質來分類

1. 全空氣系統

全空氣空調系統是指空調房間的室内負荷全部由經過處理的空氣來負擔的空氣調節系統。見圖 12.1a 所示,在室内熱濕負荷爲正值的場合,用低于室内空氣熔值的空氣送入房間,吸收余熱余濕后排出房間。由于空氣的比熱小,用于吸收室内余熱的空氣量很大,因而這種系統的風管截面大,占用建築空間較多。

2. 全水系統

指空調房間的熱濕負荷全由水作爲冷熱介質來負擔的空氣調節系統,見圖 12.1b 所示。由于水的比熱比空氣大得多,在相同條件下只需較小的水量,從而使輸送管道占用的

建築空間較小。但這種系統不能解決空調房間的通風換氣問題,通常情況不單獨使用。

3.空氣—水系統

由空氣和水共同負擔空調房間的熱濕負荷的空調系統稱爲空氣一水系統。如圖12.1c所示,這種系統有效地解決了全空氣系統占用建築空間大和全水系統中空調房間通風換氣的問題。

4.冷劑系統

將制冷系統的蒸發器直接置于空調房間內來吸收余熱和余濕的空調系統稱爲冷劑系統,見圖12.1d。這種系統的優點在于冷熱源利用率高,占用建築空間少,布置靈活,可根據不同的空調要求自由選擇制冷和供熱。通常用于分散安裝的局部空調機組。

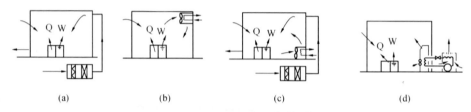

(a)   (b)   (c)   (d)

圖12.1　按負擔室內負荷所用介質的種類對空調系統分類示意圖
(a)全空氣系統;(b)全水系統;(c)空氣—水系統;(d)冷劑系統

三、根據集中式空調系統處理的空氣來源分類

1.封閉式系統

它所處理的空氣全部來自空調房間,沒有室外新風補充,因此房間和空氣處理設備之間形成了一個封閉環路(圖12.2a)。封閉式系統用于封閉空間且無法(或不需要)采用室

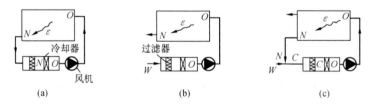

(a)   (b)   (c)

圖12.2　按處理空氣的來源不同對空調系統分類示意圖
(a)封閉式;(b)直流式;(c)混合式

外空氣的場合。這種系統冷、熱量消耗最少,但衛生效果差。當室內有人長期停留時,必須考慮換氣。這種系統應用于戰時的地下蔽護所等戰備工程以及很少有人進入的倉庫。

2.直流式系統

它所處理的空氣全部來自室外,室外空氣經處理后送入室內,然后全部排至室外(圖12.2b)。這種系統適用于不允許采用回風的場合,如放射性實驗室以及散發大量有害物的車間等。爲了回收排出空氣的熱量和冷量來預處理室外新風,可在系統中設置熱回收裝置。

3.混合式系統

封閉式系統不能滿足衛生要求,直流式系統在經濟上不合理。因而兩者在使用時均有很大的局限性。對于大多數場合,往往需要綜合這兩者的利弊,采用混合一部分回風的系統,見圖12.2c。這種系統既能滿足衛生要求,又經濟合理,故應用最廣。

四、按風道中空氣流速分類

1. 高速空調系統

高速空調系統主風道中的流速可達 20～30 m/s,由于風速大,風道斷面可以減少許多,故可用于層高受限,布置風道困難的建築物中。

2. 低速空調系統

低速空調系統風道中的流速一般不超過 8～12 m/s,風道斷面較大,需要占較大的建築空間。

第二節　普通集中式空調系統

普通集中式空調系統是低速、單風道集中式空調系統,屬于典型的全空氣系統。這種空調的服務面積大,處理空氣多,常用于工廠、公共建築(體育場館、劇場、商場)等有較大空間可設置風管的場合。

普通集中式空調系統通常采用混合式系統形式,即處理的空氣一部分來自室外新風,另一部分來自室內的回風。根據新風、回風混合過程的不同,工程中常見的有兩種形式:一種是室外新風和回風在進入表面式冷却器前混合,稱爲一次回風式;另一種是室外新風和回風在表面式冷却器前混合,經過表面式冷却器處理后再與另一股回風混合,稱爲二次回風式。

一、一次回風式系統

1. 夏季工況

根據第十一章所介紹的送風狀態和送風量的確定方法,可在 $i-d$ 圖上標出室內狀態點 N(圖 12.3b),過 N 點作室內熱濕比綫。根據選定的送風溫差 $\triangle t_0$,畫出 t_0 綫,該綫與 ε 綫的交點 O 即爲送風狀態點。爲了獲得 O 點狀態的空氣,常將室內外空氣的混合點

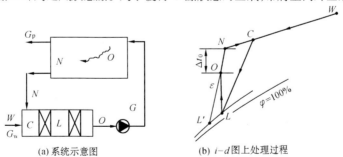

|(a) 系統示意圖|(b) $i-d$图上处理过程|

圖 12.3　一次回風系統

C 狀態的空氣經表面式冷却器冷却減濕到 L 點(L 點稱爲機器露點,一般位于 $\varphi=90\%～95\%$綫上),再從 L 點加熱到 O 點,然后進入房間,吸收房間的余熱余濕后變爲室內空氣狀態點 N,一部分空氣被排到室外,另一部分空氣返回到空調箱與新風混合,整個處理過程可以寫成:

$$
\begin{array}{c}
W \\
\searrow \\
\overset{混合}{\longrightarrow} C \overset{冷却减濕}{\longrightarrow} L \overset{加熱}{\longrightarrow} O \overset{\varepsilon}{\longrightarrow} N \\
\nearrow \\
N
\end{array}
$$

按 $i-d$ 圖上空氣混合的比例關系:

$\dfrac{\overline{NC}}{\overline{NW}} = \dfrac{G_W}{G}$,而 $\dfrac{G_W}{G}$ 即爲新風百分比 m%,從而確定了狀態點 C 的位置。

根據 $i-d$ 圖上的分析,爲了把 Gkg/s 的空氣 C 點冷却減濕到 L 點,所需要配置制冷設備的冷却能力,就是該設備夏季處理空氣所需要的冷量:

$$Q_0 = G(i_C - i_L) \quad \text{kW} \tag{12.1}$$

在采用噴水室或水冷式表面冷却器時,該冷量是由冷水機組的冷凍水或天然冷源提供的,而對于采用直接蒸發式冷却器來看,是直接由制冷機的冷劑提供的。

從空氣處理過程來看,該"冷量"是由以下幾個方面組成:

(1)風量爲 G,參數爲 O 的空氣被送入室内后,吸收室内的余熱余濕,變化到狀態點 N,該部分熱量即爲室内冷負荷:

$$Q_1 = G(i_N - i_0) \quad \text{kW}$$

(2)新風冷負荷:新風 G_W 進入系統時焓爲 i_W,排出時爲 i_N,這部分冷量稱爲新風冷負荷,其值爲:

$$Q_2 = G_W(i_W - i_N) \quad \text{kW}$$

(3)再熱負荷:爲了減小送風溫差,在空氣經過處理后對空氣進行加熱,其值爲:

$$Q_3 = G(i_0 - i_L) \quad \text{kW}$$

再熱負荷抵消了一部分冷源提供的冷量,是一種能量浪費。

上述三部分冷量之和就是系統所需要的冷量,即 $Q_0 = Q_1 + Q_2 + Q_3$,可以寫成爲:

$$Q_0 = G(i_N - i_0) + G_W(i_W - i_N) + G(i_0 - i_L) \quad \text{kW} \tag{12.2}$$

由于在一次回風系統的混合過程中 $\dfrac{G_W}{G} = \dfrac{i_C - i_N}{i_W - i_N}$,即 $G_W(i_W - i_N) = G(i_C - i_N)$,代入式(12.2)中可得:

$$Q_0 = G(i_N - i_0) + G(i_C - i_N) + G(i_0 - i_L) = G(i_C - i_L) \quad \text{kW}$$

從上式可以看出,一次回風系統中的冷量用 $i-d$ 圖計算或用熱平衡方法計算,兩者是統一的。

對于送風溫差無嚴格限制的空調場合,若采用最大溫差送風,即用機器露點空氣送風,則不需要消耗再熱量,因而制冷負荷亦可下降,這是設計時應該考慮的。

2.冬季工況

設冬季室内空氣狀態與夏季相同。在冬季,室外空氣狀態將移至 $i-d$ 圖左下方(圖 12.4)。室内熱濕比 ε' 因房間有建築散熱而減小(也有可能爲負值)。假設室内余濕量爲 $W(\text{kg/s})$,同時,一般工程中冬季往往采用與夏季相等的風量,則送風狀態點 O 的含濕量 d_0 爲:

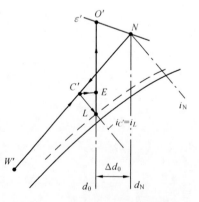

圖 12.4 一次回風系統冬季處理過程

$$\Delta d_0 = d_N - d_o = \frac{W}{G}$$

$$d_0 = d_N - \frac{W}{G}$$

因此,冬季送風點就是 ε' 與 d_o 綫的交點 O',這時的送風溫差與夏季不同。若冬夏的室內余濕量不變,則 d_o 綫與 $\varphi = 90\%$ 綫的交點 L 將與夏季相同,如果把 i_L 綫與 $\overline{NW'}$ 綫的交點 C' 作爲冬的混合點,則可以看出:從 C' 到 L 的過程可以通過絕熱加濕的方法達到,這時如果 $\dfrac{\overline{C'N}}{\overline{W'N}} \times 100\% \geqslant$ 新風百分比 $m\%$,那么這個方案完全可行。處理過程爲:

$$W'$$
$$\xcancel{}$$
混合 C' $\xrightarrow{\text{絕熱加濕}}$ L $\xrightarrow{\text{加熱}}$ O' $\xrightarrow{\varepsilon'}$ N
$$N$$

上述處理方案中除用絕熱加濕的方法增加含濕量外,還可以采用噴蒸汽的方法,即從 C' 處理到 E 點(等溫加濕),然后加熱到 O' 點,這兩種方法的實際消耗的熱能是相同的。

當采用絕熱加濕的方案時,對于新風量較大的工程,或者按最小新風比而室外設計參數很低的場合,都有可能使混合點 C' 的焓值 i'_C 低于 i_L,這種情況下就需要對新風進行預熱處理,使預熱后的新風和回風的混合點落在 i_L 的等焓綫上(圖 12.5)。預熱后空氣狀態點的確定:

$$\frac{G_W}{G} = \frac{\overline{CN}}{\overline{W_1 N}} = \frac{i_N - i_C}{i_N - i_{w1}}$$

因爲 $i_C = i_L$,則有

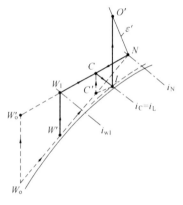

圖 12.5 確定裝置預熱器的條件

$$i_{W1} = i_N - \frac{G(i_N - i_L)}{G_W} = i_N - \frac{i_N - i_L}{m\%} \qquad \text{kJ/kg} \qquad (12.3)$$

W_1 狀態空氣焓值 i_{w1} 就是預熱后空氣應該達到的焓值。由此可以計算出空氣預熱器的容量,并確定加熱器的型號。

【例 12.1】 室內要求參數 $t_N = 25℃$,$\varphi_N = 60\%$ ($i_N = 55.5$ kJ/kg);室外參數 $t_W = 35℃$,$i_W = 93.8$kJ/kg;新風比爲 15%,已知室內余熱量 $Q = 7.54$ kW,余濕量很小可以忽略不計,送風溫差 $\triangle t_0 = 5℃$,采用水冷式表面冷却器,試求夏季空調設計工況下所需冷量。

解

(1)計算室內熱濕比:

$$\varepsilon = \frac{Q}{W} = \frac{7.54}{0} = \infty$$

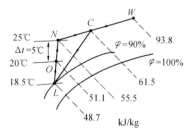

圖 12.6 例 12.1 用圖

(2)確定送風狀態點:過 N 點作 $\varepsilon = \infty$ 的直綫和設定的 $\varphi_N = 90\%$ 的曲綫相交得 L 點(如圖 12.6):$t_L = 18.5℃$,$i_L = 48.7$ kJ/kg。取 $\triangle t_0 = 5℃$,得送風狀態點 O:$t_0 = 20℃$,$i_0 = 51.1$ kJ/kg。

(3)求送風量：$G = \dfrac{Q}{i_N - i_0} = \dfrac{7.54}{55.5 - 51.1} = 1.714$ kg/s(6169 kg/h)

(4)由新風比 0.15(即 $G_W = 0.15G$)和混合空氣的比例關系可直接確定混合點 C 的位置：$i_C = 61.25$ kJ/kg

(5)空調系統所需冷量

$$Q_0 = G(i_C - i_L) = 1.714 \times (61.25 - 48.7) = 21.5 \text{ kW}$$

(6)冷量分析

$$Q_1 = 7.54 \text{ kW}$$
$$Q_2 = G_W(i_W - i_N) = 1.714 \times 0.15 \times (93.8 - 55.5) = 9.85 \text{ kW}$$
$$Q_3 = G(i_0 - i_L) = 1.714 \times (51.1 - 48.7) = 4.11 \text{ kW}$$
$$Q_0 = Q_1 + Q_2 + Q_3 = 7.54 + 9.85 + 4.11 = 21.5 \text{ kW},與前述計算一致。$$

二、二次回風式系統

1.夏季工況

圖 12.7 爲典型的二次回風式系統的夏季處理過程,(b)中虛綫表示一次回風式系統過程,其過程爲:

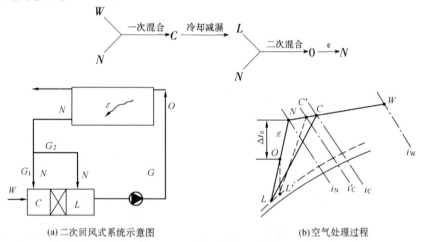

(a) 二次回风式系统示意图   (b)空气处理过程

圖 12.7   二次回風式系統的空氣處理過程

由于在這個過程中回風混合了兩次,所以稱爲"二次回風"。

由圖 12.7b 可以看出, O 點是由 N 與 L 狀態的空氣混合而得到的,故這三點必在一條直綫上,因此第二次混合的風量比例很容易確定,然而第一次混合點 C 必須先確定表冷器處理風量 G_L 后才能確定:

$$G_L = \overline{\dfrac{ON}{NL}} \times G = \dfrac{i_N - i_0}{i_N - i_L} \times G = \dfrac{Q}{i_N - i_L} \quad \text{kg/s} \tag{12.4}$$

則一次回風量 $G_1 = G_L - G_W$,這樣 C 點的位置可由混合空氣熔 i_C 與 NW 綫的交點所確定:

$$i_C = \dfrac{G_1 i_N + G_W i_W}{G_1 + G_W} \quad \text{kJ/kg} \tag{12.5}$$

從 C 點到 L 點的連綫便是空氣經過表冷器的冷却減濕過程,它所消耗的冷量爲:

$$Q = G_L(i_C - i_L) \quad \text{kW} \tag{12.6}$$

如果分析二次回風式系統的冷量,可以證明它同樣是由室內冷負荷和新風冷負荷構成的,在相同的條件下,二次回風式系統比一次回風式系統節省了"再熱負荷",但所需機器露點溫度較低,制冷機效率有所下降。

2.冬季工況

(1)絕熱加濕處理

假定冬夏室內空氣參數和風量相同,二次回風的混合比例不變,則機器露點與夏季相同。

對于冬夏余濕相同的空調房間,雖然冬季建築圍護結構耗熱使 $\varepsilon' < \varepsilon$,但其送風點 O' 仍然在 d_0 綫上,可以通過加熱使 $O \rightarrow O'$ 點,而 O 就是原來的二次混合點。爲了將空氣處理到 L 點,仍采用預熱(或不預熱)、混合、絕熱加濕等方法(見圖 12.8):

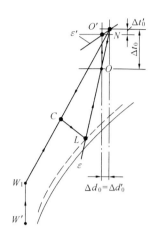

圖 12.8　絕熱加熱處理過程

$$W' \xrightarrow{\text{預熱}} W_1$$
$$\underset{N}{\nearrow} \xrightarrow{\text{一次混合}} C \xrightarrow{\text{絕熱加濕}} L \underset{N}{\nearrow} \xrightarrow{\text{二次混合}} O \xrightarrow{\text{加熱}} O' \xrightarrow{\varepsilon'} N$$

要判斷室外新風是否需要預熱,可以根據一次混合點焓值 i_C 是否低于 i_L 來確定,還可以根據推導出一個滿足要求的室外空氣焓值 i_{W1} 來判斷。

從 $i - d$ 圖上的一次混合過程看,設所求的 i_{W1} 值能滿足最小新風比而混合點 C 正好在 i_L 綫上時,則

$$\frac{i_N - i_L}{i_N - i_{W1}} = \frac{G_W}{G_1 + G_W} (\text{其中 } i_L = i_C) \tag{12.7}$$

又從第二次混合的過程可知:

$$(G_1 + G_W)(i_N - i_L) = G(i_N - i_O) \tag{12.8}$$

將式(12.8)代入式(12.7)得:

$$i_{W1} = i_N - \frac{G(i_N - i_O)}{G_W} = i_N - \frac{i_N - i_O}{m\%} \quad \text{kJ/kg} \tag{12.9}$$

若 $i_W < i_{W1}$,則需要預熱,預熱量爲:

$$Q = G_W(i_{W1} - i_{W'}) \quad \text{kW} \tag{12.10}$$

(2)冬季用蒸汽加濕的二次回風方案的處理過程的確定

如果僅將絕熱加濕改爲噴蒸汽加濕,其他過程不變,處理過程見圖 12.9 所示,即:

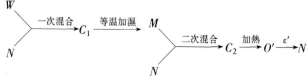

在室內産濕量不變和送風量不變的情況下,冬季的送風含濕量差 $\triangle d_0$ 與夏季相同,

即送風點爲 d_0 綫與 ε' 的交點 O'，二次混合點 C_2 也應該在 d_0 綫上。此外，當二次混合比不變時，經一次混合并加濕后的空氣應在夏季的 d_L 綫上，由三角形△NML 與△NC$_2$O 相似，據此，可以確定加濕后空氣的狀態點 M：

①用與夏季相同的一次回風混合比確定冬季一次混合點 C_1；

②過混合點 C_1 作等溫綫與 d_L 綫相交于 M 點，則 M 點就是冬季經噴蒸汽加濕后空氣的狀態點，同時可以看出：$\dfrac{\overline{NC_2}}{\overline{C_2M}} = \dfrac{\overline{NO}}{\overline{OL}} = $ 二次混合比

從以上分析可知，當室外參數較高時，一次混合點的 d_{C1} 一般也較大，在 $d_{C1} < d_L$ 的範圍內，都需要進行不同程度的加濕。

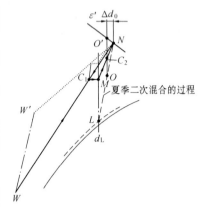

圖 12.9　噴蒸汽處理過程

以上對一次回風系統和二次回風系統的冬夏季設計工況進行了分析，可以看出：前者處理流程簡單，操作管理方便，故對可以直接用機器露點送風的場合都應采用。當送風溫差有限制時，爲了夏季節省再熱量可采用二次回風系統。但因二次回風系統的處理流程復雜，給運行管理帶來了不便。

【例 12.2】　某地一廠房需要安裝空調系統，條件如下：

(1)室外計算條件爲：

夏季：$t = 35℃$，$t_S = 28.9℃$，$\varphi = 63\%$，$i = 93.8$ kJ/kg；

冬季：$t = -4℃$，$t_S = -6.6℃$，$\varphi = 40\%$，$i = -1.1$ kJ/kg；

大氣壓力 $B = 101325$ Pa

(2)室內空氣參數爲：$t_N = 25 \pm 1℃$，$\varphi_N = 60\%$（$d_N = 11.9$ g/kg，$i_N = 55.5$ kJ/kg）

(3)按建築、人、工藝設備及照明等資料算得夏季、冬季的室內熱濕負荷爲：

夏季：$Q = 20.5$ kW，$W = 0.0024$ kg/s

冬季：$Q = -4.5$ kW，$W = 0.0024$ kg/s

(4)車間內有局部排氣設備，排風量爲 0.417 m^3/s（1500 m^3/h）

要求采用二次回風系統（用噴水室處理空氣），試確定空調方案并計算空調設備容量。

解

1.夏季空氣處理方案

(1)計算室內的熱濕比：

$$\varepsilon = \frac{Q}{W} = \frac{20.5}{0.0024} = 8542$$

在相應大氣壓力的 $i - d$ 圖上，過 N 點作 $\varepsilon = 8542$ 綫，與 $\varphi = 95\%$ 的曲綫相交得 L 點（如圖 12.10）：$t_L = 15.1℃$，$i_L = 41.0$ kJ/kg。根據工藝要求取△$t_0 = 7℃$，得送風狀態點 O：$t_0 = 18℃$，$i_0 = 45.2$ kJ/kg。$d_0 = 10.8$ g/kg。

(2)計算送風量：

按余熱量計算：$G = \dfrac{Q}{i_N - i_O} = \dfrac{20.5}{55.5 - 45.2} = 1.99$ kg/s（7164 kg/h）

(3)計算通過噴水室的風量 G_L：

$$G_L = \frac{Q}{i_N - i_L} = \frac{20.5}{55.5 - 41.0} = 1.414 \text{ kg/s（5090 kg/h）}$$

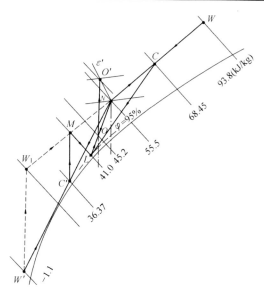

圖 12.10　例 12.2 用圖

(4)計算二次回風量 G_2：

$$G_2 = G - G_L = 1.99 - 1.414 = 0.576 \text{ kg/s} (2074 \text{ kg/h})$$

(5)確定新風量 G_W：

由于室內有局部排風,補充排風所需的新風量所占風量的百分數爲：

$$\frac{G_W}{G} \times 100\% = \frac{0.417 \times 1.146}{1.99} \times 100\% = 24\%$$

式中 1.146 是 35℃ 空氣的密度。

所算得的新風比已滿足一般衛生要求,同時應注意當新風量根據排風量確定時,車間內并未考慮保持正壓。

(6)一次回風量 G_1

$$G_1 = G_L - G_W = 1.414 - 0.417 \times 1.146 = 0.936 \text{ kg/s}$$

(7)確定一次回風混合點 C：

$$i_C = \frac{G_1 i_N + G_W i_W}{G_1 + G_W} = \frac{0.936 \times 55.5 + 0.478 \times 93.8}{0.936 + 0.478} = 68.45 \text{ kJ/kg}$$

i_C 綫與 $\overline{NW}$ 的交點 C 就是一次回風混合點。

(8)計算冷量:從 $i - d$ 圖上看,空氣冷却減濕過程的冷量爲：

$$Q = G_L(i_C - i_L) = 1.414(68.45 - 41.0) = 38.81 \text{ kW}$$

2.冬季處理方案

(1)冬季室內熱濕比 ε' 和送風狀態點 O' 的確定：

$$\varepsilon' = \frac{Q}{W} = \frac{-4.5}{0.0024} = -1875$$

當冬、夏采用相同風量和室內發濕量相同時,冬、夏的送風含濕量 d_0 應相同,即：

$$d'_0 = d_0 = d_N - \frac{W \times 1000}{G} = 11.9 - \frac{0.0024 \times 1000}{1.99} = 10.69 \text{ g/kg}$$

則送風點爲 $d_0 = 10.69 \text{ g/kg}$ 綫與 $\varepsilon' = -1875$ 綫的交點 O',可得 $i_0' = 58.2 \text{ kJ/kg}, t_0'$

$= 30.2℃$。

(2)由于 N、O、L 點的參數與夏季相同,即一次混合過程與夏季相同。因此可按夏季相同的一次回風混合比求出冬季一次回風混合點位置 C':

按混合過程計算 C' 點焓值:

$$i'_C = \frac{G_1 i_N + G_W i_W}{G_1 + G_W} = \frac{0.936 \times 55.5 + 0.478 \times (-1.1)}{0.936 + 0.478} = 36.37 \text{ kJ/kg}$$

由于 $i_C' = 36.37 \text{ kJ/kg} < i_L = 41.0 \text{ kJ/kg}$,所以應設置預熱器。

(3)過 C' 點作等 $d_{C'}$ 綫與 i_L 綫的交點 M,則可確定冬季處理的全過程。

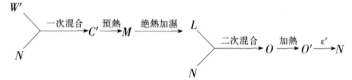

(4)加熱量:

一次混合后的預熱量: $Q_1 = G_L(i_M - i'_C) = 1.414(41.0 - 36.37) = 6.55 \text{ kW}$

二次混合后的再熱量: $Q_2 = G(i'_0 - i_0) = 1.99(58.2 - 45.2) = 25.87 \text{ kW}$

所以冬季所需的總加熱量: $Q = Q_1 + Q_2 = 6.552 + 25.87 = 32.422 \text{ kW}$

三、集中空調系統的劃分和分區處理方法

1. 系統劃分

按照集中空調系統所服務的建築物使用要求,往往需要劃分成幾個系統,尤其在風量大,使用要求不一的場合更有必要。通常可根據下列原則進行系統劃分:

(1)室內參數(溫、濕度基數和精度)相同或相近以及室內熱濕比相近的房間可合并在一起,這樣空氣處理和控制要求比較一致,容易滿足要求。

(2)朝向、層次等位置相鄰的房間宜結合在一起,這樣風道管路布置和安裝較爲合理,同時也便于管理。

(3)工作班次和運行時間相同的房間采用同一系統,有利于運行管理,而對個別要求24 小時運行或間歇運行的房間可單獨配置空調機組。

(4)對室內潔净度等級或噪聲級別不同的房間,爲了考慮空氣過濾系統和消聲要求,宜按各自的級別設計,這對節約投資和經濟運行都有好處。

(5)産生有害氣體的房間不宜與其他房間合用一個系統。

(6)根據防火要求,空調系統的分區應與建築防火分區對應。

2. 分區處理方法

雖然在系統劃分時已盡量將室內參數、熱濕比相同的房間合用一個系統,但仍然不可避免地會遇到以下這些情況:

(1)對于室內空氣狀態點 N 要求相同,但各房間熱濕比 ε 不同,若采用一個處理系統,而又要求不同送風溫差,這時可采用同一機器露點而分室加熱的方法。

例如圖 12.11 所示的空調系統爲甲、乙兩個房間送風,夏季熱濕比綫分別爲 ε_1、ε_2($\varepsilon_1 > \varepsilon_2$),可先根據甲室的 ε_1 和 $\triangle t_{01}$ 得送風點 O_1,并求出送風量 G_1,同時還可確定露點 L。由于采用同一露點,所以乙室的送風點 O_2 即 d_L 與 ε_2 的交點,送風溫差爲 $\triangle t_{02}$,因而可確定 G_2。系統的總風量爲兩者之和。從 L 點到 O_1、O_2 靠加熱達到,如結合冬季要求,則除了在空調箱內設置加熱器外,在分支管上另設調節加熱器。

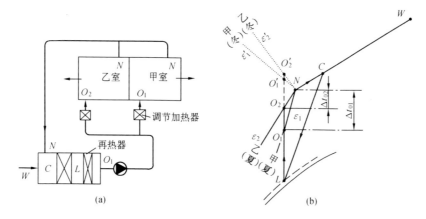

圖 12.11　用分室加熱方法滿足兩個房間的送風要求

　　這種方法的缺點在于乙室用了相同的露點,使送風溫差△t_{02}較小,因而只能采用較大的送風量。

　　(2)要求室內溫度相同,相對濕度允許有偏差,而室內熱濕比綫各不相同,但爲了處理方便需采用相同的△t_0和相同的露點L。

　　根據這個前提,設計任務就是對室內相對濕度 φ_N 的偏差進行校核。首先對兩個房間用相同的△t_0并根據不同的送風點 O_1、O_2 算出各室的風量。如果甲室爲主要房間,則可用與 O_1 對應的露點 L_1 加熱送風,這時乙室 φ_N 必有偏差,如偏差在允許的範圍內即可。對于兩房間有相同重要性時,則可取 L_1、L_2 之中間值 L 作爲露點(見圖 12.12),其結果兩個房間的 φ_N 均有較小偏差。如偏差在允許的範圍內,則既經濟又合理。

　　(3)當要求各室參數 N 相同,溫濕度不希望有偏差,又△t_0 均要求相同,勢必要求各室采用不同的送風含濕量 d_0,這時可采用圖 12.13 的方案,即用集中處理新風、分散回風、分室加熱(或冷却)的處理方法。在工程實踐中,它用于多層多室的建築

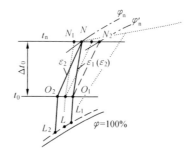

圖 12.12　兩個房間室內 φ_N 偏差時可用相同的送風溫差

物而采用分區控制的空調系統,國外又稱這種空調方式爲"分區(層)空調方式"。

　　在以上幾種系統方案的處理過程分析中,爲了簡化問題,沒有在 $i-d$ 圖上反應出空氣經風道的傳熱溫升(夏季)或溫降(冬季),以及由風機功率的轉化而引起的溫升(通常冬季風道內的風機轉化熱產生的溫升和管壁溫降相抵消,而夏季二者均成爲不利因素而相互叠加)。但是對于管道長、管內風速高,因而風機壓頭大的系統——高速風道系統,這種溫度的變化必須考慮并且把它反應在 $i-d$ 圖的處理過程中。風機溫升和管道溫升的具體計算,可參考相關文獻。

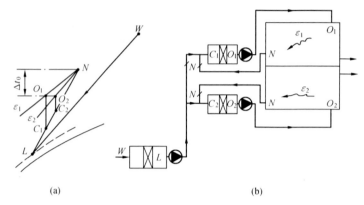

圖 12.13　分區空調方式

第三節　變風量空調系統

普通集中式空調系統的送風量是全年不變的,并且按房間最大熱濕負荷確定送風量,稱爲定風量系統(CAV)。實際上房間熱濕負荷不可能經常處于最大值,而是在全年的大部分時間低于最大值。當室內負荷減少時定風量系統是靠調節再熱量以提高送風溫度(減少送風溫差)來維持室溫不變的。這樣既浪費熱量又浪費冷量。如果采用減少送風量(保持送風參數不變)的方法來保持室溫不變,則不僅節約了提高送風溫度所需要的熱量,而且還由于送風量的減少,降低了風機功率以及制冷機的制冷量。這種系統的運行費用相當經濟,對于大型空調系統尤爲顯著。

一、變風量空調系統末端裝置

變風量系統(VAV)是通過特殊的送風裝置來實現的,這種送風裝置稱爲"末端裝置"。常用的末端裝置有節流型、誘導型和旁通型三種。對變風量系統末端裝置的基本要求是:能夠根據室溫自動調節風量;當多個風口相鄰時,應防止調節其中一個風口而引起管道內靜壓變化,使其他風口的風量發生變化;應避免風口節流后影響室內氣流分布。

1. 節流型末端裝置

典型的節流型末端裝置如圖 12.14 所示,常用的有文氏管型變風量風口和條縫變風量風口兩種。文氏管型變風量風口閥體呈圓筒形,中間收縮似文氏管的形狀。內部具有彈簧的錐體構件就是風量調節機構,它具有兩個獨立的動作部分:一部分是"變風量機構",即隨室內負荷的變化由室內恒溫調節器的信號控制錐體位置,改變錐體與管道之間的開口面積,從而調節風量;另一部分是"定風量機構",即依靠錐體構件內彈簧的補償作用來平衡上游風管內靜壓的變化,使風口的風量保持不變。

條縫變風量風口的性能比文氏管型變風量風口更優越,風口呈條縫形,并可以多個串聯在一起,與建築配合形成條縫型送風,送風氣流可形成貼附于頂棚的射流并具有良好的誘導室內氣流的特性。此外風口本身就是靜壓箱,可內貼吸聲材料,也可均勻的靜壓出風。這種裝置由室內感溫元件所控制的彈性元件——皮囊來變化風口流通部分的截面積,以達到調節風量的目的;另外根據靜壓箱壓力通過調節器也能控制彈性皮囊的伸脹和收縮來起定風量作用。圖 12.15 所示爲節流型變風量系統的工作原理圖。

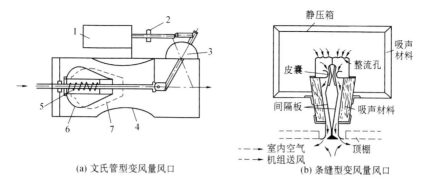

(a) 文氏管型变风量风口　　　　　　　　　　(b) 条缝型变风量风口

圖 12.14　典型節流型末端裝置

1—執行機構;2—限位器;3—刻度盤;4—文氏管;5—壓力補償彈簧;6—錐體;7—定流量控制和壓力補償時的位置

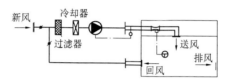

圖 12.15　節流型變風量系統工作原理圖

2.旁通型末端裝置

當室內負荷減小時,通過送風口的分流裝置來減少送入室內的空氣量,而其余部分旁通至回風管再循環。其系統原理如圖 12.16 所示,送入房間內的空氣量是可變的,但風機的風量不變。圖中所示的末端裝置是機械型旁通型風口,旁通風口和送風口上設有動作相反的風閥,并與電動(或氣動)執行機構相連接,且受室內恒溫器控制。

旁通型末端裝置的特點是:

(1)即使負荷變化,風道內靜壓大致不變化,亦不會增加噪聲,風機不需要調節。

(2)當室內負荷減少時,不必增加再熱量(與定風量系統比較),但風機動力沒有節約且需要增設回風道。

(3)大容量的裝置采用旁通型時經濟性不強,它適合于小型的并采用直接蒸發式冷却器的空調裝置。

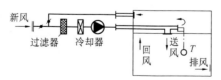

圖 12.16　旁通型變風量系統工作原理圖

3.誘導型末端裝置

常用的是頂棚內誘導型風口,其作用是用一次風高速誘導由室內進入頂棚內的二次風,經過混合后送入室內。當室內冷負荷最大時,二次風側閥門全關,隨着負荷減少,打開二次風門,以改變一次風和二次風的混合比來提高送風溫度。見圖 12.17 所示。

其主要特點有:

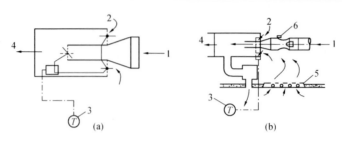

圖 12.17　誘導型變風量末端裝置
1——一次風；2—二次風；3—室內感温元件；4—混合空氣；5—燈罩；6—定風量裝置

（1）由于一次風温度較低，所需要風量少，同時采用高速，所以風管斷面積小，然而要達到誘導作用必須提高風機壓頭。

（2）可利用室內熱量，特別是照明熱量，故適用于高照度的辦公大樓等場合。

（3）室內空氣（二次風）不能進行有效的過濾。

（4）即使負荷減少，房間風量變化也不大，對氣流分布的影響較節流型末端裝置小。

二、變風量系統的特點和適用性

1.運行經濟，由于風量隨負荷的減小而降低，所以冷量、風機功率能接近建築物空調負荷的實際需要，在過渡季節也可以盡量利用室外新風冷量。

2.各個房間的室內温度可以個別調節，每個房間的風量調節直接受裝在室內的恒温器控制。

3.具有一般低速集中空調系統的優點，如可以進行較好的空氣過濾、消聲等，便于集中管理。

4.不像其他系統那樣，始終能保持室內換氣次數、氣流分布和新風量，當風量過低而影響氣流分布時，則只能以末端再熱來代替進一步減少風量。

在高層和大型建築物中的內區，由于沒有多變的建築傳熱、太陽輻射等負荷。室內全年或多或少有余熱，全年需要送冷風，用變風量系統比較合適。但在建築物的外區有時仍可用定風量系統或空氣—水系統等，以滿足冬季和夏季內區和外區的不同要求。

第四節　風機盤管系統

風機盤管空調系統在每個空調房間內設有風機盤管（FC）機組。風機盤管既是空氣處理輸送設備，又是末端裝置，再加上經集中處理後的新風送入房間，由兩者結合運行，因此屬于半集中式空調系統。這種系統在目前的大多數辦公樓、商用建築及小型別墅中較多地采用。

一、風機盤管系統的構造、分類和特點

風機盤管機組是由冷熱盤管（一般 2～4 排銅管串片式）和風機（多采用前向多翼離心式風機或貫流風機）組成。室內空氣直接通過機組內部盤管進行熱濕處理。風機的電機多采用單相電容調速低噪音電機。與風機盤管機組相連接的有冷、熱水管路和凝結水管路。

風機盤管機組可分爲立式、卧式和卡式（圖 12.18）等。可按室內安裝位置選定，同時根據裝潢要求做成明裝或暗裝。

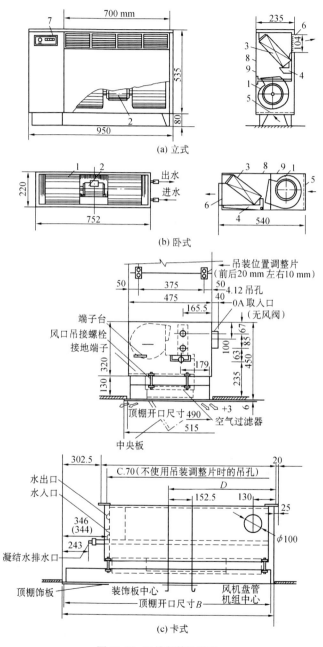

(a) 立式

(b) 卧式

(c) 卡式

圖 12.18　風機盤管的構造

1—風機;2—電機;3—盤管;4—凝水盤;5—循環風進口及過濾器;
6—出風格柵;7—控制器;8—吸聲材料;9—箱體

風機盤管機組系統一般采用風量調節(一般爲三速控制),也可以進行水量調節。具有水量調節的雙水管風機盤管系統在盤管進水或出水管路上裝有水量調節閥,并由室溫控制器控制,使室內溫度得以自動調節。如圖12.19所示。它由感溫元件、雙位調節器和小型電動三通分流閥門所構成,在室溫敏感元件作用下通過調節器控制水量閥(雙位調節閥),向機組斷續供水而達到調節室溫的目的。

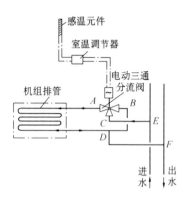

圖12.19　風機盤管系統的室溫控制

風機盤管的優點是:布置靈活,容易與裝潢工程配合;各房間可以獨立調節室溫,當房間無人時可方便地關機而不影響其他房間的使用,有利于節約能量;房間之間空氣互不相通;系統占用建築空間少。

它的缺點是:布置分散,維護管理不方便;當機組沒有新風系統同時工作時,冬季室內相對濕度偏低,故不能用于全年室內濕度有要求的地方;空氣的過濾效果差;必須采用高效低噪音風機;通常僅適合于進深小于6 m的房間;水系統復雜,容易漏水;盤管冷熱兼用時,容易結垢,不易清洗。

二、風機盤管機組系統新風供給方式和設計原則

風機盤管機組的新風供給方式有多種(圖12.20)

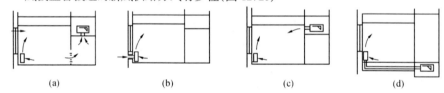

(a)　　　　　　　　(b)　　　　　　　　(c)　　　　　　　　(d)

圖12.20　風機盤管系統的新風供給方式
(a) 室外滲入新風;(b) 新風從外牆洞口引入;
(c) 獨立的新風系統(上部送入);(d) 獨立的新風系統送入風機盤管機組

1.靠滲入室外空氣(室內機械排風)補充新風(圖12.20a),機組基本上處理再循環空氣。這種方案投資和運行費用經濟,但因靠滲透補充新風,受風向、熱壓等影響,新風量無法控制,且室外大氣污染嚴重時,新風清潔度差,所以室內衛生條件較差;且受無組織的滲透風影響,室內溫濕度分布不均勻,因而這種系統適用于室內人少的場合,特別適用于舊建築物增設風機盤管空調系統且布置新風管困難的情況。

2.牆洞引入新風直接進入機組(圖12.20b),新風口作成可調節型,冬、夏按最小新風量運行,過渡季節盡量多采用新風。這種方式投資省,節約建築空間,雖然新風得到比較好的保證,但隨着新風負荷的變化,室內參數將直接受到影響,因而這種系統適用于室內參數要求不高的建築物。而且新風口還會破壞建築物立面,增加室內污染和噪音,所以要求高的地方也不宜采用。

3.由獨立的新風系統提供新風,即把新風處理到一定的參數,由風管系統送入各個房間(圖12.20c、d)。這種方案既提高了系統的調節和運行的靈活性,且進入風機盤管的供水溫度可適當調節,水管的結露現象可得到改善。這種系統目前被廣泛采用。

國外在大型辦公樓設計中,在周邊區采用風機盤管機組時,新風的補給常由內區系統提供。

具有獨立新風系統的風機盤管機組的夏季處理過程有下列兩種:

(1)新風處理到室內空氣焓值,不承擔室內負荷(圖 12.21)

①確定新風處理狀態:

根據室內空氣 i_N 綫、新風處理后的機器露點相對濕度和風機溫升 $\triangle t$ 即可確定新風處理后的機器露點 L 及溫升后的 K 點;

②確定總風量和風機盤管風量

過 N 點作 ε 綫按最大送風溫差與 $\varphi = 90\%$ 綫相交,即爲送風點 O,因爲風機盤管機組系統大多用于舒適性空調,一般不受送風溫差限制,故可采用較低的送風溫度。房間的送風量 $G = \dfrac{\sum Q}{i_N - i_0}$,連接 K、O 兩點并延長到 M 點,使

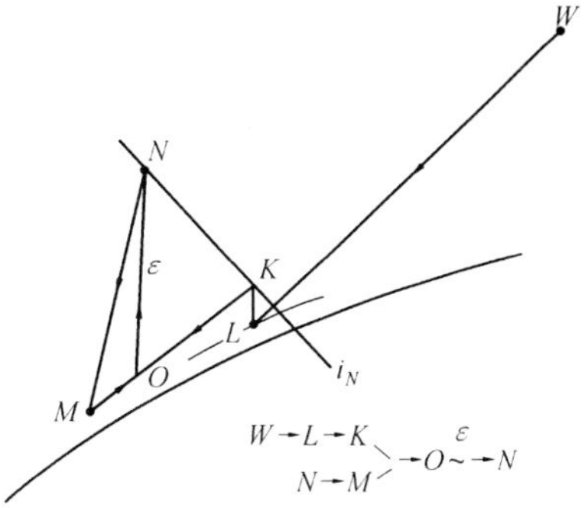

$$\overline{OM} = \overline{KO}\frac{G_W}{G_F}$$

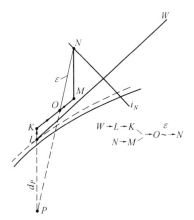

圖 12.21 新風不承擔室內負荷的風機盤管機組系統空氣處理過程

式中 G_W——新風量,kg/s;

G_F——風機盤管風量,kg/s;

故房間總送風量 $G = G_W + G_F$,M 點即風機盤管機組的出風狀態點,爲了使新風與風機盤管機組出風有較良好的混合效果,應使新風口緊靠風機盤管機組的出風口。

(2)新風處理后的焓值低于室內空氣焓值,承擔部分室內負荷(圖 12.22)

這種系統讓新風承擔圍護結構傳熱的漸變負荷與室內的潛熱負荷,而由風機盤管承擔照明、日射、人體等瞬變顯熱負荷。風機盤管機組可按干工況運行。但新風處理的焓差較大($\geq 40\ kJ/kg$)。我國采用較少。

①過 N 點作 ε 綫,并由送風溫差確定送風狀態點 O,則風量 G 可得。當 G_W 已定時,G_F 亦可確定。

②作 $\overline{NO}$ 延長綫至 P 點,使 $\overline{OP} = \dfrac{G_F}{G_W} \cdot \overline{NO}$,則得

圖 12.22 新風承擔部分室內負荷的風機盤管機組系統空氣處理過程

P 點。

③由 d_P 綫與機器露點相對濕度綫得 L 點,考慮新風風機溫升可確定實際的 K 點,將 $\overline{KO}$ 延長與 d_N 綫相交得 M 點,M 即風機盤管要求的出口狀態點。

三、風機盤管機組系統的選擇

在設計風機盤管系統時,首先根據使用要求及建築情況,選定風機盤管的型式及系統布置方式,然后確定新風供給方式和水管系統類型。風機盤管機組選擇計算的目的是在

已知風量、進風參數和水初溫、水流量的條件下,確定滿足所需要的空氣出口參數和冷量的機組。選機組容量最好以中檔運行的能力爲準,可以有一定的安全度。

風機盤管在夏季提供的冷量(圖 12.21、圖 12.22)爲:

$$Q = G_F(i_N - i_M) \quad kW$$

因此選擇風機盤管機組的關鍵在於如何實現從 $N \to M$ 的處理過程,即檢查所選定的風機盤管機組在要求的風量、送風參數和水初溫、水流量的條件下,能否滿足冷量和出風參數要求。實際上是表冷器計算(在第十三章介紹)的一種。

1.利用風機盤管機組的全熱冷量焓效率和顯熱冷量選用風機盤管機組

(1)風機盤管機組的全熱冷量焓效率的定義式和實驗式爲:

$$\varepsilon_i = \frac{i_N - i_M}{i_N - i_{W1}} = A \cdot W^x / v_a^y \tag{12.11}$$

則全熱冷量爲: $\qquad Q_T = G_F \varepsilon_i (i_N - i_{W1}) = G_F A \dfrac{W^x}{v_a^y}(i_N - i_{W1}) \tag{12.12}$

式中　i_N、i_M——分別爲風機盤管前后的空氣焓值,kJ/kg;

　　　i_{W1}——相應于進水溫度的飽和空氣焓值,kJ/kg;

　　　W——風機盤管的水量,kg/s;

　　　v_a——風機盤管的迎面風速,m/s;

　　　A、x、y——風機盤管的實驗系數(見表 12.1)。

表 12.1　部分風機盤管實驗數據

盤管排數	A	x	y	B	g	h
二排銅管鋁片	0.611	0.391	0.422	0.577	0.320	0.364
三排銅管鋁片	0.0345	0.426	0.453	0.115	0.246	0.311

(2)顯熱冷量效率的定義和實驗式爲:

$$\varepsilon_S = \frac{t_N - t_M}{t_N - t_{W1}} = BW^g / v_a^h \tag{12.13}$$

則顯熱冷量爲:

$$Q_S = G_F \varepsilon_S (t_N - t_{W1}) C = G_F B \frac{W^g}{v_a^h} \times (t_N - t_{W1}) C \tag{12.14}$$

式中　t_N、t_M——分別爲風機盤管前后的空氣干球溫度,℃;

　　　t_{W1}——風機盤管進水溫度,℃;

　　　C——空氣比熱,kJ/(kg℃);

　　　B、g、h——風機盤管的實驗系數(見表 12.1)。

2.風機盤管機組變工況的冷量計算

通過一定的方法可以把風機盤管機組額定工況下所提供的冷量換算成非標準工況下的冷量。例如風量一定(在某檔風量下),任何工況(水量、進口濕球溫度及進水溫度)下的冷量 Q' 可用下式確定:

$$Q' = Q\left(\frac{t'_{S1} - t'_{W1}}{t_{S1} - t_{W1}}\right)\left(\frac{W'}{W}\right)^n \times e^m(t'_{S1} - t_{S1}) \times e^p(t'_{W1} - t_{W1}) \tag{12.15}$$

式中　t_{S1}、t_{W1}、W——分別表示額定工況下進口濕球溫度、進水溫度、水量;

　　　t'_{S1}、t'_{W1}、W'——分別表示任一工況下進口濕球溫度、進水溫度、水量;

　　　n、m、p——系數,$n = 0.284$(二排)、0.426(三排)、$m = 0.02$,$p = 0.0167$。

當風機盤管其他工況不變而僅風量變化時,則可按下式計算:

$$Q' = Q(\frac{G'}{G})^u \tag{12.16}$$

式中　　u——係數,可取 0.57。

故當風量比爲 0.6 時,冷量比爲 0.75;風量比爲 0.8 時,冷量比爲 0.88。

四、風機盤管水系統

風機盤管的水系統按供回水管的根數可分爲雙水管系統、三水管系統和四水管系統三種。對于具有供、回水管各一根的風機盤管水系統,稱爲雙水管系統,冬季供熱水,夏季供冷水,工作原理和機械循環熱水采暖系統相似。這種系統形式簡單,投資省,但對于要求全年空調且建築物內負荷差別較大的場合,如在過渡季節中有的房間需要供冷,有的房間需要供熱時,則不能滿足使用要求。在這種情況下,可以采用三水管系統(兩根冷熱水進水管、共用一根回水管),即在盤管進口處設有程序控制的三通閥,由室內恒温器控制,根據需要提供冷水或熱水(但不能同時通過),這種系統能很好滿足使用要求,但由于有混合損失,能量消耗大。更爲完善的系統是四水管系統,這種系統有兩種作法:一種是在三水管基礎上加一根回水管;另一種作法是把盤管分成冷却和加熱兩組,使水系統完全獨立。采用四管系統,初投資較高,但運行很經濟,因爲大多可由建築物內部熱源的熱泵提供熱量,而對調節室温具有較好的效果。四管系統一般在舒適性要求很高的建築物內采用。圖 12.23 是四管系統的兩種連接方法。

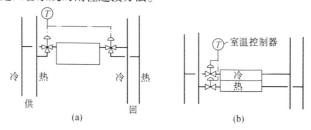

圖 12.23　四水管系統及其連接方式

風機盤管機組系統的水管設計與采暖管路有許多相同之處,例如,管路同樣要考慮必要的坡度,設置放氣裝置,以排除管路內的空氣,防止産生氣堵;系統應設置膨脹水箱(開放式和閉式);大多數風機盤管機組系統中應設置凝結水管(干工況除外)。采暖管路的設計方法大多可用于風機盤管機組系統的水管設計之中,參見《供熱工程》等相關書目。

第五節　局部空調機組

在一些建築物中,如果只是少數房間有空調要求,這些房間又很分散,或者各房間負荷變化規律有很多不同,顯然用集中式或半集中式空調系統是不適宜的,因此采用分散式空調系統——局部空調機組是適用的。

局部空調機組實際上是一個小型空調系統,采用直接蒸發或冷媒冷却方式,它結構緊凑,安裝方便,使用靈活,是空調工程中常用的設備。小容量空調設備作爲家電産品大批量生産。

一、構造類型

1.按容量大小分

(1)窗式:容量小,冷量在 7 kW 以下,風量在 0.33 m³/s(1200 m³/h)以下,屬小型空調機。一般安裝在窗臺上,蒸發器朝向室內,冷凝器朝向室外。如圖 12.24 所示。

(2)挂壁機和吊裝機:容量小,冷量在 13 kW 以下,風量在 0.33 m³/s(1 200 m³/h)以下,如圖 12.25 所示。

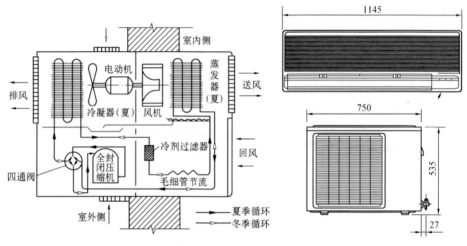

圖 12.24　窗式空調機　　　　圖 12.25　挂壁機和吊裝機

(3)立櫃式:容量較大,冷量在 70 kW 以下,風量在 5.55 m³/s(20 000 m³/h)以下。立櫃式空調機組通常落地安裝,機組可以放在室外。如圖 12.26 所示。

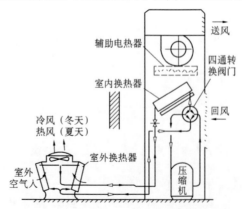

圖 12.26　風冷式空調機組(冷凝器分開安裝,熱泵式)

2.按制冷設備冷凝器的冷却方式分

(1)水冷式:容量較大的機組,其冷凝器采用水冷式,用户必須具備冷却水源,一般用于水源充足的地區,爲了節約用水,大多數采用循環水。

(2)風冷式:容量較小的機組,如窗式空調,其冷凝器部分在室外,借助風機用室外空氣冷却冷凝器。容量較大的機組也可將風冷冷凝器獨立放在室外。風冷式空調機不需要冷却塔和冷却水泵,不受水源條件的限制,在任何地區都可以使用。

3.按供熱方式分

(1)普通式:冬季用電加熱器供暖。

(2)熱泵式:冬季仍用制冷機工作,借助四通閥的轉換,使制冷劑逆向循環,把原蒸發器當作冷凝器、原冷凝器作爲蒸發器,空氣流過冷凝器被加熱作爲采暖用。

4.按機組的整體性來分

(1)整體機:將空氣處理部分、制冷部分和電控系統的控制部分等安裝在一個罩殼內形成一個整體。結構緊凑,操作靈活,但噪聲振動較大。

(2)分體式:把蒸發器和室內風機作爲室內側機組,把制冷系統的蒸發器之外的其他部分置于室外,稱爲室外機組。兩者用冷劑管道相連接。可使室內的噪聲降低。在目前的產品中也有用一臺室外機與多臺室內機相匹配。由于傳感器、配管技術和機電一體化的發展,分體式機組的形式可有多種多樣。

二、空調機組的性能和應用

1.空調機組的能效比(EER)

空調機組的能耗指標可用能效比來評價

$$能效比 = \frac{機組名義工況下制冷量(W)}{整機的功率消耗(W)}$$

機組的名義工況(又稱額定工況)制冷量是指國家標準規定的進風濕球溫度、風冷冷凝器進口空氣的干球溫度等檢驗工況下測得的制冷量。隨着產品質量和性能的提高,目前 EER 值一般在 2.5~3.2 之間。

2.空調機組的選定

空調機組的選定應考慮以下幾個方面:

(1)確定空調房間的室內參數,計算熱、濕負荷,確定新風量。

(2)根據用户的實際條件與要求、空調房間的總冷負荷(包括新風負荷)和空氣在 $i-d$ 圖上實際處理過程的要求,查用機組的特性曲綫和性能表(不同進風濕球溫度和不同冷凝器進水溫度或進風干球溫度下的制冷量),使冷量和出風溫度符合工程的設計要求。不能只根據機組的名義工況來選擇機組。

3.空調機組的應用

空調機組的開發和應用應滿足人們生產和生活不斷發展的需要,力求產品的多樣化、系列化、機組結構優化和控制自動化。

從目前來看,空調機組的應用大致有以下幾種:

(1)個別方式:作爲典型的局部地點使用。在建築物內個別房間設置,彼此獨立工作,相互沒有影響。住宅建築中多采用這種空調方式。

(2)多臺合用方式:對于較大的空間,使用多臺空調機聯合工作。這種空調方式可以接風管,也可以不接風管,只要使空調空間內空氣分布均匀,噪聲水平低,滿足溫濕度要求即可。常使用的場合有:會議室、食堂、電影院、車間等。

(3)集中化使用方式:爲有效利用空調機組的冷熱量,提高運轉水平,在建築物內大量使用時,由個別方式發展爲集中系統方式。

第六節 單元式空調系統

單元式空調并不是一個新生事物,在歐美發達國家已經應用了幾十年,由于在很多場所與集中式系統相比具有更多的適用性和優點,因此在空調市場上占有相當大的比例。改革開放以來我國的經濟建設取得了非常大的成就,尤其是城市建設方面,許許多多的新建築呈現在我們面前,如寫字樓、娛樂場所、超市、快餐廳、大面積的住宅和別墅等。在這些場所,空調不再是奢侈的享受,而是提高生產率及生活質量的手段。通常這些場所由于使用功能、使用時間、使用者的不同,人們希望有一種空調系統,它能提供舒適的環境、少占用空間、易于獨立計取費用、控制和維護方便。單元式空調系統恰好滿足這些要求。

一、單元式空調的特點

1.一般情況不必設置專用機房,節省寶貴的空間;

2.可按功能分區、使用者的不同進行空調機組的選型和系統設計,管理方便,計費容易;

3.多爲冷劑系統,可以方便的實現熱泵循環,對非嚴寒地區可滿足冬季供暖的需要,由于熱泵循環是應用室外低品位能源,因而非常節能;

4.日常維護工作量少,且開停方便、簡單。如加設必要的自控手段,易實現自動控制,并可與樓宇自控系統配套;

5.工程費用低,安裝快捷等。

二、單元式空調的分類

1.按照冷凝器的冷却方式,可分爲:

(1)風冷式,大多數單元式空調采用風冷式冷凝器,設備數量少,結構簡單,維護工作量少。對干旱缺水地區非常適用;

(2)水冷式,通常系統較大、氣候較溫暖的地區常用。

2.按空氣冷却方式,可分爲:

(1)直接蒸發式,即用制冷劑作爲冷媒,將蒸發器作爲表面冷却器;

(2)以冷凍水爲冷媒,用表面式冷却器處理空氣.。

3.按冷劑流量,可分爲:

(1)定流量系統,如多數風冷直接蒸發式空調系統的制冷劑流量是固定的,即常説的 CRV 空調系統;

(2)變流量系統,如日本大金工業株式會社的變頻 VRV 空調系統等。

4.按照機組安裝位置,可分爲:

(1)屋頂安裝;

(2)庭院安裝;

(3)挂壁安裝等。

5.按壓縮機和蒸發器的相對位置,可分爲:

(1)整體式,如屋頂空調、水冷櫃機等;

(2)分體式,如直接蒸發式系統的壓縮機、冷凝器通常設在室外,而蒸發器設在室內,或北方嚴寒地區若采用風冷冷水機時爲了減少維護工作量,可能也把蒸發器設在室內(防止冬季換熱器中的水凍結而損壞換熱器)。

6.按供熱方式,可分爲:

(1)電熱式,用電加熱器對送風進行加熱;

(2)熱媒式,用蒸汽或熱水加熱器對送風進行加熱;

(3)熱泵式,通過四通換向閥,實現冷凝器與蒸發器功能的轉換而實現供熱。

三、屋頂式空調機組

1.屋頂式空調機組的特點:

(1)屋頂式空調機組是一種單元整體式、自帶冷源、風冷、安裝于室外的大、中型空調設備,其制冷、送風、加熱、空氣净化、電氣控制等組裝于卧式箱體之中,可安裝于屋頂或室外地坪;

(2)機組考慮了防雨雪措施,不需搭建機房;

(3)機組可根據用戶需要帶有加熱和加濕功能,加熱可爲電加熱或蒸汽加熱,加濕可爲電加濕和干蒸汽加濕;

(4)屋頂式空調機組一般分爲兩段(壓縮、冷凝爲一段,其他爲一段)運到現場,用螺栓連接組裝,四周距墻 $2m$ 以上。只要與室内的送風管、回風管連接,空調系統就可以運行了,不需要其他設備。實際上我們可以把屋頂式空調機組作爲一個大的可連接風管的窗式空調來理解;

(5)機組内運動部件已設減震裝置,與地座用螺栓壓緊即可。

(6)屋頂式空調機組易于管理,不占用室内面積和空間;

(7)屋頂式空調機組可以方便的實現全新風運行,在候車廳、超市等場所非常適用。屋頂式空調機組也有恒温恒濕型的。

2.屋頂式空調機組的構成:

屋頂式空調機組的生產廠家很多,如美國 *TRANE*(特靈)公司、北京冷凍機廠、廣東吉榮公司等,但構成相似。通常壓縮機、冷凝器和控制系統等組成一段,另一段根據需要由送風段、加熱器、蒸發器、初中過濾器、新風口、回風口、送風口等構成,見圖 12.27。

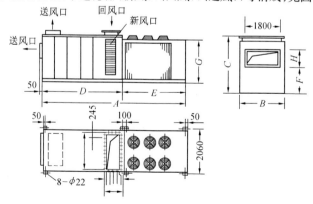

圖 12.27

新風口、回風口、送風口的接口方向可以有很多組合,如新風口可以在機組一端,也可以在機組側面;如新風口在側面,則新風口一側爲機組正立面,送風口可有右上式、左上式、右下式、左下式、水平右式、水平左式等出口方式。

四、風冷冷水機組

幾乎所有的空調廠家都生產風冷冷水機組。近幾年人們對生活質量和工作環境的要求越來越高,原設計沒有集中式空調的建築物開始大量安裝空調。風冷冷水機組不需機房,可以設置在屋頂、室外地坪等處,經濟性顯著,而且對用戶來說舒適性和中央空調相同,作爲冷源可與新風機組、冷風機組、風機盤管配合滿足各種場合的需要。非寒冷地區可以實現冬季供熱。

目前風冷冷水機組的壓縮機主要有活塞式、螺杆式和渦旋式,冷量範圍和適用條件很廣。由于采用風冷冷凝器,與水冷相比可減少一套冷却水系統,包括冷却塔、冷却水泵等。只要連接合適的空調機組、風機盤管,選配一臺或一組冷凍水泵和必要的閥件、配件,空調系統就可以運行了。風冷冷水機組作爲冷源,布置靈活,控制方便,而且由于是冷水作冷媒,不象直接蒸發式系統用制冷劑作冷媒服務輸送距離受到限制。

通常機組樣本提供的制冷能力是在標準工況(進水 12℃,出水 7℃,環境溫度 35℃)下測得的數據,制熱能力是在進水 40℃、出水 45℃、環境干球溫度 7℃、環境濕球溫度 6℃的進風狀態下的數據,因此在選擇風冷冷水機組時應注意設計工況是否與之一致,如不同應考慮修正。不論機組是否標配冷凍水泵,都應該進行水系統的水力計算,正確確定所需揚程和流量,選擇合適的水泵。不能一味的考慮安全度,認爲大些是應該的,其實這樣不僅增加能耗,且會降低水泵的壽命。

風冷冷水機組應用防振軟管與冷凍水管道連接。

五、變頻控制 VRV 系統

VRV 系統的主要特點是冷媒末端的變流量控制,壓縮機的變頻控制。其特點爲:

1.靈活性。采用變頻技術一臺室外機可以并聯 30 臺不同型式和容量的室內機,有單冷、熱泵和可在同一系統中同時供暖和供冷的熱回收型等三種類型。各房間擁有獨立的空氣調節控制 VRV 系統,使用方便。如圖 12.28 所示。一個系統最大容量約 84 kW,室外機和室內機的冷媒管單向長度可達 125 m,室外機和室內機高差最高可達 50 m(室外機在室內機上方)。

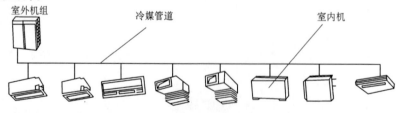

室外机组　　　　　冷媒管道　　　　　　　　　室内机

圖 12.28

2.運行費用低,各區域能獨立進行精確容量控制,室外機可調整負荷運轉。

3.安裝時間短,并可安裝一部分,運行一部分。

4.自動診查故障。

5.初投資高。

六、風冷直接蒸發式風管機組

以下簡稱風管機,這種機組一般采用分體的型式,即包括室外機和室內機兩部分。室外機主要包括壓縮機、冷凝器、風機和其他附件與控制裝置,室內機主要包括蒸發器和風機,兩者之間用銅管連接。由于沒有水系統,日常維護工作量很小,初投資較少,維修簡單,適用範圍廣,尤其適合北方寒冷地區和干旱地區。

風管機的冷量範圍從幾千瓦到一百千瓦左右,一臺室外機可以對應一臺室內機,也可以對應數臺室內機,圖 12.29 是風管機的系統形式。室內機的機外余壓從 50 Pa 到 300 Pa 左右。對于冷量較大的機組,其室外機內的壓縮機爲活塞式或渦旋式,活塞式壓縮機輸送冷媒的距離較長,但噪聲較大,適用于室外機和室內機間距離較長或冬季室外溫度較低而又需要熱泵供熱的情況。渦旋式壓縮機運行平穩、噪聲較低、故障較少,但輸送冷媒的距離較小。冷量較小的機組通常采用滾動轉子壓縮機。

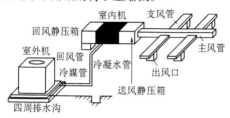

圖 12.29

選用風管機時要注意冷量是隨室內機與室外機間距離的增加而減少的,即冷媒輸送距離的增加會使機組冷量產生衰減。

七、大容量的直接蒸發式空調系統

大容量的直接蒸發式空調系統是由多臺風冷直接蒸發式風管機和組合式空調機組組合而成,即將多個冷凝器布置在組合空調機組中,替換原來的表面式冷却器。冷量的調節依靠風管機的啓停數量來實現。

此系統不需要制冷機房和水系統,節省投資、運行維護費用低,且可實現普通集中式空調系統的所有功能。加設三級過濾可滿足净化空調的要求。適用于缺水地區或系統較大且功能要求較高的情況。

八、應用單元式空調需注意的幾點

1.機組冷量的衰減;

2.單元式空調的種類、形式很多,因此要根據具體情況確定合適的機組;

3.設計時蒸發器的迎面風速不宜太高,宜控制在 2.5m/s 以內,避免造成"飛水"的發生。否則必須在蒸發器后設擋水板。

4.選擇電加熱時,應注意電加熱器前后各 0.8m 內的保溫材料應選不燃材料。

第十三章　空氣熱濕處理

第一節　空氣熱濕處理設備的類型

在空調系統中,爲滿足房間的温、濕度要求,通常使用一些可對空氣進行熱濕處理的設備,這些設備總的來説可歸結爲兩大類:空氣和處理介質直接接觸式及空氣和處理介質間接接觸式。

由 $i-d$ 圖分析可知,在空調系統中,爲達到同一狀態點,可以有不同的空氣處理途徑。以全新風空氣處理系統爲例,一般夏季需對空氣進行冷却減濕處理,冬季需對空氣進行加熱加濕處理(一般地説,空調房間在冬夏兩季需要的送風狀態不同,這里爲了説明問題,而作爲相同狀態點對待)。假設夏季室外空氣狀態點爲 W,而冬季室外空氣狀態點爲 W',若分別要處理到送風狀態點 O 時,如何處理到狀態點 O,則可能有圖 13.1 的各種不同的空氣處理途徑,這些空氣的處理途徑是由一些簡單的空氣處理過程組合而成。不同的空氣處理過程,將由不同的空氣熱濕處理設備完成。表 13.1 列出了這些處理途徑和設備。

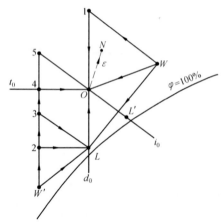

圖 13.1　空氣處理途徑

表 13.1　空氣處理的不同途徑和設備

季　節	空氣處理途徑	空氣處理設備
夏季	(1) $W \to L \to O$	噴水室噴冷水(或用表面冷却器)冷却減濕→加熱器再熱
	(2) $W \to 1 \to O$	固體吸濕劑減濕→表面冷却器等濕冷却
	(3) $W \to O$	液體吸濕劑減濕冷却
冬季	(1) $W' \to 2 \to L \to O$	加熱器預熱→噴蒸汽加濕→加熱器再熱
	(2) $W' \to 3 \to L \to O$	加熱器預熱→噴水室絶熱加濕→加熱器再熱
	(3) $W' \to 4 \to O$	加熱器預熱→噴蒸汽加濕
	(4) $W' \to L \to O$	噴水室噴熱水加熱加濕→加熱器再熱
	(5) $W' \to 5 \to L' \searrow O$ 5	加熱器預熱→一部分經噴水室絶熱加濕→與另一部分未加濕的空氣混合

至于究竟采用何種途徑,須結合各種空氣處理設備的特點,經分析比較后確定。空氣處理方案應滿足經濟、有效的原則。

空氣的熱、濕處理設備種類繁多,構造多樣,大多是使空氣與其他介質進行熱、濕交換的設備。作爲與空氣進行熱、濕交換的介質有:水、水蒸汽、冰、各種鹽類及其水溶液、制冷劑及其他物質。空氣和介質間的熱濕交換有直接接觸式(包括噴水室、蒸汽加濕器、局部補充加濕裝置以及使用液體吸濕劑的裝置)和間接接觸式(包括光管式和肋管式空氣加熱器及空氣冷却器等)兩種形式。相應地有兩類不同的設備。

第一類熱濕交換設備的特點是,與空氣進行熱濕交換的介質直接與空氣接觸,通常是使被處理的空氣流過熱濕交換介質的表面,通過含有熱濕交換介質的填料層或將熱濕交換介質噴灑到空氣中去,形成具有各種分散度液滴的空間,使液滴與流過的空氣直接接觸。

第二類熱濕交換設備的特點是,與空氣進行熱濕交換的介質不與空氣直接接觸,兩者之間的熱濕交換是通過分隔壁面進行的。根據熱濕交換介質的溫度不同,壁面的空氣側可能産生水膜(濕表面),也可能不産生水膜(干表面)。分隔壁面有平表面和帶肋表面兩種。

第二節 用噴水室處理空氣

一、空氣與水直接接觸時的熱濕交換原理

空氣與水直接接觸時,根據水溫不同,可能僅發生顯熱交換,也可能既有顯熱交換又有潛熱交換,即同時伴有質交換(濕交換)。

如圖 13.2 所示,當空氣與敞開水面或水滴表面接觸時,由于水分子作不規則運動的結果,在貼近水表面處存在一個溫度等于水表面溫度的飽和空氣邊界層,而且邊界層的水蒸汽分壓力取决于水表面溫度。空氣和水之間的熱濕交換和遠離邊界的空氣(主體空氣)與邊界內飽和空氣間溫差的大小有關。

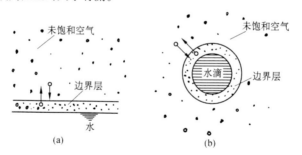

圖 13.2 空氣與水的熱、濕交換
(a) 敞開的水面;(b) 飛濺的水滴

如果邊界層內空氣溫度高于主體空氣溫度,則由邊界層向周圍空氣傳熱;反之,則由主體空氣向邊界層傳熱。

如果邊界層內水蒸汽分壓力大于主體空氣的水蒸汽分壓力,則水蒸汽分子將由邊界層向主體空氣遷移;反之,則水蒸汽分子將由主體空氣向邊界層遷移。所謂"蒸發"與"凝結"現象就是這種水蒸汽分子遷移的結果。

如上所述,溫差是熱交換的推動力,而水蒸汽壓力差是濕(質)交換的推動力。

質交換有兩種基本形式:分子擴散和紊流擴散,其作用分別類似于熱交換中的導熱和對流作用。在紊流流體中,除有層流底層中的分子擴散外,還有主流中因紊流脉動而引起

的紊流擴散,此兩者的共同作用稱爲對流質交換,它的機理與對流熱交換相類似。以空氣掠過水表面爲例,水蒸汽先以分子擴散的方式進入水表面上的空氣層底層(即飽和空氣邊界層),然后再以紊流擴散的方式和主體空氣混合,形成對流交換。由此可見,質交換和熱交換的機理相似。

當空氣和水在一微元面積 $d_F(m^2)$ 上接觸時,空氣溫度變化爲 $dt(℃)$,含濕量變化爲 $δd(kg/kg)$,顯熱交換量爲:

$$dQ_x = Gc_p dt = a(t - t_b)dF \quad W \tag{13.1}$$

式中　G——與水接觸的空氣量,kg/s;

　　　$α$——空氣與水表面間顯熱交換系數,$W/(m^2.℃)$;

　　　$t、t_b$——主體空氣和邊界層空氣溫度,℃。

濕交換量將是:

$$dW = Gδd = β(P_q - P_{q·b})dF \quad kg/s \tag{13.2}$$

式中　$β$——空氣與水表面間按水蒸汽分壓力差計算的濕交換系數,kg/(N.s);

　　　$P_q、P_{q.b}$——主體空氣和邊界層空氣水蒸汽分壓力,Pa。

由于水蒸汽分壓力差在比較小的溫度範圍內可以用具有不同濕交換系數的含濕量差代替,故濕交換量也可以寫成:

$$dW = σ(d - d_b)dF \quad kg/s \tag{13.3}$$

式中　$σ$——空氣與水表面間按含濕量差計算的濕交換系數,$kg/(m^2.s)$;

　　　$d、d_b$——主體空氣與邊界層空氣的含濕量,kg/kg 干空氣。

潛熱交換量將是:

$$dQ_q = rdW = rσ(d - d_b)dF \quad W \tag{13.4}$$

式中　r——溫度爲 t_b 時水的汽化潛熱,J/kg。

因爲總熱交換量 $dQ_z = dQ_x + dQ_q$,于是,可以寫成:

$$dQ_z = [rσ(d - d_b) + a(t - t_b)]dF \quad W \tag{13.5}$$

通常把總熱交換量和顯熱交換量之比稱爲換熱擴大系數 $ξ$,即

$$ξ = \frac{dQ_z}{dQ_x} \tag{13.6}$$

由于空氣與水之間的熱濕交換,所以空氣與水的狀態都將發生變化。從水側看,若水溫變化 dt_w,則總熱交換量也可以寫成:

$$dQ_z = Wcdt_w \tag{13.7}$$

式中　W——與空氣接觸的水量,kg/s;

　　　c——水的定壓比熱,$kJ/(kg.℃)$

在穩定工況下,空氣與水之間熱交換量總是平衡的,即

$$dQ_x + dQ_q = Wcdt_w \tag{13.8}$$

所謂穩定工況是指在換熱過程中,換熱設備內任何一點的熱力學狀態參數都不隨時間變化的工況。嚴格地說,空調設備中的換熱都不是穩定工況。然而考慮到影響空調設備熱質交換的許多因素變化(如室外空氣參數的變化,工質的變化等)比空調設備本身過程進行得更緩慢,所以在解決工程問題時可以將空調設備中的熱濕交換過程看成穩定工況。

在穩定工況下,可將熱交換系數和濕交換系數看成沿整個熱交換面是不變的,并等于其平均值。這樣,如能將式(13.1)、(13.4)、(13.5)沿整個接觸面積分,即可求出 Q_x、Q_q 及 Q_z。但在實際條件下接觸面積有時很難確定。以空調工程中常用的噴水室爲例,水的表

面積爲尺寸不同的所有水滴表面積之和,其大小與噴嘴構造、噴水壓力等許多因素有關,因此難于計算。然而,利用統計學的方法分析噴水室中水滴直徑和其分布情況,得出某一平均直徑下的水滴總數是可能的。

二、空氣與水直接接觸時的狀態變化過程

空氣和水直接接觸時,水表面形成的飽和空氣邊界層和主體空氣之間通過分子擴散與紊流擴散,使邊界層的飽和空氣與主流空氣不斷混摻,從而使主流空氣狀態變化發生變化。因此,空氣和水的熱濕交換過程可以視爲主體空氣和邊界層空氣不斷混合的過程。

爲分析方便起見,假定與空氣接觸的水量無限大,接觸的時間無限長,即在所謂假想條件下,全部空氣都能達到具有水溫的飽和狀態點。也就是說,此時空氣的終狀態點將位于 $i-d$ 圖的飽和曲線上,且空氣終溫等于水溫。與空氣接觸的水溫不同,空氣的狀態變化也將不同。所以,在上述假想條件下,隨著水溫的不同可以得到圖 13.3 所示的七種典型的空氣狀態變化過

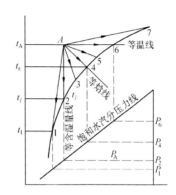

圖 13.3 空氣和水直接接觸時的狀態變化過程

程。表 13.2 列舉了這七種典型過程的特點(t_A、t_s、t_l 爲空氣的干球溫度、濕球溫度和露點溫度,t_w 爲水溫)。

表 13.2 空氣與水直接接觸時的各種過程的特點

過程綫	水溫特點	t 或 Q_x	d 或 Q_q	i 或 Q_z	過程名稱
$A—1$	$t_W < t_l$	減	減	減	減濕冷却
$A—2$	$t_W = t_l$	減	不變	減	等濕冷却
$A—3$	$t_l < t_W < t_S$	減	增	減	減焓加濕
$A—4$	$t_W = t_S$	減	增	不變	等焓加濕
$A—5$	$t_S < t_W < t_A$	減	增	增	增焓加濕
$A—6$	$t_W = t_A$	不變	增	增	等溫加濕
$A—7$	$t_W > t_A$	增	增	增	增溫加濕

在以上七種過程中,$A—2$ 過程是空氣增濕和減濕的分界綫,$A—4$ 過程是空氣增焓和減焓的分界綫,而 $A—6$ 過程是空氣升溫和降溫的分界綫。根據熱交換理論,空氣狀態的變化是與水表面飽和空氣層和主體空氣的干球溫度及水蒸汽分壓力的相對大小有關。

然而,當空氣和水直接接觸時空氣狀態的變化過程是一個復雜的過程。空氣的最終狀態不僅與水溫有關,而且與空氣和水的流動形式有關。以水初溫低于空氣露點溫度,且水和空氣的流動方向相同爲例(圖 13.4a),在開始階段,狀態 A 的空氣與具有初溫 t_{W1} 的水接觸,一小部分空氣達到飽和狀態,且溫度等于 t_{W1}。這一小部分空氣與其餘空氣混合達到狀態點 1,點 1 位于點 A 與點 t_{W1} 的連綫上。在第二個階段,水溫已升高至 t_W',此時具有點 1 狀態的空氣與溫度爲 t_W' 的水接觸,又有一小部分空氣達到飽和。這一小部分空氣與其餘空氣混合達到狀態 2,點 2 位于點 1 和點 t_W' 的連綫

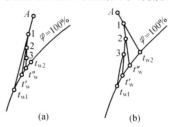

圖 13.4 空氣與水直接接觸時空氣狀態變化的理想過程

上。由此類推,最終得到一條表示空氣狀態變化的曲綫。在熱濕交換充分完善的條件下,空氣狀態變化的終點將在飽和曲綫上,且其溫度等于水的終溫。對于空氣和水流動方向相反的情況,空氣狀態如圖 13.4b 所示。

實際上空氣和水直接接觸時,接觸時間也是有限的,因此,空氣狀態的實際變化過程既不是直綫,也難于達到與水終溫(順流)或初溫(逆流)相等的飽和狀態。然而在工程中人們關心的只是空氣處理的結果,而并不關心空氣狀態變化軌迹,所以在已知空氣終狀態時可用連接空氣初、終狀態點的直綫來表示空氣狀態的變化過程。

三、噴水室的類型和結構

在空調工程中,用噴水室處理空氣的方法得到了普遍應用。噴水室的主要優點是能够實現多種空氣處理過程,具有一定的空氣净化能力,消耗金屬少和容易加工,但對水質要求高,占地面積大,水泵耗能多等缺點,故在民用建築中不再采用,但在以調節濕度爲主要目的的紡織廠和卷烟廠空調中仍有大量應用。

噴水室有卧式和立式,單級和雙級,低速和高速之分。

圖 13.5 是應用比較廣泛的單級、卧式、低速噴水室,它由噴嘴與噴嘴排管、擋水板、底

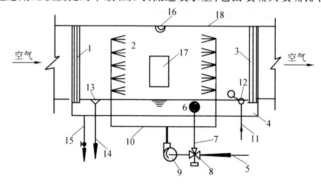

圖 13.5　噴水室的構造

1—前擋水板;2—噴水排管;3—后擋水板;4—底池;5—冷水管;
6—濾水器;7—循環水管;8—三通調節閥;9—水泵;
10—供水管;11—補水管;12—浮球閥;13—溢水器;14—溢水管;
15—泄水管;16—防水燈;17—檢查門;18—外殼;

池與附屬管道和噴水室外殼等組成。前擋水板有擋住飛濺出來的水滴和使進風均匀流動的雙重作用,后擋水板能將空氣中夾帶的水滴分離出來,以減少噴水室的"過水量"。在噴水室中通常設置一至三排噴嘴排管,最多四排。噴水的方向根據與空氣流動相同與否分爲順噴、逆噴和對噴。

噴水室的工作過程是:被處理的空氣以一定的速度(一般爲 $2 \sim 3 m/s$)經過前擋水板進入噴水空間,與噴嘴中噴出的水滴相接觸進行熱濕交換,空氣的溫度、相對濕度和含濕量等都發生了變化,然后經后擋水板分離所帶的水滴后流出。從噴嘴噴出的水滴完成與空氣的熱濕交換后,落入底池中。

底池的作用是收集噴淋水。池中的濾水器和循環水管以及三通調節閥組成了循環水系統。

循環水系統有四種管道,它們是:

1.循環水管:底池通過過濾器與循環管相連,使落到底池的水能重復使用。濾水器的

作用是清除水中雜物,以免噴嘴堵塞。

2.溢水管:底池通過溢水管相連,以排除水池中維持一定水位后多余的水。在溢水管的喇叭口上有水封罩可將噴水室內、外空氣隔絕,防止噴水室內產生異味。

3.補水管:當用循環水對空氣進行絕熱加濕時,底池中的水量將逐漸減少,泄漏等原因也可能引起水位降低。爲了保持底池水面高度一定,且略低于溢水口,需設補水管并經浮球閥自動補水。

4.泄水管:爲了檢修、清洗和防凍等目的,在底池的底部需設泄水管,以便在需要泄水時,將池內的水全部泄至下水道。

噴嘴是噴水室的最重要部件。在我國空調工程中一般采用 Y—1 型離心噴嘴。此外,在我國還出現了 BTL—1 型、PY—1 型、FL 型、KFT 型、ZK 型、JN 型等噴嘴。它們的噴水性能較 Y—1 型噴嘴有所提高。由于 Y—1 型噴嘴的數據比較完整,下面介紹 Y—1 噴嘴。

Y—1 型離心噴嘴的構造見圖 13.6,噴嘴的材料常用銅、尼龍和塑料等。Y—1 型離心噴嘴的噴水壓力一般取 98~294 kPa,壓力小于 49 kPa 時噴出的水散不開,熱濕處理的效果差。

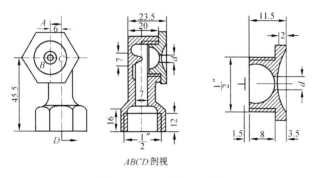

圖 13.6　Y – 1 型離心式噴嘴

根據噴嘴噴出水滴大小可分爲細噴、中噴、粗噴三種。

細噴:噴嘴孔徑 d_0 = 2.0~2.5 mm,噴嘴前壓力 P_0 = 245 kPa(表壓),可以得到細噴。噴出的水滴小,溫度升高較快,容易蒸發,一般用于對空氣加濕處理,但孔徑過小,容易堵塞,對水質要求較高。

中噴:噴嘴孔徑 d_0 = 2.5~3.5 mm,噴嘴前壓力 P_0 = 197 kPa(表壓)左右,可以得到中噴。

粗噴:噴嘴孔徑 d_0 = 4.0~5.5 mm,噴嘴前壓力 P_0 = 98~147 kPa(表壓)左右,可以得到粗噴。水滴較大,與空氣接觸面積小,蒸發較慢。一般用于對空氣冷却干燥處理。由于這種噴嘴既對可以空氣進行冷却干燥,又可以加濕,噴嘴也不易堵塞,所以在常年運行的空調系統中應用十分普遍。

圖 13.7 爲 Y—1 型離心式噴嘴的性能,圖 13.8 爲 BTL—1 型雙螺旋離心式噴嘴的性能。圖中 d 表示孔徑。

噴水室的擋水板是由多個直立的折板叠合而成。板材一般用 0.75~1.0 mm 厚鍍鋅鋼板,也可采用玻璃板和塑料板。其構造見圖 13.9 所示。

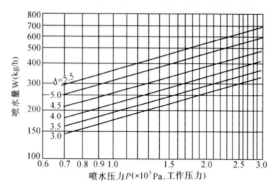

圖 13.7　Y – 1 型離心式噴嘴的噴水性能

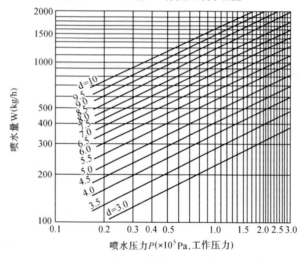

圖 13.8　BTL – 1 型雙螺旋離心式噴嘴的噴水性能

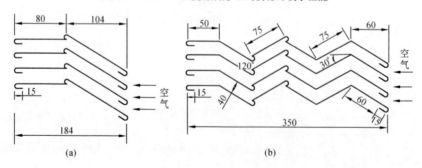

圖 13.9　擋水板的構造
（a）前擋水板；（b）后擋水板；

四、噴水室的熱工計算方法

噴水室熱工計算主要分兩類:一類基于熱質交換系数,第二類基于熱交換效率。

在第一類計算方法中,通常是根據實驗數據確定與噴淋室結構特性、空氣質量流速、噴水系数、噴嘴前水壓等有關的熱、質交換系数。由于空氣和水接觸的真實面積難以確定,所以也有人按一個假定表面——噴淋室橫斷面積來整理熱質交換系数。

第二類方法的特點是使用兩個熱交換效率、一個平衡式。但是,根據使用的熱交換效率形式不同,具體做法上又有一些差別。下面主要介紹這類方法。重點介紹利用熱交換效率 E 和 E' 的噴淋室熱工計算方法。

1. 噴淋室的熱交換效率 E 和 E'

前面介紹的噴水室對空氣的處理過程是在兩個假設條件下得出的,即:噴水量爲無限大;空氣與水接觸充分,且接觸時間爲無限長。但實際的噴水室中噴水量不是無限大,空氣與水接觸時間也不是無限長,這樣空氣實際的變化過程,并不是前面講的各條直綫那樣,因此引進熱交換效率。

E 和 E' 表示噴水室的實際處理過程與噴水量有限但接觸時間充分的理想處理過程的接近程度。

(1)全熱交換效率 E

對常用的冷却減濕過程,如圖 13.10 所示,當空氣與有限水量接觸時,在理想條件下,空氣狀態由點 1 變化到點 3,水溫將由 t_{W1} 變化到 t_3。在實際條件下,空氣狀態只能達到點 2,水終溫也只能達到點 4 的 t_{W2}。

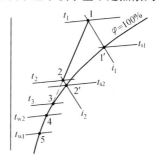

圖 13.10　冷却干燥過程空氣與水的狀態變化

噴水室的全熱效率 E(也叫第一熱交換效率或熱交換效率系数)是同時考慮空氣和水的狀態變化的。如果把空氣狀態變化的過程沿等焓綫投影到飽和曲綫上,并近似地將這一段飽和曲綫看成直綫,則噴淋室的全熱交換效率可以表示爲:

$$E = \frac{\overline{1'2'} + \overline{45}}{\overline{1'5}} = \frac{(t_{S1} - t_{S2}) + (t_{W2} - t_{W1})}{t_{S1} - t_{W1}} = 1 - \frac{t_{S2} - t_{W2}}{t_{S1} - t_{W1}} \qquad (13.9)$$

由此可見,當 $t_{S2} = t_{W2}$ 時,即空氣終狀態在飽和綫上的投影與水的終狀態重合時,$E = 1$,t_{S2} 與 t_{W2} 的差距愈大,説明熱濕交換愈不充分,因而 E 值愈小。

不難證明,式(13.9)除絕熱加濕過程外,也適合于噴水室的其他各處理過程。對于絕熱加濕過程(圖 13.11),空氣的初、終狀態的濕球溫度等于水溫,噴淋室的全熱效率 E 可用下式來表示:

$$E = \frac{\overline{12}}{\overline{13}} = \frac{t_1 - t_2}{t_1 - t_{S1}} = 1 - \frac{t_2 - t_{S1}}{t_1 - t_{S1}} \qquad (13.10)$$

(2)通用熱交換效率 E'

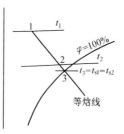

圖 13.11　絕熱加濕過程空氣與水的狀態變化

噴水室的通用熱交換效率 E'(也叫第二熱交換效率或接觸系数)只考慮空氣狀態的變化。因此,根據圖 13.10 可知 E' 爲:

$$E' = \overline{\frac{12}{13}} = \frac{t_1 - t_2}{t_1 - t_3} \qquad (13.11)$$

若把圖 13.10 中 i_1 與 i_3 之間一段飽和曲綫近似地看成直綫,則有:

$$E' = \overline{\frac{12}{13}} = 1 - \overline{\frac{22'}{11'}} = 1 - \frac{t_2 - t_{S2}}{t_1 - t_{S1}} \qquad (13.12)$$

可以證明,式(13.12)適用于噴水室的各種處理過程,包括絕熱加濕過程。

2.影響噴水室熱交換效果的因素

影響噴水室熱交換效果的因素很多,諸如空氣的質量流速、噴嘴的型號與布置密度、噴嘴孔徑與噴嘴前水壓、空氣與水的接觸時間、空氣與水滴的運動方向以及空氣和水的初、終溫度。但是,對一定的空氣處理過程而言,可將主要的影響因素歸納爲以下四個方面:

(1)空氣質量流速的影響

噴水室內熱、濕交換首先取决于與水接觸的空氣流動狀態。然而在空氣流動過程中,隨着溫度的變化其流速也將發生變化。爲了引進能反應空氣流動狀態的穩定因素,采用空氣質量流速 $v\rho$(單位時間內通過單位噴水室橫斷面積的空氣質量,v 爲空氣流速 m/s,ρ 爲空氣密度 kg/m³)。實驗證明:增大 $v\rho$ 可使噴水室的全熱交換效率和通用熱交換效率變大,并且在風量一定的情況下可縮小噴水室的斷面尺寸,從而減少其占地面積。但 $v\rho$ 過大也會引起擋水板過水量及噴水室阻力的增加。所以常用的 $v\rho$ 範圍是 2.5 ~ 3.5 kg/(m².s)

$$v\rho = \frac{G}{3\,600f} \quad kg/(m^2 \cdot s) \qquad (13.13)$$

式中　G——通過噴水室的空氣量,kg/h;

　　　　f——噴水室的橫斷面積,m²。

(2)噴水系數 μ 的影響

噴水量的大小常以處理每 kg 空氣所用的水量,即噴水系數來表示。實踐證明,在一定範圍內加大噴水系數可增大全熱交換效率和通用熱交換效率。此外,對不同的空氣處理過程采用的噴水系數也應不同。噴水系數的具體數據由噴水室熱工計算確定。

$$\mu = \frac{W}{G} \quad kg(水)/kg(空氣) \qquad (13.14)$$

(3)噴水室結構特性的影響

噴水室的結構特性主要是指噴嘴排數、噴嘴密度、排管間距、噴嘴型式、噴嘴孔徑和噴水方向等,它們對噴水室的熱交換效果均有影響。

①噴嘴排數:以各種減焓處理過程爲例,實驗證明單排噴嘴的熱交換效果比雙排的差,而三排噴嘴的熱交換效果和雙排的差不多。因此,三排噴嘴并不比雙排噴嘴在熱工性能方面有多大優越性,所以工程上多數采用雙排噴嘴。只有當噴水系數較大,如用雙排噴嘴,須用較高的水壓時,才改用三排噴嘴。

②噴嘴密度:每 1 m² 噴水室斷面上布置的單排噴嘴個數叫噴嘴密度。實驗證明,噴嘴密度過大,水苗相互叠加,不能充分發揮各自的作用。噴嘴密度過小時,則因水苗不能覆蓋整個噴水室斷面,致使部分空氣旁通而過,引起熱交換效果的降低。對采用 Y—1 型噴嘴的噴水室,一般取噴嘴密度 n = 13 ~ 24 個/(m².排)爲宜。當需要較大的噴水系數時,通常靠保持噴嘴密度不變,提高噴嘴前水壓的辦法來解决。但是噴嘴前的水壓也不宜大于 0.25 MPa(工作壓力)。爲防止水壓過大,此時則以增加噴嘴排數爲宜。

③噴水方向:實驗證明,在單排噴嘴的噴水室中,逆噴比順噴熱交換效果好。在雙排

的噴水室中,對噴比兩排均逆噴效果更好。顯然,這是因爲單排逆噴和雙排對噴時水苗能更好地覆蓋噴水室斷面的緣故。如果采用三排噴嘴的噴水室,則以采用一順兩逆的噴水方式爲好。

④排管間距:實驗證明,對于使用 Y—1 型噴嘴的噴水室而言,無論是順噴還是逆噴,排管間距均可采用 600 mm。加大排管間距對增加熱交換效果并無益處。所以,從節約占地面積考慮,排管間距以取 600 mm 爲宜。

⑤噴嘴孔徑:實驗證明,在其他條件相同時,噴嘴孔徑小則噴出水滴細,增加了與空氣的接觸面積,所以熱交換效果好。但是孔徑小容易堵塞,需要的噴嘴數量多,而且對冷却干燥過程不利。所以,在實際工作中應優先采用孔徑較大的噴嘴。

從上面的分析可以看出,影響噴水室的熱交換效果的因素是極其復雜的,不能用純數學方法確定全熱交換效率和通用熱交換效率,而只能用實驗方法得到。

對一定的空氣處理過程而言,結構參數一定的噴水室,其兩個熱交換效率只取決于 μ 及 $v\rho$,所以可以將實驗數據整理成 E 或 E' 與 μ 及 $v\rho$ 有關系的圖表,也可以將 E 或 E' 整理成以下形式的實驗公式:

$$E = A(v\rho)^m \mu^n \tag{13.15}$$

$$E' = A'(v\rho)^{m'} \mu^{n'} \tag{13.16}$$

式中 A、A'、m、n'、m'、n 均爲實驗的系數或指數,它們因噴水室結構參數及空氣處理過程不同而不同。部分噴水室兩個效率實驗公式的系數和指數見附錄 13.1。

3.計算方法與步驟

對結構一定的噴水室而言,如果空氣處理過程的要求一定,其熱工計算的任務是使下列條件得到滿足:

(1)該噴水室能達到的 E 應等于空氣處理過程需要的 E;

(2)空氣處理過程需要的 E' 應等于該噴水室能達到的 E';

(3)空氣放出(或吸收)的熱量應等于該噴水室中水吸收(放出)的熱量。

上述三個條件可以用下面三個方程來表示

$$E = 1 - \frac{t_{S2} - t_{W2}}{t_{S1} - t_{W1}} = A(v\rho)^m \mu^n \tag{13.17}$$

$$E' = 1 - \frac{t_2 - t_{S2}}{t_1 - t_{S1}} = A'(v\rho)^{m'} \mu^{n'} \tag{13.18}$$

$$Q = G(i_1 - i_2) = Wc(t_{W2} - t_{W1}) \tag{13.19}$$

式(13.19)也可以寫成:

$$i_1 - i_2 = \mu c(t_{W2} - t_{W1}) \tag{13.20}$$

爲了計算方便,有時還利用熔差與濕球溫度差的關系。在 $t_S = 0 \sim 20℃$ 的範圍內,由于利用 $\Delta i = 2.86\Delta t_S$ 計算誤差不大,因此有:

$$4.19\mu\Delta t_W = 2.86\Delta t_S \tag{13.21}$$

或 $$\Delta t_S = 1.46\mu\Delta t_W \tag{13.22}$$

其設計計算過程見表 13.3。

表 13.3　噴水室設計計算

計算步驟	計算內容	計算公式
1		已知條件:空氣量和空氣初、終狀態參數 求解:噴水量、水的初、終溫度和噴水室結構
2	通用熱交換效率 E'	$E' = 1 - \dfrac{t_2 - t_{S2}}{t_1 - t_{s1}}$
3	E' 的經驗公式	1. 選用噴水室結構,計算 $v\rho$ 2. $E' = A'(v\rho)^{m'}\mu^{n'}$
4	求 μ 值	通用熱交換效率 E' 和其經驗公式相等,求出 μ 值
5	求噴水量	$W = G\mu$
6	全熱交換效率 E	$E = 1 - \dfrac{t_{S2} - t_{W2}}{t_{S1} - t_{W1}}$
7	E 的經驗公式	$E = A(v\rho)^m \mu^n$
8	熱平衡方程式	$i_1 - i_2 = \mu c(t_{W2} - t_{W1})$
9	水的初、終溫度 t_{W1}、t_{W2}	聯立求解,得 t_{W1}、t_{W2}

【例 13.1】 已知需處理的空氣量 G 爲 30200 kg/h;當地大氣壓爲 101325 Pa;空氣的初參數爲:

$$t_1 = 30℃ , t_{S1} = 22℃ , i_1 = 64.5 \text{ kJ/kg}$$

需要處理的空氣的終參數爲:

$$t_2 = 16℃ , t_{S2} = 15℃ , i_2 = 41.8 \text{ kJ/kg}$$

求噴水量 W、噴嘴前水壓 P、水的初溫 t_{W1}、終溫 t_{W2}、冷凍水量 W_1 及循環水量 W_x。

解

(1)參考附錄 13.1 選用噴水室結構:雙排對噴,Y—1 型離心式噴嘴,$d_0 = 5$ mm,$n = 13$ 個/$(m^2 \cdot$ 排),取 $v\rho = 2.8$ kg/$m^2 \cdot$s。

(2)列出熱工計算方程式

根據圖 13.12 和附錄 13.1 可得:

$$\begin{cases} 1 - \dfrac{t_{S2} - t_{W2}}{t_{S1} - t_{W1}} = 0.745\,(v\rho)^{0.07}\mu^{0.265} \\ 1 - \dfrac{t_2 - t_{S2}}{t_1 - t_{S1}} = 0.755(v\rho)^{0.12}\mu^{0.27} \\ i_1 - i_2 = \mu c(t_{W2} - t_{W1}) \end{cases}$$

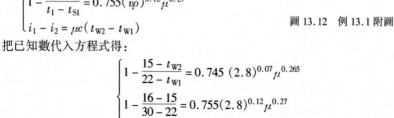

圖 13.12　例 13.1 附圖

把已知數代入方程式得:

$$\begin{cases} 1 - \dfrac{15 - t_{W2}}{22 - t_{W1}} = 0.745\,(2.8)^{0.07}\mu^{0.265} \\ 1 - \dfrac{16 - 15}{30 - 22} = 0.755(2.8)^{0.12}\mu^{0.27} \\ 64.5 - 41.8 = \mu \times 4.19(t_{W2} - t_{W1}) \end{cases}$$

經簡化可得

$$\begin{cases} 1 - \dfrac{15 - t_{W2}}{22 - t_{W1}} = 0.801\ \mu^{0.265} \\ 0.85\mu^{0.27} = 0.875 \\ 5.42 = \mu(t_{W2} - t_{W1}) \end{cases}$$

(3)聯立求解,得

$$\mu = 1.09;\ t_{W1} = 7.39℃;\ t_{W2} = 12.36℃$$

(4)總噴水量爲:

$$W = \mu \times G = 1.09 \times 30200 = 32918\ \text{kg/h}$$

(5)求噴嘴前水壓

根據已知條件,可求出噴水室斷面積爲:

$$f = \frac{G}{v\rho \times 3600} = \frac{30200}{2.8 \times 3600} = 2.996\ \text{m}^2$$

兩排噴嘴的總噴嘴數爲:

$$N = 2nf = 2 \times 13 \times 2.996 = 78\ 個$$

根據計算所得的總噴水量 W,可知每個噴嘴的噴水量爲:

$$\frac{W}{N} = \frac{32918}{78} = 422\ \text{kg/h}$$

根據每個噴嘴的噴水量 422 kg/h 及噴嘴孔徑 $d_0 = 5$ mm,查圖 13.7 可得噴嘴前所需水壓爲 0.17 MPa(工作壓力)。

(6)求冷凍水及循環水量

根據前面的計算已知 $t_{W1} = 7.39℃$,冷凍水初溫 $t_1 = 5℃$,由熱平衡方程式可得

$$W_1 = \frac{G(i_1 - i_2)}{C(t_{W2} - t_1)} = \frac{30200(64.5 - 41.8)}{4.19(12.36 - 5)} = 22230\ \text{kg/h}$$

同時可得需要的循環水量爲:

$$W_x = W - W_1 = 32918 - 22230 = 10688\ \text{kg/h}$$

對于全年都使用的噴水室,一般只對夏季進行熱工計算,冬季就取夏季的噴水系數,如有必要也可以按冬季的條件進行校核計算,以檢查冬季經過處理后空氣的終參數是否滿足設計要求。必要時,冬夏兩季可采用不同的噴水系數,選擇兩個不同的水泵以節約運行費。

4.噴水溫度和噴水量的調整

在噴水室的設計計算中,只能求出一個固定的水初溫,如果能夠提供的冷水溫度稍高,則可在一定範圍內通過調整水量來改變水溫。

研究表明,在新的水溫條件下,所需噴水系數大小,可以利用下面關系式求得:

$$\frac{\mu}{\mu'} = \frac{t_{ll} - t'_{W1}}{t_{ll} - t_{W1}} \tag{13.23}$$

式中　　t_{w1}、μ——第一次計算時的噴水初溫和噴水系數;

　　　　t_{w1}'、μ'——新的噴水初溫和噴水系數;

　　　　t_{ll}——被處理空氣的露點溫度。

【例 13.2】　在例 13.1 中已知 G 爲 30200 kg/h;$t_1 = 30℃$,$t_{S1} = 22℃$,$i_1 = 64.5$ kJ/kg,$t_2 = 16℃$,$t_{S2} = 15℃$,$i_2 = 41.8$ kJ/kg,并通過計算得 $\mu = 1.09$,$t_{W1} = 7.39℃$,$W = 32918$ kg/h,試將噴水溫度改成 9℃ 進行校核性計算。

解

(1)求新水溫下的噴水系數

查 $i-d$ 圖得 $t_{11} = 18.5℃$，則

$$\mu' = \mu \frac{t_{11} - t_{W1}}{t_{11} - t'_{W1}} = \frac{1.09 \times (18.5 - 7.39)}{18.5 - 9} = 1.27$$

(2)校核空氣的終狀態和水溫

將新的 $\mu' = 1.27$ 和 $t_{w1}' = 9℃$ 和其他數據代入熱工計算方程式

$$\begin{cases} 1 - \dfrac{t_{S2} - t_{W2}}{22 - 9} = 0.745 \, (2.8)^{0.07} 1.27^{0.265} \\[2mm] 1 - \dfrac{t_2 - t_{S2}}{30 - 22} = 0.755 (2.8)^{0.12} 1.27^{0.27} \\[2mm] 2.86(22 - t_{S2}) = 1.27 \times 4.19(t_{W2} - 9) \end{cases}$$

經過簡化得

$$\begin{cases} t_{S2} - t_{W2} = 1.911 \\ t_2 - t_{S2} = 0.712 \\ 1.86 t_{W2} + t_{S2} = 38.745 \end{cases}$$

聯立求解得

$$t_2 = 15.5℃ \; ; \; t_{S2} = 14.8℃ \; , \; t_{W2} = 12.9℃$$

可見所得空氣終參數與例 13.1 要求的差別不大。

五、雙級噴水室的熱工特性

采用天然冷源時(如用深井水)，爲了節省水量，獲得較大的水溫升，充分發揮水的冷却作用，或者被處理的空氣的焓降較大，使用單級噴水室難以滿足要求時，可用雙級噴水室。

典型的雙級噴水室是風路與水路串聯的噴水室(如圖 13.13)，即空氣先進入Ⅰ級噴水室再進入Ⅱ級噴水室，而冷水是先進入Ⅱ級噴水室，然后再由Ⅱ級噴水室底池抽出，供給Ⅰ級噴水室。這樣，就能保證空氣在兩級噴水室中均能得到較大的焓降，同時通過兩級噴水室后可以得到較大的水溫升。在各級噴水室里空氣狀態和水溫變化情況示于圖 13.13 的下部和圖 13.14。

雙級噴水室與單級噴水室相比，其優點是：

1.空氣與噴淋水接觸兩次，熱濕交換好，被處理空氣的溫降、焓降較大，且空氣的終狀態一般可達到飽和。

2.Ⅰ級噴水室的空氣溫降大于Ⅱ級，而Ⅱ級噴水室的空氣減濕量大于Ⅰ級。

3.由于水與空氣呈逆流流動，且接觸兩次，所以水溫提高的較多，甚至可能高于空氣終狀態的濕球溫度，即可能出現 $t_{w2} > t_{s2}$ 的情況。

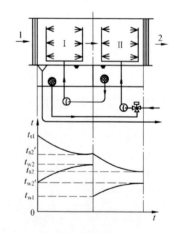

圖 13.13　雙級噴水室原理圖

關于雙級噴水室的熱工計算，和單級噴水室基本相同。由于雙級噴水室的水是重復

使用的,所以兩級的噴水系數相同。而且在熱工計算時可以作爲一個噴水室看待,確定相應的 E、E' 值,不必求兩級噴水室中間的空氣參數。

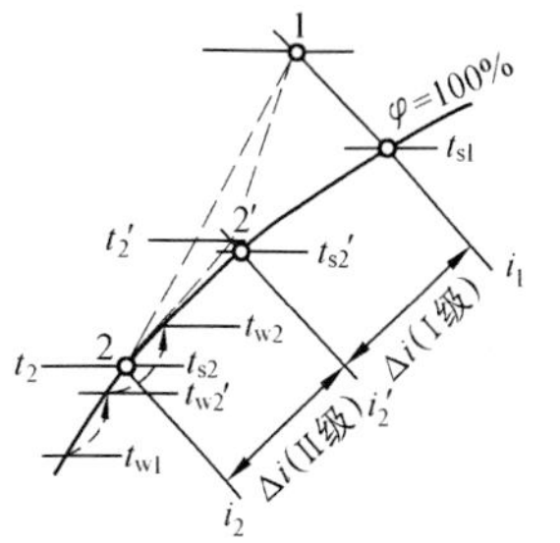

六、噴水室的阻力計算

空氣流經噴水室的阻力 $\triangle H$ 由前后擋水板阻力 $\triangle H_d$、噴嘴管排阻力 $\triangle H_p$ 和水苗阻力 $\triangle H_w$ 三部分組成,即

$$\Delta H = \Delta H_d + \Delta H_p + \Delta H_w \qquad (13.24)$$

圖 13.14 雙級噴水室中空氣與水的狀態變化

擋水板的阻力可用下式計算:

$$\Delta H_d = \sum \xi_d \frac{\rho v_d^2}{2} \quad \text{Pa} \qquad (13.25)$$

式中　$\sum \xi_d$——前、后擋水板局部阻力系數之和,其數值取決于擋水板的結構;

　　　v_d——擋水板空氣迎面風速,由于擋水板有邊框,v_d 比噴水室斷面風速 v 大,一般可取 $v_d = (1.1 \sim 1.3)v$。

噴嘴排管的阻力可按下式計算:

$$\Delta H_p = 0.1 z \frac{\rho v^2}{2} \quad \text{Pa} \qquad (13.26)$$

式中　z——噴嘴管排數目;

　　　v——噴水室斷面風速,m/s。

水苗阻力用下式計算:

$$\Delta H_W = 1180 \, b \mu P \quad \text{Pa} \qquad (13.27)$$

式中　μ——噴水系數;

　　　P——噴嘴前水壓,MPa(工作壓力);

　　　b——系數,取決于空氣和水的運動方向及管排數。一般可取:單排順噴時 $b = -0.22$,單排逆噴時 $b = 0.13$,雙排對噴時 $b = 0.075$。

對于定型噴水室,其阻力已由實驗數據整理成曲綫或圖表,根據噴水室的工作條件可查取。

第三節　用表面式換熱器處理空氣

在空調工程中廣泛應用的冷却、加熱盤管統稱爲表面式換熱器,可分爲空氣加熱器和表面式冷却器兩類。空氣加熱器以熱水或蒸汽爲熱媒,表面式冷却器簡稱表冷器,以冷凍水或制冷劑作爲冷媒。表面式換熱器具有構造簡單、占地少、水質要求不高、水系統阻力小等優點,已成爲常用空氣處理設備。

一、表面式換熱器的構造與安裝

1. 表面式換熱器的構造

表面式換熱器有光管式和肋管式兩種。光管式表面式換熱器傳熱效率低,故很少應用。肋管式表面式換熱器由管子和肋片構成,見圖 13.15 所示。爲了使表面式換熱器性能穩定,應力求使管子與肋片間接觸緊密,減少接觸熱阻,并保證長久使用后不會松動。

根據加工方法不同,肋片管又可分爲繞片管、串片管和軋片管(圖 13.16)。

將金屬帶用繞片機緊緊地纏繞在管子上,可以制成皺褶式繞片管(圖 13.16(a)),皺褶的存在既增加了肋片與管道間的接觸面積,又增加了空氣流過時的擾動性,因而能提高傳熱系數。但是,皺褶的存在也增加了空氣阻力,而且容易積灰,不便清理。用繞片管可以組裝成繞片式換熱器,例如國產的 SRZ 型,GL—Ⅱ型及 UⅡ型等表面式換熱器。有的繞片管不帶皺褶,它們是用延展性更好的鋁帶繞成的(圖 13.16(b))。

在肋片上事先冲好相應的孔,然后再將肋片與管束串

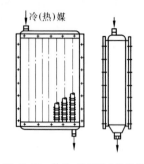

圖 13.15　肋片式表面式換熱器

(a) 皺褶繞片　　　　　　　　　　　(b) 光滑繞片

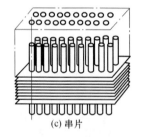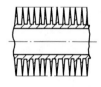

(c) 串片　　　　　　　　　　　(d) 軋片

圖 13.16　表面式換熱器的肋片形式

在一起,可以加工成串片管(圖 13.16(c))。用軋片機在光滑的銅管或鋁管外壁上直接軋出肋片,可制成肋片管(圖 13.16(d)),由此種肋片管可以組成軋片管換熱器,如國產 KL型、PB 型換熱器。

爲了進一步提高傳熱性能,增加氣流的擾動性以提高外表面換熱系數,近年來換熱器的片型有了很大發展,出現了二次翻邊片、波紋型片、條縫型片和波形冲縫片等。

2.表面式換熱器的布置與安裝

表面式換熱器可以垂直安裝,也可以水平安裝或傾斜安裝。但是,以蒸汽爲熱媒的空氣加熱器最好不要水平安裝,以免聚集凝結水而影響傳熱性能。

按空氣流動方向來説,加熱器可以并聯,也可以串聯或者既有并聯又有串聯。到底采用什麼樣的組合方式,應根據空氣量的多少和需要的換熱量大小來確定。一般是處理空氣量多時采用并聯,需要空氣溫升大時采用串聯,當空氣量較大,溫升要求較高時可以采用并、串聯組合方式。

加熱器的熱媒管道也有串聯和并聯之分,不過在蒸汽作爲熱媒時,各臺加熱器的蒸汽管道只能并聯,而以熱水作爲熱媒時,水管的串聯、并聯均可。通常的做法是相對于空氣來説并聯的加熱器,其熱媒管道也應并聯,串聯的加熱器其熱媒管道也應串聯。管道串聯可以增加水流速,有利于水力工況的穩定和提高傳熱系數,但是系統阻力有所增加。

　　垂直安裝的表冷器必須使肋片處于垂直位置,否則將因肋片上部積水增加空氣阻力和降低傳熱效率,同時垂直肋片有利于水滴及時滴下,保證表冷器良好的工作狀態。

　　由于表冷器工作時,表面常有凝結水產生,所以表冷器的下部應安裝滴水盤和泄水管,當兩個表冷器疊放時,在兩個表冷器間應裝設中間滴水盤和泄水管,泄水管應設滿足壓力變化要求的水封,以防吸入空氣。

　　按空氣流動方向來說,表冷器可以并聯,也可以串聯。通常,當通過空氣量多時,宜采用并聯;要求空氣溫降大時應串聯。并聯的表冷器,供水管路也應并聯,串聯的表冷器,供水管也應串聯。

　　如果表面式換熱器是冷熱兩用,則熱媒以用65℃以下的熱水爲宜,以免因管內壁積垢過多而影響表面式換熱器的出力。

　　爲了使冷、熱媒和空氣間有較大的傳熱溫差,最好讓熱媒與空氣之間按逆流或交叉型流動,即水管進口和空氣出口應在同一側。爲了便于使用和維修,冷、熱媒管路上應設閥門、壓力表和溫度計。在蒸汽加熱器的蒸汽管路上還要設蒸汽調節閥門和疏水器。爲了保證表面式換熱器正常工作,在水系統的最高點應設排空氣裝置,而在最低點應設泄水和排污用閥門。

二、表面式換熱器的熱濕交換過程的特點

　　表面式換熱器的熱濕交換是在主體空氣與緊貼換熱器外表面的邊界層空氣之間的溫差和水蒸汽分壓力差作用下進行的。可以認爲邊界層空氣的溫度等于換熱器的表面溫度。當邊界層空氣溫度高于主體空氣溫度時(空氣加熱器),將發生等濕加熱過程;當邊界層空氣溫度低于主體空氣溫度,但高于其露點溫度時,將發生等濕冷却過程或稱干冷過程(干工況);當邊界層空氣溫度低于主體空氣露點溫度時,將發生減濕冷却過程或稱濕冷過程(濕工況)。

　　在等濕加熱和冷却過程中,主體空氣和邊界層空氣之間只有溫差,并無水蒸汽分壓力差,所以只有顯熱交換;而在減濕冷却過程中,由于邊界層空氣與主體空氣之間不但存在溫差,也存在水蒸汽分壓力差,所以通過換熱器表面不但有顯熱交換,也有伴隨濕交換的潛熱交換。由此可知,在濕工況下的表冷器比干工況下有更大的熱交換能力。對此,通常用換熱擴大系數 ξ 來表示因存在濕交換而增大了的換熱量。平均的 ξ 值可表示爲:

$$\xi = \frac{i - i_b}{c_p(t - t_b)} \tag{13.28}$$

　　式中　t、i——通過表冷器空氣的溫度和焓;

　　　　　t_b、i_b——表冷器表面飽和空氣層的溫度和焓;

　　　　　c_p——空氣的定壓比熱,1.01 kJ/kg·℃。

　　由于 ξ 的大小直接反映了凝結水析出了多少,所以又稱 ξ 爲析濕系數。顯然,干工況下,$\xi = 1$,濕工況,$\xi > 1$。

　　對于只有顯熱傳遞的過程,換熱器的換熱量可以寫成:

$$Q = KF\Delta t_m \tag{13.29}$$

　　式中　K——傳熱系數,$W/(m^2 \cdot ℃)$;

　　　　　F——傳熱面積;m^2;

　　　　　$\triangle t_m$——對數平均溫差,℃。

　　當換熱器的尺寸及交換介質的溫度給定時,從式(13.29)可以看出,對傳熱能力起決定作用的是 K 值,對于在空調工程中常采用的肋管式換熱器,如果不考慮其他附加熱阻,

其 K 值爲:

$$K = \left[\frac{1}{\alpha_{\mathrm{w}} \phi_0} + \frac{\tau \delta}{\lambda} + \frac{\tau}{\alpha_{\mathrm{n}}} \right]^{-1} \quad W/(\mathrm{m}^2 \cdot ℃) \tag{13.30}$$

式中　α_{n}、α_{w}——内、外表面熱交换系數,$W/(\mathrm{m}^2 \cdot ℃)$;

　　　ϕ_0——肋表面全效率;

　　　δ——管壁厚度,m;

　　　λ——管壁導熱系數,$W/(\mathrm{m} \cdot ℃)$;

　　　τ——肋化系數,$\tau = F_{\mathrm{w}}/F_{\mathrm{n}}$;

　　　F_{n}、F_{w}——單位管長肋管内、外表面積,m^2。

　　對于減濕冷却過程,由于外表面産生了凝結水,可認爲外表面换熱系數比只有顯熱傳遞時增加了 ξ 倍。因此,減濕冷却過程的傳熱系數 K_{S} 按下式計算:

$$K_{\mathrm{S}} = \left[\frac{1}{\xi \alpha_{\mathrm{w}} \phi_0} + \frac{\tau \delta}{\lambda} + \frac{\tau}{\alpha_{\mathrm{n}}} \right]^{-1} \tag{13.31}$$

　　由式(13.30)及式(13.31)可見,當表面式换熱器的結構型式一定時,等濕冷却和加熱過程的 K 值只與内、外表面熱交换系數 α_{n} 及 α_{w} 有關,而減濕冷却過程的 K_{S} 值除與 α_{n} 及 α_{w} 有關外,還與過程的析濕系數 ξ 有關。由于 α_{n} 與 α_{w} 一般是水與空氣流動狀况的函數,因此,在實際工作中往往把表面式换熱器的傳熱系數整理成以下形式的經驗公式:

對干工况　　　　　　　$$K = \left[\frac{1}{A v_{\mathrm{y}}^m} + \frac{1}{B w^n} \right]^{-1} \tag{13.32}$$

對濕工况　　　　　　　$$K_{\mathrm{S}} = \left[\frac{1}{A \xi^P v_{\mathrm{y}}^m} + \frac{1}{B w^n} \right]^{-1} \tag{13.33}$$

式中　v_{y}——空氣迎面風速,m/s;

　　　w——表冷器管内水流速,m/s;

　　　A、B、P、m、n——由實驗得出的系數和指數;

　　　ξ——過程平均析濕系數。

　　因此,對于被處理空氣的初狀態爲 t_1、i_1,終狀態爲 t_2、i_2(未達到飽和狀態)的減濕冷却過程,ξ 值也可按下式計算:

$$\xi = \frac{i_1 - i_2}{c_p (t_1 - t_2)} \tag{13.34}$$

　　對于用水做熱媒的空氣加熱器,傳熱系數 K 也常整理成下列形式:

$$K = A' (v \rho)^{m'} w^{n'} \tag{13.35}$$

　　對于用蒸汽做熱媒的空氣加熱器,由于可以不考慮蒸汽流速的影響,將傳熱系數 K 整理成下列形式:

$$K = A'' (v \rho)^{m''} \tag{13.36}$$

以上兩式中的 A'、A''、m'、m''、n' 均爲由試驗得出的系數和指數。

部分國産表冷器及空氣加熱器的傳熱系數試驗公式見附錄 13.2 和附錄 13.3。

三、表面式换熱器的熱工計算

1. 表面式冷却器的熱工計算

　　在空調系統中,表冷器主要是用來對空氣進行冷却減濕處理的,由于空氣的溫度和含濕量都發生變化,所以熱工計算比較復雜,下面只介紹基于熱交换效率的計算方法。

　　(1)表面式冷却器的熱交换效率

①熱交換效率

表冷器的熱交換效率同時考慮空氣和水的狀態變化,可用下式表示(圖 13.17):

$$\varepsilon_1 = \frac{t_1 - t_2}{t_1 - t_{w1}} \tag{13.37}$$

式中　t_1、t_2——處理前、后空氣的干球溫度,℃

　　　　t_{W1}——冷水初溫,℃。

由式(13.37)可知,當 t_2 減小時説明熱濕交換較充分,空氣溫度降低越多,所以 ε_1 值較大。另一方面當冷水溫度較低時,與空氣的溫差較大,熱交換也較徹底,ε_1 值也大。將式(13.37)的分子、分母同乘以 Gc_p 時,即分子爲 $Gc_p(t_1 - t_2)$,表示空氣實際的冷却放熱量,而分母 $Gc_p(t_1 - t_{w1})$ 即爲空氣在理想情况下的放熱量,所以 ε_1 反映了空氣和水熱交換的效率。

水冷式表冷器的熱交換效率 ε_1 的大小取决于傳熱系數 K_S、空氣量 G、水量 W、傳熱面積 F、析濕系數 ξ、空氣比熱 c_p 及水比熱 c。一般把各項和 ε_1 的關系繪制成綫算圖,如圖 13.18 所示。圖中 ε_1 爲熱交換效率,γ 爲兩流體的水當量比,即 $\gamma = \dfrac{\xi G c_p}{W c}$,$\beta$ 爲傳熱單元數,$\beta = \dfrac{K_S F}{\xi G c_p}$。根據 γ 和 β 可以從圖中查出熱交換效率系數 ε_1。熱交換效率系數 ε_1 也可由公式計算得出:

$$\varepsilon_1 = \frac{1 - \exp[-\beta(1-\gamma)]}{1 - \gamma \exp[-\beta(1-\gamma)]} \tag{13.38}$$

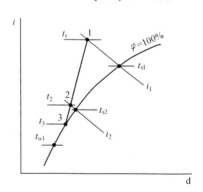

圖 13.17　表冷器處理空氣的各個參數

②接觸系數 ε_2

接觸系數 ε_2 的定義與噴水室的通用熱交換效率完全相同。

$$\varepsilon_2 = \frac{\overline{12}}{\overline{13}} = \frac{t_1 - t_2}{t_1 - t_3} = \frac{i_1 - i_2}{i_1 - i_3} = \frac{d_1 - d_2}{d_1 - d_3} \tag{13.39}$$

也可以將式(13.39)表示爲:

$$\varepsilon_2 = 1 - \frac{t_2 - t_{S2}}{t_1 - t_{S1}} \tag{13.40}$$

對于結構特性一定的表冷器來説,空氣在水冷式表冷器内所能達到的接觸系數 ε_2 的大小取决于表冷器的排數 N 和迎面風速 v_y 的值,部分國産表冷器的 ε_2 值可由附録 13.4 查得。

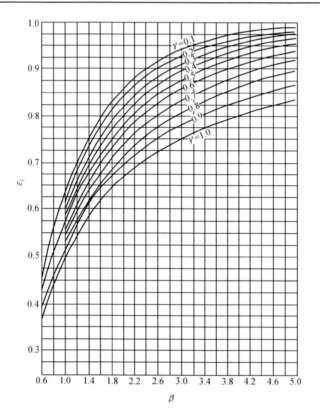

圖 13.18　水冷式表冷器的 ε_1 值綫算圖

　　雖然增加排數和降低迎面風速都能增加表冷器的 ε_2 值,但是排數的增加也將使空氣阻力增加,而排數過多時,后面幾排還因爲冷水與空氣之間温差過小而減弱傳熱作用,所以排數不宜過多,一般不超過 8 排。此外,迎面風速過低會引起冷却器尺寸和初投資的增加,過高除了會降低 ε_2 值外,也會增加空氣阻力,并且可能由空氣把冷凝水帶進送風系統而影響送風參數。一般迎面風速最好取 $v_y = 2 \sim 3 \ m/s$。

　　由于表冷器在實際使用時,内外表面要結垢和積灰,實際的接觸系數比附録 13.4 中查得的略小,所以應乘以修正系數 α 加以修正。即:

$$\varepsilon'_2 = \alpha\varepsilon_2 \tag{13.41}$$

　　式中　ε_2'——實際表冷器的接觸系數;

　　　　　ε_2——干净表冷器的接觸系數;

　　　　　α——修正系數,若表冷器只做冷却時,取 $\alpha = 0.9$;若冷熱兩用,取 $\alpha = 0.8$。

(2)表冷器的熱工計算方法和步驟

表冷器的熱工計算方法和噴水室的熱工計算方法相似。具體見表 13.4。

表 13.4　表冷器的熱工計算

計算步驟	計算內容	計算公式和圖表
1		已知條件:空氣量、空氣初參數、空氣終參數、冷水量或冷水初溫 求解參數:冷却面積(表冷器型號、臺數、排數)、冷水初溫、冷水終溫、冷量
2	接觸系數	$\varepsilon_2 = 1 - \dfrac{t_2 - t_{S2}}{t_1 - t_{S1}}$
3	表冷器排數	根據所需 ε_2 值和 v_y 的大小,選定冷却器排數
4	表冷器型號和參數	1.選定 v_y,求出迎風面積 F_y',$F_y' = G/(v_y\rho)$ 2.按 F_y' 和選定的冷却器排數,查樣本,選定冷却器型號、串并聯臺數、冷却器傳熱面積,迎風面積、通水截面積 f_W。 3.計算實際迎風面積,$v_y = G/(F_y\rho)$。
5	校核接觸系數 ε_2	實際的校核接觸系數 ε_2 與計算值對比,若相差較大,則重新選定型號
6	析濕系數	$\xi = \dfrac{i_1 - i_2}{c_p(t_1 - t_2)}$
7	傳熱系數 K 值	$K = \left[\dfrac{1}{A\xi^p V_y^m} + \dfrac{1}{Bw^n} \right]^{-1}$ 式中水的流速 $w = 0.5 \sim 1.8$ m/s
8	冷凍水量 W	$W = f_W \times w \times 10^3$ kg/s 其中,f_W 表示冷凍水流通截面積,m²
9	熱交換效率	1.計算傳熱單元數:$\beta = \dfrac{K_S F}{\xi G c_p}$ 2.計算水當量比:$\gamma = \dfrac{\xi G c_p}{Wc}$ 3.計算熱交換效率:查圖 13.18 或 $\varepsilon = \dfrac{1 - \exp[-\beta(1-\gamma)]}{1 - \gamma\exp[-\beta(1-\gamma)]}$
10	計算水初溫,終溫 t_{W1}、t_{W2}	1. $t_{W1} = t_1 - \dfrac{t_1 - t_2}{\varepsilon_1}$ 2. $t_{W2} = t_{W1} + \dfrac{G(i_1 - i_2)}{Wc}$

表冷器的校核計算的計算步驟見表 13.5。

表 13.5　表冷器的校核計算

計算步驟	計算內容	計算公式
1		已知條件:表冷器的型號、冷却面積、處理空氣量、空氣的初狀態、冷水的流量、冷水的初温 求解參數:空氣終狀態、水的終狀態
2	迎面風速 v_y 和水流速 w	1.根據表冷器型號查出迎風面積 F_y、每排散熱面積 F_d、和通水面積 f_w。 2.計算迎面風速: $v_y = G/(F_y \cdot \rho)$ 3.計算水流速: $w = W/(f_w \times 10^3)$
3	表冷器能提供的接觸系數 ε_2'	根據迎面風速 v_y、排數 N 確定表冷器能提供的接觸系數 ε_2'
4	確定空氣的終狀態	1.先假定空氣的終狀態干球温度 t_2: $t_2 = t_{w1} + (4 \sim 6)\,^\circ\!C$ 2.計算空氣濕球温度 t_{s2}: $t_{s2} = t_2 - (t_1 - t_{S1})(1 - \varepsilon_2)\,^\circ\!C$ 3.查 $i - d$ 圖,得 i_2
5	析濕系數	$\xi = \dfrac{i_1 - i_2}{c_p(t_1 - t_2)}$
6	傳熱系數 K	$K = \left[\dfrac{1}{A\xi^P v_y^m} + \dfrac{1}{Bw^n}\right]^{-1}$
7	表冷器能達到的熱交換效率系數 ε_1'	1.計算傳熱單元數: $\beta = \dfrac{K_S F}{\xi G c_p}$。 2.計算水當量比: $\gamma = \dfrac{\xi G c_p}{Wc}$ 3.計算熱交換率:查圖 13.18 或 $\varepsilon_1' = \dfrac{1 - \exp[-\beta(1-\gamma)]}{1 - \gamma\exp[1 - \beta(1-\gamma)]}$
8	計算需要的熱交換效率	$\varepsilon_1 = \dfrac{t_1 - t_2}{t_1 - t_{w1}}$
9	比較 ε_1 與 ε_1' 的大小	$\lvert \varepsilon_1 - \varepsilon_1' \rvert < \delta$ 一般取 $\delta = 0.01$
10	計算冷量 Q 和水終温 t_{w2}	$Q = G(i_1 - i_2)$ $t_{w2} = t_{w1} + \dfrac{G(i_1 - i_2)}{Wc}$

　　【例 13.3】　已知被處理的空氣量爲 30 000 kg/h(8.33 kg/s),當地大氣壓力爲 101325 Pa,空氣的初參數爲 $t_1 = 25.6\,^\circ\!C$ 、$i_1 = 50.9$ kJ/kg、$t_{sl} = 18\,^\circ\!C$;空氣的終參數爲 $t_2 = 11\,^\circ\!C$ 、$i_2 = 30.7$ kJ/kg、$t_{s2} = 10.6\,^\circ\!C$ 、$\varphi = 95\%$ 。試選擇 JW 型表冷器,并確定水温水量。JW 型表冷器的技術參數見附錄 13.5 所示。

　　解　(1)計算需要的接觸系數 ε_2 ,確定表冷器的排數。

　　如圖 13.19 所示,則

$$\varepsilon_2 = 1 - \frac{t_2 - t_{S2}}{t_1 - t_{Sl}} = 1 - \frac{11 - 10.6}{25.6 - 18} = 0.947$$

查附錄 13.4 可知,在常用的 v_y 範圍內,JW 型 8 排表冷器能滿足要求,所以選用 8 排。

(2)確定表冷器的型號

先確定一個 v'_y,算出所需冷却器的迎風面積 F'_y,再根據 F'_y 選擇合適的冷却器型號及并聯臺數,并算出實際的 v_y 值。

先假定 $v'_y = 2.5$ m/s,根據 $F'_y = \dfrac{G}{v'_y \rho}$,可得

$$F'_y = \frac{G}{v'_y \rho} = \frac{8.33}{2.5 \times 1.2} = 2.78 \text{ m}^2$$

根據 $F'_y = 2.78$ m²,查附錄 13.5 可以選用 JW30—4 型表面冷却器一臺,其 $F_y = 2.57$ m²,所以實際的 v_y 爲:

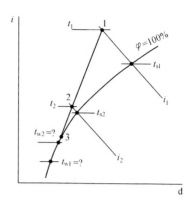

圖 13.19　例 13.3 附圖

$$v_y = \frac{G}{F_y \rho} = \frac{8.33}{2.57 \times 1.2} = 2.7 \text{ m/s}$$

再查附錄 13.4 可知,在 $v_y = 2.7$ m/s 時,8 排 JW 型表冷器實際的 $\varepsilon_2 = 0.950$,與需要的 $\varepsilon_2 = 0.947$ 差別不大,故可繼續計算,如果二者差別較大,則應改選別的型號表冷器或在設計允許範圍內調整空氣的一個終參數。變成已知冷却面積及一個空氣終參數求解另一個空氣終參數的計算類型。

由附錄 13.5 可知,所選表冷器的每排傳熱面積 $F_d = 33.4$ m²,通水截面積 $f_w = 0.00553$ m²。

(3)求析濕系數

$$\xi = \frac{i_1 - i_2}{c_p(t_1 - t_2)} = \frac{50.9 - 30.7}{1.01 \times (25.6 - 11)} = 1.37$$

(4)求傳熱系數

由於題中未給出水初溫和水量,缺少一個已知條件,故采用假定水流速的辦法補充一個已知條件。

假定水流速 $w = 1.2$ m/s,根據附錄 13.2 中的相應公式可以算出傳熱系數爲:

$$K_S = \left[\frac{1}{35.5\, v_y^{0.58} \xi^{1.0}} + \frac{1}{353.6 w^{0.8}} \right]^{-1} = \left[\frac{1}{35.5 \times 2.7^{0.58} \times 1.37} + \frac{1}{353.6 \times 1.2^{0.8}} \right]^{-1} =$$
$$71.42 \quad \text{W/(m}^2 \cdot \text{℃)}$$

(5)求冷水量

$$W = f_w w \times 10^3 = 0.00553 \times 1.2 \times 10^3 = 6.64 \text{ kg/s}$$

(6)求表面冷却器能達到的 ε_1

先求傳熱單元數和水當量比

$$\beta = \frac{K_S F}{\xi G c_p} = \frac{71.48 \times 33.4 \times 8}{1.37 \times 8.33 \times 1.01 \times 10^3} = 1.65$$

$$\gamma = \frac{\xi G c_p}{W c} = \frac{1.37 \times 8.33 \times 1.01 \times 10^3}{6.64 \times 4.19 \times 10^3} = 0.42$$

根據 β 及 γ 值查圖 13.18 得 $\varepsilon_1 = 0.74$,或通過計算得:

$$\varepsilon_1 = \frac{1 - \exp[-\beta(1-\gamma)]}{1 - \gamma \exp[-\beta(1-\gamma)]} = \frac{1 - e^{-1.65(1-0.42)}}{1 - 0.42 e^{-1.65(1-0.42)}} = 0.734$$

兩者差別不大。

(7)求水的初溫

$$t_{W1} = t_1 - \frac{t_1 - t_2}{\varepsilon_1} = 25.6 - \frac{25.6 - 11}{0.74} = 5.9℃$$

(8)求冷量及水的終溫

$$Q = G(i_1 - i_2) = 8.33(50.9 - 30.7) = 168.3 \text{ kW}$$

$$t_{W2} = t_{W1} + \frac{G(i_1 - i_2)}{Wc} = 5.9 + \frac{8.33(50.9 - 30.7)}{6.64 \times 4.19} = 11.95℃$$

【例13.4】 已知被處理的空氣量爲 20 000 kg/h(5.56 kg/s),當地大氣壓力爲 101325 Pa,空氣的初參數爲 $t_1 = 30℃$、$i_1 = 61$ kJ/kg、$t_{sl} = 21℃$,冷水量爲 $W = 25\ 000$ kg/h(6.94 kg/s),冷水初溫爲 $t_{W1} = 5℃$,試求用 JW20—4 型 6 排表冷器處理空氣所能達到的空氣的終狀態和水的終溫。

解 (1)求表冷器迎面風速及水流速

由附錄 13.5 可知,JW20—4 型表面冷却器的迎風面積 $F_y = 1.87 \text{ m}^2$,每排散熱面積 $F_d = 24.05 \text{ m}^2$,通水斷面積 $f_w = 0.00407 \text{ m}^2$,所以

$$v_y = \frac{G}{F_y \rho} = \frac{5.56}{1.87 \times 1.2} = 2.48 \text{ m/s}$$

$$w = \frac{W}{f_w \times 10^3} = \frac{6.94}{0.00407 \times 10^3} = 1.71 \text{ m/s}$$

(2)求表冷器可提供的 ε_2

根據附錄 13.4,當 $v_y = 2.48$ m/s,$N = 6$ 排時,$\varepsilon_2 = 0.889$

(3)假定 $t_2 = 12.5℃$,則

$$t_{S2} = t_2 - (t_1 - t_{Sl})(1 - \varepsilon_2) = 12.5 - (30 - 21)(1 - 0.889) = 11.5℃$$

查 $i - d$ 圖得,當 $t_2 = 12.5℃$,$t_{s2} = 11.5℃$時,$i_2 = 32.8$ kJ/kg

(4)求析濕系數

$$\xi = \frac{i_1 - i_2}{c_p(t_1 - t_2)} = \frac{61 - 32.8}{1.01(30 - 12.5)} = 1.595$$

(5)求傳熱系數

根據附錄 13.2 查得 JW20—4 型 6 排表冷器的傳熱系數爲:

$$K_S = \left[\frac{1}{41.5 v_y^{0.52} \xi^{0.12}} + \frac{1}{352.6 w^{0.8}} \right]^{-1}$$

$$= \left[\frac{1}{41.5 \times 2.48^{0.52} 1.595^{1.02}} + \frac{1}{325.6 \times 1.71^{0.8}} \right]^{-1}$$

$$= 88.24 \quad \text{W/(m}^2 \cdot ℃)$$

(6)求表冷器能達到的 ε_1'

傳熱單元數:$\beta = \dfrac{K_S F}{\xi G c_p} = \dfrac{92.29 \times 24.5 \times 6}{1.595 \times 5.56 \times 1.01 \times 10^3} = 1.42$

水當量比:

$$\gamma = \frac{\xi G c_p}{Wc} = \frac{1.595 \times 5.56 \times 1.01 \times 10^3}{6.94 \times 4.19 \times 10^3} = 0.31$$

根據 β 及 γ 值查圖 13.18 得 $\varepsilon_1' = 0.71$

(7)求需要的 ε_1 并與上面求得的 ε_1' 比較

$$\varepsilon_1 = \frac{t_1 - t_2}{t_1 - t_{w1}} = \frac{30 - 12.5}{30 - 5} = 0.7$$

取 $\delta = 0.01$，若 $|\varepsilon_1 - \varepsilon'_1| \leqslant 0.01$，證明所設 $t_2 = 12.5℃$ 合適，否則重設 t_2 再算。$|\varepsilon_1 - \varepsilon'_1| = |0.7 - 0.71| = 0.01$，證明所設 $t_2 = 12.5℃$ 合適。得到空氣的終參數爲：$t_2 = 12.5℃$、$i_2 = 32.8$ kJ/kg、$t_{s2} = 11.5℃$。

(8)求冷量及水終溫

$$Q = G(i_1 - i_2) = 5.56(61 - 32.8) = 156.79 \quad kW$$

$$t_{W2} = t_{W1} + \frac{G(i_1 - i_2)}{Wc} = 5 + \frac{5.56(61 - 32.8)}{6.94 \times 4.19} = 10.4 \quad ℃$$

2. 空氣加熱器的計算

空氣加熱器的熱媒宜采用熱水或蒸汽。當某些房間的溫濕度需要單獨進行控制，且安裝和選用熱水或蒸汽加熱裝置有困難時或不經濟時，室溫調節加熱器可采用電加熱器。對于工藝性空調系統，當室溫允許波動範圍小于 $\pm 1.0℃$ 時，室溫調節加熱器應采用電加熱器。

空氣加熱器的計算原則是讓加熱器的供熱量等于加熱空氣所需要的熱量。計算方法有平均溫差法和熱交換效率法兩種。一般的設計性計算常用平均溫差法，表冷器做加熱器使用時常用效率法。

(1)平均溫差法的計算方法和步驟見表 13.6。

表 13.6 加熱器的平均溫差計算方法

計算步驟	計算內容	計算公式
1		已知條件：空氣的流量、空氣初溫 t_1、空氣的終溫 t_2 求解參數：加熱器的面積、臺數
2	初選加熱器的型號	1.假定空氣的質量流量 $(v\rho)'$，一般 $(v\rho)'$ 取 8 kg/($m^2 \cdot s$)左右 2.計算加熱器的有效面積：$f = \dfrac{G}{(v\rho)'}$ 3.根據算出的 f 查附錄 13.6 得加熱器的型號、有效截面積 f、每臺加熱器的面積 F_d 和需要并聯的臺數 n。 4.初算實際的空氣質量流量：$v\rho = \dfrac{G}{f}$
3	求加熱器的的傳熱系數	根據加熱器的型號從附錄 13.3 中查出加熱器的傳熱公式
4	計算傳熱面積和臺數	1.計算加熱空氣需要的熱量：$Q = Gc_p(t_1 - t_2)$ 2.計算需要的加熱面積：$F = \dfrac{Q}{K\Delta t_p}$， 當熱媒爲熱水時：$\Delta t_p = \dfrac{t_{w1} + t_{w2}}{2} - \dfrac{t_1 + t_2}{2}$ 當熱媒爲蒸汽時：$\Delta t_p = t_q - \dfrac{t_1 + t_2}{2}$（$t_q$ 爲蒸汽的溫度） 3.計算需要的加熱器的臺數：$N = \dfrac{F}{F_d}$，取整 4.計算總的加熱面積：$F_z = NF_d$
5	檢查安全系數	面積富裕度 $\dfrac{F_Z - F}{F} = 1.1 \sim 1.2$

(2)熱交換效率法的計算方法(見表 13.7)

空氣加熱器的計算只用一個干球溫度效率 E，它的定義爲

$$E = \frac{t_2 - t_1}{t_{w1} - t_1} \tag{13.42}$$

式中　t_1、t_2——空氣初、終溫度，℃；

t_{W1}——熱水的初溫，℃。

干球溫度效率 E 也可以由 β、γ 值按圖 13.18 來確定，但 $\beta = \dfrac{KF}{Gc_p}$，$\gamma = \dfrac{Gc_p}{Wc}$，這里的 K 是表冷器做加熱器用時的傳熱系數。

表 13.7　熱交換效率法的計算方法和步驟

計算步驟	計算内容	計算公式
1		已知條件:空氣的流量、空氣初溫 t_1、空氣的終溫 t_2 求解參數:加熱器的面積、臺數
2	計算傳熱系數 K	根據迎面風速 v_y 和水流速 w 求傳熱系數
3	水的流量	$W = f_w w \times 10^3$
4	計算熱交換效率 E	$\beta = \dfrac{KF}{Gc_p}$，$\gamma = \dfrac{Gc_p}{Wc}$ 查圖 13.18
5	求水初溫	$t_{w1} = \dfrac{t_2 - t_1}{E} + t_1$
6	加熱量	$Q = Gc_p(t_2 - t_1)$
7	水的終溫	$t_{w2} = t_{w1} + \dfrac{Q}{Wc}$

四、表面式換熱器的阻力計算

1.表面冷却器的阻力

表冷器的阻力分爲空氣側阻力和水側阻力兩種。目前這兩種阻力大多采用經驗公式計算,但由于表冷器有干、濕工況之分,而且濕工況的空氣阻力△H_S 比干工況△H_g 大,并與析濕系數有關,所以應區分干工況和濕工況的空氣阻力計算公式。

部分表冷器的阻力計算公式見附錄 13.2

2.空氣加熱器的阻力計算

加熱器的空氣阻力與加熱器型式、構造和空氣流速有關。對于一定結構特性的空氣加熱器而言,空氣阻力可由實驗公式求出:

$$\Delta H = B(v\rho)^p \quad Pa \tag{13.43}$$

式中　B、p——實驗的系數和指數。

如果熱媒是蒸汽,則依靠加熱器前保持一定的剩余壓力(不小于 0.03 MPa 工作壓力)來克服蒸汽流經加熱器時的阻力,不必另行計算。如果熱媒爲熱水,其阻力可按實驗公式計算:

$$\Delta h = Cw^q \quad kPa \tag{13.44}$$

式中　C、q——實驗的系數和指數。

部分加熱器的阻力見附錄 13.3。

第四節 空氣的其他熱濕處理設備

在空調系統中,除了利用噴水室和表面式換熱器對空氣進行熱濕處理外,還采用下列一些加熱和加濕的方法。

一、用電加熱器加熱空氣

電加熱器是讓電流通過電阻絲發熱來加熱空氣的設備。它具有結構緊湊、加熱均勻、熱量穩定、控制方便等優點。但是由于電加熱器利用的是高品位能源,所以只適宜一部分空調機和小型空調系統中使用。在有恒溫精度要求的大型空調系統中,也常用電加熱器控制局部加熱量或作末級加熱器使用。

常用的電加熱器有:裸綫式、管式和 PTC 電加熱器等。

1.裸綫式電熱器(見圖 13.20)是由裸露在氣流中的電阻絲構成。通常做成抽屉式以便維修。裸綫式電加熱器的優點在于熱惰性小,加熱迅速,結構簡單,但電阻絲容易燒斷,安全性差。

采用裸綫式電加熱器時,必須滿足下列要求:

(1)電加熱器宜設在風管中,盡量不要放在空調器中。

(2)電加熱器應與送風機連鎖。

(3)安裝電加熱器的金屬風管應有良好的接地。

(4)電加熱器前后各 0.8 m 範圍內的風管,其保溫材料均應采用絕緣的非燃燒材料。

(5)安裝電加熱器的風管與前后風管連接法蘭中間應采用絕緣材料的襯墊,同時也不要讓連接螺栓傳電。

(6)暗裝在吊頂內風管上的電加熱器,在相對于電加熱器位置處的吊頂上開設檢修孔。

(7)在電加熱器后的風管中應安裝超溫保護裝置。

2.管式電加熱器(圖 13.21)是由管狀電熱元件組成。其優點是加熱均勻,熱量穩定,使用安全,缺點是熱惰性大,結構復雜。

3. PTC 電加熱器采用半導體陶瓷加熱元件,最高溫度爲240℃,無明火,是比較安全的電加熱器。

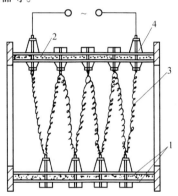

圖 13.20 裸綫式電加熱器
1—鋼板;2—隔熱層;
3—電阻絲;4—瓷絕緣子;

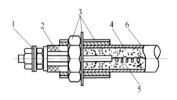

圖 13.21 管式電加熱器
1—接綫端子;2—瓷絕緣子;3—緊固裝置;
4—絕緣材料;5—電阻絲;6—金屬套管;

二、空氣的加濕處理

可以在空氣處理室(空調箱)或送風管道內對送入房間內的空氣進行集中加濕,也可以在空調房間內部對空氣進行局部補充加濕。

空氣的加濕方法有多種:噴水加濕、噴蒸汽加濕、電加濕、超聲波加濕、遠紅外綫加濕等。利用外熱源使水變成蒸汽和空氣的混合過程在 $i-d$ 圖上表現爲等溫加濕過程,而水吸收空氣本身的熱量變成蒸汽使空氣加濕的過程在 $i-d$ 圖上表現爲絕熱加濕過程或等熵加濕過程。

1.等溫加濕

(1)蒸汽噴管和干蒸汽加濕器

蒸汽噴管是最簡單的加濕裝置。它由直徑略大于供汽管的管段組成,管段上開許多小孔。蒸汽在管內壓力的作用下由小孔中噴出,小孔的數目和孔徑大小應由需要的加濕量大小來決定。

每個小孔噴出的蒸汽量爲

$$g = 0.594f(1+p)^{0.97} \quad \text{kg/h} \tag{13.45}$$

式中　f——每個噴孔的面積,m^2;

　　　p——蒸汽的工作壓力,0.1 MPa。

蒸汽噴管雖然構造簡單,容易加工,但噴出的蒸汽中帶有凝結水滴,影響加濕效果的控制。爲了避免蒸汽噴管內産生冷凝水和蒸汽管網內的凝結水流進噴管,可在噴管外面加上一個保溫套管,做成所謂的干蒸汽噴管,此時的蒸汽噴孔孔徑可大些。

(2)干蒸汽加濕器

干蒸汽加濕器由干蒸汽噴管、分離室、干燥室和電動或氣動調節閥組成。圖13.22所示,蒸汽由蒸汽進口1進入外套2內,它對噴管內蒸汽起加熱、保溫、防止蒸汽凝結的作用。由于外套的外表面直接與被處理的空氣接觸,所以外套內將産生少量凝結水并隨蒸汽進入分離室4。由于分離室斷面大,使蒸汽減速,再加上慣性作用及分離擋板3的阻擋,冷凝水被攔截下來。分離出凝結水的蒸汽經由分離室頂端的調節閥孔5減壓后,再進入干燥室6,殘留在蒸汽中的水滴在干燥室中汽化,最后從小孔8噴出。

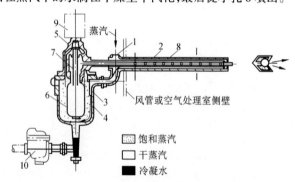

圖13.22　干蒸汽加濕器

1—接管;2—外套;3—擋板;4—分離室;5—閥孔;
6—干燥室;7—消聲腔;8—噴管;9—電動或氣動執行機構;10—疏水器;

(3)電熱式加濕器

電熱式加濕器是將管狀電熱元件置于水槽中內制成的(圖13.23)。元件通電后加熱水槽中的水,使之汽化。補水靠浮球閥自動調節,以免發生缺水燒毀現象。這種加濕器的加濕能力取決于水溫和水表面積。可用敞開水槽表面散濕量的公式計算。

(4)電極式加濕器

電極式加濕器的構造見圖13.24所示。它是利用三根銅棒或不銹鋼棒插入盛水的容器中做電極。將電極與三相電源接通之后,就有電流在水中通過從而把水加熱成蒸汽。

由于水位越高,導電面積越大,通過的電流也越強,發熱量也越大。所以產生的蒸汽量多少可以用水位高低來調節。

2. 等熔加濕

直接向空調房間空氣中噴水的加濕裝置有:壓縮空氣噴霧器、電動噴霧機、超聲波加濕器。壓縮空氣噴霧器是用壓力為 0.03 MP(工作壓力)左右的壓縮空氣將水噴到空氣去,壓縮噴霧器可分為固定式和移動式兩種。電動噴霧機由風機、電動機和給水裝置組成。這兩種加濕裝置在空調系統中很少使用,故不做詳細介紹。

利用高頻電力從水中向水面發射具有一定強度的、波長相當于紅外綫的超聲波,在這種超聲波的作用下,水表面將產生直徑為幾個微米的細微粒子,這些細微粒子吸收空氣熱量蒸發為水蒸氣,從而對空氣進行加濕,這就是超聲波加濕器的工作原理。超聲波加濕器的主要優點是產生的水滴較細,運行安靜可靠。但容易在墙壁和設備表面上留下白點,要求對水進行軟化處理。超聲波加濕器在空調系統中也有采用。

三、空氣的減濕處理

1. 冷凍減濕機

冷凍減濕機(除濕機)是由冷凍機和風機等組成的除濕裝置,其工作原理見圖 13.25

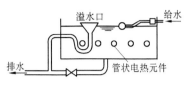

圖 13.23　電熱式加濕器

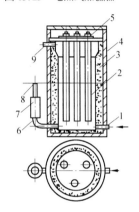

圖 13.24　電極式加濕器
1—進水管;2—電極;3—保温層;
4—外殼;5—接綫柱;6—溢水管;
7—橡皮短管;8—溢水嘴;9—蒸汽管。

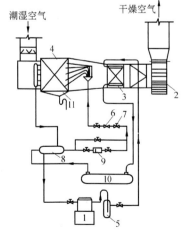

圖 13.25　冷凍減濕機原理圖
1—壓縮機;2—送風機;3—冷凝器;4—蒸發器;
5—油分離器;6,7—節流裝置;8—熱交換器;
9—過濾器;10—貯液器;11—集水器;

所示,,減濕過程中的空氣狀態變化見圖 13.26 所示。需要減濕的空氣由狀態 1,經過蒸發器后達到狀態 2,再經過冷凝器達到狀態 3,所以經過后得到的是高溫、干燥的空氣。由此可見,在既需要減濕又需要加熱的地方使用冷凍減濕機比較合適。相反,在室內産濕量大、産熱量也大的地方,最好不采用冷凍減濕機。

冷凍減濕機的制冷量爲:

$$Q_0 = G(i_1 - i_2) \quad \text{kW} \tag{13.46}$$

除濕量: $W = G(d_1 - d_2) \quad \text{kg/s} \tag{13.47}$

由式(13.46)和(13.47)可得:

$$W = \frac{Q}{\varepsilon} \text{式中} \quad \varepsilon \text{——過程綫 } 1-2 \text{ 的角系數。}$$

冷凝器的排熱量爲:

$$Q = G(i_3 - i_2) \quad \text{kW} \tag{13.48}$$

爲了求出冷凝器后的空氣狀態,可建立制冷系統熱平衡式:

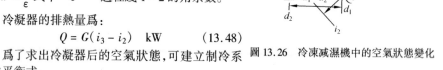

圖 13.26　冷凍減濕機中的空氣狀態變化

$$G(i_3 - i_2) = G(i_1 - i_2) + N_i \quad \text{kW} \tag{13.49}$$

式中　N_i——制冷壓縮機輸入功率,kW。

由此可得:

$$i_3 = i_1 + \frac{N_i}{G} \tag{13.50}$$

蒸發器后空氣的相對濕度一般可按 95% 計算,蒸發器后空氣的含濕量爲:

$$d_2 = d_1 - \frac{W}{G} \tag{13.51}$$

冷凍除濕機的優點是使用方便,效果可靠,缺點是使用條件受到一定的限制,運行費用較高。

2.溴化鋰轉輪除濕機

溴化鋰轉輪除濕機利用一種特制的吸濕紙來吸收空氣中的水分。吸濕紙是以玻璃纖維爲載體,將溴化鋰等吸濕劑和保護加强劑等液體均匀地吸附在濾紙上烘干而成。存在于吸濕紙里的溴化鋰的晶體吸收水分后生成結晶體而不變成水溶液。常温時吸濕紙上水蒸汽分壓力比空氣中水蒸汽分壓力低,所以能够從空氣中吸收水蒸汽;而高温時吸濕紙表面水蒸汽分壓力比空氣中水蒸汽分壓力高,所以又將吸收的水蒸汽釋放出來。如此反復達到除濕的目的。

圖 13.27 是溴化鋰轉輪除濕機的工作原理圖。這種轉輪除濕機是由吸濕轉輪、傳動機構、外殼、風機、再生加熱器(電加熱器或熱媒爲蒸汽的空氣加熱器)等組成。轉輪是由交替放置的平吸濕紙和壓成波紋的吸濕紙卷繞而成。在轉輪上形成了許多蜂窝狀通道,因而也形成了相當大的吸濕面積。轉輪的轉速非常緩慢,潮濕空氣由轉輪的 3/4 部分進入干燥區,再生空氣從轉輪的另一側 1/4 部分進入再生區。

溴化鋰轉輪除濕機吸濕能力强,維護管理方便,是一種較爲理想的吸濕機。在空調系統種應用廣泛。

3.固體吸濕

固體吸附劑本身具有大量的孔隙,因此具有極大的孔隙內表面積。

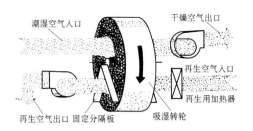

潮湿空气入口　　　　　　干燥空气出口

再生空气入口

再生用加热器

再生空气出口　固定分隔板　　吸湿转轮

圖 13.27　溴化鋰轉輪除濕機工作原理圖

　　固體吸附劑各孔隙内的水表面呈凹面。曲率半徑小的凹面上水蒸汽分壓力比平液面上水蒸汽分壓力低,當被處理空氣通過吸附材料層時,空氣的水蒸汽分壓力比凹面上水蒸汽分壓力高,則空氣中水蒸汽就向吸附劑凹面遷移,由氣態變爲液態并釋放出汽化潛熱。

　　在空調工程中廣泛采用的固體吸附劑是硅膠(SiO_2)。

　　硅膠是用無機酸處理水玻璃時得到的玻璃狀顆粒物質,它無毒、無臭、無腐蝕性,不溶于水。硅膠的粒徑通常爲 $2 \sim 5$ mm,密度爲 $640 \sim 700$ kg/m³。1 kg 硅膠的孔隙面積可達 40 萬平方米,孔隙容積爲其總容積的 70%,吸濕能力可達其質量的 30%。

　　硅膠有原色和變色之分,原色硅膠在吸濕過程中不變色,而變色硅膠(如氯化鈷)本身是藍色,吸濕后原色由藍變紅逐漸失去吸濕能力。變色硅膠的價格高,除少量使用外,通常是利用它做原色硅膠吸濕程度的指示劑。

　　硅膠失去吸濕能力后,可以加熱再生,再生后的硅膠仍可重新使用。如果硅膠長時間停留在參數不變的空氣中,則將達到某一平衡狀態。這一狀態下,硅膠的含濕量不再變化,稱之爲硅膠平衡含濕量 d_S,單位爲 g/kg 干硅膠。硅膠平衡含濕量 d_S 與空氣溫度和空氣含濕量 d 的關系如圖 13.28 所示,它反映了硅膠吸濕能力的極限。

　　在使用硅膠或其他固體吸附劑時,都不應該達到吸濕能力的極限狀態。這是因爲吸附劑是沿空氣流動方向逐層達到飽和,不可能所有材料層都達到最大吸濕能力。

　　采用固體吸附劑干燥空氣,可使空氣含濕量變得很低。但干燥過程中釋放出來的吸附熱又加熱了空氣。所以對需要干燥又需要加熱空氣的地方最宜采用。

　　在 $i-d$ 圖上表示使用固體吸附劑處理空氣的狀態變化過程如圖 13.29 所示。

　　空調系統中也采用液體吸濕劑進行減濕,不再詳述。

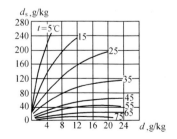

圖 13.28　硅膠平衡含濕量 d_S 與空
　　　　　氣溫度和空氣含濕量 d
　　　　　的關系

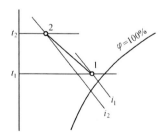

圖 13.29　吸附過程的 $i-d$ 圖

第十四章　空氣的淨化處理

　　空氣的淨化處理包括向室內或某些特定空間內送排風的濾塵、濾菌淨化和除臭等處理。對于大多數以溫、濕度要求爲主的空調系統，設置一道粗效過濾器，將大顆粒的灰塵濾掉即可。有些場所有一定的潔淨度的要求，但無確定的潔淨度指標，這時可以設置兩道過濾器，即加設一道中效過濾器便可滿足要求。另有一些場所有明確的潔淨度的要求，或兼有細菌控制要求，這些場所所設的空調稱爲潔淨空調或淨化空調。

　　所謂潔淨室，一般指對空氣的潔淨度、溫度、濕度、靜壓等項參數根據需要實行控制的密閉性較好的空間，該空間的各項參數滿足"潔淨室級別"的規定。潔淨室的應用非常廣泛，如醫院中的無菌手術室、配劑中心，藥廠的制藥車間、生物制劑 GMP 實驗室，光電元件生產車間及實驗室，感光膠片涂布車間，精密儀器的生產車間和使用場所，純凈水、礦泉水、食品的包裝間等。

　　空氣中的塵粒、細菌不僅對人體的健康不利，影響生產工藝過程的進行，影響室內壁面、家具和設備的清潔，同時還會使一些空氣處理設備的處理效果惡化。如加熱器、冷却器的表面積塵會影響傳熱效果，冷凝水盤中細菌的滋生可能導致室內空氣品質變壞。此外，有些場所還需對空氣進行除臭和離子化等處理。如果室內產生一些污染物，空調還要負擔空氣質量的控制，起通風系統的作用，消除或排出污染物。空氣中懸浮微粒濃度的控制主要依靠過濾器來實現。

第一節　室內空氣的淨化標準和濾塵機理

　　空氣的净化處理是指除去空氣中的污染物質，確保空調房間或空間空氣潔淨度要求的空氣處理方法。空氣中懸浮污染物包括粉塵、烟霧、微生物和花粉等，根據生產和生活的要求，通常將空氣净化分爲三類：一般净化、中等净化和超净净化。

一、空氣的含塵濃度表示

　　1.質量濃度，單位體積空氣中含有灰塵的質量(kg/m^3)；
　　2.計數濃度，單位體積空氣中含有灰塵的顆粒數(粒$/m^3$ 或粒$/l$)；
　　3.粒徑顆粒濃度，單位體積空氣中含有的某一粒徑範圍內的灰塵顆粒數(粒$/m^3$ 或粒$/l$)。

二、一般净化

　　對室內含塵濃度無具體要求，只對進氣進行一般净化處理，大多數以溫濕度要求爲主的民用與工業建築均屬此類。

三、中等净化

　　對空氣中懸浮微粒的質量濃度有一定的要求，如我國對大型公共建築物內空氣中懸浮微粒的質量濃度一般要求不大于 $0.15\text{mg}/\text{m}^3$。

四、超净净化

對空氣中懸浮微粒的粒徑和質量濃度均有嚴格要求,按我國現行的潔净廠房設計規範和美國現行的聯邦標準 209E,推薦按表 14.1 進行潔净級別的劃分。

表 14.1 潔净級別的劃分

級別名稱		粒　徑 $d_p(\mu m)$									
		0.1		0.2		0.3		0.5		5	
		單位體積粒子數									
SI	英制	m^3	ft^3	m^3	ft^3	m^3	ft^3	m^3	ft^3	m^3	ft^3
M1		350	9.91	75.7	2.14	30.9	0.875	10	0.283	–	–
M1.5	1	1240	35.0	265	7.5	106	3.0	35.3	1.0	–	–
M2		3500	99.1	757	21.4	309	8.75	100	2.83	–	–
M2.5	10	12400	350	2650	75.0	1060	30.0	353	10.0	–	–
M3		35000	991	7570	214	3090	87.5	1000	28.3	–	–
M3.5	100	–	–	26500	750	10800	300	3530	100	–	–
M4		–	–	75700	2140	30900	875	1000	283	–	–
M4.5	1000	–	–	–	–	–	–	35300	1000	247	7.0
M5		–	–	–	–	–	–	100000	2830	618	17.5
M5.5	10000	–	–	–	–	–	–	353000	10000	2470	70.0
M6	100000	–	–	–	–	–	–	1000000	28300	6180	175

五、空氣過濾器的濾塵機理

空氣中懸浮微粒的運動形式主要有直綫運動、在流動空氣中的曲綫運動、布朗運動和帶電粒子在電場中的運動。空氣過濾器按濾塵機理可分爲粘性填料過濾器、干式纖維過濾器和静電過濾器,濾塵機理歸納爲以下幾點:

1.粘性填料過濾器的填料上浸有粘性油,當含塵空氣流流經填料時,沿填料的空隙進行多次曲折運動,塵粒在慣性的作用下偏離氣流運動方向,被粘性油粘住捕獲。大顆粒的塵粒也依靠篩濾作用。

2.干式纖維過濾器主要依靠以下機理濾塵:接觸阻留、慣性撞擊、分子擴散作用、静電作用、重力作用等。

3.静電過濾器通常采用雙區電場結構,正極放電。在第一區使空氣電離,塵粒荷電;在第二區(集塵區)帶電塵粒在電場力的作用下分離出來。静電過濾器的效率隨電場强度的增加和處理風量的減少而提高。

第二節 空氣過濾器

一、空氣過濾器的性能指標

1. 過濾效率和穿透率

(1) 過濾效率是衡量過濾器捕獲塵粒能力的一個特性指標,指在額定風量下,過濾器捕獲的灰塵量與過濾器前進入過濾器的灰塵量之比的百分數。如果認爲空氣過濾器前后空氣量相同,則過濾效率爲過濾器前後空氣含塵濃度之差與過濾器前空氣含塵濃度之比的百分數。

$$\eta = \frac{VC_1 - VC_2}{VC_1} \times 100\% = \frac{C_1 - C_2}{C_1} \times 100\%$$

$$= (1 - \frac{C_2}{C_1}) \times 100\% \tag{14.1}$$

式中　C_1, C_2——分別爲空氣過濾器前、后的空氣含塵濃度;

　　　　V——過濾器的處理風量。

淨化空調中通常需要將不同類型的空氣過濾器串聯使用,一般淨化爲二級過濾,如圖 14.1,超淨淨化爲三級過濾。兩道過濾器的總過濾效率爲

$$\eta = 1 - (1 - \eta_1)(1 - \eta_2) \tag{14.2}$$

三道過濾器串聯的總過濾效率爲

$$\eta = 1 - (1 - \eta_1)(1 - \eta_2)(1 - \eta_3) \tag{14.3}$$

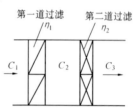

圖 14.1　過濾器串聯使用

式中　η_1、η_2、η_3——爲初效、中效、高效過濾器的過濾效率。

(2) 過濾效率的測量方法

① 質量法,適用于初效過濾器,即用人工塵流經過過濾器,根據喂塵量,過濾器捕集量等計算其質量效率。

② 比色法,通常用于測定中效過濾器,在過濾器前后用濾紙或濾膜采樣,然后將濾紙在一定光源下照射,用光電管比色計測出過濾器前后濾紙的透光度。由于在灰塵的成分、大小和分布等相同的條件下,積塵量與透光度成一定的比例關系,因而測出透光度可直接得出過濾效率。

③ 鈉焰法,適用于中高效過濾器的效率測量。把氯化鈉的固體塵在氫焰中燃燒,産生一種橙黃色的火焰,通過光電光焰光度計來測定出過濾器前后氯化鈉粒子的濃度,求出過濾效率。

④ 油霧法,用于高效和亞高效過濾器的效率測定。特點是將透平油的液態油霧作爲人工塵源,其粒徑分布接近于單分散相,粒徑接近 0.3 μm,粒子群的總散射光强與粒子濃度成正比,因此可通過光電濁度計測算出過濾器前后的濃度,求出過濾效率。

⑤ 粒子計數法,用于高效過濾器的測定。塵源可采用人工塵或大氣塵,人工塵通常爲 DOP(鄰苯二甲酸二辛酯)霧。當含塵氣流通過强光照射的測試區時,每一個塵粒産生一次光散射,形成一個光脈冲信號,信號的大小又反映粒子的大小,因此采用這種方法既可測出粒子數,又能測出粒子的大小和效率。在淨化空調測試中潔淨空間的檢測以及局部淨化設備的檢測中,以激光爲光源的粒子計數器較爲常用。

塵源不同,測試方法和儀器不同,得到的測試結果可能大不相同,所以空氣過濾器的效率值必須注明所用人工塵源的種類和測試儀器及方法。

(3) 穿透率 K 是指過濾后空氣的含塵濃度 C_2 與過濾前空氣含塵濃度 C_1 之比的百分數,即

$$K = \frac{C_2}{C_1} \times 100\% = 1 - \eta \tag{14.4}$$

穿透率能明確的反映出過濾器后空氣含塵量的多少,明確表示空氣過濾器之后和排氣淨化處理后的空氣含塵濃度的大小。

2. 過濾器的迎面風速和濾速

迎面風速是指過濾器迎風斷面上通過氣流的速度 u_0,一般以 m/s 表示,即

$$u_0 = Q/F \tag{14.7}$$

式中　Q——風量,m^3/s;

　　F——過濾器斷面積(迎風面積),m^2。

濾速是指濾料面積上氣流通過的速度 u,一般以 cm/s 或 $L/(cm^2 \cdot min)$ 表示,即

$$u = \frac{Q}{f} \tag{14.8}$$

式中　f——濾料净面積。

當空氣過濾器的結構一定時,迎面風速和濾速反映了過濾器的額定風量,如已知所需處理的風量,可以確定所需過濾器的數量。

3. 過濾器容塵量

當過濾器的阻力在額定風量下達到終阻力時,過濾器所容納的塵粒質量稱爲該過濾器的容塵量。

4. 過濾器的阻力

過濾器的阻力隨着沾塵量的增加而增大。過濾器未沾塵時的阻力稱爲初阻力,把需要更換或清洗時的阻力稱爲終阻力,終阻力值經綜合考慮確定,通常用初阻力的兩倍作爲終阻力。在進行阻力計算時,采用終阻力,依此選擇風機才能保證系統正常運行。

過濾器的阻力一般包括濾料阻力和結構阻力,結構阻力指框架、分隔片及保護面層等形成的阻力。過濾器的阻力一般爲實驗測定,對新過濾器的阻力可用如下方法確定:

(1) 以迎面風速 u_0 爲變量,按式 14.5 計算。

$$\Delta P = Au_0 + Bu_0^m \tag{14.5}$$

式中　A,B,m——經驗系數或指數。

Au_0 代表濾料阻力,Bu_0^m 代表結構阻力。

(2) 以氣溶膠通過濾料的流速 u 爲變量時,按式 14.6 計算。

$$\Delta P = \alpha u^n \tag{14.6}$$

式中　α——經驗系數,對國産過濾器 α 爲 3 ~ 10;

　　n——經驗指數,對國産過濾器 n 爲 1 ~ 2。

過濾器的阻力隨 u 和 u_0 的增大而增加,且過濾效率隨濾速的增大而降低,因此迎面同速 u_0 和濾速 u 有一個適宜的數值,相應的高效過濾器的初阻力不大於 200 Pa。

二、空氣過濾器的分類

空氣過濾器按過濾效率可分爲粗效(又稱初效)、中效、高中效、亞高效、高效過濾器,見表 14.2。

表 14.2　常用過濾器的性能表

過濾器類型	有效捕集粒徑(μm)	適應的含塵濃度①	過濾效率(%)			壓力損失(Pa)	容塵量(g/m^2)	備　注
			質量法	比色法	DOP 法			
初效過濾器	>5	中~大	70~90	15~40	5~10	30~200	500~2000	濾速以 m/s 計
中效過濾器	>1	中	90~96	50~80	15~50	80~250	300~800	濾速以 dm/s 計
亞高效過濾器	<1	小	>99	80~95	50~90	150~350	70~250	濾速以 cm/s 計
高效過濾器	≥0.5	小	不適用	不適用	95~99.99(一般指≥99.97%)	250~490	50~70	
超高效過濾器	≥0.1	小	不適用	不適用	≥99.999	150~350	30~50	過濾器迎面風速不大于 1 m/s
靜電集塵器	<1	小	>99	80~95	60~95	80~100	60~75	

① 含塵濃度大指 0.4~7 mg/m³，中 0.1~0.6 mg/m³，小 0.3 mg/m³ 以下。

三、常用空氣過濾器

1. 初效過濾器

初效過濾器的濾材多采用玻璃纖維、人造纖維、金屬網、粗孔聚氨酯泡沫塑料等，常用的型式有浸油金屬網格過濾器(見圖 14.2)、干式玻璃纖維填充式過濾器、YP 型抽屜式及

(a)　　　　　　　　　　(b)

圖 14.2　金屬網式初效過濾器

M 型袋式泡沫塑料過濾器(見圖 14.3)、ZTK - 1 型(人字形)及 TJ - 3 型(平板型)自動卷繞式過濾器(化纖或滌綸無紡布爲濾料)。其中前兩種過濾器爲了便于更換一般做成塊狀(平板狀)，安裝形式見圖 14.4。自動卷繞式初效過濾器見圖 14.5a。自動移動式金屬網、板初效過濾器見圖 14.5b 和圖 14.5c 所示，由于自帶油槽可自行清洗灰塵，因而可連續工作，只需定期清理油槽內的積垢即可。

2. 中效過濾器

中效過濾器的主要濾料是超細玻璃纖維、人造纖維(滌綸、丙輪、腈綸等)合成的密細無紡布和中細孔聚乙烯泡沫塑料等，可以做成平板式(圖 14.6a)、V 型過濾器(圖 14.6b)和多 V 型過濾器，也可以做成袋式和抽屜式。泡沫塑料和無紡布爲濾料時可清洗后多次使用，玻璃纖維過濾器則需更換。

3. 高效過濾器

高效過濾器又可分爲亞高效、高效(0.3μm)和超高效過濾器(0.1 μm)，濾料爲超細玻璃纖維濾紙，合成纖維濾紙和超細石棉纖維濾紙。濾紙的孔隙非常小，且允許的濾速很低

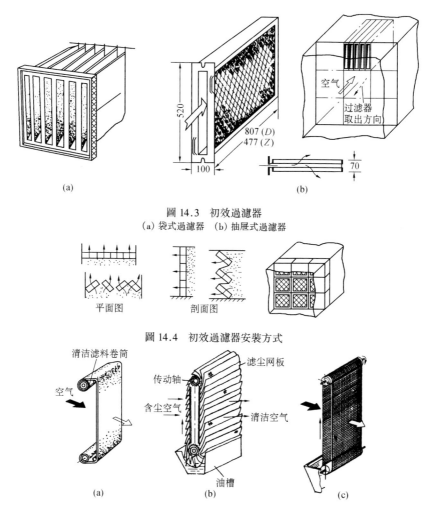

圖 14.3 初效過濾器
(a) 袋式過濾器　(b) 抽屜式過濾器

圖 14.4 初效過濾器安裝方式

圖 14.5 自動移動式初效過濾器

(以 0.01 m/s 計),以增強篩濾作用和擴散作用,因而在一定的風量下需要很大的過濾面積。在制作過濾器時需將濾紙折返多次,通常其過濾面積爲迎風面積的 60 余倍以上,折疊后的濾紙用分隔片(波紋形)分隔見圖 14.7a。另有一種較常用的無分隔片的高效過濾器(見圖 14.7b),厚度較小,依靠在濾料正反面一定間隔處貼綫或涂膠來保持濾紙間隙,便于含塵氣流通過。高效過濾器阻力約 200～300 Pa 左右。

4. 静電過濾器

由電過濾器、高壓發生器、控制盒及清洗系統等組成,屬于高中效或亞高效過濾器,空氣阻力較低,積塵后阻力變化小。

5. 噴水式玻璃絲盒過濾器

如圖 14.8 所示,特點是在除去空氣中一般塵粒的同時,還能除去可溶于水的有害氣體,并可與空氣的熱濕處理的相結合。對環境污染嚴重的地區用其處理新風較爲適宜。

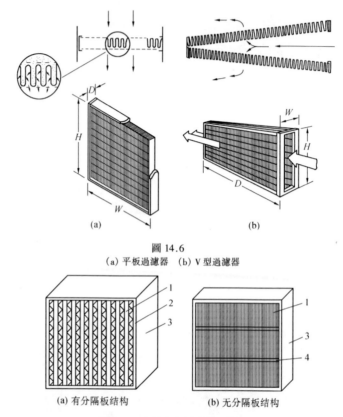

圖 14.6
(a) 平板過濾器　(b) V 型過濾器

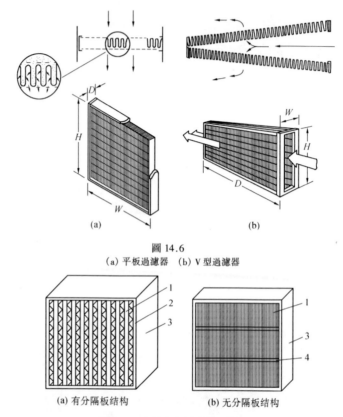

(a) 有分隔板结构　　　(b) 无分隔板结构

圖 14.7　高效空氣過濾器外觀圖
1—濾紙;2—分隔板;3—外殼;4—貼綫或涂膠

四、空氣過濾器的設置

1. 一般净化要求的空調系統,選用一道粗效過濾器,將大顆粒塵粒濾掉即可;

2. 對于有中等净化要求的空調系統,可設粗、中兩道過濾器;

3. 有超净化要求的空調系統,則至少設置三道過濾器,爲防止送風中帶油,此時不宜選用浸油式初、中效過濾器;

4. 對中等净化和超净化系統,爲了延長下道過濾器的使用壽命,必須設置相應的預過濾;

5. 爲了防止污染空氣進入系統,中效過濾器應設置在系統的正壓段。爲防止管道對送入潔净空氣的再污染,高效過濾器應設置在系統的末端(送風口),并應十分嚴密,以保證室内的潔净度。

6. 各空氣過濾器均按額定風量或低于額定風量選用。如低于額定風量選定數量,投資會有所增加,但增長了過濾器的清洗和更換的周期和減少系統阻力的增長速率,有利于系統風量的穩定。

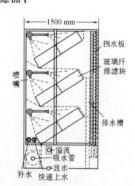

圖 14.8　噴水式玻璃絲盒過濾器

7. 需要説明的另一點是高效過濾器有很多適用要求,如耐高溫、耐高濕等,因此在選用時應注意,不能只考慮過濾效率。由于各净化廠的規格、名稱無統一標準,所以要注意型號表示中各項的實際意義。

第三節　净化空調系統

净化空調系統既要完成普通空調系統的任務,即對空調房間的温濕度控制,更要實現對空調房間潔净度的控制。滿足潔净度的要求常常是净化空調系統設計的主導方面,系統的設置型式不同于一般空調系統的設計。

一、空氣净化處理方式

1. 原設有空調系統的車間要增設净化措施

建築裝修、水、電等均需采取相應措施,空氣處理可采用在原空調系統中增加過濾設備和提高風壓、風量的措施,或根據不同需要采用分散處理的辦法來滿足工藝對潔净度的要求,如增設潔净工作臺(如圖 14.9a)或空氣自净器、室内增設裝配式或固定式潔净小室(如圖 14.9b)等。

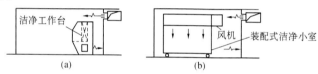

圖 14.9　原設有空調系統的車間增設净化措施
(a) 增設潔净工作臺　(b) 增設裝配或潔净小室

2. 原未設空調系統的車間要增設净化措施

除建築裝修、水電等方面采取相應措施外,空氣處理可采用增設集中式净化空調系統的辦法,或采用帶空調機組的分散净化處理的方法,如采用净化空調器(見圖 14.10a),室内增設帶有裝配式潔净小室和空調器(見圖 14.10b)。

圖 14.10　原未設空調系統的車間增設净化措施的幾種方式
(a) 增設净化空調器　(b) 增設裝配式潔净室

3. 新建潔净室

通常爲便于管理,保證净化空調系統的正常運行,一般采用集中式空氣净化機組。對大面積的車間,也可采用多個净化空氣系統,新風經集中處理后送到各净化空氣系統。

二、集中式净化空調系統的基本型式

1. 單風機系統(如圖 14.11)

兩臺以上風機串聯使用效率低于單臺風機單獨使用時的效率,且單風機系統節約占地面積和初投資,因此多數空調系統采用單風機形式。若系統阻力較大,爲便于系統運行調節和降低系統噪聲等,在技術經濟比較后認爲合理時,可增設回風機。當回風含塵濃度

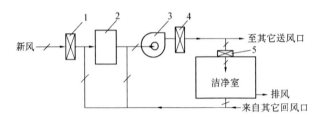

圖 14.11　單風機净化空調系統的基本形式
1—粗效過濾器;2—濕溫度處理室;3—風機;4—中效過濾器;5—高效過濾器

較高或有大粒徑灰塵、纖維等時,要在回風口設粗效過濾器或中效過濾器。爲防止系統停止運行后室外污染空氣由新風口經回風道進入潔净室,一般在新風入口管段上設電動密閉閥,并與風機聯鎖。

　　2. 設有值班風機系統的基本形式,見圖 14.12。對于間歇運行的潔净室,系統停止運行后,室外污染空氣將通過圍護結構縫隙和由新風口經回風道滲入潔净室内。若潔净室

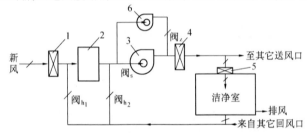

圖 14.12　設有值班風機的净化空調系統的基本形式
(正常運行時,閥 h_1、閥 h_2 閥 s 找開,閥 z 關閉;下班后大風機停
止運行,值班風機運行,閥 z 打開,閥 h_1,閥 h_2、閥 s 關閉)
1—粗效過濾器;2—濕溫度處理室;3—正常運行風機;
4—中效過濾器;5—高效過濾器;6—值班風機;

不工作時也要求維持一定的潔净度和溫濕度,要設置值班送風機,其風量按維持室内預定正壓值和溫濕度三者中所需的最大一項换氣次數來確定。

　　3. 多個净化空調系統、新風集中處理的基本形式,見圖 14.13。通常利用新風機兼作值班送風機,不另設值班送風機。

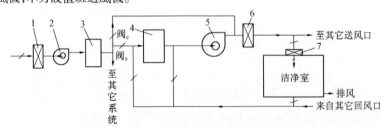

圖 14.13　多個净化空調系統新風集中處理的基本形式(潔净室停止工作時,打開
閥 c,關閉閥 s,僅新風機組運行,起值班風機作用)
1—粗效過濾器;2—新風機;3—新風溫濕度處理室;
4—混合風溫濕度處理室;5—送風機;6—中效過濾器;7—高效過濾器

　　4. 空氣處理機内風機與循環風機分設,(見圖 14.14)。適用于潔净等級爲 100 級以

上的潔净室,這種超净潔净室的通風量很大,換氣次數可達 500 次/h,因此單設循環風機。

三、氣流組織

普通空調系統通常采用紊流度較大的氣流組織形式,以期增强空調房間内送風與室内空氣的摻混作用,有利于温度場的均匀。而净化空調系統的氣流組織要求紊流度小,以避免或減少塵粒、細菌

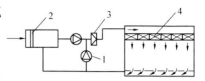

圖 14.14　垂直平行流潔净室系統型式
1—循環風機;2—初效過濾器;
3—中效過濾器;4—高效過濾器

對工藝過程的污染。一般遵循以下幾點原則:盡量減少渦流,以避免將工作區以外的塵粒帶入工作區;工作區的氣流速度應滿足空氣潔净度和人體健康的要求,并應使工作區氣流流向單一;防止塵粒的二次飛揚,減少其對工藝過程的污染機會;爲了稀釋降低空氣的含塵濃度,要有足够的通風換氣量。

潔净室的净化標準不同,需采用的氣流組織形式也不同,主要有亂流和平行流(層流)兩類:

1. 亂流型式

適用于潔净等級在 1 000 ~ 100 000 級的潔净室,送回風方式一般采用頂送下回。送風口經常采用帶擴散板(或無擴散板)高效過濾器風口或局部孔板風口,若潔净度要求不高,也可采用上側送風下回風的方式。

亂流型潔净室構造簡單、施工方便,投資和運行費用較小,應用較廣泛。

2. 平行流(層流)型式

適用于潔净等級在 100 級以上的潔净室。平行流型式有垂直平行流(見圖 14.15)和

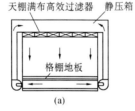

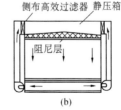

(a)　　　　　　　　　　(b)

圖 14.15　垂直平行流

水平平行流(見圖 14.16),主要特點是在潔净室頂棚或送風側墻上滿布高效過濾器,送入氣流充滿整個房間斷面,流綫幾乎平行,氣流流動爲"活塞流"。其自净時間,即自系統啓動開始,至室内含塵濃度達到穩定值所需的時間,約爲 1 ~ 2 分鐘。與垂直平行流相比,水平平行流由于氣流方向與塵粒的重力沉降方向不一致,因而需要較高的斷面流速,沿着氣流的運動方向潔净度逐漸降低,在布置送排風方向時應注意與工藝要求一致。

潔净室氣流組織型式和送風量可參考表 14.3。

當工藝僅要求在某局部區域達到高潔净度時,氣流組織設計要結合工藝特點,將送風

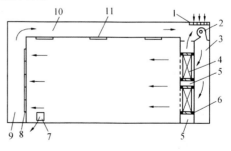

圖 14.16　水平單向流潔净室負壓密封構造示意圖
1—新風過濾器;2—風機;3—送風靜壓箱;
4—高效過濾器;5—負壓腔;6—密封墊;
7—余壓閥;8—回風過濾器;
9—回風箱;10—回風夾層;11—燈具

口布置在局部工作區的頂部或側面,使潔净氣流首先流經并籠罩工作區,以滿足區域内高潔净度的要求。如圖 14.17 所示。亂流潔净室設置潔净工作臺時,其位置一般放在工作區氣流的上風側,以提高室内的潔净度。單向流(平行流)潔净室一般不設潔净工作臺。

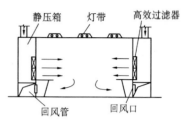

圖 14.17　局部區域净化(側點)

表 14.3　氣流組織和送風量

| 潔净度等級 | 氣流流型 | 氣流組織型式 | | 送風量 | | 送風口風速(m/s) | 回風口風速(m/s) |
		送風主要方式	回風主要方式	房間斷面風速(m/s)	換氣次數(次/時)		
100 級	垂直平行流	1. 頂棚滿布高效過濾器頂送(高效過濾器占頂棚面積≥60%) 2. 側布高效過濾器,頂棚設全孔板或阻尼層送風	1. 格柵地面回風(滿布或均匀局部布置) 2. 相對兩側墻下部均匀布置回風口	≥0.25	–	孔板孔口 3~5	不大于 2
	水平平行流	1. 送風墻滿布高效過濾器水平送風 2. 送風墻局部布置高效過濾器水平送風(高效過濾器占送風墻面積≥40%)	1. 回風墻滿布回風口 2. 回風墻局部布置回風口	≥0.35	–		不大于 1.5
1000 級	亂流	1. 孔板頂送 2. 條形布置高效過濾器頂送 3. 間隔布置帶擴散板高效過濾器頂送	1. 相對兩側墻下部均匀布置回風口 2. 潔净室面積較大時,可采取地面均匀布置回風口	–	≥50	孔板孔口 3~5	1. 潔净室内回風口不大于 2 2. 走廊内回風口不大于 4
10,000 級	亂流	1. 局部孔板頂送 2. 帶擴散板高效過濾器頂送 3. 上側墻送風	1. 單側墻下部布置回風口 2. 走廊集中或均匀回風	–	≥25	1. 孔板孔口 3~5 2. 側送風口 (1)貼附射流 2~5 (2)非貼附射流同側墻下部回風 1.5~2.5,對側墻下部回風 1.0~1.5	1. 潔净室内回風口不大于 2 2. 走廊内回風口不大于 4

續　表

100,000 級	亂流	1.帶擴散板高效過濾器頂送 2.上側墻送風	1.單側墻下部布置回風口 2.走廊集中或均勻回風	－	≥15	側送風口 (1)貼附射流 2~5 (2)非貼附射流同側墻下部回風 1.5~2.5,對側墻下部回風 1.0~1.5	同級 10,000

四、潔净室的正壓和新風量的確定

　　爲防止周圍空氣的滲入,潔净室内必須保持一定的正壓。正壓大些,有利于防止潔净室外空氣的滲入,但會造成新風量增大,縮短高效過濾器的使用壽命,且會使房間門開啓困難,因此正壓值一般保持在 10~20 Pa。正壓值會隨系統運行時間的推移而變化(間歇運行,過濾器的阻力變化等因素),因而必須采取措施使其維持在規定值。常用的措施有:(1)回風口裝空氣阻尼層(通常爲 5~8 mm 厚泡沫塑料、尼龍無紡布等制作);(2)潔净室下風側墻上安裝余壓閥;(3)安裝差壓式電動風量調節閥。

　　净化空調系統的新風量應盡量減少,但潔净室内應保證一定的新風量,其數值應取下列風量的最大值:

　　1.亂流潔净室總送風量的 10%,平行流潔净室總送風量的 2%;

　　2.補償室内排風和保持室内正壓值所需的新風量;

　　3.保證室内每人每小時的新風量不小于 40 m³。

　　對于全年運行的净化空調系統,宜使新風量全年固定。

五、净化送風裝置和局部净化設備

　　1.净化送風裝置

　　(1)净化空調器　净化空調器是裝有中、高效過濾器的空調機組,體積較小,使用簡便靈活,可與裝配式潔净室配套使用,也可單獨使用。

　　(2)過濾器送風口　過濾器送風口是净化系統的末端裝置,是將空氣過濾器和送風口做成一體,由過濾器、箱體和擴散孔板或網(柵)組成。由于是工廠化生產,便于做到過濾器密封,現場安裝也很方便。如圖 14.18 所示。

　　高效過濾器安裝最基本的要求是密封,現場安裝形式采用卡片壓緊或角鋼框式壓緊(墊密封墊圈)。對于高等級(超過 1 000 級以上)的潔净室通常采用液槽密封或負壓密封。液槽密封是將帶刀架的高效過濾器置于裝有密封液的槽中,利用密封液(不揮發、無毒、無味、粘着力強的脂狀物)的液深來實現密封。所謂負壓密封是在送風通路上末級過濾器與静壓箱和框架的接縫的外周邊處于負壓狀態。若有滲漏,只能潔净室外漏,而不會滲入室内。參見圖 14.16。

　　2.局部净化設備

　　局部净化設備是在特定的局部空間造成潔净空氣環境的裝置,包括潔净工作臺、潔净層流罩、空氣自净器等,種類很多。

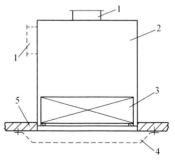

圖 14.18　過濾器送風口
1—進風口;2—箱體;3—過濾器;
4—擴散孔板;5—頂棚

另外,爲了防止污染空氣隨人員材料進入潔净室和進行人身净化等目的,潔净室通常還設有若干空氣吹淋室、氣閘室和傳遞窗等設備,不再詳述。

第四節　空氣品質的若干控制

前已述及空調房間的空氣品質對人體健康和勞動生產率的影響。空調系統本身對空氣品質的影響很大,冷却塔、冷凝水盤、過濾器等都易滋生霉菌、LP杆菌(軍團菌)等,如果忽視空調系統的維護和管理,很容易使空調系統本身變成污染源,諸多的研究報告指出將近80%的病態建築物與不良的維護管理有關。潔净室中的一部分有無菌要求,如生物潔净室,不但要使含塵濃度滿足要求,還要使微生物的浮菌量和沉降量達到要求。生物潔净室設計要做好除菌、滅菌及維持無菌狀態等方面的工作。

一、空氣的滅菌

1. 過濾法　空氣過濾器過濾的對象是生物粒子,不是單體微生物,因此過濾除菌是十分有效的手段。細菌單體的大小約在 $0.5 \sim 5~\mu m$,病毒約在 $0.003 \sim 0.5~\mu m$,它們不是以單體存在,可近似把其看成 $1 \sim 5~\mu m$ 的微粒,且大多數附着在空氣中的塵粒上,實驗證明高效過濾器對生物微粒的過濾效率高於對非生物微粒的過濾效率。例如超細玻璃纖維紙高效過濾器,用 DOP 法測定,其穿透率爲 0.01%,而細菌($1.0~\mu m$)的穿透率爲 0.0001%,對病毒($0.03~\mu m$)的穿透率爲 0.0036%。因此通過高效空氣過濾器的空氣基本上是無菌的。同時,被捕集下來的細菌缺乏生存條件,也無法存活。

2. 物理清毒法　包括加熱消毒法和紫外綫照射法等。加熱空氣至 $250 \sim 300\,^{\circ}\mathrm{C}$,細菌會死亡,但運行費用過高,因而加熱消毒法應用很少。紫外綫具有殺菌的能力,常把紫外綫燈泡放在待消毒的房間內,無人時直接進行照射殺菌。照射的强度和時間,根據空氣的污染程度和細菌類別而定。由於直接照射紫外綫室內不能有人,因此對病房(尤其是重病房)、換藥室、生物實驗室的無菌操作室、門診大廳等處用紫外綫直接照射很不方便。這時可采用屏蔽式循環風紫外綫消毒器,可以有效屏蔽紫外綫,室內人員不需迴避和防護。此消毒器有落地式或吊挂式等型式,利用風機將室內空氣抽吸進入無臭氧紫外燈組成的輻射區殺菌后又送入室內,循環往復,使室內細菌濃度維持在很低的水平。

3. 化學消毒　即利用殺菌劑直接在室內或送風管道中噴射滅菌,有刺激性氣味,對人體健康不利。此外對管道及建築材料有所損傷,對金屬和密封墊等引起腐蝕和老化。殺菌劑的滅菌效果好,常用的殺菌劑有氧化乙烯、甲醛等。

二、空氣的除臭

臭味的來源很多,如生產過程或產品散發的臭味,人體散發的臭味,烟霧的刺激味,動物房中動物散發的臭味等。空氣調節常用的除臭方法有通風法、洗滌法和吸附法。

1. 通風法

將臭味空氣排出,以無臭味空氣送入室內來冲淡或替換有臭味的空氣。如民用建築中厨房、吸烟室、衛生間等設排風設施,避免臭味進入其它房間。

2. 洗滌法

在空調系統采用噴水室對空氣進行熱濕處理時,不僅可除去部分塵粒,也可除去有臭味的氣體和微粒。

3. 吸附法

用活性碳吸附器消除臭味很有效。活性碳內部有極小的非封閉孔隙,一克活性碳的有效接觸面積就高達 1 000 m², 具有很强的吸附能力, 其吸附量約爲其本身質量的 1/6 ~ 1/5, 表 14.4 列出活性碳在標準條件(一標準大氣壓, 20℃)下對部分有害氣體或蒸氣的吸附性能。

表 14.4　活性炭吸附性能表

物 質 名 稱	吸附保持量*(%)	物 質 名 稱	吸附保持量*(%)
二氧化硫(SO_2)	10	吡啶(C_5H_5N)	
氯氣(Cl_2)	15	(烟草燃燒産生)	25
二硫化碳(CS_2)	15	丁基酸($C_5H_{10}O_2$)	
苯(C_6H_6)	24	(汗、體臭)	35
臭氧(O_3)	能還原爲 O_2	烹調臭味	約 30
		浴厠臭味	約 30

* 吸附保持量是指被吸附物質的保持量與活性炭質量之比(%)(20℃, 101235 Pa 時)

活性碳吸附量在接近和達到吸附保持量時, 其吸附能力下降直至失效, 這時需更換或使其再生。每 1 000 m³/h 風量所需活性碳量約 10 ~ 18 kg, 平均再生周期約 1 ~ 2 年。

活性碳可以裝在不同形狀的多孔或網狀容器内形成吸附器。爲防止活性炭吸附器被灰塵堵塞, 應在其前設過濾器加以保護。圖 14.19 是折叠形(W 形)和筒形的吸附器結構。

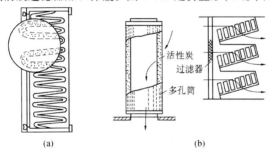

活性炭
过滤器

多孔筒

(a)　　　　　　　　(b)

圖 14.19　活性炭過濾器
(a) W 型; (b) 圓筒形

三、空氣的離子化

外部空間的宇宙射綫和地球上的放射性物質可使空氣中的中性分子失出一個外層電子并與接近的另一中性分子結合形成基本負離子。失去一個外層電子的分子則成爲基本正離子。基本正離子或負離子與某些中性分子結合形成輕離子(一般爲 10 ~ 20 個 H_2O、O_x、NO_x 等分子的組合體), 帶正電荷的輕離子稱爲正離子, 帶負電荷的稱爲負離子。單位體積内正離子或負離子的個數稱爲離子濃度, 通常在潔净的山區離子濃度可達 2 000 個/cm³ 以上, 在農村可達 1 000 ~ 1 500 個/cm³, 而在城市則只有 200 ~ 400 個/cm³。

研究表明負離子對人體生理健康有良好的作用, 包括可降低血壓, 抑制哮喘, 對神經系統有鎮静作用并有利于消除疲勞等。空調系統對空氣中的輕離子有重要影響, 在空氣經過過濾器、金屬管道等部件時, 輕離子濃度會大爲降低; 而用噴霧室外理空氣時, 輕離子濃度會明顯提高, 水在霧化時所産生的霧電效應會産生輕離子。

爲了增加室内空氣中的負離子濃度, 可采用人工産生負離子的方法, 如利用電暈放電、紫外綫照射或利用放射性物質使空氣電離。常用的方法是電暈放電, 人工負離子發生器的原理類似于静電過濾器, 但不使負離子被吸引中和, 而通過離子流或專設風扇使空氣中的負離子增加。同時負離子發生器不應産生大量臭氧(O_3), 以免臭氧濃度過大危及人體健康。

第十五章　空調房間的氣流組織

氣流組織,就是在空調房間内合理地布置送風口和回風口,使得經過處理后的空氣由送風口送入室内后,在擴散與混合的過程中,均匀地消除室内余熱和余濕,從而使工作區形成比較均匀而穩定的温度、濕度、氣流速度和潔净度,以滿足生産工藝和人體舒適的要求。

空調房間氣流組織的不同,房間得到的空調效果也不同。

影響氣流組織的因素很多,如送風口和回風口的位置、型式、大小、數量;送入室内氣流的温度和速度;房間的型式和大小,室内工藝設備的布置等都直接影響氣流組織,而且往往相互聯系相互制約,再加上實際工程中具體條件的多樣性,因此在氣流組織的設計上,光靠理論計算是不够的,一般尚要借助現場調試,才能達到預期的效果。

第一節　概述

一、送風射流的流動規律

空氣經過孔口或噴嘴向周圍氣體的外射流動稱爲射流。由流體力學可知,根據流態不同,射流可分爲層流射流和紊流射流;按射流過程中是否受周界表面的限制分爲自由射流和受限射流;根據射流與周圍流體的温度是否相同可分爲等温射流與非等温射流;按噴嘴型式不同,射流分爲集中射流(由圓形、方形和矩形風口出流的射流)、扁射流(邊長比大于 10 的扁長風口出流的射流)和扇形射流(呈扇形導流徑向擴散出流的射流)。在空調工程中常見的射流多屬于紊流非等温受限射流。

1.自由射流

空氣自噴嘴噴射到比射流體積大得多的房間中,射流可不受限制地擴大,此射流稱爲自由射流。當射流的出口温度與周圍静止空氣温度相同,稱爲等温射流;當射流的出口温度與周圍静止空氣温度不同,稱爲非等温射流。

(1)等温自由射流

圖 15.1 所示爲等温自由圓斷面射流。我們把射流軸心速度保持不變的一段長度稱爲起始段,其后稱爲主體段。起始段的長度取决于噴嘴的型式和大小,一般比較短,空調中主要是應用主體段。

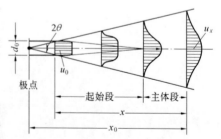

圖 15.1　自由射流示意圖

根據流體力學可知,紊流自由射流的特性可歸納如下:

①當出口速度爲 u_0 的射流噴入静止的空氣中,由于紊流射流的卷吸作用,使周圍氣體不斷的被卷進射流範圍内,因此射流的範圍愈來愈大。射流的邊界面是圓錐面,圓錐的

頂點稱爲極點,圓錐的半頂角 θ 稱爲射流的極角(圖 15.1)。

射流的極角爲

$$tg\theta = \alpha\varphi \tag{15.1}$$

式中　　θ——射流極角,爲整個擴張角的一半。圓形噴嘴 $\theta = 14°30'$;

　　　　α——紊流系數,可參考表 15.1 中的實驗數據。它決定于噴嘴的結構及空氣經噴口時所受擾動的大小。如擾動越大,空氣射出後與周圍空氣發生的卷吸作用越強烈,擴張角也越大,所以 a 值就越大;

　　　　φ——射流噴口的形狀系數。圓斷面射流 $\varphi = 3.4$,條縫射流 $\varphi = 2.44$。

表 15.1　噴嘴紊流系數 α 值

噴嘴型式		紊流系數 α
圓射流	收縮極好的噴嘴	0.066
	圓管	0.076
	擴散角爲 8~12℃ 的擴散管	0.09
	矩形短管	0.1
	帶可動導葉的噴口	0.2
	活動百葉風口	0.16
平面射流	收縮極好的扁平噴口	0.108
	平壁上帶銳緣的條縫	0.115
	圓邊口帶導葉的風管縱向縫	0.155

②由于射流的卷吸作用,周圍空氣不斷地被卷進射流範圍內,因此射流的流量沿射程不斷增加。

③射流起始段內維持出口速度的射流核心逐漸縮小,主體段內軸心速度隨着射程增大而逐漸縮小。

射流主體段軸心速度的衰減規律計算公式爲:

$$\frac{u_x}{u_0} = \frac{0.48}{\dfrac{\alpha x}{d_0} + 0.145} \tag{15.2}$$

式中　　u_x——以風口爲起點,到射流計算斷面距離爲 x 處的軸心速度,m/s;

　　　　u_0——射流出口的平均速度,m/s;

　　　　d_0——送風口直徑,m;

　　　　α——送風口的紊流系數;

　　　　x——由風口至計算斷面的距離,m。

或忽略由極點至風口的一段距離,在主體計算時直接用

$$\frac{u_x}{u_0} \approx \frac{0.48}{\dfrac{\alpha x}{d_0}} \tag{15.3}$$

以風口出流面積 F_0 表示爲:

$$\frac{u_x}{u_0} \approx \frac{m\sqrt{F_0}}{x} \tag{15.4}$$

式中,$m = \dfrac{1.13 \times 0.48}{\alpha}$ 與射流衰減特性有關的常數,見表 15.2。

表 15.2　送風口的形式、特征和適用範圍

送風口類型	送風口名稱	形　式	氣流類型及調節性能	適用範圍	m	n
側送風口	格柵送風口	葉片固定或可調節兩種,不帶風量調節閥	1. 屬圓射流 2. 根據需要可上下調節葉片傾角 3. 不能調節風量	要求不高的一般空調工程	6.0	4.2
	單層百葉送風口	葉片橫裝 H 型,豎裝 V 型,均帶對開風量調節閥	1. 屬圓射流 2. 根據需要調節葉片角度 3. 能調節風量	用于一般精度的空調工程	4.5	3.2
	雙層百葉送風口	有 HV 和 VH 兩種,均可帶調節閥,也可配裝可調導流片	1. 屬圓射流 2. 根據需要調節外層葉片角度 3. 能調節風量	用于公共建築的舒適性空調,以及精度較高的工藝性空調	3.4	2.4
	條縫形百葉送風口	長寬比大于 10,葉片橫裝可調的格柵風口,或裝調節閥的百葉風口	1. 屬平面射流 2. 依需要調節葉片角度 3. 可調節風量	可作風機盤管出風口,也可用于一般空調工程	2.5	2.0
散流器	圓形(方形)直片式散流器	擴散圈爲三層錐形面,拆裝方便,可與風閥配套調節風量	1. 擴散圈在上一檔爲下送流型,下一檔爲平送貼附流型 2. 可調節風量	用于公共建築的舒適性空調和工藝性空調	1.35	1.1
	圓盤型散流器	圓盤爲倒蘑菇形,拆裝方便,可與風閥配套調節風量	1. 圓盤在上一檔爲下送流型,下一檔爲平送貼附流型 2. 可調節風量	用于公共建築的舒適性空調和工藝性空調	1.35	1.1
	流綫型散流器	散流器及擴散圈呈流綫形,可調風量	氣流呈下送流形,采用密集布置	用于净化空調		
	方(矩)形散流器	可做成 1—4 種不同送風方向,可與閥配裝	1. 平送貼附流型 2. 可調節風量	用于公共建築的舒適性空調		
	條縫形(綫形)散流器	長寬比很大,葉片單向傾斜爲一面送風,雙向傾斜爲二面送風	氣流呈平送貼附流型	用于公共建築的舒適性空調		
噴射式送風口	圓形噴口	出口帶較小收縮角度	屬圓射流,不能調節風量	用于公共建築和高大廠房的一般空調	7.7	5.8
	矩形噴口	出口漸縮,與送風干管流量調節板配合使用	屬圓射流,可調節風量	用于公共建築和高大廠房的一般空調	6.8	4.8
	圓形旋轉風口	較短的圓柱噴口與旋轉球體相連接	屬圓射流,可調節風量和氣流方向	用于空調和通風崗位送風		

續　表

送風口 類　型	送風口名稱	形　　式	氣流類型及 調節性能	適用範圍	m	n
無芯管旋流送風口	圓柱形旋流 風口	由風口殼體和無 芯管起旋器組裝而 成,帶風量調節閥	向下吹出流型	用于公共建築和工 業廠房的一般空調		
	旋流吸頂散 流器		可調成吹出流型和 貼附流型			
	旋流凸緣散 流器		可調成吹出流型、冷 風散流器和熱風貼 附流型			
條　形 送風口	活葉條形散 流器	長寬比很大,在槽 內采用兩個可調葉 片控制氣流方向	1. 可調成平送貼附 或垂直下送流型。 可使氣流一側或兩 側送出 2. 能關閉送風口	用于公共建築的 舒適性空調		
擴散 孔板 送風口	擴散孔板風 口	由鋁合金孔板與 高效過濾器組成高 效過濾器風口	亂流流型	用于亂流潔淨室 的末端送風裝置,或 淨化系統的送風口		

對于方形或矩形風口(風口的長邊與短邊比不超過 3),空氣射流斷面很快地從矩形發展爲圓形,所以式(15.4)同樣適用。但當矩形風口長邊與短邊比超過 10 時,則應按扁射流計算,即

$$\frac{u_x}{u_0} = m\sqrt{\frac{b_0}{x}} \tag{15.5}$$

式中　b_0——扁口的高度,m。

④隨着射程的增大,射流斷面逐漸增大,同時射流流速逐漸減小,斷面流速分布曲綫逐漸扁平。對射流而言,$u_x < 0.25$ m/s 可視爲"靜止空氣"或稱自由流動空氣。

⑤由于射流中各點的靜壓強均相等,所以我們任取一段射流隔離體,其外力之和恒等于零。根據動量方程式,單位時間内通過射流各斷面的動量應該相等。

(2)非等温自由射流

非等温射流是射流出口温度與室内空氣温度不相同的射流,當送風温度低于室内温度時稱爲"冷射流";高于室内温度時稱爲"熱射流"。由于温差的存在.射流的密度與室内空氣的密度不同,造成了水平射流軸綫的彎曲。熱射流的軸綫將往上翹,冷射流的軸綫則往下彎曲,見圖 15.2 所示。在空調工程中,温差射流的温差一般較小,可以認爲整個射流軌迹仍然對稱于軸綫,也就是說,整個射流隨軸綫一起彎曲。

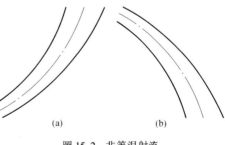

(a)　　　　　　　　(b)

圖 15.2　非等温射流
a—熱射流;b—冷射流

①軸心温差計算公式

非等温射流進入室内后,射流邊界與周圍空氣之間不僅要進行動量交換,而且要進行熱量交換。因此,射流隨着離開出口距離的增大,其軸心温度也在變化。軸心温差計算公式爲:

$$\frac{\Delta T_{\mathrm{x}}}{\Delta T_0} = 0.73\,\frac{u_{\mathrm{x}}}{u_0} \tag{15.6}$$

$$\frac{\Delta T_{\mathrm{x}}}{\Delta T_0} = 0.73\,\frac{u_{\mathrm{x}}}{u_0} = \frac{0.73m\,\sqrt{F_0}}{x} = \frac{n\,\sqrt{F_0}}{x} \tag{15.7}$$

式中 $\triangle T_{\mathrm{x}}$——主體段内射程 x 處軸心溫度與周圍空氣溫度之差,K;

$\triangle T_0$——射流出口溫度與周圍空氣溫度之差,K;

n——$n=0.73m$,代表溫度衰減的系數,見表 15.2。

在非等溫射流中,射流截面中的溫度分布與速度分布具有相似性。但熱量交换比動量交换快,即射流溫度的擴散角大于速度的擴散角,因而溫度的衰減較速度快,且有下式成立:

$$\frac{\Delta T_{\mathrm{x}}}{\Delta T_0} = 0.73\,\frac{u_{\mathrm{x}}}{u_0} \tag{15.8}$$

②阿基米德數 Ar

對于非等溫自由射流,由于射流與周圍空氣的密度不同,在浮力與重力不平衡的條件下,射流將發生變形,即水平射出(或與水平面成一定角度射出)的射流軸綫將發生彎曲,其判别依據爲阿基米德數 Ar:

$$Ar = \frac{gd_0(T_0 - T_{\mathrm{n}})}{u_0^2 T_{\mathrm{n}}} \tag{15.9}$$

式中 T_0——射流出口溫度,K;

T_{n}——房間空氣溫度,K;

g——重力加速度,m/s²。

顯然當 $Ar>0$ 時爲熱射流,$Ar<0$ 爲冷射流,而當 $|Ar|<0.001$ 時,則可忽略射流彎曲按等溫射流計算。如 $|Ar|>0.001$ 時,射流軸心軌迹的計算公式爲:

$$\frac{y_1}{d_0} = \frac{x_1}{d_0}\mathrm{tg}\beta + Ar\left(\frac{x_{\mathrm{i}}}{d_0\cos\,\beta}\right)^2\left(0.51\,\frac{ax_{\mathrm{i}}}{d_0\cos\,\beta} + 0.35\right) \tag{15.10}$$

式中各符號的意義見圖 15.3。由式(15.10)可見,Ar 數的正負和大小决定了射流彎曲的方向和程度。

2.受限射流

在空氣調節中,還經常遇到送風氣流流動受到壁面限制的情況。如送風口貼近頂棚時,射流在頂棚處不能卷吸空氣,因而流速大、静壓小,而射流下部流速小、静壓大,使得氣流貼附于頂棚流動,這樣的射流稱爲貼附射流(圖 15.4)。由于壁面處不可能混合静止空氣,也就是卷吸量减少了,貼附射流軸心速度的衰减比自由射流慢,所以貼附射流的射程比自由射流更長。貼附射流截面的最大速度在靠近壁面處。若射流爲冷射流時,氣流下彎,貼附長度將受影响。

如果忽略頂棚壁面對射流的影响,可以認爲貼附射流相當于把噴嘴面積擴大一倍后射流的一半。

對于集中貼附射流:

$$\frac{u_{\mathrm{x}}}{u_0} = \frac{m\,\sqrt{2F_0}}{x} \tag{15.11}$$

對于貼附扁射流:

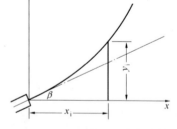

圖 15.3 非等溫射流軌迹計算圖

$$\frac{u_x}{u_0} = m\sqrt{\frac{2b_0}{x}} \qquad (15.12)$$

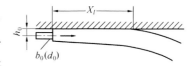

由此可見,貼附射流軸心速度的衰減比自由射流慢,因而達到同樣軸心速度的衰減程度需要更長的距離。

射流幾何特性系數 Z 是考慮非等溫射流的浮力(或重力)作用而在形式上相當于一個綫形長度的特征量。對於集中射流和扇形射流(邊長比大于10的扁長風口出流的射流稱扁射流或平面流,徑向擴散出流的射流稱扇形射流)爲:

$$z = 5.45m'u_0\sqrt[4]{\frac{F_0}{(n'\Delta T_0)^2}} \qquad (15.13)$$

對于扁射流:

$$z = 9.6\sqrt[3]{b_0\frac{(m'u_0)^4}{(n'\Delta T_0)^2}} \qquad (15.14)$$

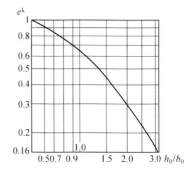

圖15.4 貼附冷射流的貼附長度

式中 $m' = \sqrt{2}m; n' = \sqrt{2}n$

則其貼附長度爲

集中射流: $\qquad\qquad\qquad\qquad x_l = 0.5ze^k \qquad\qquad\qquad\qquad (15.15)$

扇形射流: $\qquad\qquad\qquad\qquad x_l = 0.4ze^k \qquad\qquad\qquad\qquad (15.16)$

式中 $k = 0.35 - 0.62\dfrac{h_0}{\sqrt{F_0}}$ 或 $k = 0.35 - 0.7\dfrac{h_0}{b_0}$(扁射流, $b_0 = 1.13\sqrt{F_0}$)。可直接查圖15.4得 e^k。貼附長度的計算也可以根據本章第三節中介紹的利用圖表的方法來進行計算。

除貼附射流外,空調房間四周的圍護結構可能對射流擴散構成限制,出現與自由射流完全不同的射流,這種射流稱爲"有限射流"或"有限空間射流"。圖15.5爲有限空間內貼附與非貼附兩種受限射流的運動情況。當噴口處于空間高度的一半($h = 0.5H$)時,則形成完整的對稱流,射流區呈橢圓形,回流在對流區的四周;當噴口位于空間高度的上部($h > 0.7H$)時,則出現貼附的有限空間射流,它相當于完整的對稱流的一半。

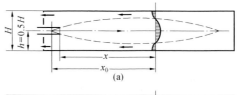

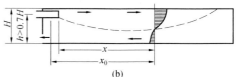

圖15.5 有限空間射流流動

如果以貼附射流爲基礎,將無因次距離定爲:

$$\bar{x} = \frac{ax_0}{\sqrt{F_n}} \qquad (15.17)$$

則對于全射流即爲:

$$\bar{x} = \frac{ax_0}{\sqrt{0.5F_n}} \qquad (15.18)$$

以上兩式中, x_0 是由極點至計算斷面的距離; F_n 是垂直于射流的空間斷面面積。

實驗結果表明,當 $\bar{x} \le 0.1$ 時,射流的擴散規律與自由射流相同,并稱 $\bar{x} \approx 0.1$ 爲第一臨界斷面。當 $\bar{x} > 0.1$ 時,射流擴散受限,射流斷面與流量增加變緩,動量不再守恒,并且

到 $\bar{x} \approx 0.2$ 時射流流量最大,射流斷面在稍后處亦達最大,稱 $\bar{x} \approx 0.2$ 爲第二臨界斷面。同時,不難看出,在第二臨界斷面處回流的平均流速也達到最大值。在第二臨界斷面以后,射流空氣逐步改變流向,參與回流,使射流流量、面積和動量不斷減小,直至消失。

有限空間射流的壓力場是不均勻的,各斷面的靜壓隨射程而增加。一般認爲當射流斷面面積達到空間斷面面積的 1/5 時,射流受限,成爲有限空間射流。

由于有限空間射流的回流區一般也是工作區,控制回流區的風速具有實際意義。回流區最大平均風速(u_h)的計算式爲:

$$\frac{u_h}{u_0} = \frac{m}{C\sqrt{\dfrac{F_n}{F_0}}} \tag{15.19}$$

式中　F_0——風口出流面積,m^2;

　　　　C——與風口型式有關的系數,對集中射流取 10.5。

3. 平行射流的叠加

當兩股平行射流在同一高度上且距離比較近時,射流的發展互相影響。在匯合之前,每股射流獨立發展。匯合之后,射流邊界相交、互相干擾并重叠,逐漸形成一股總射流(見圖 15.6)。總射流的軸心速度逐漸增大,直至最大,然后再逐漸衰減直至趨近于零。

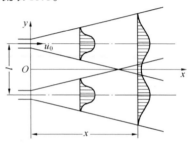

其 x 斷面上的速度爲:

$$u_x = \frac{mu_0\sqrt{F_0}}{x}\sqrt{1 + e^{-(\frac{l}{cx})^2}} \tag{15.20}$$

圖 15.6　平行射流的叠加

式中　c——實驗常數,可取 $c = 0.082$;

　　　　l——兩射流的中心距,m。

二、排(回)風口的氣流流動

1. 點匯的氣流流動

由流體力學可知,對于一個點匯,其流場中的等速面是以匯點爲中心的等球面,而且通過各個球面的流量都相等。因此隨着離開匯點的距離增加,流速呈二次方衰減(式 4.2)。

2. 實際排(回)風口的氣流流動

實際排(回)風口的氣流速度分布見圖 4.10,速度衰減很快。排(回)風口速度衰減快的特點,決定了其作用範圍的有限性,因此在研究空間內氣流分布時,主要考慮送風口射流的作用,同時考慮排(回)風口的合理位置,以便達到預定的氣流分布模式。

第二節　送、回風口的型式

一、送風口的型式

送風口的型式及其紊流系數的大小,對射流的擴散及氣流流型的形成有直接影響。送風口的型式有多種,通常要根據房間的特點、對流型的要求和房間內部裝修等加以選擇。常用的送風口的型式、特征及適用範圍見表 15.2 所示。

1.側送風口

在房間內橫向送出的風口叫側送風口。常用的側送風口型式見表 15.3 所示。工程上用得最多的是百葉風口；百葉風口中的百葉可做成活動可調的，既能調風量，也能調送風方向。百葉風口常用的有單層百葉風口(葉片橫裝的可調仰角或俯角，葉片竪裝的可調節水平擴散角)和雙層百葉風口(外層葉片橫裝，內層葉片竪裝；外層葉片竪裝，內層葉片橫裝)。除了百葉風口外，還有格柵送風口和條縫送風口，風口應與建築裝飾很好地配合。

表 15.3　常用側送風口型式

風　口　圖　式	射流特性及應用範圍
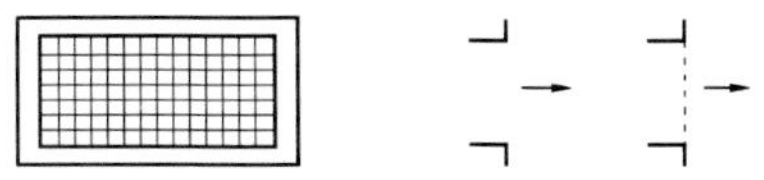	**(a) 格柵送風口** 葉片或空花圖案的格柵，用于一般空調工程
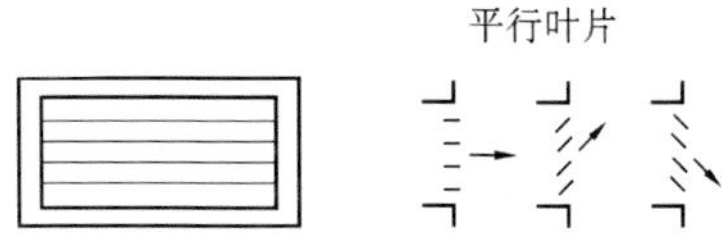 平行叶片	**(b) 單層百葉送風口** 葉片可活動，可根據冷、熱射流調節送風的上下傾角，用于一般空調工程
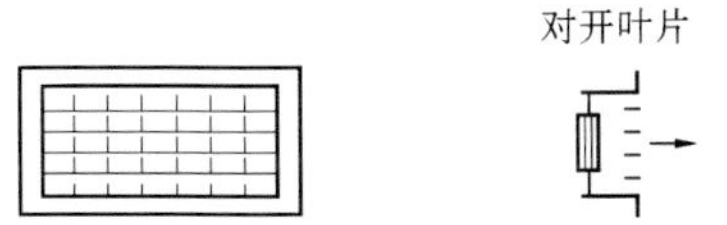 对开叶片	**(c) 雙層百葉送風口** 葉片可活動，內層對開葉片用以調節風量，用于較高精度空調工程
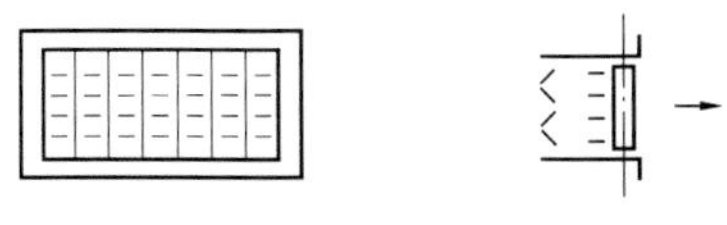	**(d) 三層百葉送風口** 葉片可活動，有對開葉片可調風量，又有水平、垂直葉片可調上下傾角和射流擴散角，用于高精度空調工程
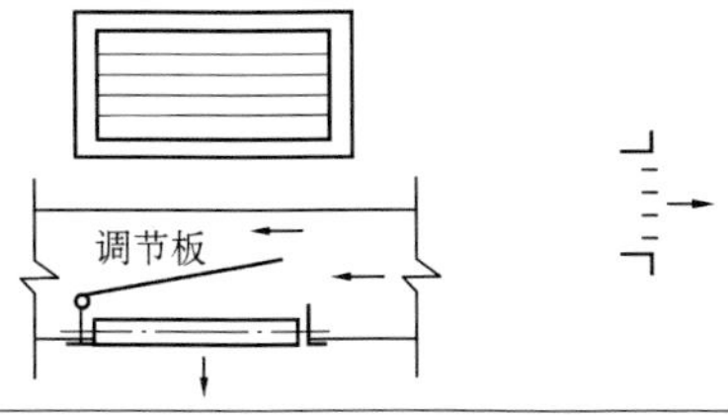 调节板	**(e) 帶調節板活動百葉送風口** 通過調節板調整風量，用于較高精度空調工程
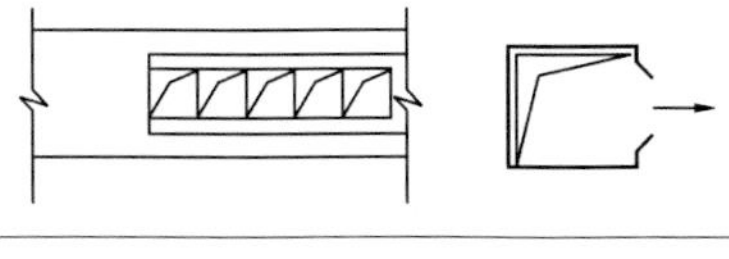	**(f) 帶出口隔板的條縫形風口** 常設于工業車間的截面變化均勻送風管道上，用于一般精度的空調工程
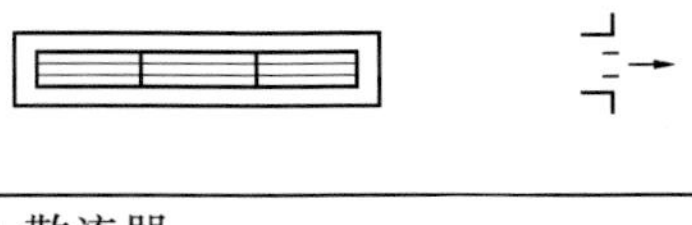	**(g) 條縫形送風口** 常配合靜壓箱(兼作吸音箱)使用，可作爲風機盤管、誘導器的出風口，適用于一般精度的民用建築空調工程

2.散流器

散流器是裝在天花板上的一種由上向下送風的風口，射流沿表面呈輻射狀流動。散流器的外形有圓形、方形和矩形的；按氣流擴散方向有單向的和多向的；按氣流流型可分爲垂直下送和平送貼附散流器。表 15.4 是常見散流器的型式，表 15.5 是矩形或方形散流器的型式及其在房間内的布置示意圖。

表 15.4　常用散流器型式

風　口　圖　式	風口名稱及氣流流型
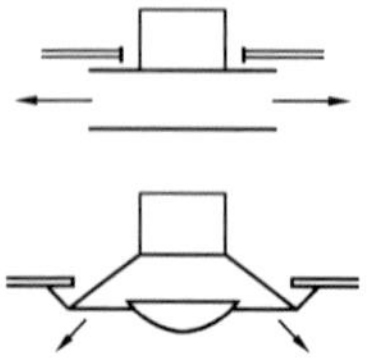	(a) 盤式散流器 屬平送流型，用于層高較低的房間，檔板上可貼吸聲材料，能起消聲作用
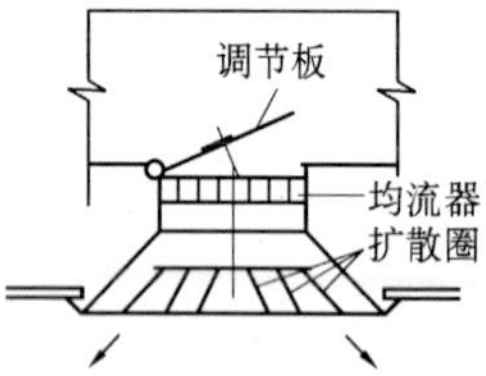 调节板 均流器 扩散圈	(b) 直片式散流器 平送流型或下送流型（降低擴散圈在散流器中的相對位置時可得到平送流型，反之則可得下送流型）
	(c) 流綫型散流器 屬下送流型，適用于净化空調工程
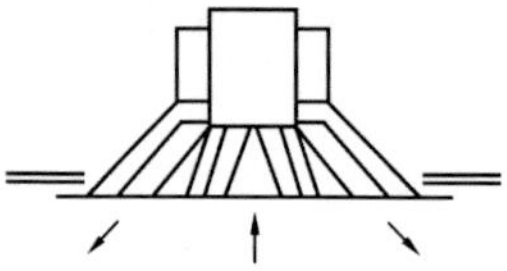	(d) 送吸式散流器 屬平送流型，可將送、回風口結合在一起

表 15.5　矩形散流器及其在房間内的布置示意

散流器型式	在房間内位置及氣流方向	散流器型式	在房間内位置及氣流方向
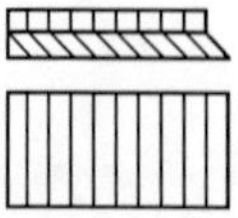	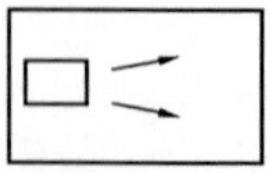	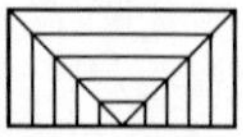	
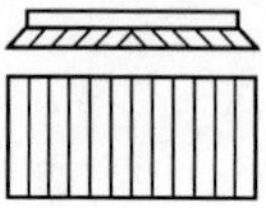	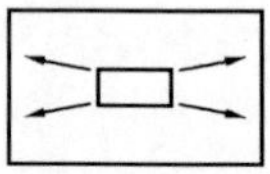	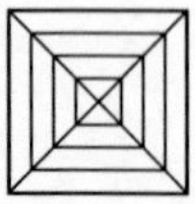	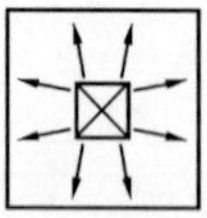
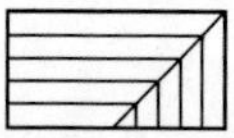	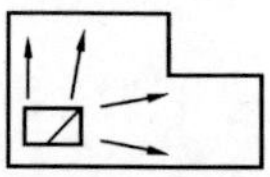	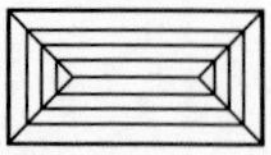	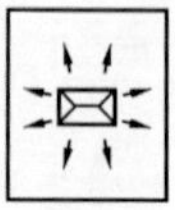

3.孔板送風口

孔板送風是利用頂棚上面的空間爲送風靜壓箱(或另外安裝靜壓箱),空氣在箱內靜壓作用下通過在金屬板上開設的大量孔徑爲 4~10 mm 的小孔,大面積地向室內送風方式。根據孔板在頂棚上的布置形式不同,可分爲全面孔板(孔板面積與頂棚面積之比大于、等于 50%)和局部孔板(孔板面積與頂棚面積之比小于 50%)。全面孔板是指在空調房間的整個頂棚上(除布置照明燈具所占面積外),均匀布置送風孔板(見圖15.8);局部孔板是指在頂棚的中間或兩側,布置成帶型、矩形和方形,以及按不同的格式交叉排列的孔板。

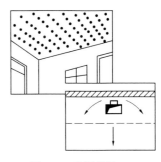

圖 15.8　孔板送風口

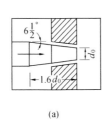　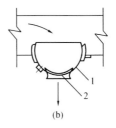

(a)　　　　　　　　(b)

圖 15.9　噴射式送風口
1—圓形噴口;2—球形轉動風口

4.噴射式送風口

對于大型體育館、禮堂、劇院和通用大廳等建築常采用噴射式送風口。圖 15.9 所示爲圓型噴口,該噴口有較小的收縮角度,并且無葉片遮擋,因此噴口的噪聲低、紊流系數小、射程長。爲了提高噴射送風口的使用靈活性,可以作成圖 15.9(b)所示的既能調方向又能調風量的噴口型式。

5.旋流送風口

旋流送風口由出口格柵、集塵箱和旋流葉片組成,如圖15.10所示。空調送風經旋流葉片切向進入集塵箱,形成旋轉氣流由格柵送出。送風氣流與室內空氣混合好,速度衰減快。格柵和集塵箱可以隨時取出清掃。這種送風口適用于電子計算機房的地面送風。

二、回風口型式

由于回風口附近氣流速度衰減很快,對室內氣流組織的影響很小,因而構造簡單,類型也不多。最簡單的是矩形網式回風口(見圖 15.11)、蓖板式回風口(見圖 15.12)。此外如格柵、百葉風口、條縫風口等,均可當回風口用。

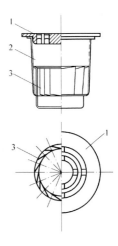

圖 15.10　旋流式風口
1—出風格柵;2—集塵箱;
3—旋流葉片

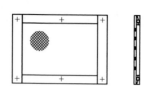

圖 15.11　矩形網式回風口

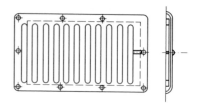

圖 15.12　活動莗板式回風口

三、氣流組織的型式

按照送、回風口型式、布置位置及氣流方向,一般可分爲以下四種型式。

1.側面送風

側面送風是空調工程中最常用的一種氣流組織方式。送風口布置在房間的側墙上,空氣橫向送出。側面送風有單側送風(圖 15.13)和雙側送風(圖 15.14)兩種。單側送風適用于層高不太高的小面積空調房間,它有上送下回、上送下回走廊回風和上送上回等氣流組織型式。雙側送風適用于長度較長、面積較大的空調房間,它有雙側內送下回、雙側外送上回和雙側內送上回等型式。

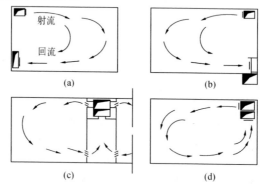

圖 15.13　單側送風氣流流型

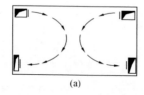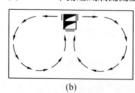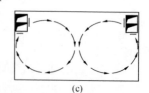

圖 15.14　雙側送風氣流流型

a—雙側內送下回;b—雙側外送上回;c—雙側內送上回

側送風口宜貼頂布置形成貼附射流,工作區處于回流區,回風口宜設在送風口的同側。送風出口風速一般爲 2~5 m/s,送風口位置高時取較大值。冬季向房間送熱風時,應將百葉送風口外層的橫向葉片調成俯角,以便克服氣流上浮的影響。

由于側送風在射流到達工作區之前,已與房間空氣進行了比較充分的混合,速度場和溫度場都趨于均勻和穩定,因此能保證工作區氣流速度和溫度的均勻性。此外,側送側回的射流射程比較長,射流充分衰減,故可加大送風溫差。

2.散流器送風

散流器送風有平送下部回風、下送下部回風、上送上回的送回兩用散流器等氣流組織形式,其氣流流型如圖 15.15 所示。

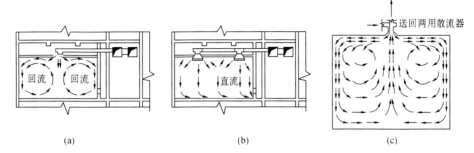

(a)   (b)   (c)

圖 15.15 散流器送風氣流流型
a—平送下部回風;b—下送下部回風;c—送回兩用散流器上送上回

散流器平送風是空氣經散流器呈輻射狀射出,形成沿頂棚的貼附射流。由于其作用範圍大、擴散快,因而能與室內空氣充分混合,工作區處于回流區,溫度場和速度場都很均勻,可用于一般空調或有一定精度要求的恒溫空調。

散流器下送時,爲了不使灰塵隨氣流揚起而污染工作區,要求在工作區保持下送直流流型。下送時送風射流以擴散角 $\theta = 20° \sim 30°$ 射出,在離風口一段距離后匯合,匯合後速度進一步均勻化。通常可采用綫性散流器在頂棚上密集布置來達到。它適用于有較高凈化要求的空調工程。

送回兩用散流器的上部設有小靜壓箱,分別與送風道和回風道相連接。送風射流沿頂棚形成貼附射流,工作區處于回流區。回風則由散流器上的中心管排出。

散流器送風一般需要設置吊頂或技術夾層。與側送相比,投資較高、頂棚上風道布置較復雜。散流器平送應對稱布置,其軸綫與側牆距離不小于 1m 爲宜,散流器出口風速爲 $2 \sim 5m/s$。

3.孔板送風

孔板送風的流型分爲單向流和不穩定流型。主要有以下三種:

(1)全面孔板單向流流型(圖 15.16a)

當全面孔板的孔口出流速度 $u_0 > 3$ m/s,送風溫差(送冷風)$\Delta t_0 \geq 3℃$,單位面積送風量大于 60 m³/(m².h)時,一般會在孔板下方形成單向流型。全面孔板送風適用于有較高凈化要求的空調工程。

(2)全面孔板不穩定流型(圖 15.16b)

當全面孔板的孔口出流速度 u_0 和送風溫差 Δt_0 均較小時,孔板下方將形成不穩定流型。不穩定流由于送風氣流與室內氣流充分混合,工作區內區域溫差很小,適用于高精度和要求氣流速度較低的空調工程。

(3)局部孔板不穩定流(圖 15.16C)

局部孔板的下方一般爲不穩定流,而在兩旁則形成回旋氣流。這種流型適用于工藝布置分布在部分區域內或有局部熱源的空調房間,以及僅在局部地區要求較高的空調精度和較小氣流速度的空調工程。

孔板送風需設置吊頂或技術夾層,靜壓箱的高度一般不小于 $0.3m$,孔口風速一般爲 $2 \sim 5$ m/s。除用于凈化和恒溫空調外,在某些層高較低或凈空較小的公共建築中也獲得

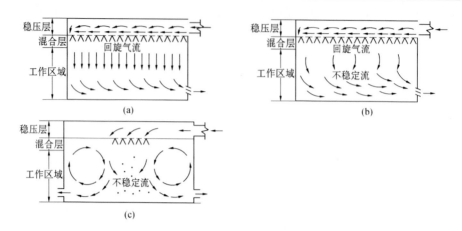

圖 15.16 孔板送風氣流流型

a—全面孔板下送直流；b—全面孔板不穩定流；c—局部孔板下不穩定流

廣泛的應用。

4.噴口送風

噴口送風是將送、回風口布置在同側，上送下回，空氣以較高的速度、較大的風量集中地由少數幾個噴口射出，射流流至一定路程后折回，使工作區處于回流之中，如圖 15.17 所示。

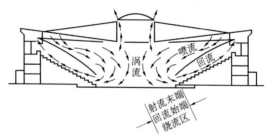

圖 15.17 噴口送風氣流流型

噴口送風的送風速度高、射程長，沿途誘導大量室內空氣，致使射流流量增至送風量的 3～5 倍，并帶動室內空氣進行强烈的混合，保證了大面積工作區中新鮮空氣、温度場和速度場的均勻。同時由于工作區爲回流區，因而能滿足一般舒適要求。該方式的送風口數量少、系統簡單、投資較省，因此適用于空間較大的公共建築(例如：會堂、劇場、體育館等)和高大廠房的一般空調工程。

對高大公共建築，噴口送風口高度一般爲 6～10 m，送風溫差宜取 8～12 ℃，噴口直徑宜取 0.2～0.8 m，出口風速爲 4～10 m/s。對于工作區有一定斜度的建築物，噴口與水平面保持一個向下傾角 β，送冷風時 $\beta = 0° ～ 12°$，送熱風時 $\beta > 15°$。

雖然回風口對氣流流型和區域溫差影響較小，但却對局部地區有影響。通常回風口宜鄰近局部熱源，不宜設在射流區和人員經常停留的地點。側送時，回風口宜設在送風口的同側；采用散流器和孔板下送時，回風口宜設在下部。對于室溫允許波動範圍≥1℃，且室內參數相同或相似的多房間空調系統，可采用走廊回風(見圖 15.18 所示)，此時各房間與走廊的隔墻或門的下部，應開設百葉式風口。走廊斷面風速應小于 0.25 m/s。走廊通向室外的門應設套門或門斗,且應保持嚴密。回風口在房間上部時,吸風速度爲 4～5 m/s;在房間的下部,靠近操作位置時吸風速度爲 1.5～2.0 m/s,不靠近操作位置吸風速度爲 3.0～4.0 m/s;用于走廊回風時爲 1.0～1.5 m/s。

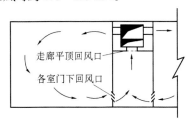

圖 15.18　走廊回風示意圖

另外根據送、回口的布置不同又可分爲:上送下回,上送上回,下送下回和中送風四種。見圖 15.19 所示。

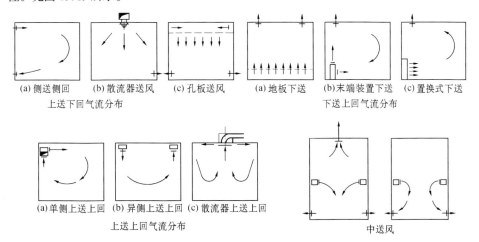

圖 15.19　空調空間的氣流分布形式

綜上所述,空調房間的氣流組織方式有很多種,在實際使用中,應根據人的舒適要求、生產工藝過程對空氣環境的要求及工藝特點和建築條件選擇合適的氣流組織方式。

第三節　氣流組織的計算與評價指標

一、氣流組織的計算

氣流組織的計算就是根據房間工作區對空氣參數的設計要求,選擇和設計合適的氣流流型,確定送回風口型式、尺寸及其布置,計算送風參數。下面介紹幾種常用的氣流組織計算方法。

1.側送風的計算

側送方式的氣流流型,常采用貼附射流。在整個房間截面內形成一個大的回旋氣流,也就是使射流有足夠的射程(x)能夠送到對面牆(對于雙側內送方式,要求能送到房間的一半),整個工作區爲回流區,應避免射流中途進入工作區,以利于送風溫差和風速充分衰減,工作區達到較均匀的溫度場和速度場。爲了加強貼附,避免射流中途下落,送風口應盡量接近平頂或設置向上傾斜15°~20°角的導流片。

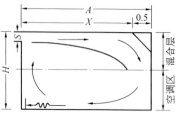

圖15.20　側送貼附射流流型

貼附射流(見圖15.20)的射程(x)主要取決于阿基米德數 Ar。爲了使射流在整個射程中能貼附于頂棚,就需控制阿基米德數 Ar 小于一定數值,一般當 $Ar \leqslant 0.0097$ 時,就能貼附于頂棚。阿基米德數 Ar 與貼附長度的關系見圖15.21,設計時需選取適宜的 Δt_0、v_0、d_0 等,使 Ar 數小于圖15.21所得的數值。

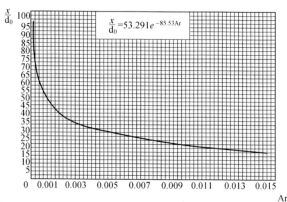

$$\frac{x}{d_0} = 53.291e^{-85.53Ar}$$

圖15.21　相對于射程 $\dfrac{x}{d_0}$ 和阿基米德數 Ar 關系圖

[系采用三層百葉送風口(相似于國家標準圖 $T202—3$),
在恒溫試驗室所得的實驗結果]

設計側送方式除了設計氣流流型外,還要進行射流溫差衰減的計算,要使射流進入工作區時,其軸心溫度與室內溫度之差 Δt_x 小于要求的室溫允許波動範圍。

射流溫差的衰減與送風口紊流系數 α、射流自由度 $\dfrac{\sqrt{F}}{d_0}$(F 是每個送風口所管轄的房間橫截面面積)等因素有關。對于室溫允許波動範圍大于或等于上 1℃ 的舒適性空調房間,可忽略上述影響查圖15.22所示的曲綫。

爲了使側送射流不直接進入工作區,需要一定的射流混合高度,因此空調房間的最小高度爲:

$$H = h + s + 0.07x + 0.3 \quad \text{m} \tag{15.22}$$

式中　h——工藝要求的工作區高度,m;

$\quad\quad\ s$——送風口下緣到頂棚的距離,m;

$\quad\quad\ 0.07x$——射流向下擴展的距離,取擴散角 $\theta = 4°$,則 $tg\theta = 0.07$;

$\quad\quad\ 0.3$——安全系數。

側送風的計算步驟爲:

(1)選取送風溫差 $\Delta t_0 = t_n — t_0$,一般可選取 6~10℃,根據已知室內余熱量,確定總送風量 L_0。

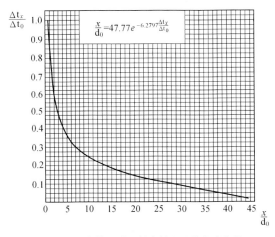

圖 15.22　非等溫受限射流軸心溫差衰減曲綫

(2)根據要求的室溫允許波動範圍查圖 15.22,求出 x/d_0。一般舒適性空調室溫允許波動 $\Delta t_x \geqslant 1°C$。

(3)選取送風速度 u_0,計算每個送風口的送風量 L_0,一般取 $v_0 = 2 \sim 5$ m/s。

(4)根據總風量 L 和每個送風口的送風量 L_0,計算送風口個數 N,取整數後,再重新計算送風口的速度。

(5)貼附長度校核計算。按公式(15.9)計算 Ar,查圖 15.21 求得射程 x,使其大於或等於要求的貼附長度。如果不符合,則重新假設 Δt_0、u_0 進行計算,直至滿足要求爲止。

【例 15.1】 某客房尺寸 $A = 5.5$ m, $B = 3.6$ m, $H = 3.2$ m,室内的顯熱冷負荷 $Q_x = 5690$ kJ/h,室溫要求 $26° \pm 1°C$。

【解】

(1)選取送風溫差 $\Delta t_0 = 6°C$,確定總送風量 L。

$$L = \frac{Q_x}{\rho c_p \Delta t_0} = \frac{5690}{1.2 \times 1.01 \times 6} = 782 \text{ m}^3/\text{h}$$

(2)取 $\Delta t_x = 1°C$

$$\frac{\Delta t_x}{\Delta t_0} = \frac{1}{6} = 0.167$$

查圖 15.22 得,$x/d_0 = 17$

(3)取 $u_0 = 3$ m/s,計算每個送風口送風量 L_0。

$$d_0 = \frac{x}{17} = \frac{5}{17} = 0.29 \text{ m}$$

送風口有效面積人 $f_0 = \pi d_0^2/4 = 0.066$ m²,對于國産可調式雙層百葉風口的有效面積系數 $k = 0.72$,選送風口尺寸 130×700 mm,其有效面積爲 0.066 m²。

$$L_0 = 3\,600\,f_0 u_0 = 3\,600 \times 0.066 \times 3 = 712.8 \text{ m}^3/\text{h}$$

(4)計算送風口個數

$$n = \frac{L}{L_0} = \frac{782}{712.8} = 1.09 \text{ 個,取 1 個}$$

$$u = \frac{782}{3600 \times \frac{\pi}{4} \times 0.29^2} = 3.29 \text{ m/s}$$

(5)校核貼附長度

$$Ar = \frac{gd_0(T_0 - T_n)}{u_0^2(t_n + 273)} = \frac{9.81 \times 0.29 \times 6}{3.29^2 \times 299} = 0.00527 < 0.0097$$

查圖 15.21 得 $\frac{x}{d_0} = 25$

$$x = 25 \times 0.229 = 7.25 \text{ m}$$

要求貼附長度爲 5 m,實際可達 7.25 m,滿足要求。

(6)校核房間高度

$$H = h + s + 0.07x + 0.3 = 2 + 0.3 + 0.07 \times (5.5 - 1) + 0.3 = 2.92 \text{ m}$$

房間高爲 3.2 m,滿足要求。

2.散流器平送計算

在室溫有允許波動範圍要求的空調房間,通常應先考慮平送流型。盤形散流器或擴散角 $\theta > 40℃$ 的方形、圓形直片式散流器均能形成平送流型。

根據房間的大小,可設置一個或多個散流器,多個散流器宜對稱布置。布置散流器時,散流器之間的間距以及散流器中心離牆距離的選擇,一方面應使射流有足夠的射程,另一方面又要使射流擴散好。圓型或方型散流器相應送風面積的長寬比控制在 1:1.5 以內。送風的水平射程與垂直射程 h_x 之比宜保持在 0.5~1.5 之間。散流器中心綫和側牆的距離,一般不小于 1m。

對于散流器平送的流型如圖 15.23 所示。

平送射流散流器在距離送風口較遠處($R - R_0$ 接近 R 時)的軸心速度衰減可按下式計算:

$$\frac{u_x}{u_0} = \frac{C}{\sqrt{2\frac{R}{R_0}}} \qquad (15.23)$$

令 $C_k = \frac{C}{\sqrt{2}}$,則

$$\frac{u_x}{u_0} = \frac{C_k}{\frac{R}{R_0}} \qquad (15.24)$$

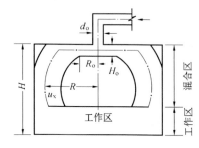

圖 15.23　散流器平送流型

軸心溫差衰減近似地取:

$$\frac{\Delta t_x}{\Delta t_0} \approx \frac{u_x}{u_0} \qquad (15.25)$$

式中　u_x——流程在 R 處的射流軸心速度,m/s;

u_0——散流器喉部風速,m/s;

d_o——散流器喉部直徑,m;

R_0——圓盤的半徑,m,可取 $R_0 = 1.3$ m;

R——水平射程,沿射流軸心綫由送風口到射流速度爲 u_x 的距離,m,可用下式計算:

當房間高度 $H \leqslant 3$ m 時,$R = 0.5l$

當房間高度 $H > 3$ m 時,$R = 0.5l + (H - 3)$ 　　　　(15.26)

l——散流器中心綫之間的間距,m,散流器離牆距離爲 0.5 l,若間距或離牆在兩個方向不等時,應取平均數;

Δt_x——射流軸心溫度與室內溫度之差℃;

Δt_0——送風溫度與室內溫度之差,℃

C、C_K——擴散系數,與散流器的型式有關,可由實驗確定。

根據實驗,對于盤形散流器,$C_K = 0.7$,而對于圓形、方形直片式散流器,$C_K = 0.5$。

爲了便于計算,制成散流器的性能表(見附錄15.1、附錄15.2),制表條件如下:

(1)附錄15.1表中圓盤直徑 $D_0 = 2d_0$,圓盤和頂棚間距 $H_0 = \frac{1}{2}d_0$;

(2)射流末端軸心速度爲 $0.2 \sim 0.4$ m/s;

(3)房間的高度 $H \leqslant 3$ m,如果 $H > 3$ m,流程 R 應按公式(15.26)計算;

(4)$\frac{\Delta t_x}{\Delta t_0}$ 和 $\frac{u_x}{u_0}$ 按公式 15.23、15.24 計算;

(5)表中 L_0 爲每個散流器的送風量,l_0 爲每 m^2 空調面積的單位送風量。

設計時,應根據散流器的流程,從表中選擇單位送風量比較接近的散流器,確定喉部直徑 d_0 和喉部風速 u_0。u_0 一般宜在 $2 \sim 5$ m/s 之間;對商場、旅館的公共部位,餐廳等,最大風速允許在 $6 \sim 7.5$ m/s。冬季需要送熱風時,u_0 宜取較大值。

【例 15.2】 某空調房間,其房間尺寸爲 $6 \times 3.6 \times 3$ m,室內最大冷負荷爲 0.08 kW/m^2,室溫要求 20 ± 1℃,相對濕度50%,原有 1 m 高的計算夾層,采用盤式散流器,取送風溫差 $\Delta t_0 = 6$℃,試求各參數。

【解】

(1)計算單位面積的送風量

$$l_0 = \frac{3\,600Q}{\rho c_p \Delta t_0} = \frac{3\,600 \times 0.08}{1.2 \times 1.01 \times 6} = 39.6 \text{ m}^3/(\text{m}^2 \cdot \text{h})$$

(2)根據房間面積 6×3.6 m,因此選擇兩個盤形散流器。

散流器間距 m　$l = (3 + 3.6)/2 = 3.3$ m

由于 $H = 3$ m,$R = 0.5\,l = 0.5 \times 3.3 = 1.65$ m

(3)由流程 R 和單位面積送風量 l_0 查附錄15.1得:$u_0 = 3$ m/s,$d_0 = 250$ mm,

$$\frac{\Delta t_x}{\Delta t_0} = \frac{u_x}{u_0} = 0.09$$

$$D_0 = 2d_0 = 500 \text{ mm}$$

(4)$u_x = 3 \times 0.09 = 0.27$ m/s

$$\Delta t_x = 6 \times 0.09 = 0.54 \text{ ℃}$$

滿足要求。

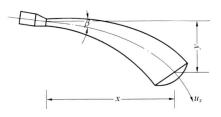

3.噴口送風的設計計算

噴口送風常應用在高大建築的一般空調工程,圖15.24 爲噴口送風流型圖。

圖15.24　噴口送風氣流流型示意

設計噴口送風的任務是根據所需的射程、落差及工作區流速,確定噴口直徑、送風速度及噴口數目。設計計算步驟如下:

(1)確定射程和射流落差

射程 x 是指沿噴口的中心軸綫從噴口至射流斷面平均流速爲 0.2 m/s 截面的水平距離。此后射流返回形成回流。

落差 y 是指噴口中心標高與射流末端的軸心標高之差。射流末端軸心標高希望與工作區上界齊平,因此落差與噴口高度有關,一般噴口高度取爲 $5 \sim 7$ m。

(2)確定工作區流速 u_p

　　因工作區處于回流區,所以工作區流速即爲回流區流速。爲使計算簡便,采用射流末端平均速度代替回流平均速度。取射流末端平均速度 u_p。近似等于軸心速度 u_x 的一半,即:

$$u_p = 0.5\ u_x \tag{15.27}$$

大空間噴口送風的射流規律與自由射流規律基本相同,故射流末端軸心速度 u_x 可按公式(15.2)計算。

　　(3)確定送風溫差,計算送風量 L

　　噴口送風的送風溫差通常取 $6 \sim 12℃$,因送風溫差大,$|Ar|$ 大,射流彎曲不可忽視,其彎曲程度用相對落差 y/d_o 表示,可按式(15.10)計算。

　　(4)噴口出流速度 u_0 和噴口直徑 d_0

　　u_0 太小不能滿足高速噴口長射程的要求,u_0 太大會在噴口處產生較大噪聲,因此,宜取 $u_0 = 4 \sim 10$ m/s,最大風速不應超過 12 m/s。爲保證軸心速度衰減,限制噴口直徑 d_0 在 $0.2 \sim 0.8$ m/s 之間。

　　由于噴口直徑和送風速度均爲未知數,通常先假定一個 d_0,由計算 Ar 公式求出 u_0,若 $u_0 < 10$ m/s,而且將 u_0 代人式(15.2)中得出 u_x,再代入式(15.27)中,若算得 $u_0 < 0.5$ m/s,即可認爲滿足要求。否則重新假定 d_0,重復上述步驟,直到滿足要求爲止。

　　(5)計算噴口的數目 n

　　每個噴口的送風量爲:

$$L_0 = 3\ 600 u_0 \frac{\pi d_0^2}{4} \tag{15.28}$$

所需的噴口數目爲:

$$n = \frac{L}{L_0} \tag{15.29}$$

　　【例 15.3】　已知房間尺寸長 $A = 30$ m,寬 $B = 24$ m,高 $H = 7$ m,室内要求夏季溫度爲 28℃,室内顯熱冷負荷 $Q_x = 231\ 280$ kJ/h,采用安裝在 6 m 高的圓噴口對噴、下回風方式,保證工作區空調的要求(圖 15.25),試進行噴口送風設計計算。

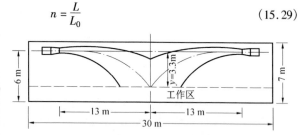

圖 15.25　例題 15.3圖

　　【解】

　　(1)確定射程 x 和落差 y

　　射程長 $x = 13$ m;

　　確定工作區的高度爲 2.7 m,落差 $y = 6 - 2.7 = 3.3$ m。

　　(2)確定送風溫差 Δt_0,計算送風量 L

　　先取送風溫差 $\Delta t_0 = 8℃$,則送風量 L 爲:

$$L = \frac{Q_x}{c\rho\Delta t_0} = \frac{231280}{1.01 \times 1.2 \times 8} = 23853\ \text{m}^3/\text{h}$$

取整,$L = 24\ 000$ m³/h,一側總風量爲 12 000 m³/h。

　　(3)確定送風速度 u_0

　　設定 $d_0 = 260$ mm,取 $\beta = 0$,$\alpha = 0.076$

則相對落差 $y/d_0 = 3.3/0.26 = 12.69$，相對射程 $x/d_0 = 13/0.26 = 50$。

(4)計算 Ar

由式(15.10)得

$$Ar = \frac{y/d_0}{(x/d_0)^2(0.51\frac{ax}{d_0}+0.35)} = \frac{12.69}{50^2(0.51\times\frac{0.076\times13}{0.26}+0.35)} = 0.00215$$

(5)求 u_0

$$u_0 = \sqrt{\frac{gd_0\Delta t_0}{ArT_n}} = \sqrt{\frac{9.81\times0.26\times8}{0.00215\times301}} = 5.62 \text{ m/s}$$

(6)計算射流末端軸心風速和射流平均風速

由公式(15.2)得：

$$u_x = u_0 \times \frac{0.48}{\frac{ax}{d_0}+0.147} = 5.62\times\frac{0.42}{\frac{0.076\times13}{0.26}+0.47} = 0.68 \text{ m/s}$$

由公式(15.27)得

$$u_p = 0.5u_x = 0.5\times0.68 = 0.34 \text{ m/s}$$

$$u_0 = 5.62 < 10 \text{ m/s}$$

$$u_p = 0.34 < 0.5 \text{ m/s}$$

均滿足要求

(7)計算噴嘴數目

$$n = \frac{L}{3\,600\ u_0\ \frac{\pi d_0^2}{4}} = \frac{12\,000}{3\,600\times5.62\times\frac{\pi}{4}\times0.26^2} = 11.2 \text{ 個}$$

取整 $n = 11$ 個，則兩個共需要 22 個。

二、氣流組織的評價指標

在保證空間使用功能的條件下，不同的氣流分布方式將涉及整個空調系統的耗能和初投資。因此需要對不同的氣流組織方案的性能進行科學的評價。

1. 不均勻系數

當工作區有 n 個測點，分別測得各點的溫度和速度，計算其算術平均值爲：

$$\left.\begin{array}{l} \bar{t} = \frac{\sum t_i}{n} \\ \bar{u} = \frac{\sum u_i}{n} \end{array}\right\} \tag{15.30}$$

工作區的空氣溫度和速度的均方根偏差爲：

$$\begin{array}{l} \sigma_t = \sqrt{\frac{\sum(t_i-\bar{t})^2}{n}} \\ \sigma_u = \sqrt{\frac{\sum(u_i-\bar{u})^2}{n}} \end{array} \tag{15.31}$$

式中　　n——工作區內測點數；

t_i、u_i——各測點的溫度和速度；

$\bar{t}, \bar{u}$——所有測點溫度和速度的算術平均值。

溫度和速度的均方根偏差 σ_t、σ_u 與平均溫度 $\bar{t}$ 和平均速度 $\bar{u}$ 的比值,即爲溫度不均匀系數 R_t 和速度不均匀系數 R_u,即

$$R_t = \frac{\sigma_t}{\bar{t}}$$

$$R_u = \frac{\sigma_u}{\bar{u}} \tag{15.32}$$

顯然 R_t、R_u 愈小,則氣流分布的均匀性愈好。

2.空氣分布特性指標(Air Diffusion Performance Index)

空氣分布特性指標(ADPI)定義爲滿足規定風速和溫度要求的測點數與總測點數之比。對舒適性空調而言,相對濕度在較大範圍內(30% ~ 70%)對人體舒適性影響較小,可主要考慮空氣溫度與風速對人體的綜合作用。根據實驗結果,有效溫度差與室內風速之間存在下列關系:

$$\Delta ET = (t_i - t_n) - 7.66(u_i - 0.15) \tag{15.33}$$

式中　ΔET——有效溫度差;

　　　t_i、t_n——工作區某點的空氣溫度(假定壁面溫度等于空氣溫度)和給定的室內溫度,℃;

　　　u_i——工作區某點的空氣流速,m/s。

當 $\Delta ET = -1.7 \sim +1.1$ 之間多數人感到舒適。因此,空氣分布特性指標(ADPI)則應爲

$$\text{ADPI} = \frac{-1.7 < \Delta ET < 1.1 \text{ 的測點數}}{\text{總測點數}} \times 100\% \tag{15.34}$$

在一般情況下,應使 ADPI ≥ 80%。

3.能量利用系數 η

氣流組織方案也直接影響空調系統的能耗量。爲評價氣流分布方式的能量利用的優劣程度,即用投入能量利用系數 η 來表示,即

$$\eta = \frac{t_p - t_0}{t_n - t_0} \tag{15.35}$$

式中　t_p——排風溫度,℃;

　　　t_0——送風溫度,℃;

　　　t_n——工作區空氣平均溫度,℃。

通常,送風量是根據排風溫度等于工作區設計溫度進行計算的。實際上房間內的溫度并不是處處均匀相等的,因此,排風口設置在不同部位,就會有不同的排風溫度,能量利用系數也不相同。

從式(15.35)可以看出:

當 $t_p = t_n$ 時,$\eta = 1.0$,表明送風經熱交換吸收余熱量後達到室內溫度,并進而排出室外。

當 $t_p > t_n$ 時,$\eta > 1.0$,表明送風吸收部分余熱達到室內溫度,且能控制工作區的溫度,而排風溫度可以高于室內溫度,經濟性好。

當 $t_p < t_n$ 時,$\eta < 1.0$,表明投入的能量沒有得到完全利用,往往是由于短路而未能發揮送入風量的排熱作用,經濟性很差。

值得指出的是,下送上排方式的 η 值大于1,這種方式的投入能量利用系數大于1,所以受到重視并在一些國家內廣泛應用。

第十六章　空調冷源設備與水系統

第一節　冷水機組

集中式和半集中式空調系統最常用的冷源是冷水機組,冷水機組是包含全套制冷設備的制備冷凍水或冷鹽水的制冷機組。

一、冷水機組的分類

目前冷水機組多以氟利昂爲工質,代替了過去的以氨爲工質的現場組裝式制冷機組。各種冷水機組均在設備制造廠完整組裝,具有結構緊湊、占地面積小,自動化程度高,安裝方便,維護管理簡單等優點。

1. 按冷水機組的驅動動力可分爲兩大類,一類是電力驅動的冷水機組,另一類是熱力驅動的冷水機組,又稱吸收式冷水機組。

2. 按冷凝器的冷却方式可分爲水冷式和風冷式冷水機組,通常容量較大的冷水機組多采用水冷式冷凝器。

3. 電驅動冷水機組按壓縮機型式又可分爲:活塞式(模塊式)、渦旋式、螺杆式和離心式冷水機組。

4. 吸收式冷水機組可分爲蒸汽或熱水式吸收式冷水機組和直燃式吸收式冷水機組(燃油或燃氣)。

不同型式冷水機組的制冷量範圍、使用工質及性能系數參見表 16.1。

表 16.1　不同型式冷水機組的制冷量範圍、使用工質及性能系數

制冷機種類		制冷劑	單機制冷量 (kW)	性能系數 (COP)
壓縮式制冷機	活塞式 (模塊式)	R22、R134a (R12)	52 ~ 1060	3.75 ~ 4.16
	渦旋式	R22	< 210	4.00 ~ 4.35
	螺杆式	R22、(R12)	352 ~ 3870	4.50 ~ 5.56
	離心式	R123、(R11)	352 ~ 3870	4.76 ~ 5.90
		R134a、(R12)	250 ~ 28150	
		R22	1060 ~ 35200	
吸收式	蒸氣、熱水式	NH_3/H_2O	< 210	> 0.6
		$H_2O/LiBr$(雙效)	240 ~ 5279	1.00 ~ 1.23
	直燃式	$H_2O/LiBr$(雙效)	240 ~ 3480	1.00 ~ 1.33

注:性能系數(COP)——實際的制冷量/輸入能量。

二、電驅動冷水機組

1. 活塞式冷水機組

活塞式冷水機組是問世最早的機型,具有熱效率高、適用多種制冷劑、制造容易、價格較低等優點,缺點是結構較復雜,易損件多、檢修周期短,輸氣不連續、排氣壓力有脉動,設備振動、噪聲較大。

活塞式冷水機組由活塞式制冷壓縮機、卧式殼管式冷凝器、熱力膨脹閥和干式蒸發器等組成,根據壓縮機臺數的不同,可分爲單機頭(一臺壓縮機)和多機頭(兩臺以上壓縮機)兩種。活塞式冷水機組還可分爲整機型和模塊化冷水機組。模塊化機組體積小、冷量範圍大、調節性好、自動化程度高、運輸安裝方便,適于改造工程。

2.渦旋式冷水機組

采用渦旋式壓縮機,比活塞式壓縮機減少60%運動部件,排氣壓力穩定,運行平穩,壽命長,故障率低,但單機冷量小于210 kW,通常采用風冷冷却方式。適用中小型空調系統。

3.螺杆式冷水機組

由螺杆式制冷壓縮機、冷凝器、蒸發器、熱力膨脹閥、油分離器、自控元件等組成。螺杆式冷水機組單機制冷量較大,壓縮比高,結構簡單,零部件爲活塞式的1/10,運轉非常平穩,機組安裝時可以不裝地脚螺栓,直接放在具有足够强度的水平地面上。能量可在15%～100%範圍内實現無級調節。

4.離心式冷水機組

由離心式制冷壓縮機(高速葉輪、擴壓器、進口導葉、傳動軸和微電腦控制等構成)、蒸發器、冷凝器、節流機構和調節機構等組成。壓縮機與增速器、電動機之間的連接可分爲開啓式和封閉式兩種。常用制冷劑有 R22、R410a、R123、R407C 和 R134a 等。

離心式制冷壓縮機單機容量大,適于大型空調系統。與活塞式相比工作可靠、維修周期長,運轉平穩,轉動小,對基礎没有特殊要求。冷量可在 30%～100% 範圍内作無級調節。采用兩級、三級壓縮時可提高效率 10%～20%,同時可改善低負荷時的喘振現象。

三、吸收式冷水機組

吸收式冷水機組是利用二元溶液在不同壓力和温度下能釋放和吸收制冷劑的原理進行制冷循環的。通常以水作爲制冷劑,以溴化鋰一水溶液作爲吸收劑,依靠熱能實現制冷劑的熱力循環。

直燃式雙效吸收式制冷機除將高壓發生器改爲直燃發生器外,其他部分與蒸汽雙效吸收式制冷機相同,可分爲標準型、空調型、單冷型三類。標準型可分别或同時實現三種功能:采暖、制冷、衛生熱水。空調型可分别或同時實現制冷、采暖兩種功能。單冷型通常只能制冷。

吸收式冷水機組是一種節電機組,如果是利用余熱、余汽或廢熱、廢汽(0.05 MPa 以上)作爲動力,則是一種節能機組。

四、冷水機組的選擇確定

1.選擇制冷機組時,臺數不宜過多,一般不考慮備用,應與空氣調節負荷變化情况及運行調節要求相適應。

2.制冷量爲580～1 750 kW 的制冷機房,當選用活塞式或螺杆式制冷機時,其臺數不宜少于兩臺;大型制冷機房,當選用制冷量大于或等于 1 160 kW 的一臺或多臺離心式冷水機時,宜同時設置一臺或兩臺制冷量較小的離心式、活塞式或螺杆式的制冷機。

3.冷水機組一般以選用 2—4 臺爲宜,中小型規模的制冷機房宜選用 2 臺,較大型可選用 3 臺,特大型可選用 4 臺,一般不設備用。

4．選用電力驅動的冷水機組時,當單機制冷量 $Q_e > 1160$ kW 時,宜選用離心式;$Q_e = 580 \sim 1\,160$ kW 時,宜選用離心式或螺杆式;$Q_e < 580$ kW 時,宜選用活塞式或渦旋式。

5．對有合適熱源的情況,尤其是有余熱或廢熱、廢汽的場所,或電力缺乏的場所,宜采用蒸汽或熱水式吸收式冷水機組。

第二節　蓄冷設備

空調系統中絕大多數消耗的是電能,隨着我國工業化進程的繼續和人民生活水平的日益提高,使電力供應一直處于緊缺狀態,這一點在華東、華北、華南地區顯得尤爲突出。在夏季,空調用電和工業用電都很集中,使供電形勢更加緊張。因此很多電力緊張地區已開始實施分時電價,即峰谷電價不同,使低谷電價只相當于高峰電價的 1/5 ~ 1/2。在這種情況下推廣空調蓄冷技術是非常合適的,既緩和了供電緊張的狀況、又使空調用戶的運行費用降低。

空調蓄冷技術自 90 年代開始在我國的應用迅速推廣,深圳、北京、上海等地均有多項應用。

一、蓄冷系統的類型

空調蓄冷系統是用夜間非峰值電力將空調系統所需冷量全部或部分存于水、冰或其他介質中,在有空調負荷的用電高峰時釋放出來。

根據蓄冷介質的不同,可分爲冰蓄冷系統、水蓄冷系統和共晶鹽蓄冷系統。各蓄冷介質的比較見表 16.2。水蓄冷靠水溫度降低來實現蓄冷,一般冷凍水溫降宜采用 6 ~ 10℃,而冰蓄冷系統是利用水的相變實現蓄冷,因此冰蓄冷設備比水蓄冷設備小得多,較爲常用。目前已有利用消防水池或消防水箱進行水蓄冷的研究,但還不够成熟,應用受多方面因素的限制。

表 16.2　蓄冷介質的比較

介　　質 項　　目	水	冰	共晶鹽
蓄能方式	顯熱	顯熱 + 潛熱	潛熱
相變溫度	–	0℃	4 ~ 10℃
蓄冷型式	12℃→4℃水	12℃→0℃冰	8℃液體→8℃固體
每 1 000 kW 所需容量(m³)	102	24.2	34.1

二、冰蓄冷系統

冰蓄冷系統根據負擔冷負荷的不同,可分爲部分蓄冰和全部蓄冰系統。部分蓄冰系統是指在夜間非峰值時刻用制冷設備運轉制冰,蓄存部分冷量,白天同時使用制冷機與夜間蓄冷量來供應空調所需冷量。全部蓄冰系統白天運行時不用制冷機,所有的空調負荷完全由冰蓄存的冷量供給,所需的冰蓄冷設備容量和體積較大。

常用系統、部分蓄冰系統、全部蓄冰系統配用的冷水機組容量由小至大排列爲:部分蓄冰系統、全部蓄冰系統、常規系統。

蓄冰型式很多,約有二十多種。常用的有以下系統:

1．冰盤管式系統　以壓縮冷凝機組作爲制冷設備,利用制冷劑在鋼制或銅制盤管內直接蒸發吸熱使管表面結冰。當供冷時,將空調水系統的回水引入蓄冰槽,使冰融化,再送至空調系統,形成供冷循環。優點是管路簡單,效率高,成本低,但結冰的厚度不易控制,制冷劑易泄漏。

2. 完全結冰式系統

以乙二醇冷水機組作爲制冷設備,乙二醇水溶液通過塑料管將儲水槽内的水完全凍結。由于儲水槽中水可以完全凍結,固此所需槽體積小,系統造價低。

3. 冰球式系統

以乙二醇冷水機組作爲制冷設備,從冷水機組出來的乙二醇水溶液流過冰球間隙,使冰球内的水溶液凍結成冰。冰球式系統結構簡單,可靠性高,換熱性能好,成爲冰蓄冷系統的發展方向。

4. 冰晶系統

將低濃度鹽溶液冷却到冰點下,使之産生很多顆粒極小的冰晶體,冰晶體水溶液直接供空調系統使用。冰晶式系統可實現動態制冰,冰晶可直接用水泵輸送,能量調節靈活,效率高。

此外,蓄冷系統還有共晶鹽系統和制冷機系統等。

三、蓄冷空調系統的特點和適用場合

1. 優點

(1) 采用蓄冷技術后,可減少制冷機組的容量,節省電力增容費和電力設備費用;

(2) 可減少制冷機啓閉次數,減少故障機會;

(3) 蓄冰式系統在供冷時,冷凍水的溫度很低,冷却速度快,除濕能力大,容易滿足較低相對濕度場合的空調要求。

(4) 平衡了電力系統供電的峰谷值,使電力系統運行更經濟,若峰谷差價較大時,可降低空調系統的運行費用。

2. 缺點

(1) 占用空間大。

(2) 蓄冷系統由于增加了設備和管路系統,使系統復雜,設計、安裝、運行管理難度增大。

(3) 蓄冷空調系統存在能量損耗,不一定能節省能源,甚至比常規空調系統消耗更多的能源。

3. 適用場合

(1) 體育館、展覽館、影劇院等空調運行時間短,負荷大的公共建築。

(2) 空調運行負荷大,非運行時間爲電力非峰值時間的場所,如寫字樓、百貨商場。

(3) 負荷變化大,需要減少高峰負荷用電,平衡峰谷用電負荷的場所,如工業廠房。

同時,采用蓄冷技術從經濟上考慮必須在峰谷電價比超過 2:1 時才可行。

第三節　空調冷凍水系統

空調系統通常設有集中冷凍站(制冷機房)來制備冷凍水,以水爲載冷劑的冷凍站内,冷凍水供應系統是中央空調系統的一個重要組成部分。一般中小型冷凍站的冷凍水系統按回水方式可分爲開式系統和閉式系統兩種。大型企業或高層建築中的集中空調用冷凍站,由于其供應冷水的距離遠、高差大、系統多,以及參數要求不同等特點,冷凍水系統較

爲復雜多樣,如一次環路供水系統,一、二次環路供水系統,冷凍水分區供水系統等。

一、開式系統和閉式系統

1. 開式系統(見圖 16.1)

一般爲重力式回水系統,當空調機房和冷凍站有一定高差且距離較近時,回水借重力自流回冷凍站,使用殼管式蒸發器的開式回水系統,設置回水池。當采用立式蒸發器時,由於冷水箱有一定的貯水容積,可以不另設回水池。重力回水式系統結構簡單,不設置回水泵,且可利用回水池,調節方便,工作穩定。缺點是水泵揚程要增加將冷凍水送至用冷設備高度的位能,電耗較大。

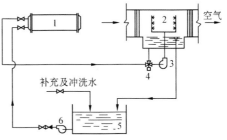

圖 16.1 使用殼管式蒸發器的重力式回水系統
1—殼管式蒸發器;2—空調淋水室;3—淋水泵;
4—三通閥;5—回水池;6—冷凍水泵

2. 閉式系統

爲壓力式回水系統,目前空調設備常用表面冷卻器冷卻空氣,閉式系統見圖 16.2 所示,該系統只有膨脹箱通大氣,所以系統的腐蝕性小,由於系統簡單,冷損失較小,且不受地形的限制。由於在系統的最高點設置膨脹箱,整個系統充滿了水,冷凍水泵的揚程僅需克服系統的流動摩擦阻力,因而冷凍水泵的功率消耗較小。膨脹箱的底部標高至少比系統管道的最高點高出 1.5 m;補給水量通常按系統水容積的 0.5% ~ 1% 考慮。膨脹箱的接管應盡可能靠近循環泵的進口,以免泵吸入口內液體汽化造成氣蝕。

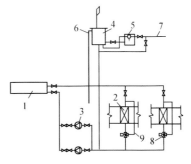

圖 16.2 閉式冷凍水系統
1—冷水機組中的蒸發器;2—表面式冷却器;
3—冷凍水循環泵;4—膨脹箱;
5—自動補水水箱;6—溢流管;
7—自來水管;8—三通閥;9—旁通管

二、定水量系統和變水量系統

冷凍水系統也可分爲定水量系統及變水量系統。定水量系統通過改變供回水溫差來滿足負荷的變化,系統的水流量始終不變;變水量系統通過改變水流量來滿足負荷的變化。

在定水量系統中,表冷器、風機盤管采用三通閥進行調節。當負荷減小時,一部分冷凍水與負荷成比例地流經表冷器或風機盤管,另一部分從三通閥旁通,以保證供冷量與負荷相適應。采用三通閥定水量調節時,水泵的耗能較大,因爲系統處於低負荷狀態下運行的時間較長,而低負荷運行時,水泵仍按設計流量運行。

在變水量系統中,表冷器采用二通調節閥進行調節。當負荷減小時,調節閥關小,通過空調機的水流量按比例減少,從而使房間參數保持在設計值範圍內。風機盤管常用二通閥進行停、開雙位控制。當負荷減小時,變水量系統中水泵的耗能也相應減少。

定水量系統中水泵的流量是根據各空調房間設計工況下的總負荷確定的。確定變水量系統水泵的流量時,應考慮負荷系數和同時使用系數,按瞬時建築物總設計負荷確定。

三、一次環路供水系統與一、二次環路供水系統

采用變水量系統會產生一些新問題,如:

① 當流經冷水機組的蒸發器流量減小時,導致蒸發器的傳熱系數變小,蒸發溫度下降,制冷系數降低,甚至會使冷水機組不能安全運行;同時,變水量系統還會造成冷水機組運行不穩定。

② 由于冷凍水系統必須按空調負荷的要求來改變冷凍水流量,這樣隨着流量的減少會引起冷凍水系統的水力工況不穩定。

爲了解決上述問題,目前工程上采用下述兩種的解決方法:

1. 一次環路供水系統

常用供水變流量系統是在空調等用冷設備處裝設二通調節閥,爲使冷凍水供水流量隨着負荷變化而變化,在供、回水管之間設有旁通管,在管上設有壓差控制的穩壓閥(雙通道電動閥門),即冷源側爲定流量,負荷側爲變流量的單級泵系統,見圖16.3。當冷負荷下降,供、回水管水壓超過設定值時,便自動啓動穩壓閥,使部分冷水經旁通管回到冷水機組,使冷水機組的水流量不減少。由于冷水機組與泵一一對應,亦即隨着負荷的減少(供水溫度下降)而減少運行臺數。該系統結構簡單,但缺點是循環水泵的功率不能隨供冷負荷按比例減少,尤其是只有一臺冷水機組工作時,水泵的能耗不能減少。

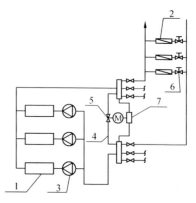

圖 16.3　一次環路供水(單級泵)

1—冷水機組;2—空調機組;3—冷凍水泵;
4—旁通管;5—電動調節閥;
6—二通調節閥;7—壓差控制器

2. 一、二次環路供水系統

該系統把冷凍水系統分成冷凍水制備和冷凍水輸送兩部分,設雙級泵,如圖16.4所示。爲使通過冷水機組的水量不變,一般采用一機一泵的配置方式。與冷水機組對應的泵稱爲一次泵,并與供、水干管的旁通管構成一定流量的一次環路,即冷凍水制備系統。連接所有負荷點的泵稱爲二次泵。二次泵可以并聯運行,向分區各用戶供冷凍水,也可以根據各分區不同的壓力損失,設計成獨立環路的分區供水系統,參見圖16.5。用冷設備管路系統與旁

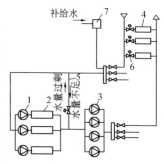

圖 16.4　一、二次環路水系統圖

1—一次泵;2—冷水機組;
3—二次泵;4—風機盤管、空調器;
5—旁通管;6—二通調節閥;
7—膨脹箱

通管構成二次環路,即爲冷凍水輸運系統。該系統完全根據負荷需要,通過改變水泵的臺數或水泵的轉速來調節二次環路中的循環水量。該系統可降低供冷系統的電耗。

3. 高層建築空調冷凍水分區供應系統

高層建築内的冷凍水大都采用閉式系統,這樣對管道和設備的承壓能力的要求非常高。爲此,冷凍水系統一般都以承壓情況作爲設計考慮的出發點。當系統靜壓超過設備承壓能力時,則在高區應另設獨立的閉式系統。

高層建築的低層部分包括裙樓、裙房。其公共服務性用房的空調系統大都具有間歇性使用的特點,一般在考慮垂直分區時,把低層與上部標準層作爲分區的界綫。

應根據具體建築物群體的組成特點,從節能、便于管理出發,對不同高度分成多組供水系統。圖16.6爲某大廈分區示意圖。

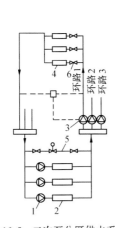

16.5　二次泵分區供水系統

1—一次泵;2—冷水機組;

3—二次泵;4—風機盤管空調器;

5—旁通管;6—二通調節閥

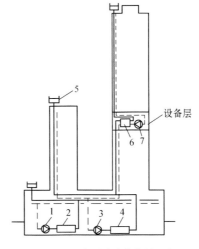

圖 16.6　某大厦冷凍水分區示意

1—低區冷凍水泵;2—低區冷水機組;

3—高區冷凍水泵;4—高區冷水機組;

5—膨脹水箱;6—換熱器;7—二次冷凍水泵

四、冷凍循環泵

1. 一次泵的選擇

(1) 泵的流量應等于冷水機組蒸發器的額定流量,并附加 10%的余量。

(2) 泵的揚程爲克服一次環路的阻力損失,其中包括一次環路的管道阻力和設備阻力,并附加 10%的余量。一般離心式冷水機組的蒸發器阻力約爲 0.08 ~ 0.1 MPa;活塞式或螺杆式冷水機組的阻力約爲 0.05 MPa。

(3) 一次泵的數量與冷水機組臺數相同。

2. 二次泵的選擇

(1) 泵的流量按分區夏季最大計算冷負荷確定

$$G = 1.1 \times \frac{3\,600Q}{C\Delta t} \tag{16.1}$$

式中　G——分區環路總流量,kg/h;

Q——分區環路的計算冷負荷,kW;

Δt——冷凍水供回水溫差,一般取 5 ~ 6℃;

C——冷凍水比熱容,kJ/(kg·℃)。

二次泵的單泵容量應根據該環路最頻繁出現的幾種部分負荷來確定,并考慮水泵并聯運行的修正值。如選擇臺數爲大于 3 臺時,一般不設備用泵。

(2) 二次泵的揚程應能克服所負擔分區的二次環路中最不利的用冷設備、管道、閥門附件等總阻力要求。并應考慮到管道中如裝有自動控制閥時應另加 0.05 MPa 的阻力。水泵的揚程應有 10%的余量。

當系統投入運行后,應經常檢查水泵運行狀態與實際運行負荷是否正常,即檢查實際運行電流值與額定電流值的差異;水泵運轉的振動和噪聲是否有異常等。

第四節　冷卻水系統

冷卻水是冷凍站内制冷機的冷凝器和壓縮機的冷却機的冷却用水,在正常工作時,使用后僅水溫升高,水質不受污染。冷卻水的供應系統,一般根據水源、水質、水溫、水量及氣候條件等進行綜合技術經濟比較后確定。

一、冷却水系統分類及適用範圍

1. 按供水方式可分爲直流供水和循環供水兩種。

(1) 直流供水系統

冷卻水經過冷凝器等用水設備后,直接排入河道或下水道,或用于廠區綜合用水管道。

(2) 循環冷却水系統

循環冷却水系統是將通過冷凝器后的溫度較高的冷却水,經過降溫處理后,再送入冷凝器循環使用的冷却系統。按通風方式可分爲:

① 自然通風冷却循環系統,是用冷却塔或冷却噴水池等構築物使冷却水降溫后再送入冷凝器的循環冷却系統。

② 機械通風冷却循環系統是采用機械通風冷却塔或噴射式冷却塔使冷却水降溫后再送入冷凝器的循環冷却系統。

2. 適用範圍

(1) 當地面水源水量充足,如江、河、湖泊的水溫、水質適合,且大型冷凍站用水量較大,采用循環冷却水耗資較大時,可采用河水直排冷却系統。

(2) 當地下水資源豐富,地下水水溫較低(一般在 $13 \sim 20℃$),可考慮水的綜合利用,采用直流供水系統利用水的冷量后,送入全廠管網,作爲生產、生活用水。

(3) 自然通風冷却循環系統適用于當地氣候條件適宜的小型冷凍機組。

(4) 機械通風冷却循環系統適用于氣溫高、濕度大,自然通風塔不能達到冷却效果的情况。

由于冷却水流量、溫度、壓力等參數直接影響到制冷機組的運行工况,尤其在當前空調工程中大量采用自控程度較高的各種冷水機組,因此,運行穩定可控的機械通風冷却循環系統被廣泛地采用。

二、冷却水系統設備的設置

1. 冷却塔的設置

(1) 冷凍站爲單層建築時,冷却塔可根據總體布置的要求,設置在室外地面或屋面上,由冷却塔塔下部存水,直接用自來水補水至冷却塔,系統需設加藥裝置進行水處理,該流程運行管理方便。一般單層建築冷凍站冷却水循環流程見圖 16.7 所示。

冷却塔和制冷機組一般爲單臺配置,便于管理。

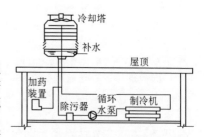

圖 16.7　單層建築冷却水循環流程

(2) 當冷凍站設置在多層建築或高層建築的低層或地下室時,冷却塔通常設置在建築物相對應的屋頂上。根據工程情況可分別設置單機配套相互獨立的冷却水循環系統，或設置共用冷却水箱、加藥裝置及供、回水母管的冷却循環系統，如圖 16.8 所示。

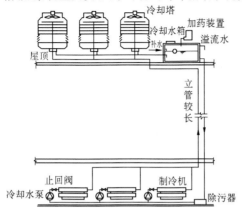

圖 16.8　共用冷却水箱和供回水管的冷却水循環系統

2．冷却水箱的設置

（1）冷却水箱的功能是增加系統水容量，使冷却水循環泵能穩定工作，保證水泵入水口不發生氣蝕現象。冷却塔在間斷運行時，爲了使填料表面首先濕潤，并使水層保持正常運行時的水層厚度，而后流向冷却塔底盤水箱，達到動態平衡，冷却塔水盤及冷却水箱的有效容積應能滿足冷却塔部件由基本干燥到潤濕成正常運轉情況所附着的全部水量的要求。

據有關試驗數據介紹，一般逆流式填料玻璃鋼冷却塔在短期内由干燥狀態到正常運轉，所需附着水量約爲標準小時循環水量的 1.2%。

（2）冷却水箱配管的要求

冷却水箱内如設浮球閥進行自動補水，則補水水位應是系統的最低水位，而不是最高水位，否則，將導致冷却水系統每次停止運行時會有大量溢流造成浪費。其配管尺寸形式見圖 16.9。

3．冷却水循環系統設備

冷却水循環系統的主要設備包括冷却水泵和冷却塔等，應根據制冷機設備所需的流量、系統阻力、温差等參數要求，確定水泵和冷却塔規格、性能和臺數。

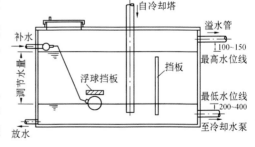

圖 16.9　冷却水箱的配管形式

（1）冷却水泵的選擇要點與冷凍水泵相似，應考慮節能、低噪聲、占地少、安全可靠、振動小、維修方便等因素，擇優確定。

（2）冷却水泵一般不設備用泵，必要時可置備用部件，以應急需。

（3）冷却塔布置在室外，其噪音對周圍環境會產生一定影響，應根據國家規範《城市區域環境噪聲標準》(GB3096—1993)的要求，合理確定冷却塔的噪聲要求，如一般型、低噪聲型或超低噪聲型。

4．加藥裝置可選擇成套設備，主要包括玻璃鋼溶藥槽、電動攪拌器、柱塞閥及電控箱等。

三、冷却水補充水量與水質控制

1. 冷却水補充水量的計算

在機械通風冷却水循環系統中,各種水量損失的總和即系統必須的補水量。

(1) 蒸發損失

冷却水的蒸發損失與冷却水的溫降有關,一般當溫降爲 5℃時,蒸發損失爲循環水量的 0.93%;當溫降爲 8℃時,則爲循環水量的 1.48%。

(2) 飄逸損失

由于機械通風的冷却塔出口風速較大,會帶走部分水量。國産質量較好的冷却塔飄逸損失約爲循環水量的 0.3% ~ 0.35%。

(3) 排污損失

由于循環水中礦物成分、雜質等濃度不斷增加,因此需對冷却水進行排污和補水。通常排污損失量爲循環水量的 0.3 ~ 1%。

(4) 其它損失

包括在正常情況下循環泵的軸封漏水,以及個別閥門、設備密封不嚴引起的漏滲,以及當前述設備停止運轉時冷却水外溢損失等。

綜上所述,一般采用低噪聲逆流式冷却塔,使用在離心式冷水機組的補水率約爲 1.53%,對溴化理吸收式制冷機的補水率約爲 2.08%。如果概略估算,制冷系統補水率爲 2 - 3%。

2. 水質控制

由于在開式冷却塔循環水系統中,水與大氣不斷的接觸,進行熱質交換,使循環水的二氧化碳消失,溶解氧增高,$CaCO_3$ 結晶析出形成沉澱,溶解固體濃縮,使某些類型的水質形成腐蝕性,微生物滋生繁殖,大氣中的塵埃不斷混入水中形成泥垢等等現象,從而直接影響到制冷機的正常運行和損壞冷却設備和管道附件,因此必須進行水質控制。

(1) 循環冷却水水質穩定處理

① 阻垢處理

對于結垢型的循環冷却水常用的阻垢處理方法有静電場阻垢處理、電子水處理、投放阻垢分散劑等。

② 緩蝕阻垢處理

對腐蝕性循環冷却水進行緩蝕處理的同時應進行阻垢處理,才能達到緩蝕阻垢的目的。緩蝕處理通常采用投加緩蝕劑,使設備表面形成一層抗腐蝕、不影響熱交換、不易剥落的既薄又致密的保護膜,使設備表面與水隔開,抑制腐蝕作用的發生。

(2) 殺菌、滅藻

在冷却塔和水池里會有大量的微生物繁衍,因此,無論是藥劑阻垢處理還是緩蝕阻垢處理都應進行殺菌、滅藻處理

殺菌滅藻藥劑有液氯、次氯酸鈉、二氧化氯、臭氧、硫酸銅等。在循環冷却水殺菌滅藻處理中,用得較多是液氯、次氯酸鈉和二氧化氯。一般循環冷却水的加氯濃度控制在 2 - 4 mg/L;余氯控制在 0.5 - 1 mg/L。

(3) 去除泥沙懸浮物

循環冷却水常用過濾法去除水中的泥沙、飄塵等懸浮物,如用過濾器、濾池等進行過濾。

四、常用冷却塔

冷却塔一般用玻璃鋼制作,類型有;

(1) 逆流式冷却塔。根據結構不同分爲通用型、節能低噪音型和節能超低噪音型。

(2) 橫流式冷却塔。根據水量大小,設置多組風機,噪音較低。

(3) 噴射式冷却塔。不采用風機而依靠循環泵的揚程,經過設在冷却塔内的噴嘴使水霧化與周圍空氣換熱而冷却,噪聲較低。

應根據具體情況,進行技術經濟比較來確定冷却塔。表 16.3 列出逆流、橫流及噴射式三種冷却塔性能比較及適用條件。

表 16.3　逆流、橫流、噴射式冷却塔性能比較及適用條件

項　　目	逆流式冷却塔	橫流式冷却塔	噴射冷却塔
效　率	冷却水與空氣逆流接觸,熱交換效率高	水量、容積散質系數 β_{xv} 相同,填料容積要比逆流塔大 15～20%	噴嘴噴射水霧的同時,把空氣導入塔内,水和空氣劇烈接觸,在 $\Delta t_小$、$t_2-\tau$ 大時效率高,反之則較差
配水設備	對氣流有阻力,配水系統維修不便	對氣流無阻力影響,維護檢修方便	噴嘴將氣流導入塔内,使氣流流暢,配水設備檢修方便
風阻	水氣逆向流動,風阻較大,爲降低進風口阻力降,往往提高進風口高度以減小進風速度	比逆流塔低,進風口高,即爲淋水裝置高,故進風風速低	由于無填料、無淋水裝置,故進風風速大,阻力低
塔高度	塔總高度較高	填料高度接近塔高,收水器不占高度,塔總高低	由于塔上部無風機,無配水裝置,收水器不占高度,塔總高最低
占地面積	淋水面積同塔面積,占地面積小	平面面積較大	平面面積大
濕熱空氣回流	比橫流塔小	由于塔身低,風機排氣回流影響大	由于塔身低,有一定的回流
冷却水溫差	$\Delta t = t_1 - t_2$ 可大于 5℃ $\begin{pmatrix} t_1—進口溫度 \\ t_2—出口溫度 \end{pmatrix}$	Δt 可大于 5℃	$\Delta t = 4～5$℃
冷却幅高	$t_2 - \tau$ 可小于 5℃	$t_2 - \tau$ 可小于 5℃	$t_2 - \tau \geq 5$℃
氣象參數	大氣溫度 τ 可大于 27℃	τ 可大于 27℃	$\tau < 27$℃
冷却水進水壓力	要求 0.1 MPa	可 ≤ 0.05 MPa	要求 0.1～0.2 MPa
噪聲	超低噪聲型可達 55 dB(A)	低噪聲型可達 60 dB(A)	可達 60 dB(A)以下

第五節　空調水系統的水力計算

空調水系統水力計算的任務是確定水系統管路的管徑,計算阻力損失,并選出冷却水泵、冷凍水泵,補水泵等。

一、管徑的確定

當管材選定后,由于水流量已知,只要按照推薦流速確定流速就可確定水管管徑。推薦流速範圍參見表16.4。亦可按表16.7根據流量確定管徑。管徑與流速關系如式16.2。

表 16.4　管内水流速推薦值

管道種類	水泵吸水管	水泵出水管	主干管	立　管	支　管	冷却水管
流速(m/s)	1.2~2.1	2.4~3.6	1.2~4.5	0.9~3.0	1.5~3.0	1.0~2.4

$$d = \sqrt{\frac{4W}{\pi\omega}} \qquad \text{m} \tag{16.2}$$

式中　W——水流量,m^3/s;

　　　ω——水流速,m/s。

二、流動阻力的計算

流動阻力 $\Delta P(Pa)$包括沿程阻力和局部阻力,即

$$\Delta P = RL + Z \tag{16.3}$$

式中　R——單位長度管路的摩擦阻力,Pa/m;

　　　L——管路長度,m;

　　　Z——局部阻力,Pa。

$$Z = \zeta\frac{\rho\omega^2}{2} \qquad Pa$$

R 值可根據管材查取圖16.10、圖16.11確定。局部阻力系統(ζ)參見表16.5、表16.6確定。工程中也可簡化計算,由表16.7直接查出管徑和單位長度阻力損失進行概算。

三、設備阻力

冷水機組、冷却塔、過濾器等設備阻力可由產品樣本或相關手册中查取。

水系統的閥門優先選擇蝶閥。

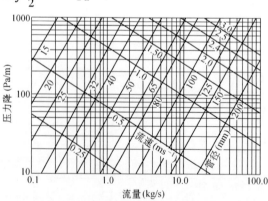

圖16.10　水管比摩阻的確定(鋼管)

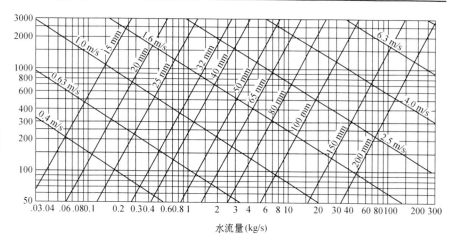

圖 16.11　水管比摩阻綫算圖(塑料管)

表 16.5　閥門及管件的局部阻力系數 ζ

序號	名　　稱		局部阻力系數 ζ			
1	截止閥	普通型	4.3~6.1			
		斜柄型	2.5			
		直通型	0.6			
2	止回閥	升降式	7.5			
		旋啓式	DN	150	200	250	300
			ζ	6.5	5.5	4.5	3.5
3	蝶　閥		0.1~0.3			
4	閘　閥		DN	15	20~50	80	100	150	200~250	300~450
			ζ	1.5	0.5	0.4	0.2	0.1	0.08	0.07
5	旋塞閥		0.05			
6	變徑管	縮　小	0.10			
		擴　大	0.30			
7	普通彎頭	90°	0.30			
		45°	0.15			
8	焊接彎頭		DN	80	100	150	200	250
		90°	ζ	0.51	0.63	0.72	0.87	0.78
		45°	ζ	0.26	0.32	0.36	0.36	0.44
9	彎管(煨彎)90° (R-曲率半徑；d-管徑)	$\dfrac{d}{R}$	0.5	1.0	1.5	2.0	3.0	4.0	5.0
		ζ	1.2	0.8	0.6	0.48	0.36	0.30	0.29
10	水箱接管	進水口	1.0			
		出水口	0.5			
11	濾水網	有底閥	DN	40	50	80	100	150	200	250	300
			ζ	12	10	8.5	7	6	5.2	4.4	3.7
		無底閥	2~3			
12	水泵入口		1.0			

表 16.6　三通的局部阻力系數 ζ

圖　　示	流向	局部阻力系數 ζ	圖　　示	流　向	局部阻力系數 ζ
	2→3	1.5		2→$\frac{1}{3}$	1.5
	1→3	0.1		2→3	0.5
	1→2	1.5		3→2	1.0
	1→3	0.1		2→1	3.0
	$\frac{1}{3}$→2	3.0		3→1	0.1

表 16.7　水系統的管徑和單位長度阻力損失

鋼管管徑 (mm)	閉式水系統		開式水系統	
	流量(m³/h)	m 水柱/100m	流量(m³/h)	m 水柱/100m
15	0 ~ 0.5	0 ~ 0.5	0 ~ 4	–
20	0.5 ~ 1	2 ~ 4	–	–
25	1 ~ 2	1.7 ~ 4	0 ~ 1.3	0 ~ 4
32	2 ~ 4	1.2 ~ 4	1.3 ~ 2	1.2 ~ 4
40	4 ~ 6	2.0 ~ 4	2 ~ 4	1.5 ~ 4
50	6 ~ 11	1.3 ~ 4	4 ~ 8	1.5 ~ 4
65	11 ~ 18	2 ~ 4	8 ~ 14	1.2 ~ 4
80	18 ~ 32	1.5 ~ 4	14 ~ 22	1.8 ~ 4
100	32 ~ 65	1.25 ~ 4	22 ~ 45	1.0 ~ 4
125	65 ~ 115	1.5 ~ 4	45 ~ 82	1.3 ~ 4
150	115 ~ 185	1.25 ~ 4	82 ~ 130	1.6 ~ 4
200	185 ~ 380	1 ~ 4	130 ~ 200	1.0 ~ 2.3
250	380 ~ 560	1.25 ~ 2.75	200 ~ 340	0.8 ~ 2
300	560 ~ 820	1.25 ~ 2.25	340 ~ 470	0.8 ~ 1.6
350	820 ~ 950	1.25 ~ 2	470 ~ 610	1.0 ~ 1.5
400	950 ~ 1 250	1 ~ 1.75	610 ~ 750	0.8 ~ 1.2
450	1 250 ~ 1 590	0.9 ~ 1.5	750 ~ 1 000	0.6 ~ 1.2
500	1 590 ~ 2 000	0.8 ~ 1.25	1 000 ~ 1 230	0.7 ~ 1.0

第十七章 空調系統的消聲與防振

第一節 噪聲與噪聲源

對于聲音强度大而又嘈雜刺耳或者對某項工作來説是不需要或有妨礙的聲音,統稱爲噪聲。噪聲的發生源很多,就工業噪聲來説,主要有空氣動力噪聲、機械噪聲、電磁性噪聲等。通風與空氣調節工程中主要的噪聲源有通風機、制冷機、機械通風冷却塔、水泵等,這些噪聲源以不同途徑將噪聲傳入室內,如通過風道、各種建築結構等。當空調房間內噪聲要求比較高時,通風空調系統必須考慮消聲與轉動設備的防振。

一、噪聲的物理量度

1. 聲强與聲壓

物體振動使周圍空氣分子交替產生密集和稀疏狀,并向外傳播而形成波動,波動傳到人耳,人就感覺到聲音。聲音是一種波,頻率範圍很寬,頻率即爲物體每秒振動的次數。人耳能够感知的聲音頻率範圍爲 20 ~ 20 000 Hz,一般把 300 Hz 以下的聲音稱爲低頻聲;300 ~ 1 000 Hz 的聲音稱爲中頻聲;1 000 Hz 以上的聲音稱爲高頻聲。人耳最敏感的頻率爲 1 000 Hz。

聲音的强弱用聲强來描述,通常用 I 表示。某一點的聲强是指在該點垂直于聲音傳播方向的單位面積上單位時間內通過的聲能。引起人耳產生聽覺的聲强的最低限叫"可聞閾",爲 10^{-12} W/m²。人耳能够忍受的最大聲强約爲 1 W/m²,稱爲"痛閾"。

聲音傳播時,空氣產生振動引起疏密變化,在原來的大氣壓强上叠加了一個變化的壓强,稱爲聲壓,用 P 表示,單位爲 μbar(微巴),即 dyn/cm²(達因/厘米²)。

對于球面聲波和平面聲波,某一點的聲强與該點聲壓的平方成正比。可聞閾對應的聲壓約爲 2.0×10^{-5} Pa,即 0.0002 μbar。

2. 聲强級與聲壓級

可聞閾與痛閾間的聲强相差 10^{-12} 倍,計算表達很不便,且聲音强弱是相對的,所以改用對數標度。國際上規定選用 $I_0 = 10^{-12}$ W/m² 作爲參考標準,某一聲波的聲强爲 I,則取比值 I/I_0 的常用對數來計算該聲波聲强的級別,稱爲"聲强級"。爲了選定合乎實際使用的單位大小,規定

$$聲强級 \qquad L_1 = 10 \lg \frac{I}{I_0} \quad dB \qquad (17.1)$$

聲强級單位 dB,稱分貝,可聞閾的聲强級爲 0dB,震耳的炮聲 I = 10^2 W/m²,對應的聲强級爲 $L_1 = 10 \lg(10^2/10^{-12}) = 10 \lg 10^{14} = 140$ dB。

聲强的測量較爲困難,因此實際上是利用聲强與聲壓的平方成正比的關系,測出聲壓,用聲壓表示聲音强弱的級別,即

$$聲壓級 \qquad L_p = 10 \lg(\frac{P}{P_0})^2 = 20 \lg \frac{P}{P_0} \quad dB \qquad (17.2)$$

通常選用 $0.0002\ \mu bar$ 作爲比較標準的參考聲壓 P_0,這與前述聲强級規定的參考聲强是一致的。

3.聲功率和聲功率級

聲源在單位時間内以聲波的形式輻射出的總能量稱聲功率,以 W 表示,單位爲 W。聲功率表示聲源發射能量的大小,同樣用"級"來表示,采用如下的表達式:

$$聲功率級 \qquad L_W = 10\ \lg \frac{W}{W_0} \qquad dB \qquad\qquad (17.3)$$

其中 W_0 爲聲功率的參考標準,其值爲 $10^{-12}W$。

4.聲波的叠加

量度聲波的聲壓級、聲强級或聲功率級都是以對數爲標度的,因此當有多個聲源共存時,其合成的聲級應按對數法則進行計算。

當 n 個不同的聲壓級叠加時,可用下式計算

$$\sum L_p = 10\ \lg(10^{0.1L_{p1}} + 10^{0.1L_{p2}} + \cdots + 10^{0.1L_{pn}}) \qquad dB \qquad (17.4)$$

式中 $\quad \sum L_p$——n 個聲壓級叠加的總和,dB;

$\qquad L_{p1}, L_{p2}\cdots L_{pn}$——分别爲聲源 $1,2,\cdots,n$ 的聲壓級,dB。

當有 M 個相同的聲壓級叠加時,則總聲壓級爲

$$\sum L_p = 10\ \lg(M \times 10^{0.1L_p}) = 10\ \lg M + L_p \qquad dB \qquad (17.5)$$

顯然,兩個聲源的聲壓級相同,則叠加后僅比單個聲源的聲壓級大 3 dB。爲了方便起見,可根據兩個聲源的聲壓級之差 $D(D = L_{p1} - L_{p2})$ 來查取圖 17.1 得到附加值,叠加后的聲壓級即爲 L_{p1} 與附加值之和。

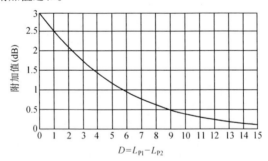

圖 17.1　兩個不同聲壓級叠加的附加值

二、噪聲的頻譜

噪聲并不是具有某一特定頻率的純音,而是由很多不同頻率的聲音所組成的。人耳可聞的頻率範圍是 $20 \sim 20\ 000$ Hz,相差 $1\ 000$ 倍,爲了方便人們把可聞範圍劃分爲幾個有限的頻段,稱頻程或頻帶。每個頻程都有其頻率範圍和中心頻率。在通風空調的消聲計算中用的是倍頻程,倍頻程是指中心頻率(f_c)成倍增加的頻程。通用的倍頻程中心頻率爲 31.5、63、125、250、500、$1\ 000$、$2\ 000$、$4\ 000$、$8\ 000$、$16\ 000$ Hz。若上、下限頻率分别爲 f_1 和 f_2,則有

$$f_c = \sqrt{f_1 f_2} \qquad\qquad f_1 = 2f_2$$
$$f_c = \sqrt{2f_2 \cdot f_2} = \sqrt{2} \cdot f_2$$

由於一般通風空調噪聲控制的現場測試中,只用 $63 \sim 8\ 000$ Hz 八個倍頻程就足够了,

其包括的頻程見表 17.1,這就是常説的八倍頻程。

表 17.1　8 倍頻程頻率範圍和中心頻率

中心頻率(Hz)	63	125	250	500	1 000	2 000	4 000	8 000
頻率範圍(Hz)	45～90	90～180	180～355	355～710	710～1 400	1 400～2 800	2 800～5 600	5 600～11 200

頻譜是表示組成噪聲的各頻程聲壓級的圖。圖 17.2 爲某空調器的噪聲頻譜。頻譜圖清楚的表明該噪聲的組成和性質,爲噪聲控制提供依據。

三、噪聲的主觀評價及室内噪聲標準

人耳對聲音的感受不僅和聲壓有關,而且和頻率有關。如頻率爲 500 Hz 和 1 000 Hz 的聲音,聲壓級同爲 70 dB,而我們却感覺 1 000 Hz 的聲音大些。所以引入一個與頻率有關的響度級,單位爲 Phon(方)。

響度級是取 1 000 Hz 的純音爲基準聲音,若某噪聲聽起來與該純音一樣響,則該噪聲的響度級(Phon值)就等于這個純音的聲壓級(dB)值。例如某噪聲聽起來與聲壓級 80 dB,頻率爲 1 000 Hz 的基準音同樣

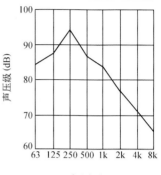

圖 17.2　某空調器噪聲的頻譜圖

響,則該噪聲的響度級就是 80 Phon。響度級是聲音響度的主觀感受。通過大量試驗,得到了各個可聞範圍的純音的響度級,也就是如圖 17.3 所示的等響曲綫。從圖 17.3 可以看出,人耳對 2 000～5 000 的高頻聲最敏感,對低頻聲不敏感。在聲學測量中爲模擬人耳的感覺特性,通常采用最貼近的聲級計上的 A 計權網絡(共 A、B、C 三種計權網絡)測得的聲級來代表噪聲的大小,稱 A 聲級,記作 dB(A)。

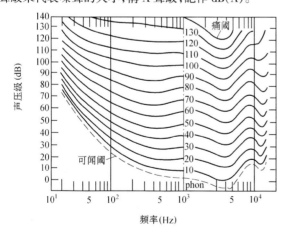

圖 17.3　等響曲綫

房間内允許的噪聲稱爲室内噪聲標準。基于人耳的感受特性和各種類型的消聲器對不同頻率噪聲的降低效果不同(一般對低頻聲的消聲效果較差),應給出不同頻帶允許噪聲值,因而采用國際標準組織提出的噪聲評價曲綫(N)作標準,如圖 17.4。噪聲評價曲綫號數 N 與聲級計 A

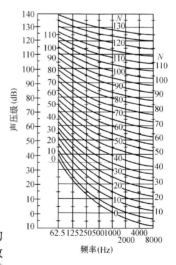

圖 17.4　噪聲評價曲綫(NR 曲綫)

檔讀數 L_A 之間的關系爲 $N = L_A - 5$。某些建築物的室内噪聲標準參見表 17.2。

表 17.2 室内允許噪聲標準(dB)

建築物性質	噪聲評價曲綫 N 號	聲級計 A 檔讀數(L_A)
電臺、電視臺的播音室	20 ~ 30	25 ~ 35
劇場、音樂廳、會議室	20 ~ 30	25 ~ 35
體育館	40 ~ 50	45 ~ 55
車間(根據不同用途)	45 ~ 70	50 ~ 75

四、噪聲源

空調系統的主要噪聲源是通風機。壓縮機和冷却塔的噪聲由于其通常距空調房間較遠而成爲次要部分。通風機的噪聲的産生與許多因素有關,如葉片型式、風量、風壓等,風機的噪聲是葉片上紊流而引起的寬頻帶的氣流噪聲以及葉片的旋轉噪聲。通常空調所用風機的噪聲頻率大約在 200 ~ 800 Hz,即主要噪聲處于低頻範圍。

通風空調的噪聲源還有由于風管内氣流壓力變化引起鋼板的振動而産生的噪聲。當氣流遇到障礙物(閥門、風口、彎頭等)時,産生的噪聲較大。在高速風管中不能忽視這種噪聲,但在低速空調系統中,由于管内風速的確定已考慮聲學因素可以不予計算。

聲源的噪聲在空氣輸送的過程中存在自然衰減的作用,只有自然衰減后不能滿足要求時才考慮裝設消聲器。有的實際工程,爲了提高消聲設計的安全度、可靠度,也可不考慮噪聲的自然衰減。

第二節　空調系統中噪聲的自然衰減

風管輸送空氣的過程中噪聲有各種衰減,如果管内風速過高或管件設計不合理,則可能使噪聲增强,産生再生噪聲。對于噪聲要求較高的空調系統必須進行消聲設計。

一、風機聲功率級的修正

通風機噪聲隨着不同系列或同系列不同型號、不同轉數而變化。同系列、同型號、同轉數的風機噪聲也會有所不同。同一系列中,轉數相同的風機,其噪聲隨型號(尺寸)的變大而變大。同系列、同型號的風機,其噪聲隨轉數的增高而增大。

風機制造廠應提供其産品的聲學特性資料,如缺少,要進行實測或按下式估算其聲功率級:

$$L_W = 5 + 10\lg L + 20 \lg H \quad \text{dB} \tag{17.6}$$

式中　L——通風機的風量,m^3/h;

　　　H——通風機的全壓,Pa。

已知通風機的聲功率級后,可查表 17.3 得到通風機各頻帶聲功率級修正值 Δb,按下式計算通風機各頻帶聲功率級。

$$L_{Wb} = L_W + \Delta b \quad \text{dB} \tag{17.7}$$

表 17.3　通風機各頻帶聲功率級修正

通風機類型	中心頻率(Hz)								備　注
	63	125	250	500	1 000	2 000	4 000	8 000	
	Δb(dB)								
離心風機葉片前傾	− 2	− 7	− 12	− 17	− 22	− 27	− 32	− 37	11 − 74 型 9 − 57 型
離心風機葉片后傾	− 5	− 6	− 7	− 12	− 17	− 22	− 26	− 33	4 − 72 型 T4 − 72 型 4 − 79 型
軸流風機	− 9	− 8	− 7	− 7	− 8	− 10	− 14	− 18	

　　實際上風機的噪聲值還與風機的工況有關系,風機在低效率下工作,産生的噪聲會增大。

二、噪聲在風管内的自然衰減

　　1. 直管的噪聲衰減
　　可按表 17.4 查得衰減值,如風管粘貼有保温材料時低頻噪聲的減聲量可增加一倍。
　　2. 彎頭的噪聲衰減

表 17.4　金屬直管道的噪聲自然衰減量　（dB/m）

風管形狀及尺寸(m)		倍頻程衰減量(dB)				
		63	125	250	500	> 1 000
矩形管	0.075 ~ 0.2	0.6	0.6	0.45	0.3	0.3
	0.2 ~ 0.4	0.6	0.6	0.45	0.3	0.2
	0.4 ~ 0.8	0.6	0.6	0.30	0.15	0.15
	0.8 ~ 1.6	0.45	0.3	0.15	0.10	0.06
圓形管	0.075 ~ 0.2	0.1	0.1	0.15	0.15	0.3
	0.2 ~ 0.4	0.06	0.1	0.10	0.15	0.2
	0.4 ~ 0.8	0.03	0.06	0.06	0.10	0.15
	0.8 ~ 1.6	0.03	0.03	0.03	0.06	0.06

　　可采用表 17.5 查得。噪聲經過彎頭時,由于聲波傳播方向的改變而産生衰減。

表 17.5　彎頭的自然衰減量

衰減量 dB　中心頻率 (Hz) 風管寬度或直徑（m）		125	250	500	1 000	2 000	4 000	8 000
方　形 (無導流片、 無内襯)	0.125	—	—	—	6	8	4	3
	0.250	—	—	6	8	4	3	3
	0.500	—	6	8	4	3	3	3
	1.000	6	8	4	3	3	3	3
圓　形	0.125 ~ 0.25	—	—	—	1	2	3	3
	0.28 ~ 0.50	—	—	1	2	3	3	3
	0.53 ~ 1.00	—	1	2	3	3	3	3
	1.05 ~ 2.00	1	2	3	3	3	3	3

3. 分支管(三通)的噪聲的自然衰減

當管道設有分支時,聲能基本上按比例地分配給各個支管,自主管到任一支管的三通噪聲衰減量可查圖17.5,或按式 17.8 計算。

$$\Delta L = 10 \lg(\frac{F}{F_0}) \qquad dB \qquad (17.8)$$

式中　F——每個分支管面積,m^2;
　　　　F_0——分支管總面積,m^2。

4. 變徑管的噪聲衰減

管道斷面積突然擴大或縮小,導致噪聲朝傳播的相反方向反射而產生衰減。可按 m(膨脹比)值查圖 17.6 得到衰減值 ΔL。$m = F_2/F_1$,F_1、F_2 爲沿氣流方向兩斷面的面積。

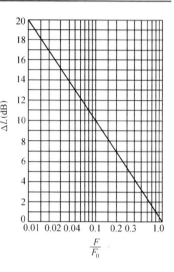

圖 17.5　分支管的自然衰減值

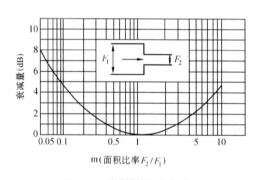

圖 17.6　變徑管的噪聲衰減量

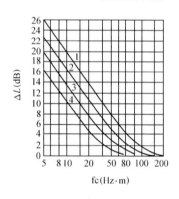

圖 17.7　風管端部反射損失 ΔL 值

5. 風口反射的噪聲自然衰減

風口處反射的噪聲自然衰減量可由圖 17.7 查得。圖中 1、2、3、4 曲綫對應圖 17.8 中風口的位置。圖中

f——噪聲的頻率,Hz;

C——風口尺寸特性。

矩形風口　$C = \sqrt{a \cdot h}$ (a, h 爲風口的寬度和高度,m)

圓形風口　$C = D$　(D 爲風口直徑,m)

三、空氣進入室内噪聲的衰減

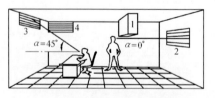

圖 17.8　出風口與測點的關系圖

通過風機聲功率級的確定和自然衰減量的計算,可算得從風口進入室内的聲功率級,但室内允許標準是以聲壓級爲基準的。進入室内的聲音對人耳造成的感覺,即室内測量點的聲壓級,與人耳(或測點)離聲源(風口)的

距離以及聲音輻射出來的角度和方向等有關。此外,室內壁面、屋頂、家具設備等也具有一定的吸聲能力,聲音進入房間后再一次產生衰減。

風口的聲功率級 L_W 與室內的聲壓級 L_P 之間的關系:

$$L_W = L_P + \Delta L \tag{17.9}$$

式中 ΔL 值既反映了聲功率級與聲壓級的轉換,又反映室內噪聲的衰減,具體數值可按下式計算

$$\Delta L = 10 \lg\left(\frac{Q}{4\pi r^2} + \frac{4}{R}\right) \tag{17.10}$$

式中　Q——聲源與測點(人耳)間的方向因素,主要取决于聲源與測點間的夾角,見圖17.8,并與頻率及風口長邊尺寸的乘積有關。Q 值可查表 17.6 確定;

r——聲源與測點的距離,m;

R——房間常數(m^2),由房間大小和吸聲能力 $\bar{\alpha}$ 所决定。R 值可由圖 17.9 查得,$\bar{\alpha}$ 值由室內吸聲面積和平均吸聲系數決定,見表 17.7。通常 $\bar{\alpha} = 0.1 \sim 0.15$。

ΔL 也可由圖 17.10 查得。

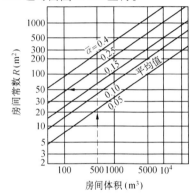

圖 17.9　房間常數綫性圖

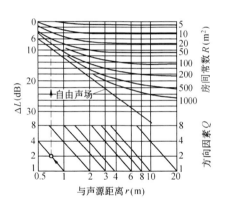

圖 17.10　風口噪聲進入室內的衰減

表 17.6　用于確定 ΔL 的方向因素 Q 值

頻率 × 長邊($Hz\cdot m$)	10	20	30	50	75	100	200	300	500	1 000	2 000	4 000
$\theta = 0°$	2	2.2	2.5	3.1	3.6	4.1	6	6.5	7	8	8.5	8.5
$\theta = 45°$	2	2	2	2.1	2.3	2.5	3	3.3	3.5	3.8	4	4

表 17.7　房間吸聲能力(平均吸聲系數 $\bar{\alpha}$)

房　間　名　稱	吸聲系數 $\bar{\alpha}$
廣播電臺、音樂廳	0.4
宴會廳等	0.3
辦公室、會議室	0.15 ~ 0.20
劇場、展覽館等	0.1
體育館等	0.05

四、空調系統在不同噪聲標準下的允許氣流速度

以上風管內噪聲衰減的前提是風管內流速滿足低速風管的要求,如流速很高會產生

再生噪聲。

有消聲要求和空調系統在不同噪聲標準下的氣流速度允許值見表 17.8。

表 17.8 空調系統不同噪聲標準的氣流速度允許值

噪聲標準要求值		管道內氣流速度的允許值/(m·s⁻¹)		
NC 或 NR 評價曲綫	L_A(dBA)	主風道	支風道	房間出風口
15	20	4.0	2.5	1.5
20	25	4.5	3.5	2.0
25	30	5.0	4.5	2.5
30	35	6.5	5.5	3.3
35	40	7.5	6.0	4.0
40	45	9.0	7.0	5.0

第三節　消聲器消聲量的確定

一、消聲量確定的步驟

1. 確定噪聲源的聲功率級(L_W)并進行各頻帶聲功率級的修正(L_W')。

2. 計算風管內噪聲的自然衰減,按下式計算送風口的聲功率級。

$$L_W'' = L_W' - (\Delta L_{W1} + \Delta L_{W2} + \cdots + \Delta L_{Wn}) \tag{17.11}$$

式中　L_W''——送風口各頻帶的聲功率級,dB;

L_W'——噪聲源各頻帶的聲功率級,dB;

$\Delta L_{W1}, \Delta L_{W2}, \cdots, \Delta L_{Wn}$——噪聲在風管內的各項衰減量,dB。可根據第二節所述方法確定。

3. 計算房間的噪聲衰減量

即進行風口聲功率級(L_W'')與室內測點的聲壓級(L_P)的轉換,參照公式(17.9)。

4. 根據室內允許噪聲標準(NR 曲綫號)查圖 17.4 確定各頻帶允許聲壓級 L'_p。

5. 計算消聲器各頻帶消聲量

$$\Delta L_p = L_p - L'_p \qquad dB$$

6. 選用合適的消聲器。

上述聲學計算可用圖 17.11 來表示聲源、管路衰減、消聲器消聲量、室內噪聲衰減以及室內允許噪聲標準等的相互關系。

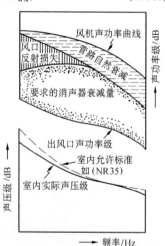

圖 17.11　空調系統消聲計算關系圖

二、消聲計算示例

【例 17.1】 已知:如圖 17.12 所示空調系統,室內容積 500 m³,送風量爲 5 000 m³/h,

風機的功率級為 95 dB,風機為前向型葉片,室內允許噪聲為 NR35 號曲綫,房間吸聲能力一般,吸聲系數 $\bar{\alpha} = 0.13$。風機出口至送風口的管長為 10 m;人耳距離風口約 1 m,角度為 45°;風口尺寸 600×300 mm,設在側牆頂部。

計算所要求的消聲量。

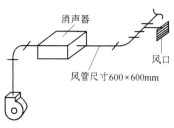

圖 17.12　例 17.1 用圖

【解】　由 $\bar{\alpha} = 0.13$,房間體積 = 500 m^3 查圖 17.9,得 $R = 50$ m^2。其他計算步驟見表 17.9。

表 17.9　消聲計算程序表

序號	計算內容　dB 值　中心頻率 Hz	63	125	250	500	1 000	2 000	4 000	8 000	備註
1	風機總聲功率級	95	95	95	95	95	95	95	95	
2	風機各頻帶修正值	− 2	− 7	− 12	− 17	− 22	− 27	− 32	− 37	查表 17.3
3	風機頻帶聲功率級	93	88	83	78	73	68	63	58	(1) + (2)
4	直管的自然衰減量	− 6	− 6	− 3	− 1.5	− 1.5	− 1.5	− 1.5	− 1.5	查表 17.4, L = 10 m
5	彎頭的自然衰減量(2)	−	−	− 12	− 8	− 8	− 6	− 6	− 6	查表 17.5
6	三通的自然衰減	− 3	− 3	− 3	− 3	− 3	− 3	− 3	− 3	查圖 17.5,設 $F/F_0 = 0.5$
7	風口反射損失	− 6	− 1	−	−	−	−	−	−	查圖 17.7
8	風管自然衰減總和	− 15	− 10	− 18	− 20.5	− 12.5	− 10.5	− 10.5	− 10.5	(4) + (5) + (6) + (7)
9	風口處的聲功率級	78	78	65	57.5	60.5	57.5	52.5	47.5	(3) + (8)
10	確定方向因素 Q	2	2.3	2.7	3.3	3.5	4	4	4	查表 17.6
11	房間衰減量	− 6	− 6	− 5	− 5	− 4	− 4	− 4	− 4	查圖 17.10
12	室內聲壓級	72	72	60	52.5	56.5	53.5	48.5	43.5	(9) + (11)
13	室內容許標準聲壓級	64	53	45	39	35	32	30	28	圖 17.4,NR35
14	消聲器應負擔的消聲量	8	19	15	13.5	21.5	21.5	18.5	15.5	(12) − (13)

第四節　消聲器

空調系統的噪聲控制,應首先在系統設計時考慮降低系統噪聲,如合理選擇風機類型,使風機的正常工作點接近其最高效率;風道內的流速控制;轉動設備的防振隔聲;風管管件的合理布置等。當計算了管路的自然衰減后仍不滿足噪聲要求時,則應在管路中或空調箱內設置消聲器。

消聲器根據不同的消聲原理可分為阻性、抗性、共振型和復合型四種類型的消聲器。

一、阻性消聲器

阻性消聲器是利用吸聲材料的吸聲作用而消聲的。吸聲材料能够把入射的聲能的一部分吸收,一部分反射,另一部分聲能透過吸聲材料繼續傳播。吸聲材料大多是疏松或多孔的,如玻璃棉、泡沫塑料、礦渣棉、毛氈、石棉絨、微孔吸聲磚、木絲板、甘蔗板等,其主要特點是具有貫穿材料的許許多多的細孔,即所謂開孔結構。當聲波進入孔隙,引起孔隙中的空氣和材料產生微小的振動,由於摩擦和粘滯阻力,使相當一部分聲能轉化為熱能被吸收掉。

吸聲材料的吸聲性能用吸聲系數 α 來表示，α 是被吸收的聲能與入射聲能的比值。吸聲性能良好的材料，如玻璃棉、礦渣棉等，厚度在 4 cm 以上時，高頻的吸聲系數在 $0.85 \sim 0.90$ 以上。中等性能的吸聲材料，如石棉、微孔吸聲磚等，厚度在 4 cm 以上時，高頻吸聲系數在 0.6 以上。木絲板、甘蔗板的吸聲系數在 0.5 以下。

把吸聲材料固定在管道內壁或殼體內，就構成了阻性消聲器，其對高、中頻噪聲消聲效果好，對低頻噪聲消聲效果較差。

常用的阻性消聲器有以下幾種：

1. 管式消聲器

適用于較小的風道，直徑一般不大于 400 mm，僅在管壁內周貼上一層吸聲材料(管襯)即可。對低頻噪聲的消聲性能較差。消聲量參見有關手冊。

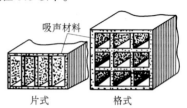

圖 17.13　片式和格式消聲器

2. 片式、格式消聲器(圖 17.13)

當管道斷面較大時采用，對中、高頻噪聲的吸聲性能好，阻力不大。片式消聲器應用廣泛，構造簡單。格式消聲器要保證有效斷面不小于風道斷面，因而體積較大，單位通道大約在 200×200 mm 左右。應注意消聲器內的空氣流速不宜過高，以防氣流產生湍流噪聲而使消聲失效，而且增加空氣阻力。片式消聲器的間距一般取 $100 \sim 200$ mm，片材厚度取 100 mm 左右。

圖 17.14　折板式消聲器

3. 折板式、聲流式消聲器

將片式消聲器的吸聲片改成曲折式，就成爲折板式消聲器，如圖 17.14 所示。聲波在消聲器內往復多次反射，增加了與吸聲材料接觸的機會，提高了高頻消聲的效果。折板式消聲器一般以兩端"不透光"爲原則。

爲了使消聲器既具有良好的消聲效果，又有較小的空氣阻力，可將吸聲片橫截面改成正弦波狀或近似正弦波狀，即聲流式消聲器，見圖 17.15。

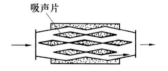

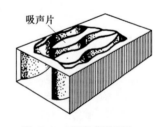

圖 17.15　聲流式消聲器

二、抗性消聲器

又稱膨脹型消聲器，見圖 17.16。利用管道截面的突變，將聲波向聲源方向反射回去，采用小室與管道的組合實現。抗性消聲器對低頻噪聲有一定的效果，但一般要求管截面變化 4 倍以上(甚至 10 倍)，因此常受到機房空間的限制。

三、共振型消聲器

如圖 17.17 所示，共振型消聲器主要包括穿孔板和共振腔，穿孔板小孔孔頸處的空氣柱和空腔內的空氣構成一個共振吸聲結構，其固有頻率由孔頸 d、孔頸厚 l 和腔深 D 所決定。當外界噪聲的頻率和此共振吸聲結構的固有頻率相同時，引起小孔孔頸處空

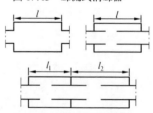

圖 17.16　抗性消聲器

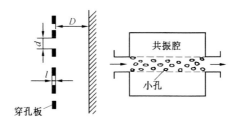

圖 17.17　共振型消聲器

氣柱的强烈共振,空氣柱與頸壁劇烈摩擦,消耗了聲能,達到消聲效果。共振型消聲器消聲的有效頻率很窄,一般用以消除低頻噪聲。

四、復合型消聲器

又稱寬頻帶消聲器,集中阻性和共振型或膨脹型消聲器的優點,在低頻到高頻範圍内均有良好的消聲效果,見圖 17.18。試驗表明,復合型消聲器的低頻消聲性能有所改善,如 1.2 m 長的復合型消聲器的低頻消聲量可達 10～20 dB。對于不能使用纖維吸聲材料的空調系統(如净化空調工程),用金屬(鋁等)結構的微穿孔板消聲器可獲得良好的效果。

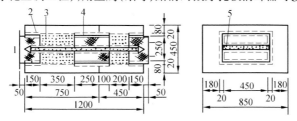

圖 17.18　復合型消聲器結構示意圖
1—外包玻璃布;2—膨脹室;3—0.5 mm厚鋼板(φ8孔,30%);
4—木框外包玻璃布;5—内填玻璃棉

五、其他類型消聲器

1. 消聲彎頭

(1) 彎頭内貼吸聲材料,内緣做成圓弧,外緣粘貼吸聲材料的長度不應小于彎頭寬度的 4 倍,見圖 17.19(a)。

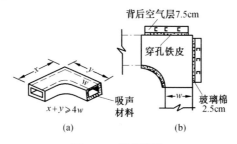

圖 17.19　消聲彎頭

(2) 如圖 17.19(b)所示,共振型消聲彎頭外緣采用穿孔板、吸聲材料和空腔。

2. 室式消聲器

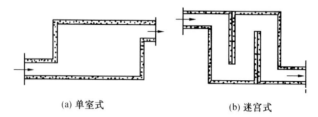

(a) 單室式   (b) 迷宫式

圖 17.20　室式消聲器

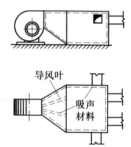

如圖 17.20 所示,在大容積的箱室內表面上粘貼吸聲材料,并錯開氣流的進出口位置,也可加吸聲擋板將氣流通道改變。室式消聲器的消聲原理兼有阻性和抗性消聲器的特點,消聲頻程較寬,安裝維修方便,但阻力大,占空間大,多利用土建結構實現。

3. 消聲静壓箱(圖 17.21)

風機出口或空氣分布器前設置內貼吸聲材料的静壓箱,既可穩定氣流,又可消聲。消聲量與材料的吸聲能力、箱內面積和出口側風道的面積等因素有關。

經過消聲處理后的風管不應暴露在噪聲大的空間,以免噪聲穿透消聲后的風管。

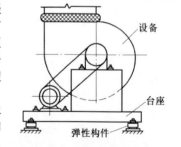

圖 17.21　消聲静壓箱的應用

第五節　通風空調裝置的減振

通風空調系統中的通風機、水泵、制冷壓縮機是產生振動的振源,有的屬于旋轉運動機器,如通風機;有的屬于往復運動機器,如活塞式制冷壓縮機。這些機器由于運動部件的質量在運動時會產生慣性力,從而產生振動。機器振動又傳至支承結構(如樓板或基礎)或管道,這些振動有時會影響人的身體健康,或影響生產和產品質量,甚至還會危及支承結構的安全。振動以彈性波的形式沿房屋結構傳到其他房間,又以噪聲的形式出現,稱爲固體聲。

削弱機器振動的不利影響,是通過消除機器與支承結構、機器與管道等的剛性連接來實現的,即在振源和支承結構之間安裝彈性避振構件(如彈簧減振器、軟木、橡皮等),在振源和管道間采用柔性連接,這種方法稱爲積極減振法,見圖 17.22。對怕振的精密設備、儀表等采取減振措施,以防止外界振動對它們的影響,這種方法稱爲消極減振法。

圖 17.22　積極減振示意圖

一、振動傳遞率

通常用振動傳遞率 T 表示隔振效果,它表示振動作用于機組的總力中有多少經過隔

振系統傳給支承結構,即

$$T = F / F_0 = \frac{1}{(f/f_0)^2 - 1} \tag{17.12}$$

式中 F——通過減振系統傳給支承結構的傳遞力;

    F_0——振源振動的干擾力;

    f——振源的振動頻率,Hz;

    f_0——彈性減振支座的固有頻率(自然頻率),Hz。

T 與 f/f_0 關系見圖 17.23。從圖 17.23 和式 17.12 可以看出:

1. 當 $f/f_0 < 1$ 時,則 $T > 1$,這時干擾力全部通過減振器傳給支承結構,減振系統不起減振作用;

2. 當 $f/f_0 = 1$ 時,T 趨于無窮大,系統發生共振,機組傳給支承結構的力會有很大的增加;

3. 當 $f/f_0 > \sqrt{2}$ 時,$T < 1$,這時減振器才起減振作用。f/f_0 值越大,T 越小,隔振效果越好。

實際上,f/f_0 越大,造價越高,提高減振效果的速率減低,因此在工程上 f/f_0 取 3 左右。在設計減振系統時,應根據工程性質確定其減振標準,即確定減振傳遞率 T。減振標準可參考表 17.10。

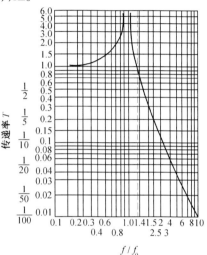

圖 17.23 減振傳遞曲綫

表 17.10 減振參考標準

允許傳遞率 $T(\%)$	隔振評價	使 用 地 點
< 5	極好	壓縮機裝在播音室的樓板上
$5 \sim 10$	很好	通風機組裝在樓層,其下層爲辦公室、圖書館、病房等或其他要求嚴格減振的房間
$10 \sim 20$	好	通風機組裝在廣播電臺、辦公室、圖書館、病房一類的安靜房間附近
$20 \sim 40$	較好	通風機組裝在地下室,而周圍爲除上述以外的一般房間
$40 \sim 50$	不良	設備裝在遠離使用地點時,或一般工業車間

振動傳遞率 T 越小,不僅減振效果好,而且對消聲也越有利。如果 $T = 0.1$,振源輻射的噪聲的聲壓級就會降低約 20 dB。

二、減振材料及減振器的選擇計算

1. 減振彈性材料的靜壓變形值 δ

振源不振動時減振材料被壓縮的高度稱靜態變形值,它與減振支座的固有頻率 f_0 的關系爲

$$f_0 = \frac{5}{\sqrt{\delta}} \quad \text{Hz}$$

即
$$\delta = \frac{25}{f_0^2} \quad \text{cm}$$

由于 $f = \frac{n}{60}(n$ 爲振源的轉速,r/min),代入式 17.12 可得

$$T = \frac{9 \times 10^4}{\delta \cdot n^2}$$

即 $\delta = \frac{9 \times 10^4}{T \cdot n^2}$,若 T 用百分數表示,則有

$$\delta = \frac{9 \times 10^4}{T\% \cdot n^2} \quad \text{cm} \tag{17.13}$$

　　按式 17.13 可得綫算圖 17.24。在要求的振動傳遞率 T 相同時,n 越低,則所需的 δ 越大。在常用的減振材料中,彈簧的 δ 值較大,橡皮和軟木較小,因而當 $n > 1\ 200$ r/min 時,宜采用橡皮或軟木等減振材料或減振器;當 $n < 1\ 200$ r/min 時,宜采用彈簧減振器。

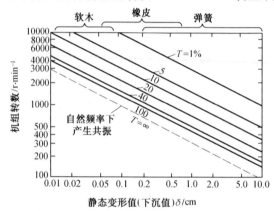

圖 17.24　減振基礎計算曲綫

2. 減振基座的尺寸

(1) 減振基座的厚度 h

$$h = \delta \frac{E}{\sigma} \quad \text{cm} \tag{17.14}$$

式中　δ——減振基座的静態變形量,cm;

　　　E——減振材料的動態彈性系數,N/cm²,一般爲静態的 5 ~ 20 倍,按表 17.11 選用;

　　　σ——減振材料的允許荷載,N/cm²,按表 17.11 確定。

(2) 減振材料斷面積 F

$$F = \frac{\sum G \times 9.8}{\sigma Z} \quad \text{cm}^2 \tag{17.15}$$

式中　$\sum G$——設備和基礎板的總質量,kg;

　　　Z——減振墊座的個數。

表 17.11　若干減振材料的 E 和 σ 值

材料名稱	允許荷載 σ /(kg·cm²)	動態彈性系數 E /(kg·cm²)	E/σ
軟橡皮	0.8	50	63
中等硬度橡皮	3.0~4.0	200~250	75
天然軟木	1.5~2.0	30~40	20
軟木屑板	0.6~1.0	60	60~100
海綿橡膠	0.3	30	100
孔板狀橡膠	0.8~1.0	40~50	50
壓制的硬毛氈	1.4	90	64

【例 17.2】　一臺空調機組總重量 1 060 kg,風機轉速 $n = 1 230$ r/min,允許傳遞率 $T = 12.5\%$,設計天然軟木隔振基座。

【解】　(1) 由圖 17.23 查得,當 $T = 0.125$ 時 $f/f_0 = 3$,即

$$f_0 = \frac{1\ 230/60}{3} = 7 \text{ Hz}$$

(2) 由圖 17.24 查得,當 $n = 1 230$ r/min,$T = 12.5\%$,要求靜態變形值 $\delta = 0.5$ cm。

(3) 查表 17.11 得天然軟木的 E/σ 爲 20,代入式(17.14),得

$$h = \delta \frac{E}{\sigma} = 0.5 \times 20 = 10 \text{ cm}$$

(4) 減振材料斷面積 F 按式(17.15)計算,取 4 個墊座,σ 值由表 17.11 查得爲 1.75 (平均值),所以

$$F = \frac{\sum G \times 9.8}{\sigma \cdot Z} = \frac{1\ 060 \times 9.8}{1.75 \times 4} \approx 148 \text{ cm}^2$$

取每個墊座斷面尺寸爲 15 × 10 cm,厚度爲 10 cm。

三、常用減振器(圖 17.25)

除橡皮減振墊、軟木等減振材料外,常用減振器還有彈簧減振器、橡膠減振器等。

1. 彈簧減振器

由單個或數個相同尺寸的彈簧和鑄鐵(或塑料)護罩組成,用于機組座地安裝及吊裝。固有頻率低,靜態壓縮量大,承載能力大,減振效果好,性能穩定,應用廣泛,但價格較貴。

2. 橡膠減振器

采用經硫化處理的耐油丁腈橡膠作爲減振彈性體,粘結在內外金屬環上受剪切力作用。具有較低的固有頻率和足夠的阻尼,安裝更換方便,減振效果良好,且價格低廉。

有關產品目錄和設計手冊提供了必要的參數,當已知機組重量和靜態壓縮量后便可選定減振器。

3. 金屬彈簧與橡膠組合減振器(圖 17.26)

當采用橡膠剪切減振器滿足不了減振要求,而采用金屬彈簧減振又阻尼不足時,可以采用組合減振器,有并聯和串聯兩種形式。

四、其他防振措施

1. 當設備采取了減振措施后,設備本身的振動會顯著增強,對剛性連接的設備、管道非常不利,如壓縮機、水泵等,可能導致管道破裂或設備損壞,必要時可適當增加減振基礎的重量。

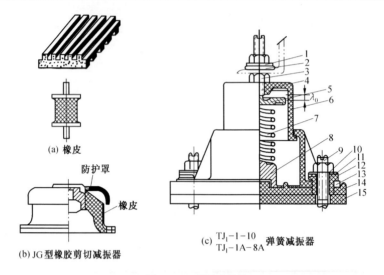

(a) 橡皮

(b) JG型橡胶剪切减振器

(c) TJ₁-1-10
TJ₁-1A-8A 弹簧减振器

圖 17.25　常用減振器

1—彈簧墊圈;2—斜墊圈;3—螺母;4—螺栓;5—定位板;6—上外罩;7—彈簧;8—墊塊;
9—地脚螺栓;10—墊圈;11—橡膠墊圈;12—膠木螺栓;13—下外罩;14—底盤;15—橡膠墊板

2．壓縮機、水泵等的進出口管路均應設隔振軟管,風機進出口應采用柔性接管(如帆布短管等)。

3．爲防止風道和水管等傳遞振動,可在管道吊卡、穿墙處作防振處理。

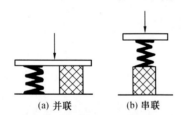

(a) 并联　　　　(b) 串联

圖 17.26　金屬彈簧與橡膠組合減振器

第十八章 空調系統的運行調節和節能

空調系統的空氣處理方案和處理設備的容量是在室外空氣處于冬夏設計參數以及室內負荷爲最不利的時候確定的。然而,從全年看,室外空氣參數處于設計計算條件的情況只占一小部分,絶大多數時間隨着春、夏、秋、冬作季節性的變化;其次空調房間内的余熱、余濕負荷也在不斷變化。此時,空調系統若不作相應的調節,將會使室内空氣參數發生相應的變化或波動,不能滿足設計的要求,而且還浪費空調設備的冷量和熱量。因此在空調系統的設計和運行時,必須考慮在室外氣象條件和室内負荷變化時如何對系統進調節。

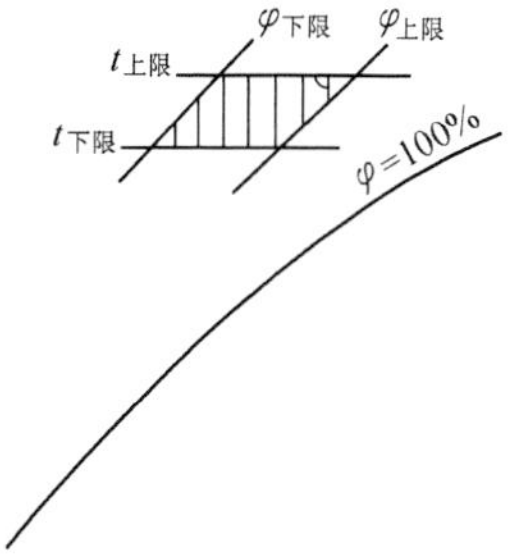

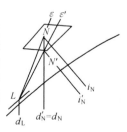

空調房間一般允許温、濕度有一定的波動範圍,可根據室内空氣參數的上下限值在 i−d 圖上作出近似菱形的四邊形波動區,如圖 18.1 所示。只要室内空氣參數在該波動區内,就可以認爲滿足要求。我們在實際運行調節中應充分利用允許的參數波動範圍節能運行。

圖 18.1 室内空氣參數的
允許波動區

第一節 定風量空調系統的運行調節

一、室内負荷變化時的調節

空調房間的余熱負荷 Q、余濕負荷 W 隨着室内工作情況和室外氣象參數的變化而不斷地變化,因而需要對空調系統進行相應的調節,來適應室内負荷的變化,以確保室内空氣參數在允許的波動範圍内。

1. 定露點和變露點的調節方法

(1) Q 變化,W 不變(定露點調節)

這種情況在舒適性空調系統中是普遍存在的,圍護結構熱負荷隨室外氣象條件變化而變化,而室内的産濕(人員波動)比較穩定。此時室内的熱濕的綫 ε 變爲 ε′,若以固定露點送風,則室内空氣狀態由 N 變化爲 N′,見圖 18.2。如果 N′ 在室内空氣參數允許波動範圍以内,則不需調節。反之,可用再熱的方法將室内空氣狀態由 N′ 調節到 N″,見圖 18.3。

(2) Q 和 W 都變化(變露點調節)

當 Q 和 W 都發生變化時,室内的熱濕比綫 ε 可能發生變化,變化的 ε′ 可能大于、小于或等于 ε。若送風狀態不變,室内空氣狀態變化爲 N′,見圖 18.4,可依以下的方法進行調節。

圖 18.2 室内空氣
狀態變化

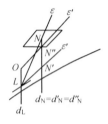

圖 18.3　再熱調節法

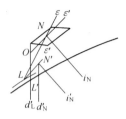

圖 18.4　室內空氣狀
態變化

① 調節預加熱器加熱量

冬季,當新風混合比不變時,可調節預加熱器的加熱量,將新、回風混合點 C 狀態的空氣,由原來加熱到 M 點改變到 M′ 點,然后絕熱加濕到 L′ 點,見圖 18.5。

② 調節新、回風混合比

當室外空氣溫度較高,不需要預加熱器時,可調新、回混合比,使混合點的位置由原來的 C 狀態改變爲位于新機器露點 L′ 的等焓綫上,然后絕熱加濕到 L′,見圖 18.6。

③ 調節冷凍水溫度

在空氣處理過程中,可調節表冷器進水溫度,將空氣處理到所需要的新露點狀態。

2. 調節一、二次回風比(夏季)

對于帶有二次回風的空調系統,可以采用調節一、二次回風比的調節方法。當室內負荷變化時,可不同程度地利用回風的熱量來代替再熱量,以達到爲滿足室內空氣狀態要求的新送風狀態。

如圖 18.7 所示,在設計工況時,空氣調節過程爲

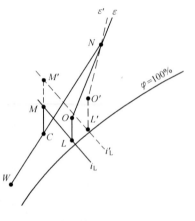

圖 18.5　改變預熱器加熱量的變露點法

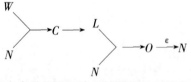

當室內余熱量減少時(爲簡單起見,假定室內僅有余熱量變化而余濕量不變),則室內熱濕比由 ε 變爲 ε′,這時可調節一、二次回風聯動閥門,在總風量保持不變的情況下,改變一、二次回風比,使一次回風量減小,二次回風量增大,送風狀態點就從 O 點提高到 O′ 點,然后送入室內達到 N′。空氣調節過程爲

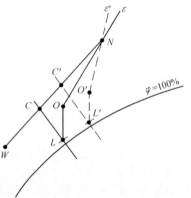

圖 18.6　改變新、回風比的變露點法

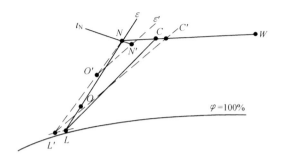

圖 18.7　調節一、二次回風比(不改變露點)

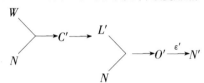

　　圖18.7中機器露點所以由 L 變成 L′,是由
于通過噴水室(或表面式冷却器)的風量減少的
緣故。

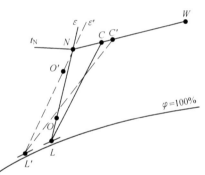

圖 18.8　調節一、二次回風比(改變露點)

　　對于有余濕的房間,由于二次回風不經噴
水室(或表冷器)處理,故會使室內的相對濕度
偏高,當 N′ 點超出室內相對濕度允許範圍時,則
可以在調節二次回風量的同時,調節噴水室噴
水溫度或進表冷器的冷水溫度以降低機器露
點,使送風狀態的含濕量降低,以滿足室內狀態
的要求(N′ 在室內溫濕度允許範圍內或 N 點恒
定)。如圖18.8所示,設計工況時空氣調節過程
爲

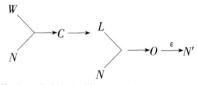

冷負荷減少時空氣調節過程爲

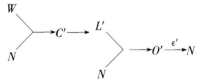

　　同理,當室內余熱量和余濕量均變化時,同樣可調節二次回風量和機器露點以保證所
需的室內空氣參數。由于調節一、二次回風比的方法可以省去再熱量,因此,該方法得到
廣泛的應用。

3. 風量調節

當室內負荷減少時,可采用減少送風量的方法進行調節。但送風量不能無限制地減少,必須保證房間的最小換氣次數。在使用變風量風機時,可節省風機運行費用,且能避免再熱。如圖18.9所示,當房間顯熱負荷減少,而濕負荷不變時,如用變風量方法減少送風量,使室溫不變,則送入室內的總風量吸收余濕量的能力下降,室內相對濕度稍有增加(室內空氣狀態由 N 變爲 N')。如果室內濕度要求嚴格,則可以調節表冷器的進水溫度,降低機器露點,以滿足室內空氣狀態要求,如圖18.9中虛綫所示。

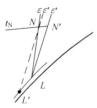

圖 18.9　調節送風量

4. 多房間空調系統的調節

前述的調節方法只針對一個房間而言,如果一個空調系統爲多個負荷不相同(熱濕比也不同)的房間服務,則設計工況和運行工況可根據實際需要靈活考慮。如一個空調系統中有三個房間,它們的室內空氣參數要求相同,但房間負荷不同,熱濕比綫分別爲 ε_1、ε_2 和 ε_3(圖18.10),並且各房間取相等的送風溫差。如果 ε_1、ε_2 和 ε_3 相差太大,則可以把其中一個主要房間的送風狀態(L_2)作爲系統的送風狀態。其他兩個房間的室內參數分別爲 N_1 和 N_3,它們雖然偏離了 N,但仍在室內允許的範圍內。

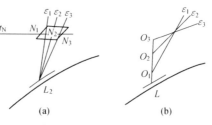

圖 18.10　多房間的運行調節
(a) 同一送風狀態;(b) 不同送風狀態

在系統調節過程中,當各房間負荷發生變化時,可采用定露點或改變局部房間再熱量的方法進行調節(圖18.10(b)),使房間滿足參數要求。如果采用該法滿足不了要求,就必須在系統劃分上采取措施。

二、室外空氣狀態變化時的運行調節

室外空氣狀態的變化,主要從兩個方面影響室內空氣狀態:一方面當空氣處理設備不作相應調節時,會引起送風參數變化,從而造成室內空氣狀態波動;另一方面,如果房間有外圍護結構,室外空氣狀態的變化引起建築物傳熱量的變化,從而引起室內負荷的變化,最終導致室內空氣狀態的波動。這兩種變化的任何一種都會影響空調房間的室內狀態。本節在假定室內負荷不變的前提下,討論室外空氣狀態變化時保證送風狀態的全年運行調節方法。

室外空氣狀態在一年中波動的範圍很大。根據當地的有關氣象資料,可得到室外空氣狀態的全年變化範圍。如果在 $i-d$ 圖上對全年各時刻出現的干、濕球溫度狀態點在該圖上的分布進行統計,算出這些點全年出現的頻率值,就可得到一張焓頻圖,這些點的邊界綫稱爲室外氣象包絡綫,見圖18.11。

空調系統確定后,可將焓頻圖分成若干氣象區(空調工況區),對應每個空調工況區采取不同的運行調節方法。空調工況區的劃分原則是在保證室內溫濕度要求的前提下,使運行經濟簡便,調節設備可靠;同時應考慮各分區在一年中出現的累計小時數,以便減少不必要的分區,每一個空調工況區均應使空氣處理按經濟的運行方式進行,在相鄰空調工況間可自動切換。

各工況區最佳運行工況的確定,主要考慮以下原則:

(1) 條件許可時,不同季節盡量采用不同的室內設定參數,以及充分利用室內被調參

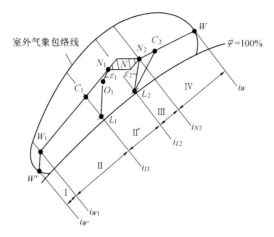

圖 18.11　一次回風空調系統全年空調工況分區

數的允許波動範圍,以推遲用冷(或用熱)的時間。

(2) 盡量避免冷熱量抵消的現象。

(3) 在冬、夏季應充分利用室內回風,保持最小新風量,以節省冷量或熱量的消耗。

(4) 在過渡季應加大新風量以充分利用室外空氣的自然調節能力,并設法盡量推遲使用制冷機的時間。

對于不同的全年氣候變化情況、不同的空調系統和設備(如直流式、一次回風、二次回風系統及噴水室、表面冷却器等)、不同的室內參數要求(如恒温恒濕或舒適性空調等)以及不同的控制方法(如露點控制或無露點控制等),可以有各種不同的分區方法和相應最佳運行工況。

第二節　變風量系統的運行調節

變風量空調系統有其突出的優點:當室內熱濕負荷減少時,送風量可以隨之減少。而送風參數可以保持恒定。這樣不僅可以節省風機耗能,而且可以節約空調送風的冷量和熱量。

在變風量系統中,必須配備變風量風機,否則系統風量變化,將會引起風機運行的不穩定,形成喘振甚至造成系統的顫動。變風量風機有多種,變速風機改變風機的轉速可以使風量與負荷成正比變化,目前大多采用變極電機或可控硅串級調速。比較先進的變風量風機有自動控制的、在出口裝有蝸形閥的風機,自動改變風機葉輪有效寬度的變風量風機,以及變頻式通風機。

當室內負荷變化時,變風量空調主要依靠末端風量的變化進行調節。由于送風量隨着室內顯熱余熱量減少而減少,因而送風的除濕能力也相應降低,當室內余濕量不變時,就會使室內空氣相對濕度增高,這是應加以注意的。

變風量空調系統的露點溫度和送風溫度的控制方法與定風量空調系統相同。

變風量空調系統有以下三種全年運行調節方法:

一、全年各房間有恒定的冷負荷,或變化小時(例如建築物的内部區)

可以采用無末端再熱的變風量空調系統,全年送冷風。由室内恒溫器調節送風量,風量隨冷負荷的減少而減少。在過渡季節可以充分利用新風"自然冷却"。由于冷負荷變化小,因此送風量變化小,則相對濕度增加量也小,對于相對濕度無嚴格要求的房間,易于通過這種運行調節方法來滿足室内參數的要求。

二、全年各房間無恒定冷負荷,且變化大時(如建築物的外部區)

可采用有末端再熱的變風量空調系統,全年送冷風。由于室内冷負荷變化大,因此,當室内送風量隨冷負荷的減小并已減至最小值時,就不可能再通過減小送風量來補償室内繼續減少的冷負荷,此時,就需要使用末端再熱器加熱空氣,向室内補充熱量來保持室溫不變,見圖 18.12。所謂的最小送風量是這樣確定的:爲避免因風量過少而造成室内換氣量不足,新風量過少、溫度分布不均匀和相對溫度過高所需的最小送風量。該最小送風量一般不小于 4 次換氣次數的風量。

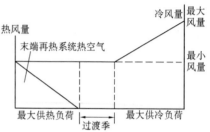

圖 18.12 末端再熱變風量系統運行調節工況

三、各房間夏季有冷負荷,冬季有熱負荷

圖 18.13 所示爲一個用于供冷、供熱季節轉換的變風量系統的調節工況。夏季運行時,隨着冷負荷的不斷減少,逐漸減少送風量,

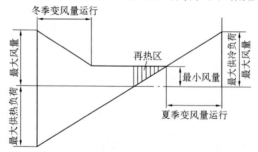

圖 18.13 季節轉換變風量系統的全年運行調節

當達到最小送風量時,風量不再減少,而利用末端再熱以補償室溫的降低。隨着季節的變換,系統從送冷風轉爲送熱風,開始仍以最小送風量供熱,但需根據室外氣溫的變化不斷改變送風溫度,即采用定風量變溫度的調節方法。當供熱負荷繼續增加時,再改爲增加風量的調節方法。

大型建築物中,周邊區常設單獨供熱系統。該供熱系統一般承擔圍護結構的供熱損失,可以用定風量變溫系統、誘導器系統、風機盤管系統或暖氣系統,風溫或水溫根據室外空氣溫度進行調節。内部區可能由于燈光、人體和設備的散熱量,由變風量系統全年送冷風。

第三節　集中式空調系統的自動控制

　　當空調系統的空調精度要求較高、室內負荷變化較大、精度要求雖不高但系統規模大且空調房間多及在多工況能運行時,均應考慮采用自動控制的運行調節。

　　實現空調系統調節自動化,不但可以提高調節質量,降低冷、熱量的消耗,節約能量,同時還可以減輕勞動強度,減少運行管理人員,提高勞動生產率和技術管理水平。空調系統自動化程度也是反映空調技術先進性的一個重要方面。因此,隨着自動調節技術和電子技術的發展,空調系統的自動調節必將得到更廣泛的應用。

一、空調自動控制系統的基本組成

　　自動控制就是根據調節參數(也叫被調量,如室溫、相對濕度等)的實際值與給定值(如設計要求的室內基本參數)的偏差(偏差的產生是由于干擾所引起的),用自動控制系統(由不同的調節環節所組成)來控制各參數的偏差值,使之處于允許的波動範圍內。

　　自動控制系統的主要組成部件有:敏感元件、調節器、執行機構和調節機構。

　　1. 敏感元件(又稱傳感器)

　　敏感元件是用來感受被調參數(如溫度、相對濕度等)的大小,并輸出信號給調節器的部件。按被調參數的不同,可以分爲溫度敏感元件(如電接點水銀溫度計、鉑電阻溫度計等)、濕度敏感元件(如氯化鋰濕度計等)和壓差敏感元件等。

　　2. 調節器(又稱命令機構)

　　調節器是用來接受敏感元件輸出的信號并與給定值進行比較,然后將測出的偏差經運算放大爲輸出信號,以驅動執行機構的部件。按被調參數的不同,有溫度調節器、濕度調節器、壓力調節器;按調節規律(調節器的輸出信號與輸入偏差信號之間關系)的不同,有位式調節器、比例調節器、比例積分調節器和比例積分微分調節器等。有的調節器與敏感元件組合成一體,例如用于室溫位式調節的可調電接點水銀溫度計。

　　3. 執行機構

　　執行機構是用來接受調節器的輸出信號以驅動調節機構的部件,如電加熱器的接觸器、電磁閥的電磁鐵、電動閥門的電動機等。

　　4. 調節機構

　　調節機構是受執行機構的驅動,直接起調節作用的部件。如調節熱量的電加熱器、調節風量的閥門等。有時,調節機構與執行機構組合成一體,稱爲執行調節機構,如電磁閥、電動二(三)通閥和電動調節風閥等。

　　圖18.14所示的方框圖表明了自動控制系統各部件之間及部件與調節對象之間的關系。當調節對象受到干擾后,調節參數偏離給定值(即基準參數)而產生偏差,于是使自動

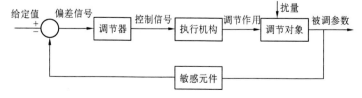

圖18.14　自動調節系統方框圖

控制系統的部件依次動作,并通過調節機構對調節對象的干擾量進行調節,使調節參數的偏差得到糾正,調節參數恢復到給定值。

爲了使空調房間内的空氣參數(温度和濕度)能維持在允許的波動範圍内,應根據具體情況設置由不同的調節環節(如加熱器加熱量控制、露點控制、室温控制以及室内的相對濕度控制等)所組成的自動控制系統。室温控制和室内相對濕度控制是空調自動控制中的兩個重要環節。

二、室温控制

室温控制是將温度敏感元件直接放在空調房間内,當室温由于室内外負荷的變化而偏離給定值時,敏感元件即發出信號,控制相應的調節機構,使送風温度隨擾量的變化而變化,使室温滿足要求。

改變送風温度的方法有:調節加熱器的加熱量和調節新、回風混合比或一、二次回風比等。調節熱媒爲熱水和蒸汽的空氣加熱器的加熱量來控制室温,主要用于一般空調精度的空調系統;而對温度要求較高的系統,則采用電加熱器對室温進行微調(精調)。

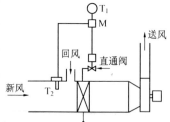

圖 18.15 室外温度補償控制

爲了提高室温的控制質量,可以采用室外空氣温度補償控制和送風温度補償控制。

1. 室外空氣温度補償控制

對不要求固定室温的工業和民用空調系統,爲增强人們的舒適感和節省能量,可隨着室外空氣温度的變化采用全年不固定室温的控制方法。要實現室温給定值的這種相應變化,其控制原理如圖 18.15 所示,圖中 T_1 和 T_2 分别爲室内和室外温度敏感元件。由于冬、夏季補償要求不同,所以可分設冬、夏兩個調節器,由轉換開關進行季節切換。

2. 送風温度補償控制

爲了提高室温控制精度,克服室外氣温、新風量變化以及冷、熱媒温度波動等因素對送風温度的干擾,可采用

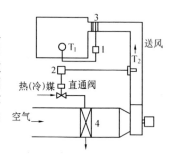

圖 18.16 送風温度補償控制

送風温度補償調節。如圖 18.16 所示,在送風管道上設置温度敏感元件 T_2,通過調節器 2 調節加熱器 4 的加熱量來恒定送風温度,當室内温度的控制精度要求更高時,可在空調房間的送風口前設置電加熱器 3,由室内温度敏感元件 T_1 通過調節器 1 直接控制電加熱器的加熱量進行精調。

爲保證室温控制的效果,必須正確地放置温度敏感元件。敏感元件應放在工作區内氣流流動的地點(但不能在射流區)或放在回風附近(因該處通常能代表全室平均氣温),并且不能受太陽輻射熱及局部熱源的影響,最好是自由懸掛,也可以掛在内墙上,但與墙之間須隔熱。設計室温控制系統時,應根據室温的精度要求、被控制的調節機構和設備形式,合理地選配敏感元件、温度調節器以及執行機構的組合形式。

三、室内相對濕度控制

室内相對濕度控制,有兩種方法:

1. 定露點間接控制法

當室内余濕量不變或變化不大時,采用控制機器露點溫度恒定的方法,就能控制室内相對濕度。

控制機器露點溫度的方法有:

(1) 調解新、回風聯動閥門,該法用于冬季和過渡季。當噴水室采用循環水噴淋時,如圖 18.17 所示,在噴水室擋水板後設置干球溫度敏感元件 T_L,根據露點溫度的給定值,由執行機構 M 調節新、回、排風聯動閥門。

(2) 調節噴水室噴水溫度,該法用于夏季和使用冷凍水的過渡季。如圖 18.18 所示,在噴水室擋水板後置干球敏感元件 T_L,根據給定露點溫度值,調節噴水三通閥,以改變噴水溫度來控制露點溫度。

爲了提高調節質量,可增設一個濕度敏感元件 H,根據室内相對溫度的變化修正 T_L 的給定值。

2. 變露點或無露點直接控制法

直接控制法是在室内直接設置相對濕度敏感元件,根據室内相對濕度偏差,調節空調系統中相應的調節機構(如噴水三通閥,新、回風聯動閥門,噴蒸汽加濕的蒸氣閥等),以補償室内負荷的變化,達到恒定室内相對濕度的目的。適用于室内産濕量變化較大或室内相對濕度要求嚴格的場合。

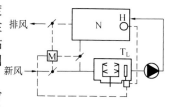

圖 18.17 機器露點溫度控制新風和回風混合閥門

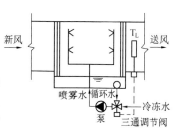

圖 18.18 機器露點溫度控制噴水室噴水溫度

四、表面冷却器的控制方法

1. 水冷式表冷器

水冷式表面冷却器通常采用三通閥進行調節,有下面兩種調節方法:

(1) 冷水進水溫度不變,調節進水量

如圖 18.19 所示,由室内敏感元件 T 通過調節器、三通閥,改變流入表面冷却器的水流量。這種調節方法應用廣泛。

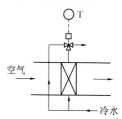

圖 18.19 冷水進水溫度不變調節進水流量的水冷式盤管控制

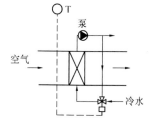

圖 18.20 冷水流量不變調節進水溫度的水冷式盤管控制

(2) 冷水流量不變,調節進水溫度

如圖 18.20 所示,由室内敏感元件 T 通過調節器調節三通閥,改變冷水和回水的混合比例,調節進水溫度。由于出口裝有水泵,故冷却器的水流量保持不變,不太經濟。這種調節方法調節性能較好,一般僅適用于高精度溫度控制。

2. 直接蒸發式冷却器

直接蒸發式表面冷却器可由室内溫度敏感元件 T 通過調節器使用電磁閥作雙位動作(開或閉)改變蒸發面積或冷劑量來進行調節,見圖 18.21。對于小空調系統(例如空調機組)可通過調節器控制壓縮機的開、停進行調節,不控制冷劑流量。

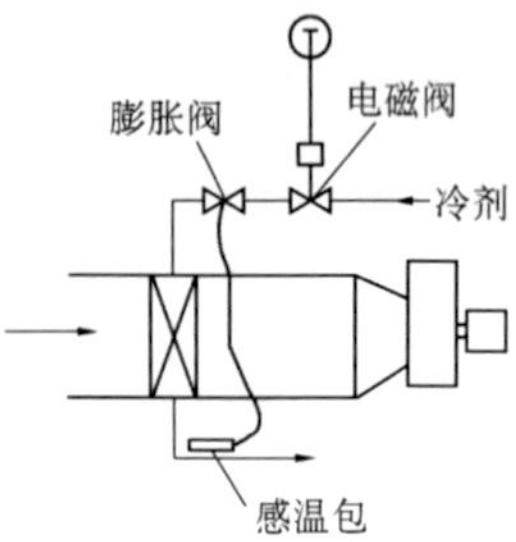

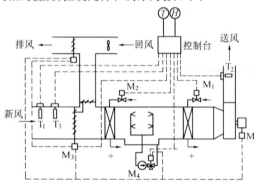

圖 18.21　直接蒸發式冷却盤管控制

五、集中式空調系統全年運行自動控制舉例

圖 18.22 所示爲一次回風空調自動控制系統示意圖,用變露點"直接控制"室内相對濕度,控制元件和調節内容如下:

圖 18.22　一次回風空調自控系統示意圖

1. 控制系統組成

(1) T、H:室内溫度、濕度敏感元件;

(2) T_1:室外新風溫度補償敏感元件,根據新風溫度的變化可改變室内溫度敏感元件 T 的給定值;

(3) T_2:送風溫度補償敏感元件;

(4) T_3:室外空氣熵或濕球溫度敏感元件,可根據預定的調節計劃進行調節階段(季節)的轉換;

(5) M:風機聯動裝置,在風機停止時,噴水室水泵、新風閥門和排風閥門將關閉,而回風閥門將開啓;

(6) 控制臺:裝有各種控制回路的調節器等設備。

2. 全年自動控制方案(冬夏季室内參數要求相同)

(1) 第一階段,新風閥門在最小開度(保持最小新風量),一次回風閥門在最大開度(總風量不變),排風閥門在最小開度。室溫控制由敏感元件 T 和 T_2 發出信號,通過調節器使 M_1 動作,調節再熱器的再熱量;濕度控制由濕度敏感元件 H 發出信號,通過調節器使 M_2 動作,調節一次加熱器的加熱量,直接控制室内相對濕度。

(2) 第二階段,室溫控制仍由敏感元件 T 和 T_2 調節再熱器的再熱量;濕度控制由濕度敏感元件 H 將調節過程從調節一次加熱自動轉換到新、回風混合閥門的聯動調節,通過調節器使 M_3 動作,開大新風閥門,關小回風閥門(總風量不變),同時相應開大排風閥門,直接控制室內相對濕度。

(3) 第三階段,隨着室外空氣狀態繼續升高,新風越用越多,一直到新風閥全開、一次回風閥全關時,調節過程進入第三階段。這時濕度敏感元件自動地從調節新、回風混合閥門轉換到調節噴水室三通閥門,開始啓用制冷機來對空氣進行冷却加濕或冷却減濕處理。這時,通過調節器使 M_4 動作,自動調節冷水和循環水的混合比,以改變噴水溫度來滿足室內相對濕度的要求。室溫控制仍由敏感元件 T 和 T_2 調節再熱器的再熱量來實現。

(4) 第四階段,當室外空氣的焓大于室內空氣的焓時,繼續采用 100% 新風已不如采用回風經濟,通過調節器,使 M_3 動作,使新風閥門又回到最小開度,保持最小的新風量。濕度敏感元件仍通過調節器使 M_4 動作,控制噴水室三通閥門,調節噴水溫度,以控制室內相對濕度。室溫控制仍由敏感元件 T 和 T_2 調節再熱器的再熱量來實現。

空調系統的自動控制技術隨着電子技術和控制元件的發展,將不斷改進:一方面將從減少人工操作出發,實現全自動的季節轉換;另一方面從更精確地考慮室內熱濕負荷和室外氣象條件等因素的變化出發,利用電子計算機進行控制,使每個季節都能在最佳工况下工作,以達到最大限度地節約能量的目的。隨着自動控制技術和控制元件的發展,特別是微電腦軟件技術的發展,使得電腦控制空調可適應各種各樣空調系統控制的需要,并可根據不同室內熱濕負荷、不同室外溫濕度變化條件,以及不同室內溫濕度參數條件進行多工况的判別和轉換,實現全年自動的節能控制。

第四節　風機盤管系統的運行調節

半集中式空調系統包括風機盤管系統和誘導器系統,因后者實際應用很少,且全年運行調節方法類同于風機盤管系統,故不作介紹。

一、風機盤管機組的局部調節

爲了適應室內瞬變負荷的變化,常用如下三種局部調節方法(手動或自動):

1. 水量調節

如圖 18.23(a)所示,當室內負荷減少時,調節三通(或直通)調節閥以減少進入盤管的水量,使 L 上移至 L_1。負荷調節範圍爲 100% ~ 75%。因爲送風的含濕量增大,故使室內相對濕度有所提高。

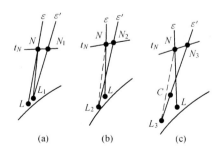

圖 18.23　風機盤管的調節方式
(a) 水量調節;(b) 風量調節;(c) 旁通風門調節

2. 風量調節

如圖 18.23(b)所示,設計負荷時 $N \longrightarrow L \xrightarrow{\varepsilon} N$,負荷減小時,常分高、中、低三擋調節風機轉速以改變通過盤管的風量,也有采用無級調節風機轉速的。風量下降,L 點移至 L_2。這種方法室內相對濕度變化不大,但風量下降對室內氣流分布不利,影響溫度、風速在室內的均勻性、穩定性。負荷範圍通常爲 100%、85%、70%。

3. 旁通風門調節

如圖 18.23(c)所示,當負荷減少時,打開旁通風門,流經盤管的風量減少,使 L 移至 L_3,空氣調節過程爲

$$N_3 \longrightarrow \begin{array}{c} L_3 \\ \\ N_3 \end{array} \searrow C \xrightarrow{\varepsilon'} N_3$$

調節過程中,相對濕度和氣流分布均很穩定,負荷調節範圍大,爲 100% ~ 20%。旁通風門調節的調節性能好,但風機功率不能降低,所以用于室內參數控制要求高的房間。

二、風機盤管系統的全年運行調節

風機盤管空調系統就取用新風的方式來分,有就地取用新風(如牆洞引入新風)系統和獨立新風系統。就地取用新風系統,其冷熱負荷全部由通入盤管的冷熱水來承擔;而對獨立新風系統來説,根據負擔室內負荷的方式一般可分:

(1) 新風處理到室內焓值,不承擔室內負荷。

(2) 新風處理后的焓值低于室內焓值,承擔部分室內負荷。

(3) 新風系統只承擔圍護結構傳熱負荷,盤管承擔其他瞬時負荷。

下面,重點討論第二、第三種方式,分析其全年運行調節的方法。

1. 負荷性質和調節方法

一般可把室內負荷分爲瞬變負荷和漸變負荷。

瞬變負荷是指室內照明、設備和人員散熱和太陽輻射熱(隨房間朝向,是否受鄰室陰影遮擋,天空有無雲的遮擋等影響而發生變化)等。這些瞬時發生的變化,使各個房間產生大小不一的瞬時負荷,它可以靠風機盤管中的盤管來承擔。可根據室內恒溫調節器調節水溫和水量(三通調節閥或直通調節閥)。

漸變負荷是指通過圍護結構(外牆、外門、窗、屋頂)的室內外溫差傳熱,這部分熱負荷的變化對所有房間來説都是大致相同的。雖然室外空氣溫度在幾天內也有不規則的變化,但對室內影響較小,該負荷主要隨季節發生較大的變化。這種對所有房間都比較一致的、緩慢的傳熱負荷變化,可以依靠集中調節新風的溫度來適應,也就是由新風承擔該部分負荷。熱平衡式爲

$$A\rho c_p(t_N - t_1) = T(t_W - t_N) \tag{18.1}$$

式中　A——新風量,m^3/h;

　　　ρ——空氣密度,kg/m^3;

　　　c_p——空氣比熱,$kJ/(kg \cdot \text{℃})$;

　　　t_W, t_N, t_1——室外空氣、室內空氣和新風的溫度,℃;

　　　T——所有的圍護結構(外牆、外門、窗、屋頂)每 1℃室內外溫差的傳熱量,W/℃,根據傳熱公式有

$$T = \sum KF \tag{18.2}$$

式中　　K——各圍護結構的傳熱系數，$W/(m^2 \cdot \text{℃})$；

　　　　F——各圍護結構的傳熱面積，m^2。

　　A、T 值對于每個房間來説是一定值，故 t_W 的變化應通過改變 t_1 來適應。在實際情況下，瞬變顯熱冷負荷總是存在的（如室内總是有人，這樣保持所需温度才有意義），所以所有房間總是至少存在一個平均的最小顯熱負荷。在室外温度低于室内温度時，温差傳熱由里向外，該不變的負荷是減少新風升温程度和節約熱能的有利因素。如果由盤管來承擔這一負荷，就會消耗盤管的冷量，又需要提高新風温度從而多耗熱量，顯然是浪費。假設這部分負荷相當于某一温差 m（一般取 5℃）的圍護結構傳熱量（即 mT），并且由新風來負擔，則式（18.1）可改寫爲

$$A\rho c_p(t_N - t_1) = T(t_W - t_N) + mT$$

$$t_1 = t_N - \frac{1}{\dfrac{A}{T}\rho c_p}(t_W - t_N + m) \tag{18.3}$$

　　由上式可知，新風温度 t_1 和室外空氣温度 t_w 之間存在綫性關系。也就是説，對應于不同的 A/T 值可以用不同斜率的直綫來表示 t_1 和 t_w 之間的關系。

　　2. A/T 比和系統分區的關系

　　從式（18.3）可知，對于同一個系統，要進行集中的新風再熱量調節，必須建立在每個房間都有相同 A/T 值的基礎上。對于一個建築物的所有房間而言，A/T 值不是完全一樣的，那么不同 A/T 的房間隨室外温度的變化要求新風升温的規律也不一樣。爲了解決這一矛盾，可以采用兩種方案：一是把 A/T 不同的房間統一在它們中最大的 A/T 值上，也就是加大 A/T 值比較小的房間的 A 值，對于這些房間，加大新風量會使室内温度偏低；二是把 A/T 值相近的房間（如同一朝向）劃爲一個區，每一區設置一個分區再熱器，一個系統可以按幾個分區來調節不同的新風温度，這對節省風量和冷量是有利的。

　　3. 雙水管風機盤管系統的運行調節

　　雙水管系統在同一時間内只能供應所有盤管同一温度的水（冷水或熱水），隨着室内負荷的減少，風機盤管系統的全年運行調節有兩種情况。

　　（1）不轉换的運行調節

　　對于夏季運行，不轉换系統采用冷的新風和冷水。隨着室外温度的降低，只是集中調節再熱量來逐漸提高新風温度，而全年始終供應一定温度的水（圖 18.24）。新風温度按照相應的 A/T 值隨室外温度變化進行調節，以抵消圍護結構的傳熱量（$L \longrightarrow R_1$）。而隨着瞬變冷負荷（太陽、照明、人員等）變化需要調節送風狀態（$O_2 \longrightarrow O_3$）時，則可以局部調

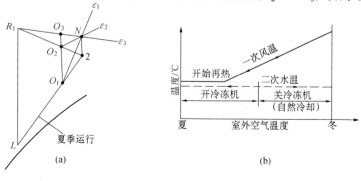

(a)　　　　　　　　　　　　　　　　(b)

圖 18.24　轉换系統

節盤管的容量($2 \longrightarrow N$)。

在室外氣溫降低和冬季時,爲了不使用制冷系統而獲得冷水,可以利用室外冷風的自然冷却能力,給盤管供應低溫水。不轉換系統的投資比較便宜,運行較方便。但當冬季很冷,時間很長時,新風要負擔全部采暖負荷,集中加熱設備的容量就要很大。

(2) 轉換的運行調節

對于夏季運行,轉換系統仍采用冷的新風和冷水。隨着室外溫度的降低,集中調節新風再熱量來逐漸提高新風溫度,以抵消傳熱負荷的變化。盤管水溫仍然不變,靠量調節以消除瞬變負荷的影響(圖 18.25)。

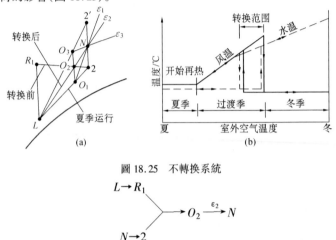

圖 18.25　不轉換系統

$$L \to R_1 \atop N \to 2 \searrow\nearrow O_2 \xrightarrow{\varepsilon_2} N$$

當達到某一室外溫度時,不用盤管,只用原來冷的新風單獨就能吸收這時室內剩余顯熱冷

負荷,讓新風轉換成原來的最低狀態 $L\left({L \atop N} \gtrless O_2 \xrightarrow{\varepsilon_2} N \right)$。轉換后,盤管內改爲送熱

水,隨着顯熱冷負荷的減少,只需調節盤管的加熱量,以保持一定的室溫。

由于室外溫度的波動,一年中轉換溫度可能發生好幾次,爲了避免在短時期發生多次轉換的現象,常把轉換點考慮在一定範圍內(大約 5℃)。

采用轉換或不轉換系統是一個技術經濟比較的問題,主要考慮的原則是節省運行調節費用,在冬季或較冷的季節里,應盡量少使用或不使用制冷系統。例如,當室外空氣溫度降低,新風轉換到最低溫度時,這時可以不用制冷系統而只需把室外冷空氣作適當處理就可以保持室內空氣狀態;而如果不進行轉換,冷水可能需要制冷系統提供。相比起來,爲了節約運行費用,采用轉換系統較爲有利。但是,如果新風量較小,則需要轉換溫度很低,在較長時間內需要利用制冷系統,那麽這種轉換就不經濟。若提高轉換溫度,則需要加大新風量,結果使新風系統的投資和運行費用增加。所以,還不如采用不轉換系統爲好。

如是當地冬季氣溫很低,房間的采暖負荷較大,采用不轉換系統時,則冬季的全部熱負荷都得靠新風的再熱器負擔;而如果用轉換系統,則可以利用現有的盤管給房間送熱風,新風的再熱器只需滿足轉換前的需要,而不必增加再熱器的容量。這種情況比較適用于使用轉換系統。

第十九章　通風空調系統的測定和調整

通風空調系統安裝完畢以后,在正式投入運行之前,都需要進行測定與調整。通過測定與調整可以發現系統設計、施工和設備自身性能等方面存在的問題,同時可使運行管理人員熟悉和了解系統的性能和特點,爲解決初調中出現的問題和系統的經濟合理運行提供條件。當已經投入使用的通風空調系統出現問題或進行改造時,測定與調整也是解決問題、檢查系統是否達到預期效果的重要手段。

通風空調系統的測定與調整應遵照《通風與空調工程施工及驗收規範》及相關規範(如《潔净室施工及驗收規範》)進行。

通風空調系統的服務對象對通風空調的要求不同,因而測試調整要求也不同。舒適性空調的測定調整要求低。工藝性空調,尤其是恒温恒濕及高潔净度的空調系統要求較高,相應的要使用滿足測試精度的儀表和符合要求的測試方法。測定與調整是對設計、安裝及運行管理質量的綜合檢驗,設計、安裝、建設單位要密切配合,才能全面地完成測試任務。

第一節　通風空調系統風量的測定與調整

風量測定與調整的目的是檢查系統和各房間風量是否符合設計要求。測定之前應檢查通風機是否正常運轉、管道是否有明顯漏風處、閥門損壞或啓動不便等。

一、風量測定

空調系統風量測定内容包括測定系統的總送風量、回風量和新風量,以及各干管、支管内風量和各送風口、回風口風量。風量測定的方法有多種,所需測量儀表種類也很多,這裏主要介紹在風管内和風口處測定的方法。

系統的總風量可以在風管内、空調箱内測定,或測定送、回風機全壓及轉速,根據風機的性能曲綫推算得出。風機啓動前,首先要把各風道和風口處的調節閥門放在全開的位置,空氣處理室的各個風閥也應處在實際運行的位置,三通閥門放在中間位置。

1. 風管内風量的測定

通過風管的風量爲

$$L = 3\,600 F v_{\text{p}} \quad \text{m}^3/\text{h} \tag{19.1}$$

式中　F——測定處風管斷面積,m^2;

$\qquad v_{\text{p}}$——測定斷面平均風速,m/s。

風管斷面積 F 易于準確測出,因而準確測定斷面平均風速 v_{p} 是測定風量的關鍵。測定管内平均風速實際上可歸結爲正確選擇測定斷面,確定測點位置和數量,測定各測點的風速并求出各點平均風速。

（1）測定斷面

測定斷面應選在氣流穩定的直管段,這樣測量出的結果較爲準確。一般要求按氣流方向,在局部構件之后 4～5 倍管徑(D)或長邊(a),在局部管件之前 1.5～2 倍管徑或長邊的直管段上選擇斷面,如圖 19.1 所示,實際工程中如不能夠滿足規定,可縮短距構件的距離,并盡量使測量斷面距上游局部管件距離大些。在測定斷面處不出現渦流時,見圖 19.2 斷面Ⅰ,可通過增加測點來提高準確性。如測定斷面處于渦流中,見圖 19.2 中斷面Ⅱ,則在加多測點的同時進行合理的數據處理,或采用其他方法測定,進行比較確定結果。

（2）測點

測定斷面上各點的風速不同,測點的位置和數量直接影響測定數據的精確性。工程測量中一般采用等面積布點法。

矩形風管測點布置見圖 19.3,每個測點對應的斷面積一般不大于 0.05 m²,測點位于該面積的中心。

對圓形風管是將圓斷面劃分爲 m 個面積相等的同心圓環,每個圓環的測點位于各圓環面積的等分線上,在相互垂直的兩直徑上布置 2 個或 4 個測孔。每個圓環的測點通常爲 4 個(見圖 19.4),如測量斷面的流速具有較高的穩定性和對稱性,可減少測點數量,如三環只測三點。圓形風管測定斷面的分環數見表 19.1,各圓環的測點與管壁測孔的距離見表 19.2。

（3）測定斷面平均風速

通常用畢托管和微壓差計測出各點的動壓,求出與平均風速 v_p 相對應的動壓值 P_{dp},再求出平均風速。即

$$P_{dp} = \left(\frac{\sqrt{p_{d1}} + \sqrt{p_{d2}} + \cdots + \sqrt{p_{dn}}}{n} \right)^2 \quad \text{Pa} \quad (19.2)$$

$$v_p = \frac{\sqrt{2p_{dp}}}{\rho} \quad \text{m/s} \quad (19.3)$$

式中　$p_{d1}, p_{d2}, \cdots, p_{dn}$——各測點的動壓值,Pa;

　　　ρ——空氣密度,kg/m³;

　　　n——測點總數。

現場測定中如動壓出現負值或零值,計算平均動壓時,宜將負值作零值處理,測點數應爲全部測點的數目。

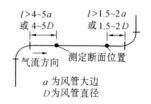

圖 19.1　測定斷面位置

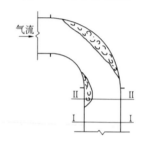

圖 19.2　測定斷面的取法

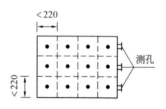

圖 19.3　矩形風管測點位置

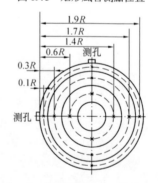

圖 19.4　直徑 200 以下圓形風管測點布置

表 19.1　各種管道直徑的分環數

管徑 d/mm	小于 200	200 ~ 400	400 ~ 700	700 ~ 1 000	大于 1 000
環　　數	3	4	5	6	7

表 19.2　圓形風管測定斷面内各圓環的測點與管壁的距離

直徑/mm 圓環數(個) 測點號	200 以下	200 ~ 400	400 ~ 700	700 以上
	3	4	5	6
1	0.1R	0.1R	0.05R	0.05R
2	0.3R	0.2R	0.2R	0.25R
3	0.6R	0.4R	0.3R	0.25R
4	1.4R	0.7R	0.5R	0.35R
5	1.7R	1.3R	0.7R	0.5R
6	1.9R	1.6R	1.3R	0.7R
7		1.8R	1.5R	1.3R
8		1.9R	1.7R	1.5R
9			1.8R	1.65R
10			1.95R	1.75R
11				1.85R
12				1.95R

2. 送風口和回風口的風量測定

風口的氣流較復雜,測定風量較困難,因而只有不能在分支管處測定時,才進行風口風量的測定。

(1) 風口處直接測定

對于回風口可采用熱電風速儀在風口平面上直接測取測點的風速,然后取平均值。測點布置方法同矩形風管斷面測點布置,將風口劃分成小方塊,然后在每個方塊的中心測風速。最后按式(19.1)計算風量。

當送風口裝有格柵或網格時,可用葉輪風速儀緊貼風口,匀速按一定的路綫移動測得整個風口截面上的平均風速。測三次取其平均值。面積較大的風口可劃分爲面積相等的小方塊,在中心測定風速後取平均值。

風口直接測定的方法簡便,但較爲粗略。

(2) 送風口風量的加罩測量

爲了較準確地測量出風口風量,可采用如圖 19.5 所示的裝置,在送風口上加罩測定。加罩後會因增加阻力而減少風量,如果原系統阻力較大,如末端裝有高效過濾器的净化系統,加罩後對風量的影響很小,可忽略不計,見圖 19.6。如原系統阻力較小,加罩對風量的影響不能忽略,可在罩子出口處加一可調速的軸流風機,如圖 19.7 所示。調節軸流風機的轉數,使罩内静壓與大氣壓力相等,以補償罩子的阻力對風量的影響,所以這種方法測得的風量比較準確,用于較高精度的風量測定。

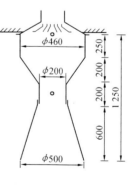

圖 19.5　加罩測定散流器風量

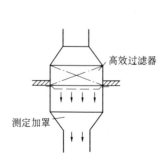

圖 19.6　加罩測定高效送風口風量

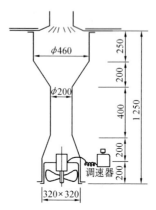

圖 19.7　風口風量測定裝置

二、風量的調整

　　風量的調整是爲了使系統干管、支管和各風口的風量符合設計要求,以保證空調房間所需要的空氣環境。在風量的調整中,通常允許各房間全部送風口測得的風量之和與送風機出口測得的總送風量之和有 ± 10% 的誤差。

　　風量的調整實質上是通過調節設在兩風管分支處的三通調節閥(或支管上的調節閥)的開度,來改變管路的阻力特性,使系統的總風量、新風量和回風量以及各支路的風量分配滿足設計要求。

　　1. 風量調整的原理

　　根據流體力學可知,風管的阻力近似與風量的平方成正比,即

$$\Delta H = SL^2 \tag{19.4}$$

式中　ΔH——風管的阻力損失;

　　　S——風管的阻力特性系數,它與管道的結構、尺寸有關,如是僅改變風量,則 S 值基本不變;

　　　L——風管中的風量。

　　如圖 19.8 所示,用式 19.4 來分析,管道①和②爲并聯管路,兩管阻力平衡,即 $\Delta H_1 = \Delta H_2$,而 $\Delta H_1 = S_1 L_1^2$,$\Delta H_2 = S_2 L_2^2$,所以

$$\frac{S_1}{S_2} = \frac{L_2^2}{L_1^2} \text{或} \sqrt{\frac{S_1}{S_2}} = \frac{L_2}{L_1} \tag{19.5}$$

式 19.5 不論總風閥的開度如何變化都是存在的,只要管段①和②的阻力特性不變,L_1/L_2 的值就不會變化。因此,如果兩風口的風量比 L_1/L_2 符合設計風量要求的比例關系,只要調整總風閥使總風量與設計總風量相等,那么兩風口的風量必然滿足設計要求。也就是説,關鍵在于如何調整三通閥或調節閥使各支管的阻力特性系數的比值等于設計風量下需要的比值。

　　2. 風量調整的方法

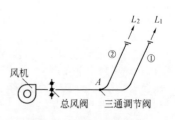

圖 19.8　風量分配示意圖

　　常用的風量調整方法有流量等比分配法、基準風口調整法和逐段分支調整法等,每種方法都有其適應性,應根據調試對象的具體情況,采取相應的方法進行調整,從而達到節

省時間、加快試調進度的目的。

(1) 流量等比分配法

採用此方法對送(回)風系統進行調整,一般從系統的最遠管段,也就是最不利的風口開始,逐步調向通風機。現以圖 19.9 所示系統爲例加以説明,最不利管路爲 1—3—5—9,應從支管 1 開始測定調整。

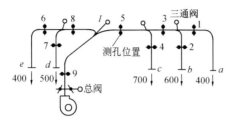

圖 19.9　送風系統圖

利用兩套儀器分别測量支管 1 和 2 的風量,調節三通拉杆閥,使兩條支管的實測風量比值與設計風量比值相等,即 $L_{2s}/L_{1s} = L_{2c}/L_{1c}$,式中,下角標 c、s 分别代表測定值、設計值。然后依次測出各支管、各支干管的風量,調整使 $L_{4c}/L_{3c} = L_{4s}/L_{3s}$,$L_{7c}/L_{6c} = L_{7s}/L_{6s}$,$L_{8c}/L_{5c} = L_{8s}/L_{5s}$。此時實測風量不等于設計風量,根據風量平衡原理只要調整總閥門使 $L_{9c} = L_{9s}$,則各干管、支管的風量就會符合設計風量值。

流量等比分配法測定結果較準確,反復測量次數不多,適合于較大的集中式空調系統,但測量時必須在每一管段打測孔,因而使該方法的普遍使用受到了限制。

(2) 基準風口調整法

這種方法不需打測孔,工作量較小,仍以圖 19.9 系統爲例説明調整步驟。圖 19.9 中所注風量爲實測風量,設每個風口的設計風量均爲 500 m³/h,則實測風量與設計風量的比值分别爲 $L_{ac}/L_{as} = 0.8$,$L_{bc}/L_{bs} = 1.2$,$L_{dc}/L_{ds} = 1.1$,$L_{ec}/L_{es} = 0.8$。兩支路最小值的風口分别爲 a 和 e,因此以 a、e 風口作爲調整各支管上風口風量的基準風口。

對于 1 – 3 – 5 支路,使用儀器同時測量 a、b 風口的風量,調整三通閥使 $L_{bc}/L_{bs} = L_{ac}/L_{as}$,此時 a 風口的風量會比原來的風量有所提高。a 風口處儀器不動,將另一套儀器由風口 b 移至風口 c,同時測 a、c 風口的風量,通過調節閥使 $L_{cc}/L_{cs} = L_{ac}/L_{as}$,此時風口 a 的風量會進一步提高。然后同樣測定、調整使 $L_{ec}/L_{es} = L_{dc}/L_{ds}$,支管調整完畢。調整三通閥 I 使兩支管間的總風量比等于 2:3,最后調總閥門使總風量滿足要求,則系統風量測定與調整即全部完成。

需要説明的是如果初測風量比值最小的風口不是支管最遠端風口,仍以該風口爲基準風口,從末端風口開始逐個調整。

三、空調風機風量的測定與調整

1. 新風量:可在新風道上打測孔,用畢托管和微壓計來測量風量。如無新風風道時,一般在新風閥門處(或新風進口處)用風速儀來測量,風速儀置于離風閥 10 ~ 20 cm 處,并使之與氣流流向垂直。

2. 一、二次回風量和排出風量:均可在各自風道上打測孔用畢托管和微壓計測算。如打測孔有困難,可在一、二次回風的入口處和排風出口處用風速儀測定。

第二節　局部排風罩性能的測定

一、用動壓法測量排風罩的風量

如圖 19.10，測出斷面 1－1 上各測點的動壓 p_{d1}，即可求出排風罩排風量。

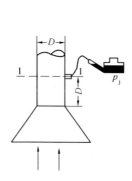

圖 19.10　靜壓法測量排風量

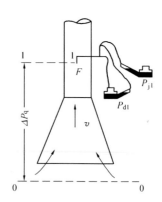

圖 19.11　排風罩排風量測定裝置

二、用靜壓法測量排風罩的風量

由于現場測定時各管件間的距離很短，不易找到穩定的測定斷面，用動壓法較爲困難，這時可按圖 19.11 所示在排風罩喉部測量靜壓來求出排風罩的風量。

1. 局部排風罩的阻力

局部排風罩的阻力爲進口斷面 0－0 與喉口斷面 1－1 處的全壓差 Δp_q，即

$$\Delta p_q = p_{q0} - p_{q1} = 0 - (p_{j1} + p_{d1}) = -(p_{j1} + p_{d1}) \tag{19.6}$$

2. 局部排風罩的排風量（L）

$$\Delta p_q = \zeta \cdot \frac{\rho v_1^2}{2} = \zeta \cdot p_{d1} = -(p_{j1} + p_{d1})$$

$$p_{d1} = \frac{1}{1 + \zeta} |p_{j1}|$$

$$\sqrt{p_{d1}} = \frac{1}{\sqrt{1 + \zeta}} \cdot \sqrt{|p_{j1}|} = \mu \sqrt{|p_{j1}|} \tag{19.7}$$

式中　p_{q0}——罩口斷面的全壓，Pa；

p_{q1}——1－1 斷面的全壓，Pa；

p_{d1}, p_{j1}——1－1 斷面的動壓、靜壓，Pa；

ζ——局部排風罩的局部阻力系數；

v_1——1－1 斷面的平均流速，m/s；

ρ——空氣的密度，kg/m³；

μ——局部排風罩的流量系數。

則局部排風罩的排風量爲

$$L = v_1 F = \sqrt{\frac{2 P_{d1}}{\rho}} \cdot F = \mu F \sqrt{\frac{2 |p_j|}{\rho}} \quad \text{m}^3/\text{s} \tag{19.8}$$

由式(19.7)可知 $\mu = \sqrt{\frac{P_{d1}}{|P_{j1}|}}$，$\mu$ 值可從有關資料查得或測定得到。如一個排風系統中有多個型式相同的排風量,用動壓法測出罩口風量后再對各排風罩的排風量進行調整,非常麻煩。可先測出 μ 值,然后按式19.8算出要求的靜壓,通過調整靜壓來調整各排風罩的排風量,工作量可大大減小。

【例19.1】 某排風罩的連接管直徑 $d = 200$ mm,連接管上的靜壓 $p_j = -36$ Pa,空氣溫度 $t = 20$ ℃,$\mu = 0.9$,求該排風罩的排風量。

解 由 $t = 20$℃,得

$$\rho = 1.2 \text{ kg/m}^3$$

連接管斷面積 $\qquad\qquad F = \frac{\pi}{4} d^2 = 0.0314 \text{ m}^2$

排風罩排風量爲

$$L = \sqrt{\frac{2|p_j|}{\rho}} \cdot F \cdot \mu = \sqrt{\frac{2 \times |-36|}{1.2}} \times 0.0314 \times 0.9 = 0.219 \text{ m}^3/\text{s}$$

第三節　車間工作區含塵濃度的測定

測定空氣中粉塵濃度的方法有濾膜測塵、光散射測塵、β 射綫測塵、壓電晶體測塵等,常用的是濾膜測塵和光散射測塵。

一、濾膜測塵

如圖19.12所示,在測定點用抽氣機抽吸一定體積的含塵空氣,當其通過濾膜采樣器(見圖19.13)時,在濾膜上留下粉塵,根據采樣器前后濾膜的增重(即集塵量)和總抽氣量,即可算出質量含塵濃度。

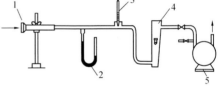

圖19.12　測定工作區空氣含塵濃度的采樣裝置
1—濾膜采樣品;2—壓力計;3—溫度計;4—流量計;5—抽氣機;

濾膜是一種帶有電荷的高分子聚合物。在一般的溫、濕度下($t < 60$℃,$\varphi = 25\% \sim 90\%$),濾膜的質量不會發生變化。濾膜可分爲平面濾膜和錐形濾膜兩種,被固定蓋緊壓在錐形環和螺絲底座中間。平面濾膜的直徑爲40 mm,容塵量小,適于空氣含塵濃度小于200 mg/m³的場合。錐形濾膜是由直徑75 mm的平面濾膜折叠而成,容塵量較大,適用于含塵濃度大于200 mg/m³的場合。

測定前首先要用感量爲萬分之一克的分析天平進行濾膜稱重,記錄質量并編號。然后將采樣裝置架設在測塵點,檢查裝置是否嚴密,開動抽氣機,將流量迅速調整至采樣流量(通常爲15～30 L/min),同時進行計時,在整個采樣過程中應保持流量穩定。一般采樣時間不得小于10 min,濾膜的增重不小于1 mg。對平面濾膜采塵質量應不大于20 mg。

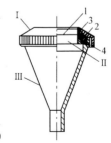

圖19.13　濾膜采樣器
Ⅰ—頂蓋;Ⅱ—濾膜夾;
Ⅲ—漏斗;1—濾膜;
2—固定蓋;3—錐形環;
4—螺絲底座

通常濾膜測塵裝置中的流量計是轉子流量計,是在 $t = 20$℃,$P = 101.3$ kPa的狀況下標定的。因而當流量計前采樣氣體的狀態

與標定的狀態有較大差异時,需對流量進行修正。修正公式爲

$$L = L' \sqrt{\frac{101.3 \times (273 + t)}{(B + P) \times (273 + 20)}} \quad \text{L/min} \tag{19.9}$$

式中　L——實際流量,L/min;

　　　L'——流量計讀數,L/min;

　　　B——當地大氣壓力,kPa;

　　　P——流量計前壓力計讀數,kPa;

　　　t——流量計前溫度計讀數,℃。

　　實際抽氣量

$$V_t = L \cdot \tau \quad \text{L} \tag{19.10}$$

式中　τ——采樣時間,min。

　　將 V_t 換算成標準狀況下的體積,即

$$V_0 = V_t \cdot \frac{273}{(273 + t)} \cdot \frac{B + P}{101.3} \tag{19.11}$$

空氣含塵濃度爲

$$y = \frac{G_2 - G_1}{V_0} \times 10^3 \quad \text{mg/m}^3 \tag{19.12}$$

式中　G_1, G_2——采樣前、后的濾膜質量,mg;

　　　V_0——換算爲標準狀況的抽氣量,L。

　　兩個平行樣品測出的含塵濃度偏差小于 20%,爲有效樣品,取平均值作爲采樣點的含塵濃度。否則,應重新采樣測塵。

二、光散射測塵

　　光散射測塵是利用光散射粉塵濃度計來實現的。被測量的含塵氣體由儀器内的抽氣泵吸入,通過塵粒測量區,在該區域受到由專門光源經透鏡産生的平行光的照射,由于塵粒會産生散射光,被光電倍增管接受后,再轉變爲電訊號。如果將散射光經過光電轉換元件變換爲有比例的電脉冲,通過單位時間内的脉冲計數,就可以知道懸浮粉塵的相對濃度。

　　光散射式粉塵濃度計可以測出瞬時的粉塵濃度及一定時間間隔内的平均濃度,并可將數據儲存于計算機中,量測範圍約爲 0.01 ~ 100 mg/m³。對于不同的粉塵,光散射式粉塵濃度計需要重新標定。

　　潔净室的濃度通常用計數濃度表示,一般由光散射式塵埃粒子計數器測得。

第四節　空調設備容量和空調效果的測定

一、空氣處理設備的容量檢驗

一般空調系統中需測定檢驗的設備主要有加熱器、表冷器或噴水室。

1. 加熱器

通常加熱器的檢驗測定應在冬季工況下進行,盡可能接近設計工況,但空調試調工作往往不在冬季,因而加熱器的加熱量也可在任何時候進行測定。如果在熱天測試,最好在晚間溫度較低時進行。

(1) 測量加熱器前后空氣的溫度可用液體溫度計或熱電偶,測點應盡可能布置在氣流比較穩定、溫度較均勻的斷面上。如斷面上各點的溫度差異較大,則應多測幾個點,取平均值。

(2) 對于蒸汽加熱器,從壓力表上讀取壓力值查蒸汽熱力性質表得到蒸汽的飽和溫度。熱水加熱器熱水的初終溫度用溫度計在測溫套管內測量。若無測溫套管,可用熱電偶作近似測量。

(3) 測量熱水和空氣的溫度須同時進行,共測量 $0.5 \sim 1.0$ h,每隔 $5 \sim 10$ min 讀取一次。蒸汽壓力值可在測量時間內讀取 $2 \sim 3$ 次數據,取平均值。

(4) 測量時應關斷加熱器旁通門,并在系統加熱工況基本穩定后開始測量各項參數。

測定時刻加熱器的加熱量爲

$$Q' = G \cdot C(t_{2p} - t_{1p}) \quad \text{kW} \tag{19.13}$$

式中　G——空氣的流量,kg/s;

　　　C——空氣的比熱,kJ/(kg·℃);

　　　t_{1p}、t_{2p}——加熱器前后空氣的平均干球溫度,℃。

檢測條件下加熱器的放熱量爲

$$Q' = KF\left(\frac{t'_c + t'_z}{2} - \frac{t_{1p} + t_{2p}}{2}\right) \quad \text{kW} \tag{19.14}$$

設計工況下加熱器的放熱量爲

$$Q = KF\left(\frac{t_c + t_z}{2} - \frac{t_1 + t_2}{2}\right) \quad \text{kW} \tag{19.15}$$

如檢測時風量和熱媒流量與設計工況下相同,則

$$Q = Q' \frac{(t_c + t_z) - (t_1 + t_2)}{(t'_c + t'_z) - (t_{1p} + t_{2p})} \quad \text{kW} \tag{19.16}$$

式中　t_c、t_z——設計工況下熱媒的初、終溫度,℃;

　　　t_1、t_2——設計工況下空氣的初、終溫度,℃;

　　　t'_c、t'_z——檢測條件下熱媒的初、終溫度,℃。

t'_c、t'_z、t_{1p}、t_{2p} 及 Q' 均已測定,t_1、t_2、t_c、t_z 爲設計參數,因此可用式(19.16)得到加熱器設計工況下的放熱量 Q。若 Q 與設計要求接近,則視加熱器容量滿足設計要求。

蒸汽爲熱媒時,以其飽和溫度作爲熱媒的平均溫度。

2. 表冷器(或噴水室)容量

檢測時的條件通常不同于設計工況,通常有下列兩種情況:

(1) 空調系統已投入使用,室外實測狀態 W' 接近設計狀態 W,室內熱濕負荷也接近設計負荷,通過調整一次回風混合比,能夠使 $i'_c \approx i_c$(見圖 19.14)。在保持設計水初溫和水流量下,測出通過冷却設備的空氣終狀態,如果空氣終狀態的焓值也接近設計工況下的焓值,則説明冷却設備的容量符合設計要求。

(2) 空調系統尚未正式投入運行,但調整一次混合比仍可使混合點的焓等于設計混合點焓值,仍采用(1)的方法測定。

通常采用干濕球溫度計來測定表冷器前后的空氣參數,由干濕球溫度來計算空氣的焓值。由于空氣終狀態難以測準(空氣中帶有一些水霧使溫度計表面打濕),因而要求選用 0.1 ℃刻度、經過標定的溫度計,并用鋁箔或鍍鎳的多孔罩把溫包包住,見圖 19.15。測量斷面較大,應將斷面分塊,測定各塊中心的溫度和速度,按下式求得斷面平均干球、濕球溫度值

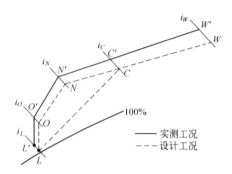

圖 19.14　設計冷量的校核

$$t = \frac{\sum v_i t_i}{\sum v_i} \quad \text{℃} \tag{19.17}$$

式中　v_i——各測點對應的風速值。

測得干、濕球溫度后可求出相應的焓,則冷却設備的容量

$$Q = G(i_1 - i_2) \quad \text{kW} \tag{19.18}$$

式中　G——通過冷却設備的風量,kg/s;

i_1, i_2——冷却設備前后空氣的焓,kJ/kg 干空氣。

冷媒得到的熱量理論上等于空氣失出的熱量,因此也可測冷媒得熱量來校核空氣側得的結果。如水爲冷媒時,水的得熱量

$$Q' = Wc(t_{w2} - t_{w1}) \quad \text{kW} \tag{19.19}$$

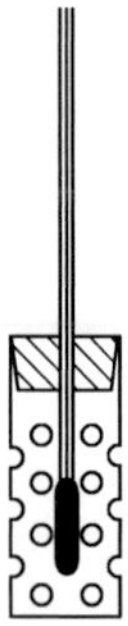

圖 19.15　溫度計的多孔罩

式中　W——水流量,kg/s

t_{w1}, t_{w2}——冷凍水的初終溫度,℃;

c——水的比熱,$c = 4.19 \text{ kJ}/(\text{kg}\cdot\text{K})$。

水量 W 的測量方法很多,可用孔板、超聲波流量計等實現進、回水管的管内或管外測量。如系統中有回水池、水箱等,也可測量水位變化按式(19.20)來計算水量

$$W = \frac{3\ 600 \cdot F \cdot \Delta h}{\tau} \quad \text{m}^3/\text{h} \tag{19.20}$$

式中　Δh——水池在 τ 秒内水位上升的高度,m;

τ——測定的時間,s;

F——水池的橫斷面積,m^2。

水溫測定可以在進、回水管道上的測溫套管中分別插入量程相同、0.1℃刻度的溫度計測得。

二、空調效果的測定

空調效果的檢測是在接近設計工况下系統正常運行后進行的,主要測定空氣溫度、相對濕度、氣流速度、潔净度、噪聲等是否滿足設計要求和工藝要求。

1. 室内溫度和相對濕度

如不需要或無條件全面測定時,可在回風口處測定空氣狀態,認爲回風口空氣狀態可基本上代表工作區的空氣狀態。

對于具有較高精度要求的恒溫室或潔净室,可在工作區内劃分若干横向、竪向斷面,形成交叉網格,在每個交點處測出溫、濕度。根據測定對象的精度要求、工作區範圍的大

小以及氣流分布的特點等，一般可取測點的水平間距 0.5～2.0 m,竪向間距爲 0.5～1.0 m。對氣流影響大的局部地點可適當增加測點數。

2. 氣流組織

對于空調精度等級高于 ±0.5℃的房間、潔淨房間，以及對氣流速度有特殊要求的房間,需進行氣流組織測定。

(1) 氣流組織的測點布置

對恒溫恒濕度房間離外牆 0.5 m,離地面 0.5～2 m 範圍內爲工作區。在工作區內進行測點布置的要求和方法同溫濕度的測定。對潔淨室的氣流分布和潔淨度的測定可參考《空氣潔淨技術措施》和美國聯邦標準 FS－209E 進行。

(2) 風速和風向的測定

風速測量可采用熱綫或熱球風速儀,或采用空氣品質測定儀(可同時測出溫度、濕度、CO、CO_2 等多項參數)測量確定。氣流流向的確定可采用氣泡顯示法、冷態發烟法或使用合成纖維細絲逐點測定。冷態發烟法準確性較差,且發烟劑(四氯化鈦、四氯化錫等)具有腐蝕性,因而只用于粗測,對已投産或已安裝好工藝設備的房間禁止使用。冷態發烟法是在送風口處發烟,觀察烟霧隨氣流運動的方向和範圍來描繪氣流分布情况。

3. 室內静壓的測定調整

根據設計要求,某些房間要求保持內部静壓高于或低于周圍大氣壓力,一些相鄰房間之間有時也要求保持不同的静壓值(如不同潔淨等級的潔淨區域或潔淨室之間)。

室內静壓可用補償式微壓差計來測定,静壓的大小通過送、回風量,新風量和排風量的調整來調節。測定室內是正壓或負壓可用細的合成纖維絲、薄紙條、燃香等置于稍微開啓的門縫處來判别。

4. 空調房間噪聲的測定

室內噪聲級應在工作區內用聲級計來測定,通常以房間中心離地面 1.2 m 處爲測點,較大面積的空調房間應按設計要求選擇測點數。噪聲測定時應消除本底噪聲的影響。在空調系統停止運行、室內發聲設備停止運行時的室內噪聲稱本底噪聲。如果被測房間的噪聲級比本底噪聲級高出 10 dB 以上,則本底噪聲的影響可忽略不計;如二者相差小于 3 dB,測定結果無實質意義,作廢;如兩者相差 4～9 dB,則按表 19.3 進行修正。

表 19.3　考慮本底噪聲的修正

被測聲源噪聲級與本底噪聲的差值/dB	4～5	6～9
修正值/dB	－2	－1

條件許可時,室內噪聲不僅以聲級計 A 擋數值來評價,而且可按倍頻程中心頻率分擋測定。在噪聲評價曲綫上畫出各頻帶的噪聲級,以檢查被測房間是否滿足要求,同時可更全面地反映房間的噪聲特性和分布,分析室內噪聲的主要聲源。

第五节　系统调试中可能出现的故障分析及其排除

通風空調系統的測定與調整中可能出現很多問題,應結合測定分析産生故障的原因,并提出適宜的解決辦法和措施。表 19.4 列出常見故障及産生的原因和解決的方法。

表 19.4　常見故障及其排除

故　障	產生原因	排除方法
送風量太大	系統阻力計算偏小或風機選擇不當,風量偏大,阻力偏小	調小風機的調節閥,降低風機轉速
送風量偏小	漏風過大	檢漏并采取相應措施堵漏
	系統阻力過大	檢查設備阻力,更換阻力大的設備。檢查風道及局部構件,放大局部管道尺寸或更換局部構件
	風機倒轉	調整接綫
	風機選擇不當或性能太差	如果可能增加風機轉速,必要時更換風機
送風狀態不合要求	風機轉數不對	檢查是否皮帶"掉轉",調緊皮帶。或調轉數
	設備容量不適合	檢查設計。通過冷熱媒參數和流量調節使之適合設計要求,若不行,則需要換或增添設備
	風道溫升(溫降)超過設計數據	改進風道保溫,降低系統阻力
	冷熱源出力不足	檢查冷凍機制冷量,管路有無堵塞,水泵流量是否正常,制冷機故障應加以排除
空調箱存水,風機盤管等漏水	漏風漏水	堵漏;改善擋水板或滴水盤的安裝質量,減少帶水量
	泄水管堵塞,水封高度不夠,底室或存水盤坡度有誤,無排水管	逐項檢查,針對問題采取措施
空內空氣狀態不符合	設計時的熱濕負荷與實際出入較大	通過實測房間的送風和排風,由熱平衡和濕平衡關系確定房間的干擾因素,改變送風狀態和送風量來滿足要求,或更換空調裝置,擴大設備的處理能力
	過濾器未檢漏、系統未清洗、室內正壓不保證、潔淨度不滿足要求	進行檢漏,清潔風道,調整室內正壓,必要時要調整氣流分布,使潔淨度達到要求。
	風口氣流分布不合理造成室內不均勻	調整風口,甚至改換風口結構
	室內氣流速度超過允許值	減少風量,加大送風溫差,擴大送風面積。改變送風口形式或改變房間氣流組織
室內噪聲過高	噪聲源、風機、水泵未隔離	采取隔聲、隔振措施
	風速偏大,造成出風口等葉片的風噪聲	緊固松動部件、減小風量等
	消聲器能力太差	檢測消聲器消聲能力,選擇符合要求的消聲器予以更換
	風口部件或裝飾材料松動	緊固松動部件
	吊頂機組未安避震器	加裝彈簧減震器
	空氣振動,風機在喘振不穩定區域,風機出口風管設計不合理	減少系統風道阻力或改變風機葉輪直徑;改變風機出口風管形式

附錄 1.1 單位名稱、符號、工程單位和國際單位的換算

單位名稱	國 際 單 位		工程單位	換　　算
	中　文	符　號		
長　　度	米 厘米 毫米 微米	m cm mm μm		
質　　量	千克 克 毫克	kg g mg		
體　　積	立方米 升 毫升	m^3 l mL		
時　　間	小時 分 秒	h min s		
流　　量	米^3/時 米^3/秒 千克/秒	m^3/h m^3/s kg/s		
密　　度	千克/米^3	kg/m^3		
力	牛頓	N	公斤力	1公斤力 = 9.8 N
壓　　力	標準大氣壓 帕斯卡 千　帕	atm Pa kPa	毫米水柱	1毫米水柱 = 9.8 Pa 1 atm = 101.325 kPa
絕對溫度 攝氏溫度	凱爾文 度	K ℃	℉	
熱　　量	瓦、焦耳/秒 千瓦、千焦耳/秒	W、J/s kW、kJ/s	大卡/時	1大卡/時 = 1.16W = 1.16 J/s
比　　熱 傳熱系數 輻射強度	焦耳/千克·℃ 瓦/米^2·℃ 瓦/米^2	kJ/kg·℃ W/m^2·℃ W/m^2	大卡/公斤·℃ 大卡/時·米^2·℃ 大卡/厘米^2·分	1大卡/公斤·℃ = 4.18kJ/kg·℃ 1大卡/時·米^2·℃ = 1.163 W/m^2·℃ 1大卡/厘米^2·分 = 0.07 W/m^2
動力粘度	帕·秒	Pa·s	公斤·秒/米^2	1公斤·秒/米^2 = 9.8 Pa·s
濃　　度	毫克/米^3 克/米^3 毫升/米^3 千摩爾/米^3	mg/m^3 g/m^3 ml/m^3 kmol/m^3		
電壓	伏 千　伏	V kV		
電流	安 毫安	A mA		
電阻	歐姆	Ω		

附錄 1.2　國際單位與英制計算單位換算

量	英　　制	國際單位	換算系數 英制換算為國際單位	換算系數 國際單位換算為英制
長度	寸(in) 尺(ft) 碼(yard) 哩(mile)	毫米(mm)或厘米(cm) 或厘米(cm)或米(m) 米(m) 千米(km)	1寸 = 25.4mm 1尺 = 30.5cm 1碼 = 0.914m 1哩 = 1.6km	1cm = 0.394 1m = 3.28尺 1m = 1.09碼 1km = 0.62哩
面積	平方寸(in²) 平方寸(in²) 平方尺(ft²) 平方碼(yaed²) 畝(acre) 平方哩(mile²)	平方毫米(mm²) 平方厘米(cm²) 平方厘米(cm²) 平方米(m²) 公頃(ha) 平方千米(km²)	1平方寸 = 645mm² 1平方寸 = 6.45cm² 1平方尺 = 929cm² 1平方碼 = 0.836m² 一畝 = 0.45ha = 405m² 1平方哩 = 2.59km²	1m² = 0.002平方寸 1cm² = 0.155平方寸 1m² = 10.76平方尺 1m² = 1.20平方碼 1ha = 10 000m² = 2.47畝 1km² = 0.387平方哩
體積	立方寸(in³) 立方尺(ft³) 立方碼(yaed³)	立方厘米(cm³) 立方分米(dm³) 立方米(m³)	1立方寸 = 16.4cm³ 1立方寸 = 28.3dm³ 1立方碼 = 0.765m³	1cm³ = 0.06立方寸 1m³ = 35.3立方尺 1m³ = 1.31立方碼
容積	英制液安士(ounce) 英制品脫(pint) 英制加侖(gallon) 美制液安士 美制品脫 美制加侖	毫升(ml) 毫升(ml)或升(l) 升(l) 立方米(m³) 毫升(ml) 毫升(ml)或升(l) 升(l)	1英制液安士 = 28.4ml 1英制品脫 = 586ml 1英制加侖 = 4.55l 1美制液安士 = 29.6ml 1美制品脫 = 473ml 1美制加侖 = 3.791ml	1ml = 0.035英制液安士 1l = 1.76英制品脫 1m³ = 220英制加侖 1ml = 0.034美制液安士 1l = 2.11美制品脫 1l = 0.264美制加侖
質量	安士(ounce) 磅(1b) 噸(ton)	克(g) 克(g)或千克(kg) 公頃(t)	1安士 = 28.3g 1磅 = 454g 1噸 = 1.02t	1g = 0.035安士 1kg = 2.20磅 1t = 0.984噸
流量	美制加侖每分(GPM) 立方尺每分(CFM)	升每秒(l/s) = 升每秒 (l/s)	1GPM = 0.0631升每秒 1CFM = 0.4719升每秒	1l/s = 15.85GPM 1l/s = 2.21CFM 1m³/h = 3.6升每秒
力	磅力(1b force) 千克力(kg force)	牛頓(N) 牛頓(N)	1磅力 = 4.45N 1千克力 = 9.81N	1N = 0.225磅力 1N = 0.102千克力
壓力	磅力每平方寸(PSI) 千克力每平方厘米 寸水柱(in H₂O) 巴(bar)	千帕斯卡(kPa) 千帕斯卡(kPa) 帕斯卡(Pa) 千帕斯卡(kPa)	1磅力每平方寸 = 6.89kPa 1千克力每平方厘米 = 98kPa 1寸·水柱 = 249Pa 1巴 = 100kPa	1kPa = 0.145磅力每平方寸 1kPa = 0.01千克力每平方厘米 1Pa = 0.004寸·水柱 1kPa = 0.01巴
速度	哩每小時(miine/h) 尺每分(FPM)	千米每小時(km/h) 米每秒(m/s)	1哩每平方寸 = 1.61km/h = 0.447m/s 1寸每分 = 0.005 08m/s	1km/h = 0.62哩每小時 1m/s = 19.7尺每分
溫度	華氏度(℉)	攝氏度(℃)	$℃ = \dfrac{5(℉ - 32)}{9}$	$℉ = \dfrac{9 × ℃}{5} + 32$
密度	磅每立方寸(1b/in³) 磅每平方尺(1b/ft²) 噸每平方碼(ton/yard²)	克每平方厘米(g/cm³) = 公噸每立方米(t/m³) 千克每立方米(kg/m³) 公噸每立方米(t/m³)	1磅每立方寸 = 27.7t/m³ 1磅每立方寸 = 16.02kg/m³ 1噸每立方碼 = 1.33t/m³	1t/m³ = 0.036磅每平方寸 1kg/m³ = 0.06磅每立方尺 1t/m³ = 0.752噸每立方碼
熱能	英熱單位(Btu) (ton)(美) 卡路里(營養學家)	千焦耳(kJ) 千瓦(kW),千焦耳每秒 (kJ/s) 千焦耳(kJ)	1英熱單位 = 1.055kJ 1ton = 3.516kW = 3.516kJ/s 1卡路里 = 4.18kJ 1Btu = 0.251 9kcal	1kJ = 0.948英熱單位 1kW = 1kJ/s = 0.284ton 1kJ = 0.239kcal 1kWhr = 3.6MJ
功率	馬力(HP)	千瓦特(kW)	1馬力 = 0.746kW	1kW = 1.34馬力
常用單位	CFM(ft³/min) = 0.471 91/s CFS(ft³/s) = 28.321/s FPM(ft/min) = 0.005 08m/s FPS(ft/s) = 0.304 8m/s	Gallon = 3.791 GPM = 0.063 11/s 1PSI = 0.069Bar 1kWh = 3.60MJ	1Btu/1b·℉ = 4.18kJ/kg·K 1Btu/h·ft·℉ = 1.7307W/m·K 1Btu/h·ft²·℉ = 5.678W/m·K 1SF·h·℉ = 176m²·C/kW	

附錄 2.1　居住區大氣中有害物質的最高容許濃度(摘錄)

編號	物質名稱	最高容許濃度 mg/m³		編號	物質名稱	最高容許濃度 mg/m³		編號	物質名稱	最高容許濃度 mg/m³	
		一次	日平均			一次	日平均			一次	日平均
1	一氧化碳	3.00	1.00	14	吡啶	0.08		25	硫化氫	0.01	
2	乙醛	0.01		15	苯	2.40	0.80	26	硫酸	0.30	0.10
3	二甲苯	0.30		16	苯乙烯	0.01		27	硝基苯	0.01	
4	二氧化硫	0.50	0.15	17	苯胺	0.10	0.03	28	鉛及其無機化合物(換算成 Pb)		0.0007
5	二氧化碳	0.04		18	環氧氯丙烷	0.20					
6	五氧化二磷	0.15	0.05	19	氟化物(換算成 F)	0.02	0.007	29	氯	0.10	0.03
7	丙烯腈		0.05	20	氨	0.20		30	氯丁二烯	0.10	
8	丙烯醛	0.10		21	氧化氮(換算成 NO₂)	0.15		31	氯化氫	0.05	0.015
9	丙酮	0.80						32	鉻(六價)	0.0015	
10	甲基對硫磷(甲基 E605)	0.01		22	砷化物(換算成 As)		0.003	33	錳及其化合物(換算成 MnO₂)		0.01
11	甲醇	3.00	1.00	23	敵百蟲	0.10					
12	甲醛	0.05		24	酚	0.02		34	飄塵	0.50	0.15
13	汞		0.0003								

注:1. 一次最高容許濃度,指任何一次測定結果的最大容許值。

　　2. 日平均最高容許濃度,指任何一日的平均濃度的最大容許值。

　　3. 本表所列各項有害物質的檢驗方法,應按現行的《大氣監測檢驗方法》執行。

　　4. 灰塵自然沉降量,可在當地清潔區實測數值的基礎上增加 3～5 t/km²/月。

附錄 2.2　車間空氣中有害物質的最高容許濃度(摘錄)

編號	物質名稱	最高容許濃度 mg/m³	編號	物質名稱	最高容許濃度 mg/m³	編號	物質名稱	最高容許濃度 mg/m³
	(一)有毒物質		18	三氧化二砷及五氧化二砷	0.3	34	對硫磷(E605)(皮)	0.05
						35	甲拌磷(3911)(皮)	0.01
1	一氧化碳①	30	19	三氧化鉻,鉻酸鹽,重鉻酸鹽(換算成 CrO₂)	0.05	36	馬拉硫磷(4049)(皮)	2
2	一甲胺	5				37	甲基內吸磷甲(基 E059)(皮)	0.2
3	乙醚	500	20	三氯氫硅	3			
4	乙腈	3	21	己內醯胺	10	38	甲基對硫磷甲(基 E605)(皮)	0.1
5	二甲胺	10	22	五氧化二磷	1			
6	二甲苯	100	23	五氯酚及其鈉鹽	1.3	39	樂戈(樂果)(皮)	1
7	二甲基甲醯胺(皮)	10	24	六六六	0.1	40	敵百蟲(皮)	1
8	二甲基二氯硅烷	2	25	丙體六六六	0.05	41	敵敵畏(皮)	0.3
9	二氧化硫	15	26	丙酮	400	42	吡啶	4
10	二氧化硒	0.1	27	丙烯腈(皮)	2		汞及其化合物:	
11	二氯丙醇(皮)	5	28	丙烯醛	0.3	43	金屬汞	0.01
12	二硫化碳(皮)	10	29	丙烯醇(皮)	2	44	升汞	0.1
13	二異氰酸甲苯酯	0.2	30	甲苯	100	45	有機汞化合物(皮)	0.005
14	丁烯	100	31	甲醛	3	46	松節油	300
15	丁二烯	100	32	光氣	0.5	47	環氧氯丙烷(皮)	1
16	丁醛	10	33	有機磷化合物內吸磷(E059)(皮)	0.02	48	環氧乙烷	5
17	三乙基氯化錫(皮)	0.01				49	環己酮	50

附録 2.2 續表

編號	物質名稱	最高容許濃度 mg/m³	編號	物質名稱	最高容許濃度 mg/m³	編號	物質名稱	最高容許濃度 mg/m³
50	環己醇	50	72	硫化鉛	0.5	101	醋酸甲脂	100
51	環己烷	100	73	鈹及其化合物	0.001	102	醋酸乙脂	300
52	苯(皮)	40	74	鉬(可溶化性合物)	4	103	醋酸丙脂	300
53	苯及其同系物的一硝基化合物(硝基苯及硝基甲苯等)(皮)	5	75	鉬(不溶性化合物)	6	104	醋酸丁酯	300
			76	黃磷	0.03	105	醋酸戊酯	100
54	苯及其同系物的二及三硝基化合物(二硝基苯三硝基甲苯等)(皮)	1	77	酚(皮)	5		醇:	
			78	萘烷、四氫化萘	100	106	甲醇	50
			79	氰化氫及氫氰酸鹽(換算成 HCN)(皮)	0.3	107	丙醇	200
55	苯的硝基及二硝基氯化物(一硝基氯苯、二硝基氯苯等)(皮)	1	80	聯苯-聯苯醚	7	108	丁醇	200
			81	硫化氫	10	109	戊醇	100
			82	硫酸及三氧化硫	2	110	糠醛	10
56	苯胺、甲苯胺、二甲苯胺(皮)	5	83	鋯及其化合物	5	111	磷化氫	0.3
			84	錳及其化合物(換算成 MnO₂)	0.2		(二)生產性粉塵	
57	苯乙烯	40	85	氯	1	1	含有 10% 以上游離二氧化硅的粉塵(石英、石英岩等)②	2
	釩及其化合物:		86	氯化氫及鹽酸	15	2	石棉粉塵及含有 10% 以上石棉的粉塵	2
58	五氧化二釩烟	0.1	87	氯苯	50			
59	五氧化二釩粉塵	0.5	88	氯萘及氯聯苯(皮)	1	3	含有 10% 以下游離二氧化硅的滑石粉塵	4
60	釩鐵合金	1	89	氯化苦	1			
61	苛性鹼(換算成 NaOH)	0.5		氯化烴		4	含有 10% 以下游離二氧化硅的水泥粉塵	6
			90	二氯乙烷	25			
62	氟化氫及氟化物(換算成 F)	1	91	三氯乙烯	30	5	含有 10% 以下游離二氧化硅的煤塵	10
63	氨	30	92	四氯化碳(皮)	25			
64	臭氧	0.3	93	氯乙烯	30	6	鋁、氧化鋁、鋁合金粉塵	4
65	氧化氮(換算成 NO₂)	5	94	氯丁二烯(皮)	2	7	玻璃棉和礦渣棉粉塵	5
66	氧化鋅	5	95	溴甲烷(皮)	1	8	烟草及茶葉粉塵	3
67	氧化鎘	0.1	96	碘甲烷(皮)	1	9	其他粉塵③	10
68	砷化氫	0.3	97	溶劑汽油	350			
	鉛及其化合物:		98	滴滴涕	0.3			
69	鉛烟	0.03	99	羰基鎳	0.001			
70	鉛塵	0.05	100	鎢及碳化鎢	6			
71	四乙基鉛(皮)	0.005		醋酸脂:				

注:1. 表中最高容許濃度,是工人工作地點空氣中有害物質所不應超過的數值。工作地點系指工人爲觀察和管理生產過程而經常或定時停留的地點,如生產操作在車間內許多不同地點進行,則整個車間均算爲工作地點。

2. 有(皮)標記者爲除經呼吸道吸收外,尚易經皮膚吸收的有毒物質。

3. 工人在車間內停留的時間短暫,經采取措施仍不能達到上表規定的濃度時,可與省、市、自治區衛生主管部門協商解決。

① 一氧化碳的最高容許濃度在作業時間短暫時可予放寬:作業時間 1 小時以內,一氧化碳濃度可達到 50 mg/m³,半小時以內可達到 100 mg/m³;15～20 min 可達到 200 mg/m³。在上述條件下反復作業時,兩次作業之間須間隔 2 h 以上。

② 含有 80% 以上游離二氧化硅的生產性粉塵,宜不超過 1 mg/m³。

③ 其它粉塵系指游離二氧化硅含量在 10% 以下,不含有毒物質的礦物性和動植物性粉塵。

4. 本表所列各項有毒物質的檢驗方法,應按現行的《車間空氣監測檢驗方法》執行。

附録 2.3　大氣污染物綜合排放標準(GB 16297 - 1996)

本標準規定的最高允許排放速率,現有污染源分爲一、二、三級,新污染源分爲二、三級。按污染源所在的環境空氣質量功能區類別,執行相應級別的排放速率標準,即:

位于一類區的污染源執行一級標準(一類區禁止新、擴建污染源,一類區現有污染源改建時執行現有污染源的一級標準);

位于二類區的污染源執行的二級標準;

位于三類區的污染源執行三級標準。

表 1　現有污染源大氣污染物排放限值

序號	污染物	最高允許排放濃度/ (mg/m³)	最高允許排放速率/(kg/h) 排氣筒高度 m	一級	二級	三級	無組織排放監控濃度限值 監控點	濃度/(mg/m³)
1	二氧化硫	1200 (硫、二氧化硫、硫酸和其他含硫化合物生産) 700 (硫、二氧化硫、硫酸和其他含硫化合物使用)	15 20 30 40 50 60 70 80 90 100	1.6 2.6 8.8 15 23 33 47 63 82 100	3.0 5.1 17 30 45 64 91 120 160 200	4.1 7.7 26 45 69 98 140 190 240 310	無組織排放源上風向設參照點,下風向設監控點①	0.50 (監控點與參照點濃度差值)
2	氮氧化物	1700 (硝酸、氮肥和火炸藥生産) 420 (硝酸使用和其他)	15 20 30 40 50 60 70 80 90 100	0.47 0.77 2.6 4.6 7.0 9.9 14 19 24 31	0.91 1.5 5.1 8.9 14 19 27 37 47 61	1.4 2.3 7.7 14 21 29 41 56 72 92	無組織排放源上風向設參照點,下風向設監控點	0.15 (監控點與參照點濃度差值)
3	顆粒物	22 (碳黑塵、染料塵)	15 20 30 40	禁排	0.60 1.0 4.0 6.8	0.87 1.5 5.9 10	周界外濃度最高點②	肉眼不可見
		80③ (玻璃棉塵、石英粉塵、礦渣棉塵)	15 20 30 40	禁排	2.2 3.7 14 25	3.1 5.3 21 37	無組織排放源上風向設參照點,下風向設監控點	2.0 (監控點與參照點濃度差值)
		150 (其他)	15 20 30 40 50 60	2.1 3.5 14 24 36 51	4.1 6.9 27 46 70 100	5.9 10 40 69 110 150	無組織排放源上風向設參照點,下風向設監控點	5.0 (監控點與參照點濃度差值)
4	氯化氫	150	15 20 30 40 50 60 70 80	禁排	0.30 0.51 3.0 4.5 6.4 9.1 12	0.46 0.77 2.6 4.6 6.9 14.19	周界外濃度最高點	0.25

續　表

序號	污染物	最高允許排放濃度/(mg/m³)	排氣筒高度 m	最高允許排放速率/(kg/h) 一級	二級	三級	無組織排放監控濃度限值 監控點	濃度/(mg/m³)
5	鉻酸霧	0.080	15	禁排	0.009	0.014	周界外濃度最高點	0.0075
			20		0.015	0.023		
			30		0.089	0.078		
			40		0.14	0.13		
			50		0.19	0.21		
			60			0.29		
6	硫酸霧	1000（火炸藥廠） 70（其他）	15	禁排	1.8	2.8	周界外濃度最高點	1.5
			20		3.1	4.6		
			30		10	16		
			40		18	27		
			50		27	41		
			60		39	59		
			70		55	83		
			80		74	110		
7	氟化物	100（普鈣工業） 11（其他）	15	禁排	0.12	0.18	無組織排放源上風設參照點，下風向設監控點	20 μg/m³（監控點與參照點濃度差值）
			20		0.20	0.31		
			30		0.69	1.0		
			40		1.2	1.8		
			50		1.8	2.7		
			60		2.6	3.9		
			70		3.6	5.5		
			80		4.9	7.5		
8	氯氣④	85	25	禁排	0.60	0.90	周界外濃度最高點	0.50
			30		1.0	1.5		
			40		3.4	5.2		
			50		5.9	9.0		
			60		9.1	14		
			70		13.3	20		
			80		1.8	28		
9	鉛及其化合物	0.90	15	禁排	0.005	0.007	周界外濃度最高點	0.0015
			20		0.007	0.011		
			30		0.031	0.048		
			40		0.055	0.083		
			50		0.085	0.13		
			60		0.12	0.18		
			70		0.17	0.26		
			80		0.23	0.35		
			90		0.31	0.47		
			100		0.39	0.60		
10	汞及其化合物	0.015	15	禁排	1.8×10^{-3}	2.8×10^{-3}	周界外濃度最高點	0.0015
			20		3.1×10^{-3}	4.6×10^{-3}		
			30		10×10^{-3}	16×10^{-3}		
			40		18×10^{-3}	27×10^{-3}		
			50		27×10^{-3}	41×10^{-3}		
			60		39×10^{-3}	59×10^{-3}		
11	鎘及其化合物	1.0	15	禁排	0.060	0.090	周界外濃度最高點	0.050
			20		0.10	0.15		
			30		0.34	0.52		
			40		0.59	0.90		
			50		0.91	1.4		
			60		1.3	2.0		
			70		1.8	2.8		
			80		2.5	3.7		

續　表

序號	污染物	最高允許排放濃度/ (mg/m³)	最高允許排放速率/(kg/h) 排氣筒高度 m	一級	二級	三級	無組織排放監控濃度限值 監控點	濃度/(mg/m³)
12	鈹及其化合物	0.015	15	禁排	1.3×10^{-3}	2.0×10^{-3}	周界外濃度最高點	0.0010
			20		2.2×10^{-3}	3.3×10^{-3}		
			30		7.3×10^{-3}	11×10^{-3}		
			40		13×10^{-3}	19×10^{-3}		
			50		19×10^{-3}	29×10^{-3}		
			60		27×10^{-3}	41×10^{-3}		
			70		39×10^{-3}	58×10^{-3}		
			80		52×10^{-3}	79×10^{-3}		
13	鎳及其化合物	5.0	15	禁排	0.18	0.28	周界外濃度最高點	0.050
			20		0.46	0.46		
			30		1.6	1.6		
			40		2.7	2.7		
			50		4.1	4.1		
			60		5.5	5.9		
			70		7.4	8.2		
			80			11		
14	錫及其化合物	10	15	禁排	0.36	0.55	周界外濃度最高點	0.30
			20		0.61	0.93		
			30		2.1	3.1		
			40		3.5	5.4		
			50		5.4	8.2		
			60		7.7	12		
			70		11	17		
			80		15	22		
15	苯	17	15	禁排	0.60	0.90	周界外濃度最高點	0.50
			20		1.0	1.5		
			30		3.3	5.2		
			40		6.0	9.0		
16	甲苯	60	15	禁排	3.6	5.5	周界外濃度最高點	3.0
			20		6.1	9.3		
			30		21	31		
			40		36	54		
17	二甲苯	90	15	禁排	1.2	1.8	周界外濃度最高點	1.5
			20		2.0	3.1		
			30		6.9	10		
			40		12	18		
18	酚類	115	15	禁排	0.30	0.46	周界外濃度最高點	0.25
			20		0.51	0.77		
			30		1.7	2.6		
			40		3.0	4.5		
			50		4.5	6.9		
			60		6.4	9.8		
19	甲醛	30	15	禁排	0.30	0.46	周界外濃度最高點	0.25
			20		0.51	0.77		
			30		1.7	2.6		
			40		3.0	4.5		
			50		4.5	6.9		
			60		6.4	9.8		
20	乙醛	150	15	禁排	0.060	0.090	周界外濃度最高點	0.050
			20		0.10	0.15		
			30		0.17	0.52		
			40		0.34	0.90		
			50		0.59	1.4		
			60		1.3	2.0		

續　表

序號	污染物	最高允許排放濃度/（mg/m³）	最高允許排放速率/（kg/h）				無組織排放監控濃度限值	
			排氣筒高度 m	一級	二級	三級	監控點	濃度/（mg/m³）
21	丙烯腈	26	15 20 30 40 50 60	禁 排	0.91 1.5 5.1 8.9 14 19	1.4 2.3 7.8 13 21 29	周界外濃度 最高點	0.75
22	丙烯醛	20	15 20 30 40 50 60	禁 排	0.61 1.0 3.4 5.9 9.1 13	0.92 1.5 5.2 9.0 14 20	周界外濃度 最高點	0.50
23	氰化氫⑤	2.3	25 30 40 50 60 70 80	禁 排	0.18 0.31 1.0 1.8 2.7 3.9 5.5	0.28 0.46 1.6 2.7 4.1 5.9 8.3	周界外濃度 最高點	0.030
24	甲醇	220	15 20 30 40 50 60	禁 排	6.1 10 34 59 91 130	9.2 15 52 90 140 200	周界外濃度 最高點	15
25	苯胺類	25	15 20 30 40 50 60	禁 排	0.61 1.0 3.4 5.9 9.1 13	0.92 1.5 5.2 9.0 14 20	周界外濃度 最高點	0.50
26	氯苯類	85	15 20 30 40 50 60 70 80 90 100	禁 排	0.67 1.0 2.9 5.0 7.7 11 15 21 17 34	0.92 1.5 4.4 7.6 12 17 23 32 41 52	周界外濃度 最高點	0.50
27	硝基苯類	20	15 20 30 40 50 60	禁 排	0.060 0.10 0.34 0.59 0.91 1.3	0.090 0.15 0.52 0.90 1.4 2.0	周界外濃度 最高點	0.050
28	氯乙烯	65	15 20 30 40 50 60	禁 排	0.91 1.5 5.0 8.9 14 19	1.4 2.3 7.8 13 21 29	周界外濃度 最高點	0.75

續　表

序號	污染物	最高允許排放濃度/(mg/m³)	最高允許排放速率/(kg/h)				無組織排放監控濃度限值	
			排氣筒高度 m	一級	二級	三級	監控點	濃度/(mg/m³)
29	苯并[a]芘	0.50×10^{-3} (瀝青、碳素制品生产和加工)	15 20 30 40 50 60	禁 排	0.06×10^{-3} 0.10×10^{-3} 0.34×10^{-3} 0.59×10^{-3} 0.90×10^{-3} 1.3×10^{-3}	0.09×10^{-3} 0.15×10^{-3} 0.51×10^{-3} 0.89×10^{-3} 1.4×10^{-3} 2.0×10^{-3}	周界外濃度最高點	$0.01\ \mu g/m^3$
30	光氣⑥	5.0	25 30 40 50	禁 排	0.12 0.20 0.69 1.2	0.18 0.31 1.0 1.8	周界外濃度最高點	0.10
31	瀝青烟	280 (吹制瀝青) 80 (熔煉、浸涂) 150 (建築攪拌)	15 20 30 40 50 60 70 80	0.11 0.19 0.82 1.4 2.2 3.0 4.5 6.2	0.22 0.36 1.6 2.8 4.3 5.9 8.7 12	0.34 0.55 2.4 4.2 6.6 9.0 13 18	生產設備不得有明顯無組織排放存在	
32	石棉塵	2根(纖維)/cm³ 或 20 mg/m³	15 20 30 40 50	禁 排	0.65 1.1 4.2 7.2 11	0.98 1.7 6.4 11 17	生產設備不得有明顯無組織排放存在	
33	非甲烷總烃	150 (使用溶劑汽油或其他混合烴類物質)	15 20 30 40	6.3 10 35 61	12 20 63 120	18 30 100 170	周界外濃度最高點	5.0

① 一般應於無組織排放源上風向 2~50 m 範圍內設參考點,排放源下風向 2~50 m 範圍內設監控點。

② 周圍外濃度最高點一般應設于排放源下風向的單位周界外 10 m 範圍內。如預計無組織排放的最大落地濃度點越出 10 m 範圍,可將監控點移至該預計濃度最高點。

③ 均指含游離二氧化硅 10% 以上的各種塵。

④ 排放氯氣的排氣筒不得低於 25 m。

⑤ 排放氰化氫的排氣筒不得低於 25 m。

⑥ 排放光氣的排氣筒不得低於 25 m。

表2　新污染源大氣污染物排放限值

序號	污染物	最高允許排放濃度/ (mg/m³)	最高允許排放速率/(kg/h)			無組織排放監控濃度限值	
			排氣筒高度 m	二級	三級	監控點	濃度/(mg/m³)
1	二氧化硫	960 (硫、二氧化硫、硫酸和 其他含硫化合物生產)	15 20 30 40 50	2.6 4.3 15 25 39	3.5 6.6 22 38 58	周界外濃度 最高點①	0.40
		550 (硫、二氧化硫、硫酸和 其他含硫化合物使用)	60 70 80 90 100	55 77 110 130 170	83 120 160 200 270		
2	氮氧化物	1400 (硝酸、氮肥和 火炸藥生產)	15 20 30 40 50	0.77 1.3 4.4 7.5 12	1.2 2.0 6.6 11 18	周界外濃度 最高點	0.12
		240 (硝酸使用和其他)	60 70 80 90 100	16 23 31 40 52	25 35 47 61 78		
3	顆粒物	18 (碳黑塵、染料塵)	15 20 30 40	0.51 0.85 3.4 5.8	0.74 1.3 5.0 8.5	周界外濃度 最高點	肉眼不可見
		60② (玻璃棉塵、石英粉塵、 礦渣棉塵)	15 20 30 40	1.9 3.1 12 21	2.6 4.5 18 31	周界外濃度 最高點	1.0
		120 (其他)	15 20 30 40 50 60	3.5 5.9 23 39 60 85	5.0 8.5 34 59 94 130	周界外濃度 最高點	1.0
4	氯化氫	100	15 20 30 40 50 60 70 80	0.26 0.43 1.4 2.6 3.8 5.4 7.7 10	0.39 0.65 2.2 3.8 5.9 8.3 12 16	周界外濃度 最高點	0.20
5	鉻酸霧	0.070	15 20 30 40 50 60	0.008 0.013 0.043 0.076 0.12 0.16	0.012 0.20 0.066 0.12 0.18 0.25	周界外濃度 最高點	0.0060
6	硫酸霧	430 (火炸藥廠)	15 20 30 40	1.5 2.6 8.8 15	2.4 3.9 13 23	周界外濃度 最高點	1.2
		45 (其他)	50 60 70 80	23 33 46 63	35 50 70 95		

續　表

序號	污染物	最高允許排放濃度/(mg/m³)	最高允許排放速率/(kg/h)			無組織排放監控濃度限值	
			排氣筒高度 m	二級	三級	監控點	濃度/(mg/m³)
7	氟化物	90（普鈣工業） 9.0（其他）	15 20 30 40 50 60 70 80	0.10 0.17 0.59 1.0 1.5 2.2 3.1 4.2	0.15 0.26 0.88 1.5 2.3 3.3 4.7 6.3	周界外濃度最高點	20 μg/m³
8	氯氣③	65	25 30 40 50 60 70 80	0.52 0.87 2.9 5.0 7.7 11 15	0.78 1.3 4.4 7.6 12 17 23	周界外濃度最高點	0.40
9	鉛及其化合物	0.70	15 20 30 40 50 60 70 80 90 100	0.004 0.006 0.027 0.047 0.072 0.10 0.15 0.20 0.26 0.33	0.006 0.009 0.041 0.071 0.11 0.15 0.22 0.30 0.40 0.51	周界外濃度最高點	0.0060
10	汞及其化合物	0.012	15 20 30 40 50 60	1.5×10^{-3} 2.6×10^{-3} 7.8×10^{-3} 15×10^{-3} 23×10^{-3} 33×10^{-3}	2.4×10^{-3} 3.9×10^{-3} 13×10^{-3} 23×10^{-3} 35×10^{-3} 50×10^{-3}	周界外濃度最高點	0.0012
11	鎘及其化合物	0.85	15 20 30 40 50 60 70 80	0.050 0.090 0.29 0.50 0.77 1.1 1.5 2.1	0.080 0.13 0.44 0.77 1.2 1.7 2.3 3.2	周界外濃度最高點	0.040
12	鈹及其化合物	0.012	15 20 30 40 50 60 70 80	1.1×10^{-3} 1.8×10^{-3} 6.2×10^{-3} 11×10^{-3} 16×10^{-3} 23×10^{-3} 33×10^{-3} 44×10^{-3}	1.7×10^{-3} 2.8×10^{-3} 9.4×10^{-3} 16×10^{-3} 25×10^{-3} 35×10^{-3} 50×10^{-3} 67×10^{-3}	周界外濃度最高點	0.0008
13	鎳及其化合物	4.3	15 20 30 40 50 60 70 80	0.15 0.26 0.88 1.5 2.3 3.3 4.6 6.3	0.24 0.34 1.3 2.3 3.5 5.0 7.0 10	周界外濃度最高點	0.040

續　表

序號	污染物	最高允許排放濃度/（mg/m³）	最高允許排放速率/（kg/h）			無組織排放監控濃度限值	
			排氣筒高度 m	二級	三級	監控點	濃度/（mg/m³）
14	錫及其化合物	8.5	15 20 30 40 50 60 70 80	0.31 0.52 1.8 3.0 4.6 6.6 9.3 13	0.47 0.79 2.7 4.6 7.0 10 14 19	周界外濃度 最高點	0.24
15	苯	12	15 20 30 40	0.50 0.90 2.9 5.6	0.80 1.3 4.4 7.6	周界外濃度 最高點	0.40
16	甲苯	40	15 20 30 40	3.1 5.2 18 30	4.7 7.9 27 46	周界外濃度 最高點	2.4
17	二甲苯	70	15 20 30 40	1.0 1.7 5.9 10	1.5 2.6 8.8 15	周界外濃度 最高點	1.2
18	酚類	100	15 20 30 40 50 60	0.10 0.17 0.58 1.0 1.5 2.2	0.15 0.26 0.88 1.5 2.3 3.3	周界外濃度 最高點	0.080
19	甲醛	25	15 20 30 40 50 60	0.26 0.43 1.4 2.6 3.8 5.4	0.39 0.65 2.2 3.8 5.9 8.3	周界外濃度 最高點	0.20
20	乙醛	125	15 20 30 40 50 60	0.050 0.090 0.29 0.50 0.77 1.1	0.80 0.13 0.44 0.77 1.2 1.6	周界外濃度 最高點	0.040
21	丙烯腈	22	15 20 30 40 50 60	0.77 1.3 4.4 7.5 12 16	1.2 2.0 6.6 11 18 25	周界外濃度 最高點	0.60
22	丙烯醛	16	15 20 30 40 50 60	0.52 0.87 2.9 5.0 7.7 11	0.78 1.3 4.4 7.6 12 17	周界外濃度 最高點	0.40
23	氰化氫④	1.9	25 30 40 50 60 70 80	0.15 0.26 0.88 1.5 2.3 3.3 4.6	0.24 0.39 1.3 2.3 3.5 5.0 7.0	周界外濃度 最高點	0.024

續　表

序號	污染物	最高允許排放濃度/(mg/m³)	最高允許排放速率/(kg/h)			無組織排放監控濃度限值	
			排氣筒高度 m	二級	三級	監控點	濃度/(mg/m³)
24	甲醇	190	15 20 30 40 50 60	5.1 8.6 29 50 77 100	7.8 13 44 70 120 170	周界外濃度最高點	12
25	苯胺類	20	15 20 30 40 50 60	0.52 0.87 2.9 5.0 7.7 11	0.78 1.3 4.4 7.6 12 17	周界外濃度最高點	0.40
26	氯苯類	60	15 20 30 40 50 60 70 80 90 100	0.52 0.87 2.5 4.3 6.6 9.3 13 18 23 29	0.78 1.3 3.8 6.5 9.9 14 20 27 35 44	周界外濃度最高點	0.4
27	硝基苯類	16	15 20 30 40 50 60	0.050 0.090 0.29 0.50 0.77 1.1	0.080 0.13 0.44 0.77 1.2 1.7	周界外濃度最高點	0.040
28	氯乙烯	36	15 20 30 40 50 60	0.77 1.3 4.4 7.5 12 16	1.2 2.0 6.6 11 18 25	周界外濃度最高點	0.60
29	苯并[a]芘	0.30×10^{-3} （瀝青及碳素制品生產和加工）	15 20 30 40 50 60	0.050×10^{-3} 0.085×10^{-3} 0.29×10^{-3} 0.50×10^{-3} 0.77×10^{-3} 1.1×10^{-3}	0.080×10^{-3} 0.13×10^{-3} 0.43×10^{-3} 0.76×10^{-3} 1.2×10^{-3} 1.7×10^{-3}	周界外濃度最高點	0.008 μg/m³
30	光氣⑤	3.0	25 20 30 40	0.10 0.17 0.59 1.0	0.15 0.26 0.88 1.5	周界外濃度最高點	0.080
31	瀝青煙	140 （吹制瀝青） 40 （熔煉、浸涂） 75 （建築攪拌）	15 30 40 50 60 70 80	0.18 0.30 1.3 2.3 5.6 7.4 10	0.27 0.45 2.0 3.5 5.4 7.5 11 15	生產設備不得有明顯的無組織排放存在	

續　表

序號	污染物	最高允許排放濃度/（mg/m³）	最高允許排放速率/(kg/h)			無組織排放監控濃度限值	
			排氣筒高度 m	一級	二級	監控點	濃度/(mg/m³)
32	石棉塵	1 根(纖維)/cm³ 或 10 mg/m³	15 20 30 40 50	0.55 0.93 3.6 6.2 9.4	0.83 1.4 5.4 9.3 14	生產設備不得有明顯的 無組織排放存在	
33	非甲烷總烴	120 （使用溶劑汽油或 其他混合烴類物質）	15 20 30 40	10 17 53 100	16 27 83 150	周界外濃度 最高點	4.0

① 周界外濃度最高點一般應設置于無組織排放源下風向的單位周界外 10 m 範圍內，若預計無組織排放的最大落地濃度點越出 10 m 範圍，可將監控點移至該預計濃度最高點。

② 均指含游離二氧化硅超過 10%以上的各種塵。

③ 排放氯氣的排放筒不得低于 25 m。

④ 排放氰化氫的排氣筒不得低于 25 m。

⑤ 排放光氣的排氣筒不得低于 25 m。

附錄 3　鍍槽邊緣控制點的吸入速度 v_x(m/s)

槽的用途	溶液中主要有害物	溶液溫度 （℃）	電流密度 （A/cm^2）	v_x （m/s）
鍍　　　鉻	H_2SO_4、CrO_3	55～58	20～35	0.5
鍍耐磨鉻	H_2SO_4、CrO_3	68～75	35～70	0.5
鍍　　　鉻	H_2SO_4、CrO_3	40～50	10～20	0.4
電化學拋光	H_3PO_4、H_2SO_4、CrO_3	70～90	15～20	0.4
電化學腐蝕	H_2SO_4、KCN	15～25	8～10	0.4
氰化鍍鋅	ZnO、NaCN、NaCH	40～70	5～20	0.4
氰化鍍銅	CuCN、NaOH、NaCN	55	2～4	0.4
鎳層電化學拋光	H_2SO_4、CrO_3、$C_3H_5(OH)_3$	40～45	15～20	0.4
鋁件電拋光	H_3PO_4、$C_3H_5(OH)_3$	85～90	30	0.4
電化學去油	NaOH、Na_2CO_3、Na_3PO_4、Na_2SiO_3	～80	3～8	0.35
陽極腐蝕	H_2SO_4	15～25	3～5	0.35
電化學拋光	H_3PO_4	18～20	1.5～2	0.35
鍍　　　鎘	NaCN、NaOH、Na_2SO_4	15～25	1.5～4	0.35
氰化鍍鋅	ZnO、NaCN、NaOH	15～30	2～5	0.35
鍍銅錫合金	NaCN、CuCN、NaOH、Na_2SnO_3	65～70	2～2.5	0.35
鍍　　　鎳	$NiSO_4$、NaCl、$COH_6(SO_3Na)_2$	50	3～4	0.35
鍍錫（碱）	Na_2SnO_3、NaOH、CH_3COONa、H_2O_2	65～75	1.5～2	0.35
鍍錫（滾）	Na_2SnO_3、NaOH、CH_3COONa	70～80	1～4	0.35
鍍錫（酸）	SnO_4、NaOH、H_2SO_4、C_6H_5OH	65～75	0.5～2	0.35
氰化電化學浸蝕	KCN	15～25	3～5	0.35
鍍　　　金	$K_4Fe(CN)_6$、Na_2CO_3、$H(AuCl)_4$	70	4～6	0.35
鋁件電拋光	Na_3PO_4	－	20～25	0.35
鋼件電化學氧化	NaOH	80～90	5～10	0.35
退　　　鉻	NaOH	室溫	5～10	0.35
酸性鍍銅	$CuCO_4$、H_2SO_4	15～25	1～2	0.3
氰化鍍黃銅	CuCN、NaCN、Na_2SO_3、$Zn(CN)_2$	20～30	0.3～0.5	0.3
氰化鍍黃銅	CuCN、NaCN、NaOH、Na_2CO_3、$Zn(CN)_2$	15～25	1～1.5	0.3
鍍　　　鎳	$NiSO_4$、Na_2SO_4、NaCl、$MgSO_4$	15～25	0.5～1	0.3
鍍錫鉛合金	Pb、Sn、H_3BO_4、HBF_4	15～25	1～1.2	0.3
電解純化	Na_2CO_3、K_2CrO_4、H_2CO_3	20	1～6	0.3
鋁陽極氧化	H_2SO_4	15～25	0.8～2.5	0.3
鋁件陽極絕緣氧化	$C_2H_4O_4$	20～45	1～5	0.3
退　　　銅	H_2SO_4、CrO_3	20	3～8	0.3
退　　　鎳	H_2SO_4、$C_3H_5(OH)_3$	20	3～8	0.3
化學去油	NaOH、Na_2CO_3、Na_3PO_4	－	－	0.3
黑　　　鎳	$NiSO_4$、$(NH_4)_2SO_4$、$ZnSO_4$	15～25	0.2～0.3	0.25
鍍　　　銀	KCN、AgCl	20	0.5～1	0.25
預鍍銀	KCN、K_2CO_3	15～25	1～2	0.25
鍍銀后黑化	Na_2S、Na_2SO_3、$(CH_3)_2CO$	15～25	0.08～0.1	0.25
鍍　　　鈹	$BeSO_4$、$(NH_4)_2Mo_7O_{24}$	15～25	0.005～0.02	0.25
鍍　　　金	KCN	20	0.1～0.2	0.25
鍍　　　鈀	Pa、NH_4Cl、NH_4OH、NH_3	20	0.25～0.5	0.25
鋁件鉻酐陽極氧化	CrO_3	15～25	0.01～0.02	0.25
退　　　銀	AgCl、KCN、Na_2CO_3	20～30	0.3～0.1	0.25
退　　　錫	NaOH	65～75	1	0.25
熱水槽	水蒸汽	＞50	－	0.25

注：v_x 值系根據溶液濃度、成分、溫度和電流密度等因素綜合確定。

附錄 4　鍋爐大氣污染物排放標準 GB13271—2001

本標準按鍋爐建成使用年限分爲兩個階段,執行不同的大氣污染物排放標準。

Ⅰ時段:2000 年 12 月 31 日前建成使用的鍋爐;

Ⅱ時段:2001 年 1 月 1 日起建成使用的鍋爐(含在Ⅰ時段立項未建成或未運行使用的鍋爐和建成使用鍋爐中需要擴建、改造的鍋爐)。

表 1　鍋爐烟塵最高允許排放濃度和烟氣黑度限值

鍋爐類別		適用區域	烟塵排放濃度(mg/m³)		烟氣黑度 (林格曼溫度,級)
			Ⅰ時段	Ⅱ時段	
燃煤鍋爐	自然通風鍋爐 (<0.7 MW〈1t/h〉)	一類區	100	80	1
		二、三類區	150	120	
	其它鍋爐	一類區	100	80	1
		二類區	250	200	
		三類區	350	250	
燃油鍋爐	輕柴油、煤油	一類區	80	80	1
		二、三類區	100	100	
	其它燃料油	一類區	100	80*	1
		二、三類區	200	150	
燃氣鍋爐		全部區域	50	50	1

注:* 一類區禁止新建以重油、渣油爲燃料的鍋爐

表 2　鍋爐二氧化硫和氮氧化物最高允許排放濃度

鍋爐類別		適用區域	SO₂ 排放濃度(mg/m³)		NOₓ 排放濃度(mg/m³)	
			Ⅰ時期	Ⅱ時期	Ⅰ時期	Ⅱ時期
燃煤鍋爐		全部區域	1 200	900	/	/
燃油鍋爐	輕柴油、煤油	全部區域	700	500	/	400
	其它燃料油	全部區域	1 200	900*	/	400*
燃氣鍋爐		全部區域	100	100	/	400

表 3　燃煤鍋爐烟塵初始排放濃度和烟氣黑度限值

鍋爐類別		燃煤收到基灰分 (%)	烟塵初始排放濃度(mg/m³)		烟氣黑度 (林格曼黑度,級)
			Ⅰ時段	Ⅱ時段	
層燃鍋爐	自然通風鍋爐 (<0.7 MW〈1t/h〉)	/	150	120	1
	其它鍋爐 (≤2.8 MW〈4t/h〉)	Aar≤25%	1 800	1 600	1
		Aar≤25%	2 000	1 800	
	其它鍋爐 (>2.8 MW〈4t/h〉)	Aar≤25%	2 000	1 800	1
		Aar>25%	2 200	2 000	
沸騰鍋爐	循環流化床鍋爐	/	15 000	15 000	1
	其它沸騰鍋爐	/	20 000	18 000	
抛煤機鍋爐		/	5 000	5 000	1

附錄 5　環境空氣質量標準 GB3095 – 1996

1. 環境空氣質量功能區分類

一類區爲自然保護區、風景名勝區和其他需要特殊保護的地區。

二類區爲城鎮規劃中確定的居住區、商業交通居民混合區、文化區、一般工業區和農村地區。

2. 環境空氣質量標準分級

環境空氣質量標準分爲三級。

一類區執行一級標準

二類區執行二級標準

三類區執行二級標準

3. 濃度限制

各項污染物的濃度限值

污染物名稱	取值時間	濃度取值			濃度單位
		一級標準	二級標準	三級標準	
二氧化流 SO_2	年平均 日平均 1 小時平均	0.02 0.05 0.15	0.06 0.15 0.50	0.10 0.25 0.70	mg/m^3（標準狀態）
總懸浮顆粒物 TSP	年平均 日平均	0.08 0.12	0.20 0.30	0.30 0.50	
可吸人顆粒物 PM_{10}	年平均 日平均	0.04 0.05	0.10 0.15	0.15 0.25	
氮氧化物 NO_2	年平均 日平均 1 小時平均	0.05 0.10 0.15	0.05 0.10 0.15	0.10 0.15 0.30	
二氧化氮 NO_2	年平均 日平均 1 小時平均	0.04 0.08 0.12	0.04 0.08 0.12	0.08 0.12 0.24	
一氧化碳 CO	日平均 1 小時平均	4.00 10.00	4.00 10.00	6.00 20.00	
臭氧 O_3	1 小時平均	0.12	0.16	0.20	
鉛 Pb	季平均 年平均		1.50 1.00		$\mu g/m^3$（標準狀態）
苯并[a]芘 B[a]P	日平均		0.01		
氟化物 F	日平均 1 小時平均		7[①] 20[①]		
	月平均 植物生長季平均	1.8[②] 1.2[②]		3.0[③] 2.0[③]	$\mu g/(dm^2 \cdot d)$

① 適用于城市地區;

② 適用于牧業區和以牧業爲主的半農半牧區,蠶桑區;

③ 適用于農業和林業區。

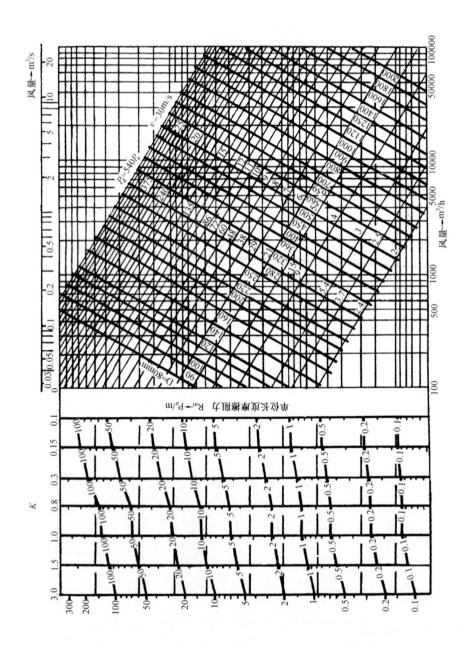

附錄 6-1　通風管道單位長度摩擦阻力綫算圖

附錄6.2　鋼板圓形風管計算表

速度 (m/s)	動壓 (Pa)	風管斷面直徑 (mm)				上行:風量(m³/h) 下行:單位摩擦阻力（Pa/m）				
		100	120	140	160	180	200	220	250	280
1.0	0.60	28	40	55	71	91	112	135	175	219
		0.22	0.17	0.14	0.12	0.10	0.09	0.08	0.07	0.06
1.5	1.35	42	60	82	107	136	168	202	262	329
		0.45	0.36	0.29	0.25	0.21	0.19	0.17	0.14	0.12
2.0	2.40	55	80	109	143	181	224	270	349	439
		0.76	0.60	0.49	0.42	0.36	0.31	0.28	0.24	0.21
2.5	3.75	69	100	137	179	226	280	337	437	548
		1.13	0.90	0.74	0.62	0.54	0.47	0.42	0.36	0.31
3.0	5.40	83	120	164	214	272	336	405	542	658
		1.58	1.25	1.03	0.87	0.75	0.66	0.58	0.50	0.43
3.5	7.35	97	140	191	250	317	392	472	611	768
		2.10	1.66	1.37	1.15	0.99	0.87	0.78	0.66	0.57
4.0	9.60	111	160	219	286	362	448	540	698	877
		2.68	2.12	1.75	1.48	1.27	1.12	0.99	0.85	0.74
4.5	12.15	125	180	246	322	408	504	607	786	987
		3.33	2.64	2.17	1.84	1.58	1.39	1.24	1.05	0.92
5.0	15.00	139	200	273	357	453	560	675	873	1097
		4.05	3.21	2.64	2.23	1.93	1.69	1.50	1.28	1.11
5.5	18.15	152	220	300	393	498	616	742	960	1206
		4.84	3.84	3.16	2.67	2.30	2.02	1.80	1.53	1.33
6.0	21.60	166	240	328	429	544	672	810	1048	1316
		5.69	4.51	3.72	3.14	2.71	2.38	2.12	1.80	1.57
6.5	25.35	180	260	355	465	589	728	877	1135	1425
		6.61	5.25	4.32	3.65	3.15	2.76	2.46	2.10	1.82
7.0	29.40	194	280	382	500	634	784	945	1222	1535
		7.60	6.03	4.96	4.20	3.62	3.17	2.83	2.41	2.10
7.5	33.75	208	300	410	536	679	840	1012	1310	1645
		8.66	6.87	5.65	4.78	4.12	3.62	3.22	2.75	2.39
8.0	38.40	222	320	437	572	725	896	1080	1397	1754
		9.78	7.76	6.39	5.40	4.66	4.09	3.64	3.10	2.70
8.5	43.35	236	340	464	608	770	952	1147	1484	1864
		10.96	8.70	7.16	6.06	5.23	4.58	4.08	3.48	3.03
9.0	48.60	249	360	492	643	815	1008	1215	1571	1974
		12.22	9.70	7.98	6.75	5.83	5.11	4.55	3.88	3.37

續　表

速度 (m/s)	動壓 (Pa)	風管斷面直徑 (mm)				上行:風量(m³/h) 下行:單位摩擦阻力（Pa/m）				
		100	120	140	160	180	200	220	250	280
9.5	54.15	263	380	519	679	861	1064	1282	1659	2083
		13.54	10.74	8.85	7.48	6.46	5.66	5.04	4.30	3.74
10.0	60.00	277	400	546	715	906	1120	1350	1746	2193
		14.93	11.85	9.75	8.25	7.12	6.24	5.56	4.74	4.12
10.5	66.15	291	420	574	751	951	1176	1417	1833	2303
		16.38	13.00	10.70	9.05	7.81	6.85	6.10	5.21	4.53
11.0	72.60	305	440	601	786	997	1232	1485	1921	2412
		17.90	14.21	11.70	9.89	8.54	7.49	6.67	5.69	4.95
11.5	79.35	319	460	628	822	1042	1288	1552	2008	2522
		19.49	15.47	12.84	10.77	9.30	8.15	7.26	6.20	5.39
12.0	86.40	333	480	656	858	1087	1344	1620	2095	2632
		21.14	16.78	13.82	11.69	10.09	8.85	7.88	6.72	5.84
12.5	93.75	346	500	683	894	1132	1400	1687	2183	2741
		22.86	18.14	14.94	12.64	10.91	9.57	8.52	7.27	6.32
13.0	101.40	360	521	710	929	1178	1456	1755	2270	2851
		24.64	19.56	16.11	13.62	11.76	10.31	9.19	7.84	6.82
13.5	109.35	374	541	737	965	1223	1512	1822	2357	2961
		26.49	21.03	17.32	14.65	12.64	11.09	9.88	8.43	7.33
14.0	117.60	388	561	765	1001	1268	1568	1890	2444	3070
		28.41	22.55	18.87	15.71	13.56	11.89	10.60	9.04	7.86
14.5	126.15	402	581	792	1036	1314	1624	1957	2532	3180
		30.39	24.13	19.87	16.81	14.51	12.72	11.34	9.67	8.41
15.0	135.00	416	601	819	1072	1359	1680	2025	2619	3290
		32.44	25.75	21.21	17.94	15.49	13.58	12.10	10.33	8.98
15.5	144.15	430	621	847	1108	1404	1736	2092	2706	3399
		34.56	27.43	22.59	19.11	16.50	14.47	12.89	11.00	9.56
16.0	153.60	443	641	874	1144	1450	1792	2160	2794	3509
		36.74	29.17	24.02	20.32	17.54	15.38	13.71	11.70	10.17

續 表

速度 (m/s)	動壓 (Pa)	風管斷面直徑 (mm)				上行:風量(m³/h) 下行:單位摩擦阻力（Pa/m）				
		320	360	400	450	500	560	630	700	800
1.0	0.60	287	363	449	569	703	880	1115	1378	1801
		0.05	0.04	0.04	0.03	0.03	0.02	0.02	0.02	0.02
1.5	1.35	430	545	674	853	1054	1321	1673	2066	2701
		0.10	0.09	0.08	0.07	0.06	0.05	0.04	0.04	0.03
2.0	2.40	574	727	898	1137	1405	1761	2230	2755	3601
		0.17	0.15	0.13	0.11	0.10	0.09	0.08	0.07	0.06
2.5	3.75	717	908	1123	1422	1757	2201	2788	3444	4501
		0.26	0.23	0.20	0.17	0.15	0.13	0.11	0.10	0.08
3.0	5.40	860	1090	1347	1706	2108	2641	3345	4133	5402
		0.37	0.32	0.28	0.24	0.21	0.18	0.16	0.14	0.12
3.5	7.35	1004	1272	1572	1991	2459	3081	3903	4821	6302
		0.49	0.42	0.37	0.32	0.28	0.24	0.21	0.19	0.16
4.0	9.60	1147	1454	1796	2275	2811	3521	4460	5510	7202
		0.62	0.54	0.47	0.41	0.36	0.31	0.27	0.24	0.20
4.5	12.15	1291	1635	2021	2559	3162	3962	5018	6199	8102
		0.78	0.67	0.59	0.51	0.45	0.39	0.34	0.30	0.25
5.0	15.00	1434	1817	2245	2844	3513	4402	5575	6888	9003
		0.94	0.82	0.72	0.62	0.55	0.48	0.41	0.36	0.31
5.5	18.15	1578	1999	2470	3128	3864	4842	6133	7576	9903
		1.13	0.98	0.86	0.74	0.65	0.57	0.49	0.43	0.37
6.0	21.60	1721	2180	2694	3412	4216	5282	6691	8265	10803
		1.33	1.15	1.01	0.87	0.77	0.67	0.58	0.51	0.43
6.5	25.35	1864	2362	2919	3697	4567	5722	7248	8954	11703
		1.55	1.34	1.17	1.02	0.89	0.78	0.68	0.59	0.51
7.0	29.40	2008	2544	3143	3981	4918	6163	7806	9643	12604
		1.78	1.54	1.35	1.17	1.03	0.90	0.78	0.68	0.58
7.5	33.75	2151	2725	3368	4266	5270	6603	8363	10332	13504
		2.02	1.75	1.54	1.33	1.17	1.02	0.88	0.78	0.66
8.0	38.40	2295	2907	3592	4550	5621	7043	8921	11020	14404
		2.29	1.98	1.74	1.51	1.32	1.15	1.00	0.88	0.75
8.5	43.35	2438	3089	3817	4834	5972	7483	9478	11709	15304
		2.57	2.22	1.95	1.69	1.49	1.30	1.12	0.99	0.84
9.0	48.60	2581	3271	4041	5119	6324	7923	10036	12398	16205
		2.86	2.48	2.18	1.88	1.66	1.44	1.25	1.10	0.94

續　表

速度 (m/s)	動壓 (Pa)	風管斷面直徑 (mm)				上行:風量(m³/h) 下行:單位摩擦阻力 (Pa/m)				
		320	360	400	450	500	560	630	700	800
9.5	54.15	2725	3452	4266	5403	6675	8363	10593	13087	17105
		3.17	2.74	2.41	2.09	1.84	1.60	1.39	1.22	1.04
10.0	60.00	2868	3634	4490	5687	7026	8804	11151	13775	18005
		3.50	3.03	2.66	2.30	2.02	1.77	1.53	1.35	1.15
10.5	66.15	3012	3816	4715	5972	7378	9244	11709	14464	18906
		3.84	3.32	2.92	2.53	2.22	1.94	1.68	1.48	1.26
11.0	72.60	3155	3997	4939	6256	7729	9684	12266	15153	19806
		4.20	3.63	3.19	2.76	2.43	2.12	1.84	1.62	1.38
11.5	79.35	3298	4179	5164	6541	8080	10124	12824	15842	20706
		4.57	3.95	3.47	3.01	2.65	2.31	2.00	1.76	1.50
12.0	86.40	3442	4361	5388	6825	8432	10564	13381	16530	21606
		4.96	4.29	3.77	3.26	2.87	2.50	2.17	1.91	1.62
12.5	93.75	3585	4542	5613	7109	8783	11005	13939	17219	22507
		5.36	4.64	4.08	3.53	3.10	2.71	2.35	2.07	1.76
13.0	101.40	3729	4724	5837	7394	9134	11445	14496	17908	23407
		5.78	5.00	4.40	3.81	3.35	2.92	2.53	2.23	1.90
13.5	109.35	3872	4906	6062	7678	9485	11885	15054	18597	24307
		6.22	5.38	4.73	4.09	3.60	3.14	2.72	2.39	2.04
14.0	117.60	4016	5087	6286	7962	9837	12325	15611	19286	25207
		6.67	5.77	5.07	4.39	3.86	3.37	2.92	2.57	2.19
14.5	126.15	4159	5269	6511	8247	10188	12765	16169	19974	26108
		7.13	6.17	5.42	4.70	4.13	3.60	3.12	2.75	2.34
15.0	135.00	4302	5451	6735	8531	10539	13205	16726	20663	27008
		7.61	6.59	5.79	5.01	4.41	3.85	3.33	2.93	2.50
15.5	144.15	4446	5633	6960	8816	10891	13646	17284	21352	27908
		8.11	7.02	6.17	5.34	4.70	4.10	3.55	2.13	2.66
16.0	153.60	4589	5814	7184	9100	11242	14086	17842	22041	28808
		8.62	7.46	6.56	5.68	5.00	4.36	3.78	2.32	2.83

續　表

速度 （m/s）	動壓 （Pa）	風管斷面直徑 （mm）				上行:風量（m³/h） 下行:單位摩擦阻力（Pa/m）			
		900	1000	1120	1250	1400	1600	1800	2000
1.0	0.60	2280	2816	3528	4397	5518	7211	9130	11276
		0.01	0.01	0.01	0.01	0.01	0.01	0.01	0.01
1.5	1.35	3420	4224	5292	6595	8277	10817	13696	16914
		0.03	0.03	0.02	0.02	0.02	0.01	0.01	0.01
2.0	2.40	4560	5632	7056	8793	11036	14422	18261	22552
		0.05	0.04	0.04	0.03	0.03	0.02	0.02	0.02
2.5	3.75	5700	7040	8819	10992	13795	18028	22826	28190
		0.07	0.06	0.06	0.05	0.04	0.04	0.03	0.03
3.0	5.40	6840	8448	10583	13190	16554	21633	27391	33828
		0.10	0.09	0.08	0.07	0.06	0.05	0.04	0.04
3.5	7.35	7980	9865	12347	15388	19313	25239	31956	39465
		0.14	0.12	0.11	0.09	0.08	0.07	0.06	0.05
4.0	9.60	9120	11265	14111	17587	22072	28845	36522	45103
		0.18	0.15	0.14	0.12	0.10	0.09	0.08	0.07
4.5	12.15	10260	12673	15875	19785	24831	32450	41087	50741
		0.22	0.19	0.17	0.15	0.13	0.11	0.10	0.08
5.0	15.00	11400	14081	17639	21983	27590	36056	45652	56379
		0.27	0.24	0.21	0.18	0.16	0.13	0.12	0.10
5.5	18.15	12540	15489	19403	24182	30349	39661	50217	62017
		0.32	0.28	0.25	0.22	0.19	0.16	0.14	0.12
6.0	21.60	13680	16897	21167	26380	33108	43267	54782	67655
		0.38	0.33	0.29	0.25	0.22	0.19	0.16	0.14
6.5	25.35	14820	18305	22930	28579	35867	46872	59348	73293
		0.44	0.39	0.34	0.30	0.26	0.22	0.19	0.17
7.0	29.40	15960	19713	24694	30777	38626	50478	63913	78931
		0.50	0.44	0.39	0.34	0.30	0.25	0.22	0.19
7.5	33.75	1710	21121	26458	32975	41385	54083	68478	84569
		0.57	0.51	0.44	0.39	0.34	0.29	0.25	0.22
8.0	38.40	18240	22529	28222	35174	44144	57689	73043	90207
		0.65	0.57	0.50	0.44	0.38	0.33	0.28	0.25
8.5	43.35	19381	23937	29986	37372	46903	61295	77608	95845
		0.73	0.64	0.56	0.49	0.43	0.37	0.32	0.28
9.0	48.60	20521	25345	31750	39570	49663	64900	82174	101483
		0.81	0.72	0.63	0.55	0.48	0.41	0.35	0.31

續　表

速度 （m／s）	動壓 （Pa）	風管斷面直徑 （mm）				上行：風量（m³／h） 下行：單位摩擦阻力（Pa／m）			
		900	1000	1120	1250	1400	1600	1800	2000
9.5	54.15	21661	26753	33514	41769	52422	68506	86739	107121
		0.90	0.79	0.69	0.61	0.53	0.45	0.39	0.35
10.0	60.00	22801	28161	35278	43967	55181	72111	91304	112759
		0.99	0.88	0.76	0.67	0.59	0.50	0.43	0.38
10.5	66.15	23941	29569	37042	40165	57940	75717	95869	118396
		1.09	0.96	0.84	0.74	0.64	0.55	0.48	0.42
11.0	72.60	25081	30978	38805	48364	60699	79322	100434	124034
		1.19	1.05	0.92	0.80	0.70	0.60	0.52	0.46
11.5	79.35	26221	32386	40569	50562	63458	82928	105000	129672
		1.30	1.14	1.00	0.88	0.77	0.65	0.57	0.50
12.0	86.40	27361	33794	42333	52760	66217	86534	109565	135310
		1.41	1.24	1.08	0.95	0.83	0.71	0.62	0.54
12.5	93.75	28501	35202	44097	54959	68976	90139	114130	140948
		1.52	1.34	1.17	1.03	0.90	0.77	0.67	0.59
13.0	101.40	29641	36610	45861	57157	71735	93745	118695	146586
		1.64	1.45	1.27	1.11	0.97	0.83	0.72	0.63
13.5	109.35	30781	38018	47625	59355	74494	97350	123260	152224
		1.77	1.56	1.36	1.19	1.04	0.89	0.77	0.68
14.0	117.60	31921	39426	49389	61554	77253	100956	127826	157862
		1.90	1.67	1.46	1.28	1.12	0.95	0.83	0.73
14.5	126.15	33061	40834	51153	63752	80012	104561	132391	163500
		2.03	1.79	1.56	1.37	1.20	1.02	0.89	0.78
15.0	135.00	34201	42242	52916	65950	82771	108167	136956	169138
		2.17	1.19	1.67	1.46	1.28	1.09	0.95	0.83
15.5	144.15	35341	43650	54680	68149	85530	111773	141521	174776
		2.31	2.03	1.78	1.56	1.36	1.16	1.01	0.89
16.0	153.60	36481	15058	56444	70347	88289	115378	146086	180414
		2.45	2.16	1.89	1.66	1.45	1.23	1.07	0.95

附錄 6.3 鋼板矩形風管計算表

速度 （m/s）	動壓 （Pa）	風管斷面寬×高 （mm）				上行:風量（m³/h） 下行:單位摩擦阻力（Pa/m）				
		120 120	160 120	200 120	160 160	250 120	200 160	250 160	200 200	250 200
1.0	0.60	50	67	84	90	105	113	140	141	176
		0.18	0.15	0.13	0.12	0.12	0.11	0.09	0.09	0.08
1.5	1.35	75	101	126	135	157	169	210	212	264
		0.36	0.30	0.27	0.25	0.25	0.22	0.19	0.19	0.16
2.0	2.40	100	134	168	180	209	225	281	282	352
		0.61	0.51	0.46	0.42	0.41	0.37	0.33	0.32	0.28
2.5	3.75	125	168	210	225	262	282	351	353	440
		0.91	0.77	0.68	0.63	0.62	0.55	0.49	0.47	0.42
3.0	5.40	150	201	252	270	314	338	421	423	528
		1.27	1.07	0.95	0.88	0.87	0.77	0.68	0.66	0.58
3.5	7.35	175	235	294	315	366	394	491	494	616
		1.68	1.42	1.26	1.16	1.15	1.02	0.91	0.88	0.77
4.0	9.60	201	268	336	359	419	450	561	565	704
		2.15	1.81	1.62	1.49	1.47	1.30	1.16	1.12	0.99
4.5	12.15	226	302	378	404	471	507	631	635	792
		2.67	2.25	2.01	1.85	1.83	1.62	1.45	1.40	1.23
5.0	15.00	251	336	421	449	523	563	702	706	880
		3.25	2.74	2.45	2.25	2.23	1.97	1.76	1.70	1.49
5.5	18.15	276	369	463	494	576	619	772	776	968
		3.88	3.27	2.92	2.69	2.66	2.36	2.10	2.03	1.79
6.0	21.60	301	403	505	539	628	676	842	847	1056
		4.56	3.85	3.44	3.17	3.13	2.77	2.48	2.39	2.10
6.5	25.35	326	436	547	584	681	732	912	917	1144
		5.30	4.47	4.00	3.68	3.64	3.22	2.88	2.78	2.44
7.0	29.40	351	470	589	629	733	788	982	988	1232
		6.09	5.14	4.59	4.23	4.18	3.70	3.31	3.19	2.81
7.5	33.75	376	503	631	674	785	845	1052	1059	1320
		6.94	5.86	5.23	4.82	4.77	4.22	3.77	3.64	3.20
8.0	38.40	401	537	673	719	838	901	1123	1129	1408
		7.84	6.62	5.91	5.44	5.39	4.77	4.26	4.11	3.61
8.5	43.35	426	571	715	764	890	957	1193	1200	1496
		8.79	7.42	6.63	6.10	6.04	5.35	4.78	4.61	4.06

續　表

速度 (m/s)	動壓 (Pa)	風管斷面寬×高 (mm)					上行:風量(m³/h) 下行:單位摩擦阻力(Pa/m)			
		120 120	160 120	200 120	160 160	250 120	200 160	250 160	200 200	250 200
9.0	48.60	451	604	757	809	942	1014	1263	1270	1584
		9.80	8.27	7.39	6.80	6.73	5.96	5.32	5.14	4.52
9.5	54.15	476	638	799	854	995	1070	1333	1341	1672
		10.86	9.17	8.19	7.54	7.46	6.61	5.90	5.70	5.01
10.0	60.00	501	671	841	899	1047	1126	1403	1411	1760
		11.97	10.11	9.03	8.31	8.23	7.28	6.51	6.28	5.52
10.5	66.15	526	705	883	944	1099	1183	1473	1482	1848
		13.14	11.09	9.91	9.12	9.03	7.99	7.14	6.89	6.06
11.0	72.60	551	738	925	989	1152	1239	1544	1552	1936
		14.36	12.12	10.83	9.97	9.87	8.74	7.80	7.54	6.63
11.5	79.35	576	772	967	1034	1204	1295	1614	1623	2024
		15.63	13.20	11.79	10.86	10.74	9.51	8.50	8.20	7.21
12.0	86.40	602	805	1009	1078	1256	1351	1684	1694	2112
		16.96	14.32	12.79	11.78	11.65	10.32	9.22	8.90	7.83
12.5	93.75	627	839	1051	1123	1309	1408	1754	1764	2200
		18.34	15.48	13.83	12.74	12.60	11.16	9.97	9.63	8.46
13.0	101.40	625	873	1093	1168	1361	1464	1824	1835	2288
		19.77	16.69	14.91	13.73	13.59	12.03	10.75	10.38	9.13
13.5	109.35	677	906	1135	1213	1413	1520	1894	1905	2376
		21.25	17.94	16.03	14.76	14.61	12.93	11.55	11.16	9.81
14.0	117.60	702	940	1178	1258	1466	1577	1965	1976	2464
		22.79	19.24	17.19	15.83	15.67	13.87	12.39	11.97	10.52
14.5	126.15	727	973	1220	1303	1518	1633	2035	2046	2552
		24.38	20.59	18.39	16.94	16.76	14.84	13.26	12.80	11.26
15.0	135.00	752	1007	1262	1348	1570	1689	2105	2117	2640
		26.03	21.98	19.64	18.08	17.89	15.84	14.15	13.67	12.02
15.5	144.15	777	1040	1304	1393	1623	1746	2175	2188	2728
		27.73	23.41	20.92	19.26	19.06	16.88	15.08	14.56	12.80
16.0	153.60	802	1074	1346	1438	1675	1802	2245	2258	2816
		29.48	24.89	22.24	20.48	20.26	17.94	16.03	15.48	13.61

續　表

速度 (m/s)	動壓 (Pa)	風管斷面寬×高 (mm)				上行:風量(m³/h) 下行:單位摩擦阻力（Pa/m）				
		320 160	250 250	320 200	400 200	320 250	500 200	400 250	320 320	500 250
1.0	0.60	180	221	226	283	283	354	354	363	443
		0.08	0.07	0.07	0.06	0.06	0.06	0.05	0.05	0.05
1.5	1.35	270	331	339	424	424	531	531	544	665
		0.17	0.14	0.14	0.13	0.12	0.12	0.11	0.10	0.10
2.0	2.40	360	441	451	565	566	707	708	726	887
		0.29	0.24	0.24	0.22	0.21	0.20	0.18	0.18	0.17
2.5	3.75	450	551	564	707	707	884	885	907	1108
		0.44	0.36	0.37	0.33	0.31	0.30	0.28	0.26	0.25
3.0	5.40	540	662	677	848	849	1061	1063	1089	1330
		0.61	0.50	0.51	0.46	0.43	0.42	0.39	0.37	0.35
3.5	7.35	630	772	790	989	990	1238	1240	1270	1551
		0.81	0.66	0.68	0.61	0.58	0.56	0.51	0.49	0.46
4.0	9.60	720	882	903	1130	1132	1415	1417	1452	1773
		1.04	0.85	0.87	0.79	0.74	0.72	0.66	0.63	0.60
4.5	12.15	810	992	1016	1272	1273	1592	1594	1633	1995
		1.29	1.06	1.08	0.98	0.92	0.90	0.82	0.78	0.74
5.0	15.00	900	1103	1129	1413	1414	1769	1771	1815	2216
		1.57	1.29	1.32	1.19	1.12	1.09	1.00	0.95	0.90
5.5	18.15	990	1213	1242	1554	1556	1945	1948	1996	2438
		1.88	1.54	1.57	1.42	1.33	1.31	1.19	1.13	1.08
6.0	21.60	1080	1323	1354	1696	1697	2122	2125	2177	2660
		2.22	1.81	1.85	1.68	1.57	1.54	1.40	1.33	1.27
6.5	25.35	1170	1433	1467	1837	1839	2299	2302	2359	2881
		2.57	2.11	2.15	1.95	1.83	1.79	1.63	1.55	1.48
7.0	29.40	1260	1544	1580	1978	1980	2476	2479	2540	3103
		2.96	2.42	2.47	2.24	2.10	2.06	1.87	1.78	1.70
7.5	33.75	1350	1654	1693	2120	2122	2653	2656	2722	3325
		3.37	2.76	2.82	2.55	2.39	2.34	2.13	2.03	1.93
8.0	38.40	1440	1764	1806	2261	2263	2830	2833	2903	3546
		3.81	3.12	3.18	2.88	2.70	2.65	2.41	2.30	2.19
8.5	43.35	1530	1874	1919	2420	2405	3007	3010	3085	3768
		4.27	3.50	3.57	3.23	3.03	2.97	2.71	2.58	2.45
9.0	48.60	1620	1985	2032	2544	2546	3184	3188	3266	3989
		4.76	3.90	3.98	3.61	3.38	3.31	3.02	2.87	2.73

續　表

速度 (m/s)	動壓 (Pa)	風管斷面寬×高 (mm)				上行:風量(m³/h) 下行:單位摩擦阻力（Pa/m）				
		320 160	250 250	320 200	400 200	320 250	500 200	400 250	320 320	500 250
9.5	54.15	1710	2095	2145	2585	2687	3360	3365	348	4211
		5.28	4.32	4.41	4.00	3.75	3.67	3.34	3.18	3.03
10.0	60.00	1800	2205	2257	2826	2829	3537	3542	3629	4433
		5.82	4.77	4.86	4.41	4.13	4.05	3.69	3.51	3.34
10.5	66.15	1890	2315	2370	2968	2970	3714	3719	3810	4654
		6.39	5.23	5.34	4.84	4.53	4.44	4.05	3.85	3.67
11.0	72.60	1980	2426	2483	3109	3112	3891	3986	3992	4876
		6.98	5.72	5.84	5.29	4.95	4.86	4.42	4.21	4.01
11.5	79.35	2070	2536	2596	3250	3253	4068	4073	4173	5098
		7.60	6.23	6.35	5.76	5.39	5.29	4.82	4.59	4.37
12.0	86.40	2160	2646	2709	3391	3395	4245	4250	4355	5319
		8.25	6.76	6.89	6.24	5.85	5.74	5.23	4.98	4.47
12.5	93.75	2250	2757	2822	3533	3536	4422	4427	24536	5541
		8.92	7.31	7.46	6.75	6.33	6.20	5.65	5.38	5.12
13.0	101.40	2340	2867	2935	3674	3678	4598	4604	4718	5763
		9.62	7.88	8.04	7.28	6.83	6.69	6.09	5.80	5.52
13.5	109.35	2430	2977	3048	3815	3819	4775	4781	4899	5984
		10.34	8.47	8.64	7.83	7.34	7.19	6.55	6.24	5.94
14.0	117.60	2520	3087	3160	3957	3960	4952	4958	5081	6260
		11.09	9.09	9.27	8.40	7.87	7.71	7.03	6.69	6.37
14.5	126.15	2610	3198	3273	4098	4102	5129	5136	5262	6427
		11.87	9.72	9.92	8.98	8.42	8.25	7.52	7.16	6.82
15.0	135.00	2700	3308	3386	4239	4243	5306	5313	5444	6649
		12.67	10.38	10.59	9.59	8.99	8.81	8.03	7.64	7.28
15.5	144.15	2790	3418	3499	4381	4385	5483	5490	5625	6871
		13.49	11.06	11.28	10.22	9.58	9.39	8.55	8.14	7.75
16.0	153.60	2880	3528	3612	4522	4526	5660	5667	5806	7092
		14.35	11.75	11.99	10.86	10.18	9.98	9.09	8.66	8.24

續　表

速度 (m/s)	動壓 (Pa)	風管斷面寬×高 (mm)				上行:風量(m³/h) 下行:單位摩擦阻力(Pa/m)				
		400 320	630 250	500 320	400 400	500 400	630 320	500 500	630 400	800 320
1.0	0.60	454	558	569	569	712	716	891	896	910
		0.04	0.04	0.04	0.04	0.03	0.04	0.03	0.03	0.03
1.5	1.35	682	836	853	853	1068	1073	1337	1344	1364
		0.09	0.09	0.08	0.08	0.07	0.07	0.06	0.06	0.07
2.0	2.40	909	1115	1137	1138	1424	1431	1782	1792	1819
		0.15	0.15	0.14	0.13	0.12	0.12	0.10	0.10	0.11
2.5	3.75	1136	1394	1422	1422	1780	1789	2228	2240	2274
		0.23	0.23	0.21	0.20	0.17	0.19	0.15	0.16	0.17
3.0	5.40	1363	1673	1706	1706	2136	2147	2673	2688	2729
		0.32	0.32	0.29	0.28	0.24	0.26	0.21	0.22	0.24
3.5	7.35	1590	1951	1990	1991	2492	2504	3119	3136	3183
		0.43	0.43	0.38	0.37	0.33	0.35	0.28	0.29	0.32
4.0	9.60	1817	2230	2275	2275	2848	2862	3564	3584	3638
		0.55	0.55	0.49	0.47	0.42	0.44	0.36	0.37	0.40
4.5	12.15	2045	2509	2559	2560	3204	3220	4010	4032	4093
		0.68	0.68	0.61	0.59	0.52	0.55	0.45	0.46	0.50
5.0	15.00	2272	2788	2843	2844	3560	3578	4455	4481	4548
		0.83	0.83	0374	0372	0.63	0.67	0.55	0.56	0.61
5.5	18.15	2499	3066	3128	3129	3916	3935	4901	4929	5002
		0.99	0.99	0.89	0.86	0.76	0.80	0.65	0.67	0.73
6.0	21.60	2726	3345	3412	3413	4272	4293	5346	5377	5457
		1.17	1.17	1.04	1.01	0.89	0.94	0.77	0.79	0.86
6.5	25.35	2935	3624	3696	3697	4627	4651	5792	5825	5912
		1.36	1.36	1.21	1.18	1.03	1.10	0.90	0.92	1.00
7.0	29.40	3180	3903	3980	3982	4983	5009	6237	6273	6367
		4.57	1.56	1.40	1.35	1.19	1.26	1.03	1.06	1.15
7.5	33.75	3408	4148	4265	4266	5339	5366	6683	6721	6822
		1.78	1.78	1.59	1.54	1.36	1.44	1.17	1.21	1.31
8.0	38.40	3635	4460	4549	4551	5695	5724	7158	7169	7276
		2.02	2.01	1.80	1.74	1.53	1.63	1.33	1.36	1.48
8.5	43.35	3862	4739	4833	4835	6051	6082	7574	7617	7731
		2.26	2.25	2.02	1.96	1.72	1.82	1.49	1.53	1.67
9.0	48.60	4089	5018	5118	5119	6407	6440	8019	8065	8186
		2.52	2.51	2.25	2.18	1.92	2.03	1.66	1.71	1.86

續　表

速度 (m/s)	動壓 (Pa)	風管斷面寬×高 (mm)				上行:風量(m³/h) 下行:單位摩擦阻力（Pa/m）				
		400 320	630 250	500 320	400 400	500 400	630 320	500 500	630 400	800 320
9.5	54.15	4316	5297	5402	5404	6763	6798	8465	8513	8641
		2.80	2.78	2.9	2.42	2.13	2.25	1.84	1.89	2.06
10.0	60.000	4543	5575	5686	5688	7119	7155	8910	8961	9095
		3.08	3.07	2.75	2.67	2.34	2.49	2.03	2.09	2.27
10.5	66.15	4771	5854	5971	5973	7475	7513	9356	9409	9550
		3.38	3.37	3.02	2.93	2.57	2.73	2.23	2.29	2.49
11.0	72.60	4998	6133	6255	6257	7831	7871	9801	9857	10005
		3.70	3.68	3.30	3.20	2.81	2.98	2.44	2.50	2.72
11.5	79.35	5225	6412	6539	6541	8187	8229	10247	10305	10460
		4.03	4.01	3.59	3.48	3.06	3.25	2.65	2.73	2.97
12.0	86.40	5452	6690	6824	6826	8543	8586	10692	10753	10914
		4.37	4.35	3.90	3.78	3.32	3.52	2.88	296	3.22
12.5	93.75	5679	6969	7108	7110	8899	8944	11138	11201	11369
		4.73	4.70	4.22	4.09	3.59	3.81	3.11	3.20	3.48
13.0	101.40	5906	7248	7392	7395	9255	9302	11583	11649	11824
		5.10	5.07	4.55	4.41	3.88	4.11	3.36	3.45	3.75
13.5	109.35	6134	7527	7677	7679	9611	9660	12029	12097	12279
		5.48	5.45	4.89	4.74	4.17	4.42	3.61	3.71	4.04
14.0	117.60	6361	7805	7961	7964	967	10017	12474	12546	12734
		5.88	5.85	5.24	5.08	4.47	4.74	3.87	3.98	4.33
14.5	126.15	6588	8084	8245	8248	10323	10375	12920	12994	13188
		6.29	6.26	5.61	5.44	4.78	5.07	4.14	4.26	4.63
15.0	135.00	6815	8363	8530	8532	10679	10733	13365	13442	13643
		6.71	6.68	5.99	5.81	5.11	5.41	4.42	4.55	4.59
15.5	144.15	7042	8642	8814	8817	11035	11091	13811	13890	14098
		7.15	7.12	6.38	6.19	5.44	5.777	4.71	4.84	5.27
16.0	153.60	7269	8920	9098	9101	11391	11449	14256	14338	14553
		7.60	7.57	6.78	6.58	5.78	6.13	5.01	5.15	5.60

續　　表

速度 (m/s)	動壓 (Pa)	風管斷面寬×高 (mm)				上行:風量(m³/h) 下行:單位摩擦阻力（Pa/m）				
		630 500	1000 320	800 400	630 630	1000 400	800 500	1250 400	1000 500	800 630
1.0	0.60	1122	1138	1139	1415	1425	1426	1780	1784	1799
		0.03	0.03	0.03	0.02	0.02	0.02	0.02	0.02	0.02
1.5	1.35	1683	1707	1709	2123	2137	2139	2670	2676	2698
		0.05	0.06	0.06	0.04	0.05	0.05	0.05	0.04	0.04
2.0	2.40	2244	2276	2278	2831	2850	2852	3560	3568	3598
		0.09	0.10	0.09	0.08	0.09	0.08	0.08	0.07	0.07
2.5	3.75	2805	2844	2848	3538	3562	3565	4450	4460	4497
		0.13	0.16	0.14	0.11	0.13	0.12	0.12	0.11	0.10
3.0	5.40	3365	3413	3417	4246	4275	4278	5340	5351	5397
		0.19	0.22	0.20	0.16	0.18	0.16	0.17	0.15	0.14
3.5	7.35	3726	3982	3987	4953	4987	4991	6229	6243	6296
		0.25	0.29	0.26	0.21	0.24	0.22	0.22	0.20	0.19
4.0	9.60	4487	4551	4556	5661	5700	5704	7119	7135	7196
		0.32	0.38	0.33	0.27	0.31	0.28	0.29	0.25	0.24
4.5	12.15	5048	5120	5126	6369	6412	6417	8009	8027	8095
		0.39	0.47	0.42	0.34	0.38	0.35	0.36	0.32	0.30
5.0	15.00	5609	5689	5695	7076	7125	7130	8899	8919	8995
		0.48	0.57	0.51	0.41	0.47	0.42	0.43	0.39	0.36
5.5	18.15	6170	6258	6265	7784	7837	7843	9789	9811	9894
		0.57	0.68	0.61	0.49	0.56	0.51	0.52	0.46	0.43
6.0	21.60	6731	6827	6834	8492	8549	8556	10679	10703	10794
		0.68	0.80	0.71	0.58	0.66	0.60	0.61	0.54	0.51
6.5	25.35	7292	7396	7404	9199	9262	9269	11569	11595	11693
		0.79	0.93	0.83	0.68	0.76	0.70	0.71	0.63	0.59
7.0	29.40	7853	7964	7974	9907	9974	9982	12459	12487	12593
		0.90	1.07	0.95	0.78	0.88	0.80	0.82	0.73	0.68
7.5	33.75	8414	8533	8543	10614	10687	10695	13349	13379	13492
		1.03	1.22	1.09	0.89	1.00	0.91	0.93	0.83	0.77
8.0	38.40	8975	9102	9113	11322	11399	11408	14239	14271	14392
		1.16	1.38	1.23	1.00	1.13	1.03	1.05	0.94	0.87
8.5	43.35	9536	9671	9682	12030	12112	12121	15129	15163	15291
		1.31	1.55	1.38	1.12	1.27	1.16	1.18	1.05	0.98
9.0	48.60	10096	10240	10252	12737	12824	12834	16019	16054	16191
		1.46	1.73	1.54	1.25	1.41	1.29	1.32	1.17	1.09

續　表

速度 (m/s)	動壓 (Pa)	風管斷面寬×高 (mm)			上行:風量(m³/h) 下行:單位摩擦阻力（Pa/m）					
		630 500	1000 320	800 400	630 630	1000 400	800 500	1250 400	1000 500	800 630
9.5	54.15	10657	10809	10821	13445	13537	13547	16909	16946	17090
		1.61	1.92	1.70	1.39	1.57	1.43	1.46	1.30	1.21
10.0	60.00	11218	11378	11391	14153	14249	14260	17798	17838	17990
		1.78	2.11	1.88	1.53	1.73	1.58	1.61	1.43	1.34
10.5	66.15	11779	11947	11960	14860	14962	14973	18688	18730	18889
		1.95	2.32	2.06	1.68	1.90	1.73	1.77	1.57	1.47
11.0	72.60	12340	12516	12530	15568	15674	15686	19578	19622	19789
		2.13	2.54	2.26	1.84	2.07	1.89	1.93	1.72	1.61
11.5	79.35	12901	13084	13099	16276	16386	16399	20468	20514	20688
		2.32	2.76	2.46	2.00	2.26	2.06	2.11	1.87	1.75
12.0	86.40	13462	13653	13669	16983	17099	17112	21358	21406	21588
		2.52	3.00	2.66	2.17	2.45	2.24	2.28	2.03	1.90
12.5	93.75	14023	14222	14238	17691	17811	17825	22248	22298	22487
		2.73	3.24	2.88	2.35	2.65	2.42	2.47	2.20	2.05
13.0	101.40	14584	14791	14808	18398	18524	18538	23138	23190	23387
		2.94	3.50	3.11	2.54	2.86	2.61	2.66	2.37	2.21
13.5	109.35	15145	15360	15377	19106	19236	19251	24028	24082	24286
		3.16	3.76	3.34	2.73	3.07	2.81	2.87	2.55	2.38
14.0	117.60	15706	15929	15947	19814	19949	19964	24918	24974	25186
		3.39	4.03	3.58	2.92	3.30	3.01	3.07	2.73	2.55
14.5	126.15	16267	16498	16517	20521	20661	20677	25808	25866	26085
		3.63	4.31	3.83	3.13	3.53	3.22	3.29	2.92	2.73
15.0	135.00	16827	17067	17068	21229	21374	21390	26698	26757	26985
		3.88	4.60	4.09	3.34	3.77	3.44	3.51	3.12	2.91
15.5	144.15	17388	17636	17656	21937	22086	22103	27588	27649	27884
		4.13	4.19	4.36	3.56	4.01	3.66	3.74	3.32	3.11
16.0	153.60	17949	18204	18225	22644	22799	22816	28478	28541	28748
		4.39	5.22	4.64	3.78	4.27	3.89	3.98	3.53	3.30

續　表

速度 (m/s)	動壓 (Pa)	風管斷面寬×高 (mm)					上行:風量(m³/h) 下行:單位摩擦阻力（Pa/m）			
		1250 500	1000 630	800 800	1250 630	1600 500	1000 800	1250 800	1000 1000	1600 630
1.0	0.60	2229	2250	2287	2812	2812	2854	2861	3578	3602
		0.02	0.02	0.02	0.02	0.02	0.01	0.01	0.01	0.01
1.5	1.35	3343	3376	3430	4218	4282	4291	5362	5368	5402
		0.04	0.03	0.03	0.03	0.04	0.03	0.03	0.03	0.03
2.0	2.40	4457	4501	4574	5624	5709	5721	7150	7157	7203
		0.07	0.06	0.06	0.05	0.06	0.05	0.04	0.04	0.05
2.5	3.75	5572	5626	5717	7030	7136	7151	8937	8946	9004
		0.10	0.09	0.09	0.08	0.09	0.07	0.07	0.06	0.07
3.0	5.40	6686	6751	6860	8436	8563	8582	10725	10735	10805
		0.14	0.12	0.12	0.11	0.13	0.10	0.09	0.09	0.10
3.5	7.35	7800	7876	8004	9842	9990	10012	12512	12525	12605
		0.18	0.17	0.16	0.15	0.17	0.14	0.12	0.12	0.14
4.0	9.60	8914	9002	9147	11248	11417	11442	11442	14300	14314
		0.23	0.21	0.20	0.19	0.22	0.18	0.16	0.16	0.18
4.5	12.15	10029	10127	10290	12654	12845	12873	16087	16103	16207
		0.29	0.26	0.25	0.24	0.27	0.22	0.20	0.19	0.22
5.0	15.00	11143	11252	11434	14060	14272	14303	17875	17892	18008
		0.35	0.32	0.31	0.29	0.33	0.27	0.24	0.24	0.27
5.5	18.15	12257	12377	12577	15466	15699	15733	19662	19681	19809
		0.42	0.39	0.37	0.35	0.39	0.33	0.29	0.28	0.32
6.0	21.60	13372	13503	13721	16872	17126	17164	21450	21471	21609
		0.50	0.45	0.44	0.41	0.46	0.38	0.34	0.33	0.38
6.5	25.35	14486	14628	14864	18278	18553	18594	23237	23260	23410
		0.58	0.53	0.51	0.48	0.54	0.45	0.40	0.39	0.44
7.0	29.40	15600	15753	16007	19684	19980	20024	25025	25049	25211
		0.67	0.61	0.58	0.55	0.62	0.51	0.46	0.44	0.50
7.5	33.75	16715	16878	17151	21090	21408	21454	26812	26838	27012
		0.76	0.69	0.66	0.63	0.71	0.58	0.52	0.51	0.57
8.0	38.40	17829	18003	18294	22496	22835	25885	28600	28627	28812
		0.86	0.78	0.75	0.71	0.80	0.66	0.59	0.57	0.65
8.5	43.35	18943	19129	19437	23902	24262	24315	30387	30417	30613
		0.97	0.88	0.84	0.80	0.89	0.74	0.66	0.64	0.73
9.0	48.60	20058	20254	20581	25308	25689	25745	32175	32206	32414
		1.08	0.98	0.94	0.89	1.00	0.83	0.74	0.72	0.81

續　表

速度 (m/s)	動壓 (Pa)	風管斷面寬×高 (mm)　　上行:風量(m³/h)　下行:單位摩擦阻力(Pa/m)								
		1250 500	1000 630	800 800	1250 630	1600 500	1000 800	1250 800	1000 1000	1600 630
9.5	54.15	21172	21379	21724	26714	27116	27176	33962	33995	34215
		1.20	1.08	1.04	0.99	1.11	0.92	0.82	0.79	0.90
10.0	60.00	22286	22504	22868	28120	28543	28606	35749	35784	36015
		1.32	1.20	1.15	1.09	1.22	1.01	0.90	0.88	0.99
10.5	66.15	23401	23629	24011	29526	29971	30036	37537	37574	37816
		1.45	1.31	1.26	1.19	1.34	1.11	0.99	0.96	1.09
11.0	72.60	24515	24755	25154	30932	31398	31467	39324	39363	39617
		1.58	1.44	1.38	1.30	1.46	1.21	1.08	1.05	1.19
11.5	79.35	25629	25880	26298	32338	32825	32897	41112	41152	41418
		1.72	1.56	1.50	1.42	1.59	1.32	1.18	1.15	1.30
12.0	86.40	26743	27005	27441	33744	34252	34327	42899	42941	43219
		1.87	1.70	1.63	1.54	1.73	1.43	1.28	1.24	1.41
12.5	93.75	27858	28130	28584	35150	35679	35757	44687	44730	45019
		2.02	1.84	1.76	1.67	1.87	1.55	1.39	1.34	1.52
13.0	101.40	28972	29256	29728	36556	37106	37188	46474	46520	46820
		2.18	1.98	1.90	1.80	2.02	1.67	1.49	1.45	1.64
13.5	109.35	30086	30381	30871	37962	38534	38618	48262	48309	48621
		2.35	2.13	2.04	1.93	2.17	1.80	1.61	1.56	1.76
14.0	117.60	31201	31506	32015	39368	39961	40048	50049	50098	50422
		2.52	2.28	2.19	2.07	2.33	1.93	1.72	1.67	1.89
14.5	126.15	32315	32631	33158	40774	41388	41479	51837	51887	52222
		2.69	2.44	2.34	2.22	2.49	2.06	1.85	1.79	2.02
15.0	135.00	33429	33756	34301	42180	42815	42909	53624	53676	54023
		2.87	2.61	2.50	2.37	2.66	2.20	1.97	1.91	2.16
15.5	144.15	34544	34882	35445	43586	44242	44339	55412	55466	55824
		3.06	2.78	2.66	2.52	2.83	2.35	2.10	2.04	2.30
16.0	153.60	35658	36007	36588	44992	45669	45769	57199	57255	57625
		3.25	2.95	2.83	2.68	3.01	2.49	2.23	2.16	2.45

續　　表

速度 (m/s)	動壓 (Pa)	風管斷面寬×高 (mm)			上行:風量(m³/h) 下行:單位摩擦阻力（Pa/m）			
		1250	1600	2000	1600	2000	1600	2000
		1000	800	800	1000	1000	1250	1250
1.0	0.60	4473	4579	5726	5728	7163	7165	8960
		0.01	0.01	0.01	0.01	0.01	0.01	0.01
1.5	1.35	6709	6868	8589	8592	10745	10748	13440
		0.02	0.02	0.02	0.02	0.02	0.02	0.02
2.0	2.40	8945	9157	11452	11456	14327	14330	17921
		0.04	0.04	0.04	0.03	0.03	0.03	0.03
2.5	3.75	11181	11447	14314	14321	17908	17913	22401
		0.06	0.06	0.06	0.05	0.05	0.04	0.04
3.0	5.40	13418	13736	17177	17185	21490	21495	26881
		0.08	0.08	0.08	0.07	0.06	0.06	0.05
3.5	7.35	15654	16025	20040	20049	25072	25078	31361
		0.11	0.11	0.10	0.09	0.09	0.08	0.07
4.0	9.60	17890	18315	22903	22913	28653	28661	35841
		0.14	0.14	0.13	0.12	0.11	0.10	0.09
4.5	12.15	20126	20604	25766	25777	32235	32235	32243
		0.17	0.18	0.16	0.15	0.14	0.13	0.12
5.0	15.00	22363	22893	28629	28641	35817	35826	44801
		0.21	0.22	0.20	0.18	0.17	0.16	0.14
5.5	18.15	24599	25183	31492	31505	39398	39408	49281
		0.25	0.26	0.24	0.22	0.20	0.19	0.17
6.0	21.60	26835	27472	34355	34369	42980	42991	53762
		0.29	0.31	0.28	0.26	0.24	0.22	0.20
6.5	25.36	29071	29761	37218	37233	46562	46574	58242
		0.34	0.36	0.33	0.30	0.27	0.26	0.23
7.0	29.40	31308	32051	40080	40098	50143	50156	62722
		0.39	0.41	0.38	0.35	0.31	0.30	0.27
7.5	33.75	33544	34340	42943	42962	53725	53739	67202
		0.45	0.47	0.43	0.39	0.36	0.34	0.30
8.0	38.40	35780	36629	45806	45826	57307	57321	71682
		0.50	0.53	0.49	0.45	0.41	0.38	0.34
8.5	43.35	38016	38919	48669	48690	60888	60904	76162
		0.57	0.60	0.55	0.50	0.46	0.43	0.38
9.0	48.60	40253	41208	51532	51554	64470	64486	80642
		0.63	0.66	0.61	0.56	0.51	0.48	0.43

续　表

速度 (m/s)	動壓 (Pa)	風管斷面寬×高 (mm)			上行:風量(m³/h) 下行:單位摩擦阻力（Pa/m）			
		1250 1000	1600 800	2000 800	1600 1000	2000 1000	1600 1250	2000 1250
9.5	54.15	42489	43497	54395	54418	68052	68069	85122
		0.70	0.74	0.68	0.62	0.56	0.53	0.47
10.0	60.00	44725	45787	57258	57282	71633	71652	89603
		0.77	0.81	0.75	0.68	0.62	0.58	0.52
10.5	66.15	46961	48076	60121	60146	75215	75234	94083
		0.85	0.89	0.82	0.75	0.68	0.64	0.57
11.0	72.60	49198	50365	62983	63010	78797	78817	98563
		0.93	0.97	0.90	0.82	0.75	0.70	0.63
11.5	79.35	51434	52655	65846	65876	82378	82399	103043
		1.01	1.06	0.98	0.89	0.81	0.76	0.68
12.0	86.40	53670	54944	68709	68739	85960	85982	107523
		1.10	1.15	1.06	0.97	0.88	0.83	0.74
12.5	93.75	55906	57233	71572	71603	89542	89564	112003
		1.19	1.25	1.15	1.05	0.95	0.90	0.80
13.0	101.40	58143	59523	74435	74467	93123	93147	116483
		1.28	1.34	1.24	1.13	1.03	0.97	0.87
13.5	109.35	60379	61812	77298	77331	96705	96730	120964
		1.37	1.44	1.33	1.22	1.11	1.04	0.93
14.0	117.60	62615	64101	80161	80195	100287	100312	125444
		1.47	1.55	1.43	13.0	1.19	1.11	1.00
14.5	126.15	64851	66391	83024	83059	103868	103895	129924
		1.58	1.66	1.53	1.40	1.27	1.19	1.07
15.0	135.00	37088	68680	85887	85923	107450	107477	134404
		1.68	1.77	1.63	1.49	1.35	1.27	1.14
15.5	144.15	68324	70969	88749	88787	111031	111060	138884
		1.79	1.89	1.74	1.59	1.44	1.36	1.22
16.0	153.60	71560	73259	91612	91651	114613	114643	143364
		1.91	2.01	1.85	1.69	1.53	1.44	1.29

附錄 6.4　局部阻力系數

序號	名稱	圖形和斷面	局部阻力系數 ζ(ζ 值以圖內所示的速度 v 計算)

1　傘形風帽(管邊尖銳)

h/D_0	0.1	0.2	0.3	0.4	0.5	0.6	0.7	0.8	0.9	1.0	∞
進風	2.63	1.83	1.53	1.39	1.31	1.19	1.15	1.08	1.07	1.06	1.06
排風	4.00	2.30	1.60	1.30	1.15	1.10	–	1.00	–	1.00	–

2　帶擴散管的傘形風帽

	0.1	0.2	0.3	0.4	0.5	0.6	0.7	0.8	0.9	1.0	∞
進風	1.32	0.77	0.60	0.48	0.41	0.30	0.29	0.28	0.25	0.25	0.25
排風	2.60	1.30	0.80	0.7	0.60	0.60	–	0.60	–	0.60	–

3　漸擴管

$\dfrac{F_1}{F_0}$	$\alpha°$				
	10	15	20	25	30
1.25	0.02	0.03	0.05	0.06	0.07
1.50	0.03	0.06	0.10	0.12	0.13
1.75	0.05	0.09	0.14	0.17	0.19
2.00	0.06	0.13	0.20	0.23	0.26
2.25	0.08	0.16	0.26	0.38	0.33
3.50	0.09	0.19	0.30	0.36	0.39

4　漸擴管

α	22.5	30	45	90
ζ_1	0.6	0.8	0.9	1.0

5　突擴

$\dfrac{F_1}{F_2}$	0	0.1	0.2	0.3	0.4	0.5	0.6	0.7	0.9	1.0
ζ_1	1.0	0.81	0.64	0.49	0.36	0.25	0.16	0.09	0.01	0

6　突縮

$\dfrac{F_1}{F_2}$	0	0.1	0.2	0.3	0.4	0.5	0.6	0.7	0.9	1.0
ζ_1	0.5	0.47	0.42	0.38	0.34	0.30	0.25	0.20	0.09	0

7　漸縮管

當 $\alpha \leqslant 45°$ 時　$\zeta = 0.10$

續　　表

| 序號 | 名稱 | 圖形和斷面 | 局部阻力系數 ζ(ζ值以圖內所示的速度 v 計算) | | | | | |

8　傘形罩

$\alpha°$	20	40	60	90	100
圓　形	0.11	0.06	0.09	0.16	0.27
矩　形	0.19	0.13	0.16	0.25	0.33

9　圓(方)彎管

10　矩形彎頭

r/b	a/b										
	0.25	0.5	0.75	1.0	1.5	2.0	3.0	4.0	5.0	6.0	8.0
0.5	1.5	1.4	1.3	1.2	1.1	1.0	1.0	1.1	1.1	1.2	1.2
0.75	0.57	0.52	0.48	0.44	0.40	0.39	0.39	0.40	0.42	0.43	0.44
1.0	0.27	0.25	0.23	0.21	0.19	0.18	0.18	0.19	0.20	0.27	0.21
1.5	0.22	0.20	0.19	0.17	0.15	0.14	0.14	0.15	0.16	0.17	0.17
2.0	0.20	0.18	0.16	0.15	0.14	0.13	0.13	0.14	0.14	0.15	0.15

11　板彎頭帶導葉

1. 單葉式 ζ = 0.35

2. 雙葉式 ζ = 0.10

12　乙形管

t_0/D_0	0	1.0	2.0	3.0	4.0	5.0	6.0
R_0/D_0	0	1.90	3.74	5.60	7.46	9.30	11.3
ζ	0	0.15	0.15	0.16	0.16	0.16	0.16

續　表

序號	名稱	圖形和斷面	局部阻力系數ζ(ζ值以圖內所示的速度 v 計算)									
13	乙形彎	v_0F_0　b_0　l b_0 $b_0=h$	l/b_0	0	0.4	0.6	0.8	1.0	1.2	1.4	1.6	1.8	2.0
			ζ	0	0.62	0.89	1.61	2.63	3.61	4.01	4.18	4.22	4.18
			l/b_0	2.4	2.8	3.2	4.0	5.0	6.0	7.0	9.0	10.0	∞
			ζ	3.75	3.31	3.20	3.08	2.92	2.80	2.70	2.5	2.41	2.30
14	Z形管	v_0F_0　l　a_0　b_0	l/b_0	0	0.4	0.6	0.8	1.0	1.2	1.4	1.6	1.8	2.0
			ζ	1.15	2.40	2.90	3.31	3.44	3.40	3.36	3.28	3.20	3.11
			l/b_0	2.4	2.8	3.2	4.0	5.0	6.0	7.0	9.0	10.0	∞
			ζ	3.16	3.18	3.15	3.00	2.89	2.78	2.70	2.50	2.41	2.30

15　合流三通

v_1F_1　α　v_3F_3　v_2F_2

$F_1 + F_2 = F_3 , \alpha = 30°$

局部阻力系數ζ($\dfrac{\zeta_1}{\zeta_2}$ 值以圖內所示速度 $\dfrac{v_1}{v_2}$ 計算)

L_2/L_3	F_2/F_3											
	0.00	0.03	0.05	0.1	0.2	0.3	0.4	0.5	0.6	0.7	0.8	1.0
	ζ_2											
0.06	-1.13	-0.07	-0.30	+1.82	10.1	23.3	41.5	65.2	—	—	—	—
0.10	-1.22	-1.00	-0.76	0.02	2.88	7.34	13.4	21.1	29.4	—	—	—
0.20	-1.50	-1.35	-1.22	-0.84	-0.05	1.4	2.70	4.46	6.48	8.70	11.4	17.3
0.33	-2.00	-1.80	-1.70	-1.40	-0.72	-0.12	0.52	1.20	1.89	2.56	3.30	4.80
0.50	-3.00	-2.80	-2.6	-2.24	-1.44	-0.91	-0.36	0.14	0.56	0.84	1.18	1.53
	ζ_1											
0.01	0.00	0.06	0.04	-0.10	-0.81	-2.10	-4.07	-6.60	—	—	—	—
0.10	0.01	0.10	0.08	0.04	-0.33	-1.05	-2.14	-3.60	-5.40	—	—	—
0.20	0.06	0.10	0.13	0.16	0.06	-0.24	-0.73	-1.40	-2.30	-3.34	-3.59	-8.64
0.33	0.42	0.45	0.48	0.51	0.52	0.32	0.07	-0.32	-0.83	-1.47	-2.19	-4.00
0.50	1.40	1.40	1.40	1.36	1.26	1.09	0.86	0.53	0.15	-0.52	-0.82	-2.07

續　表

| 序號名稱 | 圖形和斷面 | 局部阻力系數 ζ($\begin{matrix}\zeta_1\\\zeta_2\end{matrix}$ 值以圖內所示的速度 $\begin{matrix}v_1\\v_2\end{matrix}$ 計算) | | | | | | |

序號 16　合流三通（分支管）　$F_1+F_2>F_3$，$F_1=F_3$，$\alpha=30°$

$\dfrac{L_2}{L_3}$	F_2/F_3						
	0.1	0.2	0.3	0.4	0.6	0.8	1.0
	ζ_2						
0	−1.00	−1.00	−1.00	−1.00	1.00	−1.00	−1.00
0.1	+0.21	−0.46	−0.57	−0.60	−0.62	−0.63	−0.63
0.2	3.1	+0.37	−0.06	−0.20	−0.28	−0.30	−0.35
0.3	7.6	1.5	0.50	0.20	+0.05	−0.08	−0.10
0.4	13.50	2.95	1.15	0.59	0.26	0.18	+0.16
0.5	21.2	4.58	1.78	0.97	0.44	0.35	0.27
0.6	30.4	6.42	2.60	1.37	0.64	0.46	0.31
0.7	41.3	8.5	3.40	1.77	0.76	0.56	0.40
0.8	53.8	11.5	4.22	2.14	0.85	0.53	0.45
0.9	58.0	14.2	5.30	2.58	0.89	0.52	0.40
1.0	83.7	17.3	6.33	2.92	0.89	0.39	0.27

序號 17　合流三通（直管）　$F_1+F_2>F_3$，$F_1=F_3$，$\alpha=30°$

$\dfrac{L_2}{L_3}$	F_2/F_3						
	0.1	0.2	0.3	0.4	0.6	0.8	1.0
	ζ_1						
0	0.00	0	0	0	0	0	0
0.1	0.02	0.11	0.13	0.15	0.16	0.17	0.17
0.2	−0.33	0.01	0.13	0.18	0.20	0.24	0.29
0.3	−1.10	−0.25	−0.01	+0.10	0.22	0.30	0.35
0.4	−2.15	−0.75	−0.30	−0.05	0.17	0.26	0.36
0.5	−3.60	−1.43	−0.70	−0.35	0.00	0.21	0.32
0.6	−5.40	−2.35	−1.25	−0.70	−0.20	+0.06	0.25
0.7	−7.60	−3.40	−1.95	−1.2	−0.50	−0.15	+0.10
0.8	−10.1	−4.61	−2.74	−1.82	−0.90	−0.43	−0.15
0.9	−13.0	−6.02	−3.70	−2.55	−1.40	−0.80	−0.45
1.0	−16.30	−7.70	−4.75	−3.35	−1.90	−1.17	−0.75

續　表

序號	名稱	圖形和斷面	ζ 值

支管 ζ_{31}（對應 v_3）

$\dfrac{F_2}{F_1}$	$\dfrac{F_3}{F_1}$	L_3/L_2									
		0.2	0.4	0.6	0.8	1.0	1.2	1.4	1.6	1.8	2.0
0.3	0.2	−2.4	−0.01	2.0	3.8	5.3	6.6	7.8	8.9	9.8	11
	0.3	−2.8	−1.2	0.12	1.1	1.9	2.6	3.2	3.7	4.2	4.6
0.4	0.2	−1.2	0.93	2.8	4.5	5.9	7.2	8.4	9.5	10	11
	0.3	−1.6	−0.27	0.18	1.7	2.4	3.0	3.6	4.1	4.5	4.9
	0.4	−1.8	−0.72	0.07	0.66	1.1	1.5	1.8	2.1	2.3	2.5
0.5	0.2	−0.46	1.5	3.3	4.9	6.4	7.7	8.8	9.9	11	12
	0.3	−0.94	0.25	1.2	2.0	2.7	3.3	3.8	4.2	4.7	5.0
	0.4	−1.1	−0.24	0.42	0.92	1.3	1.6	1.9	2.1	2.3	2.5
	0.5	−1.2	−0.38	0.18	0.58	0.88	1.1	1.3	1.5	1.6	1.7
0.6	0.2	−0.55	1.3	3.1	4.7	6.1	7.4	8.6	9.6	11	12
	0.3	−1.1	0	0.88	1.6	2.3	2.8	3.3	3.7	4.1	4.5
	0.4	−1.2	−0.48	0.10	0.54	0.89	1.2	1.4	1.6	1.8	2.0
	0.5	−1.3	−0.62	−0.14	0.21	0.47	0.68	0.85	0.99	1.1	1.2
	0.6	−1.3	−0.69	−0.26	0.04	0.26	0.42	0.57	0.66	0.75	0.82
0.8	0.2	0.06	1.8	3.5	5.1	6.5	7.8	9	10	11	12
	0.3	−0.52	0.35	1.1	1.7	2.3	2.8	3.2	3.6	3.9	4.2
	0.4	−0.67	−0.05	0.43	0.80	1.1	1.4	1.6	1.8	1.9	2.1
	0.6	−0.75	−0.27	0.05	0.28	0.45	0.58	0.68	0.76	0.83	0.88
	0.7	−0.77	−0.31	−0.02	0.18	0.32	0.43	0.50	0.56	0.61	0.65
	0.8	−0.78	−0.34	−0.07	0.12	0.24	0.33	0.39	0.44	0.47	0.50
1.0	0.2	0.40	2.1	3.7	5.2	6.6	7.8	9.0	11	11	12
	0.3	−0.21	0.54	1.2	1.8	2.3	2.7	3.1	3.7	3.7	4.0
	0.4	−0.33	0.21	0.62	0.96	1.2	1.5	1.7	2.0	2.0	2.1
	0.5	−0.38	0.05	0.37	0.60	0.79	0.93	1.1	1.2	1.2	1.3
	0.6	−0.41	−0.02	0.23	0.42	0.55	0.66	0.73	0.80	0.85	0.89
	0.8	−0.44	−0.10	0.11	0.24	0.33	0.39	0.43	0.46	0.47	0.48
	1.0	−0.46	−0.14	0.05	0.16	0.23	0.27	0.29	0.30	0.30	0.29

支管 ζ_{21}（對應 v_2）

$\dfrac{F_2}{F_1}$	$\dfrac{F_3}{F_1}$	L_3/L_2									
		0.2	0.4	0.6	0.8	1.0	1.2	1.4	1.6	1.8	2.0
0.3	0.2	5.3	−0.01	2.0	1.1	0.34	−0.20	−0.61	−0.98	−1.2	−1.4
	0.3	5.4	3.7	2.5	1.6	1.0	0.53	0.16	−0.14	−0.38	−0.58
0.4	0.2	1.9	1.1	0.46	−0.07	−0.49	−0.83	−1.1	−1.3	−1.5	−1.7
	0.3	2.0	1.4	0.81	0.42	0.08	−0.20	−0.43	−0.62	−0.78	−0.92
	0.4	2.0	1.5	1.0	0.68	0.39	0.16	−0.04	−0.21	−0.35	−0.47
0.5	0.2	0.77	0.34	−0.09	−0.48	−0.81	−1.1	1.3	−1.5	−1.7	−1.8
	0.3	0.85	0.56	0.25	0.03	−0.27	−0.48	−0.67	−0.82	−0.96	−1.1
	0.4	0.88	0.66	0.43	0.21	0.02	−0.15	−0.30	−0.42	−0.54	−0.64
	0.5	0.91	0.73	0.54	0.36	0.21	0.06	−0.06	−0.17	−0.26	−0.35

序號 18　合流三通

序號	名稱		$\alpha°$	A_0/A_1					
				1.5	2	2.5	3	3.5	4
19	通風機出口變徑管		10	0.08	0.09	0.1	0.1	0.11	0.11
			15	0.1	0.11	0.12	0.13	0.11	0.15
			20	0.12	0.14	0.15	0.16	0.17	0.18
			25	0.15	0.18	0.21	0.23	0.25	0.26
			30	0.18	0.25	0.3	0.33	0.35	0.35
			35	0.21	0.31	0.38	0.41	0.43	0.44

續　表

序號	名稱	圖形和斷面	局部阻力系數ζ(ζ值以圖內所示的速度 v 計算)									

序號 20　分流三通

支管道(對應 v_3)

v_2/v_1	0.2	0.4	0.6	0.7	0.8	0.9	1.0	1.1	1.2
ζ_{13}	0.76	0.60	0.52	0.50	0.51	0.52	0.56	0.6	0.68
v_3/v_1	1.4	1.6	1.8	2.0	2.2	2.4	2.6	2.8	3.0
ζ_{13}	0.86	1.1	1.4	1.8	2.2	2.6	3.1	3.7	4.2

主管道(對應 v_2)

v_2/v_1	0.2	0.4	0.6	0.8	1.0	1.2	1.4	1.6	1.8
ζ_{12}	0.14	0.06	0.05	0.09	0.18	0.30	0.46	0.64	0.84

序號 21　90°矩形斷面吸入三通

$\dfrac{L_2}{L_1}$	$\dfrac{F_2}{F_3}$			$\dfrac{F_2}{F_3}$	
	0.25	0.50	1.0	0.5	1.0
	ζ_2(對應 v_2)			ζ_3(對應 v_3)	
0.1	− 0.6	− 0.6	− 0.6	0.20	0.20
0.2	0.0	− 0.2	− 0.3	0.20	0.22
0.3	0.4	0.0	− 0.1	0.10	0.25
0.4	1.2	0.25	0.0	0.0	0.24
0.5	2.3	0.40	0.1	− 0.1	0.20
0.6	3.6	0.70	0.2	− 0.2	0.18
0.7	—	1.0	0.3	− 0.3	0.15
0.8	—	1.5	0.4	− 0.4	0.00

序號 22　矩形三通

F_2/F_1	0.5	1
分　流	0.304	0.247
合　流	0.233	0.072

序號 23　圓形三通

合流($R_0/D_1 = 2$)

L_3/L_1	0	0.10	0.20	0.30	0.40	0.50	0.60	0.70	0.80	0.90	1.0
ζ	−0.13	−0.10	−0.07	−0.03	0	0.03	0.03	0.03	0.03	0.05	0.08

分流($F_3/F_1 = 0.5, L_3/L_1 = 0.5$)

R_0/D_1	0.5	0.75	1.0	1.5	2.0
ζ_1	1.10	0.60	0.40	0.25	0.20

續　表

序號	名稱	圖形和斷面	局部阻力系數 ζ(ζ值以圖內所示的速度 v 計算)

24　直角三通

v_2/v_1	0.6	0.8	1.0	1.2	1.4	1.6
ζ_{12}	1.18	1.32	1.50	1.72	1.98	2.28
ζ_{21}	0.6	0.8	1.0	1.6	1.9	2.5

25　矩形送出三通

$v_2/v_1 < 1$ 時可不計，$v_2/v_1 \geqslant 1$ 時

x	0.25	0.5	0.75	1.0	1.25
ζ_2	0.21	0.07	0.05	0.15	0.36
ζ_3	0.30	0.20	0.30	0.4	0.65

$$\Delta P = \zeta \frac{\rho v^2}{2}$$

表中：$x = \left(\dfrac{v_3}{v_1}\right) \times \left(\dfrac{a}{b}\right)^{1/4}$

26　矩形吸入三通

v_1/v_3	0.4	0.6	0.8	1.0	1.2	1.5
$\dfrac{F_1}{F_3}=0.75$	−1.2	−0.3	0.35	0.8	1.1	—
0.67	−1.7	−0.9	−0.3	0.1	0.45	0.7
0.60	−2.1	−0.3	−0.8	0.4	0.1	0.2
ζ_2	−1.3	−0.9	−0.5	0.1	0.55	1.4

$$\Delta P = \zeta \frac{\rho v_3^2}{2}$$

27　側孔吸風

$\dfrac{F_2}{F_1}$	L_2/L_0				
	0.1	0.2	0.3	0.4	0.5
	ζ_0				
0.1	0.8	1.3	1.4	1.4	1.4
0.2	−1.4	0.9	1.3	1.4	1.4
0.4	−9.5	0.2	0.9	1.2	1.3
0.6	−21.2	−2.5	0.3	1.0	1.2

$\dfrac{F_2}{F_1}$	L_2/L_0			
	0.1	0.2	0.3	0.4
	ζ_1			
0.1	0.1	−0.1	−0.8	−2.6
0.2	0.1	0.2	−0.01	−0.6
0.4	0.2	0.3	0.3	0.2
0.6	0.2	0.3	0.4	0.4

續　表

序號	名稱	圖形和斷面	局部阻力系數ζ(ζ值以圖內所示的速度 v 計算)

28　調節式送風口

α°	30	40	50	60	70	80	90	100	110
流綫形葉片	6.4	2.7	1.7	1.6	—	—	—	—	—
簡易葉片	—	—	—	1.2	1.2	1.4	1.8	2.4	3.5

29　帶外擋板的縫形送風口

v_1/v_0	0.6	0.8	1.0	1.2	1.5	2.0
ζ_1	2.73	3.3	4.0	4.9	6.5	10.4

30　側面送風口

$$\zeta = 2.04$$

31　45° 固定金屬百葉窗

$\dfrac{F_1}{F_0}$	0.1	0.2	0.3	0.4	0.5	0.6	0.7	0.8	0.9	1.0
進風 ζ	—	45	17	6.8	4.0	2.3	1.4	0.9	0.6	0.5
排風 ζ	—	58	24	13	8.0	5.3	3.7	2.7	2.0	1.5

F_0—净面積

32　單面空氣分布器

當網絡净面積爲 80% 時　　$r = 0.2D$　$R = 1.2D$

$b = 0.7D$　$1 = 1.25D$

$\zeta = 1.0$　$K = 1.8D$

33　側面孔口(最后孔口)

$F = b \times h$　$h = 0.875 D_0$

F_1/F_0	0.2	0.3	0.4	0.5	0.6	0.7	0.8	0.9	1.0	1.2	1.4	1.6	1.8
送出 單孔 ζ	65.7	30.0	16.4	10.0	7.30	5.50	4.48	3.67	3.6	2.44	—	—	—
送出 雙孔 ζ	67.7	33.0	17.2	11.6	8.45	6.80	5.86	5.00	4.38	3.47	2.9	2.52	2.52
吸入 單孔 ζ	64.5	30.0	14.9	9.00	6.27	4.54	3.54	2.70	2.28	1.60	—	—	—
吸入 雙孔 ζ	66.5	36.5	17.0	12.0	8.75	6.85	5.50	4.54	3.84	2.76	2.01	1.40	1.10

單孔　　　双孔

續　表

序號	名稱	圖形和斷面	局部阻力系數 ζ（ζ 值以圖內所示的速度 v 計算）

34　墙孔

$\dfrac{l}{h}$	0.0	0.2	0.4	0.6	0.8	1.0	1.2	1.4	1.6	1.8	2.0	4.0
ζ	2.83	2.72	2.60	2.34	1.95	1.76	1.67	1.62	1.6	1.6	1.55	1.55

35　孔板送風口

v	開孔率				
	0.2	0.3	0.4	0.5	0.6
0.5	30	12	6.0	3.6	2.3
1.0	33	13	6.8	4.1	2.7
1.5	35	14.5	7.4	4.6	3.0
2.0	39	15.5	7.8	4.9	3.2
2.5	40	16.5	8.3	5.2	3.4
3.0	41	17.5	8.0	5.5	3.7

$$\Delta P = \zeta \frac{v^2 \rho}{2}$$

v 爲面風速

36　插板槽

ζ 值（相應風速爲管內風速 v_0）

h/D_0	0	0.1	0.13	0.2	0.3	0.4	0.5	0.6	0.7	0.8	0.9	1.0

1. 圓　管

F_h/F_0	0	—	0.16	0.25	0.38	0.50	0.61	0.71	0.81	0.90	0.96	1.0
ζ	∞	—	97.9	35.0	10.0	4.60	2.06	0.98	0.44	0.17	0.06	0

2. 矩　形　管

ζ	∞	193	—	44.5	17.8	8.12	4.02	2.08	0.95	0.39	0.09	0

續　表

序號	名稱	圖形和斷面	局部阻力系數ζ(ζ值以圖內所示的速度 v 計算)

37　蝶閥

ζ值(相應風速爲管內風速 v_0)

θ(°)	0	10	20	30	40	50	60
1. 圓　管							
ζ_0	0.20	0.52	1.5	4.5	11	29	108
2. 矩　形　管							
ζ_0	0.04	0.33	1.2	3.3	9.0	26	70

38　矩形風管平行式多葉閥

ζ值(相應風速爲管內風速 v_0)

$\dfrac{l}{s}$	θ(°)								
	80	70	60	50	40	30	20	10	0
0.3	116	32	14	9.0	5.0	2.3	1.4	0.79	0.52
0.4	152	38	16	9.0	6.0	2.4	1.5	0.85	0.52
0.5	188	45	18	9.0	6.0	2.4	1.5	0.92	0.52
0.6	245	45	21	9.0	5.4	2.4	1.5	0.92	0.52
0.8	284	55	22	9.0	5.4	2.5	1.5	0.92	0.52
1.0	361	65	24	10	5.4	2.6	1.6	1.0	0.52
1.5	576	102	28	10	5.4	2.7	1.6	1.0	0.52

$$\frac{l}{s} = \frac{n \cdot b}{2(a+b)}$$

l——合計的閥門葉片總長度,mm;
s——風管的周長,mm;
n——閥門葉片的數量;
b——平行于葉片軸的風管尺寸,mm。

39　矩形風管對開式多葉閥

ζ值(相應風速爲管內風速 v_0)

$\dfrac{l}{s}$	θ(°)								
	80	70	60	50	40	30	20	10	0
0.3	807	284	73	21	9.0	4.1	2.1	0.85	0.52
0.4	915	332	100	28	11	5.0	2.2	0.92	0.52
0.5	1045	377	122	33	13	5.4	2.3	1.0	0.52
0.6	1121	411	148	38	14	6.0	2.3	1.0	0.52
0.8	1299	495	188	54	18	6.6	2.4	1.1	0.52
1.0	1521	547	245	65	21	7.3	2.7	1.2	0.52
1.5	1654	677	361	107	28	9.0	3.2	1.4	0.52

附錄 6.5　通風管道統一規格

表 1　圓形通風管道規格

外徑 D (mm)	鋼板制風管 外徑允許偏差 (mm)	壁厚 (mm)	塑料制風管 外徑允許偏差 (mm)	壁厚 (mm)	外徑 D (mm)	除塵風管 外徑允許偏差 (mm)	壁厚 (mm)	氣密性風管 外徑允許偏差 (mm)	壁厚 (mm)
100					80 / 90 / 100				
120					110 / 120				
140		0.5		3.0	(130) / 140				
160					(150) / 160				
180					(170) / 180				
200					190 / 200				
220			±1		(210) / 220		1.5		2.0
250					(240) / 250				
280					(260) / 280				
320		0.75			(300) / 320				
360				4.0	(340) / 360				
400					(380) / 400				
450	±1				(420) / 450	±1		±1	
500					(480) / 500				
560					(530) / 560				
630					(600) / 630				
700			±1.5		(670) / 700				
800		1.0		5.0	(750) / 800				
900					(850) / 900		2.0		3.0~4.0
1000					(950) / 1000				
1120					(1060) / 1120				
1250					(1180) / 1250				
1400				6.0	(1320) / 1400				
1600		1.2~1.5			(1500) / 1600				
1800					(1700) / 1800		3.0		4.0~6.0
2000					(1900) / 2000				

表 2　矩形通風管道規格

外邊長 A×B (mm)	鋼板制風管 外邊長允許偏差 (mm)	壁厚 (mm)	塑料制風管 外邊長允許偏差 (mm)	壁厚 (mm)	外邊長 A×B (mm)	鋼板制風管 外邊長允許偏差 (mm)	壁厚 (mm)	塑料制風管 外邊長允許偏差 (mm)	壁厚 (mm)
120×120					630×500				
160×120					630×630				
160×160		0.5			800×320				
220×120					800×400				5.0
200×160					800×500				
200×200					800×630				
250×120				3.0	800×800		1.0		
250×160					1000×320				
250×200					1000×400				
250×250					1000×500				
320×160					1000×630				
320×200					1000×800				
320×250	-2		-2		1000×1000				6.0
320×320					1250×400				
400×200					1250×500	-2		-3	
400×250		0.75			1250×630				
400×320					1250×800				
400×400					1250×1000				
500×200					1600×500				
500×250				4.0	1600×630		1.2		
500×320					1600×800				
500×400					1600×1000				
500×500					1600×1250				8.0
630×250					2000×800				
630×320		1.0		5.0	2000×1000				
630×400			-3.0		2000×1250				

注:1. 本通風管道統一規格系經"通風管道定型化"審查會議通過,作爲通用規格在全國使用。

　　2. 除塵、氣密性風管規格中分基本系列和輔助系列,應優先采用基本系列(即不加括號數字)。

附錄 7 民用及公共建築通風換氣量表

序 號	房 間 名 稱	換氣次數（L/h）	
		進　氣	排　氣
	一、居住建築		
1	住宅、宿舍的臥室及起居室		1.0
2	厨房		1.0～3.0
3	衛生間		1.0～3.0
4	盥洗室		0.5～1.0
5	公共廁所		每個大便器 40 m³/h
			每個小便器 20 m³/h
	二、醫療建築		
1	病房	3.0	1.0
2	診室		1.5
3	X 光室	4.0	5.0
4	X 光的操縱室及暗室	2.0	3.0
5	體療室	每人 50～60 m³/h	
6	理療室	4.0	5.0
7	一般手術室	5.0	6.0
8	西藥房、調劑室	2.0	2.0
9	中藥房、煎藥室	1.0	3.0
10	蒸汽消毒室　污部		4.0
	潔部	2.0	
	三、托兒所、幼兒園		
1	活動室、寢室、辦公室		1.5
2	盥洗室、廁所		3.0
3	浴室		1.5
4	醫務室、隔離室		1.5
5	厨房		3.0
6	洗衣房		5.0
	四、學校		
1	教室		1.0～1.5
2	化學試驗室		3.0
3	廁所		5.0
4	健身房		3.0
5	保健室		1.0～1.5
	五、影劇院		
1	觀衆廳	每人 10 m³/h	
2	休息廳		3.0
3	舞臺		1.0
4	吸烟室		10
5	放映室		每臺放映機 700 m³/h
	六、體育建築		
1	比賽廳	每人 10 m³/h	
	七、洗衣房		
1	洗衣間	10	13
2	燙衣間	4.0	6.0
3	包裝間	1.0	1.0
4	接收衣服間	3.0	4.0
5	取衣處	2.0	
6	集中衣服處		1.0
	八、公共建築的共同部分		
1	變電室		10.0
2	配電室		3.0
3	電梯機房		10.0
4	蓄電池室		12.0
5	制冷室調機室		5.0
6	汽車庫（停車場、無修理間）		2.0
7	汽車修理間		3.0
8	地下停車庫	4.0～5.0	5.0～6.0
9	油罐室		5.0

附錄 10.1 濕空氣的密度、水蒸汽壓力、含濕量和焓
(大氣壓 B = 1013 mbar)

空氣溫度 t (℃)	干空氣密度 ρ (kg/m³)	飽和空氣密度 ρ_b (kg/m³)	飽和空氣的水蒸汽分壓力 $P_{b,q}$ (mbar)	飽和空氣含濕量 d_b (g/kg 干空氣)	飽和空氣焓 i_b (kJ/kg 干空氣)
−20	1.396	1.395	1.02	0.63	−18.55
−19	1.394	1.393	1.13	0.70	−17.39
−18	1.385	1.384	1.25	0.77	−16.20
−17	1.379	1.378	1.37	0.85	−14.99
−16	1.374	1.373	1.50	0.93	−13.77
−15	1.368	1.367	1.65	1.01	−12.60
−14	1.363	1.362	1.81	1.11	−11.35
−13	1.358	1.357	1.98	1.22	−10.05
−12	1.353	1.352	2.17	1.34	−8.75
−11	1.348	1.347	2.37	1.46	−7.45
−10	1.342	1.341	2.59	1.60	−6.07
−9	1.337	1.336	2.83	1.75	−4.73
−8	1.332	1.331	3.09	1.91	−3.31
−7	1.327	1.325	3.36	2.08	−1.88
−6	1.322	1.320	3.67	2.27	−0.42
−5	1.317	1.315	4.00	2.47	1.09
−4	1.312	1.310	4.36	2.69	2.68
−3	1.308	1.306	4.75	2.94	4.31
−2	1.303	1.301	5.16	3.19	5.90
−1	1.298	1.295	5.61	3.47	7.62
0	1.293	1.290	6.09	3.78	9.42
1	1.288	1.285	6.56	4.07	11.14
2	1.284	1.281	7.04	4.37	12.89
3	1.279	1.275	7.57	4.70	14.74
4	1.275	1.271	8.11	5.03	16.58
5	1.270	1.266	8.70	5.40	18.51
6	1.265	1.261	9.32	5.79	20.51
7	1.261	1.256	9.99	6.21	22.61
8	1.256	1.251	10.70	6.65	24.70
9	1.252	1.247	11.46	7.13	26.92
10	1.248	1.242	12.25	7.63	29.18
11	1.243	1.237	13.09	8.15	31.25
12	1.239	1.232	13.99	8.75	34.08
13	1.235	1.228	14.94	9.35	36.59
14	1.230	1.223	15.95	9.97	39.19
15	1.226	1.218	17.01	10.6	41.78
16	1.222	1.214	18.13	11.4	44.80
17	1.217	1.208	19.32	12.1	47.73

續　表

空氣溫度 t (℃)	干空氣密度 ρ (kg/m³)	飽和空氣 密度 ρ_b (kg/m³)	飽和空氣的水 蒸汽分壓力 P_{q,b} (mbar)	飽和空氣 含濕量 d_b (g/kg 干空氣)	飽和空氣焓 i_b (kJ/kg 干空氣)
18	1.213	1.204	20.59	12.9	50.66
19	1.209	1.200	21.92	13.8	54.01
20	1.205	1.195	23.31	14.7	57.78
21	1.201	1.190	24.80	15.6	61.13
22	1.197	1.185	26.37	16.6	64.06
23	1.193	1.181	28.02	17.7	67.83
24	1.189	1.176	29.77	18.8	72.01
25	1.185	1.171	31.60	20.0	75.78
26	1.181	1.166	33.53	21.4	80.39
27	1.177	1.161	35.56	22.6	84.57
28	1.173	1.156	37.71	24.0	89.18
29	1.169	1.151	39.95	25.6	94.20
30	1.165	1.146	42.32	27.2	99.65
31	1.161	1.141	44.82	28.8	104.67
32	1.157	1.136	47.43	30.6	110.11
33	1.154	1.131	50.18	32.5	115.97
34	1.150	1.126	53.07	34.4	122.25
35	1.146	1.121	56.10	36.6	128.95
36	1.142	1.116	59.26	38.8	135.65
37	1.139	1.111	62.60	41.1	142.35
38	1.135	1.107	66.09	43.5	149.47
39	1.132	1.102	69.75	46.0	157.42
40	1.128	1.097	73.58	48.8	165.80
41	1.124	1.091	77.59	51.7	174.17
42	1.121	1.086	81.80	54.8	182.96
43	1.117	1.081	86.18	58.0	192.17
44	1.114	1.076	90.79	61.3	202.22
45	1.110	1.070	95.60	65.0	212.69
46	1.107	1.065	100.61	68.9	223.57
47	1.103	1.059	105.87	72.8	235.30
48	1.100	1.054	111.33	77.0	247.02
49	1.096	1.048	117.07	81.5	260.00
50	1.093	1.043	123.04	86.2	273.40
55	1.076	1.013	156.94	114	352.11
60	1.060	0.981	198.70	152	456.36
65	1.044	0.946	249.38	204	598.71
70	1.029	0.909	310.82	276	795.50
75	1.014	0.868	384.50	382	1080.19
80	1.000	0.832	472.28	545	1519.81
85	0.986	0.773	576.69	828	2281.81
90	0.973	0.718	699.31	1400	3818.36
95	0.959	0.656	843.09	3120	8436.40
100	0.947	0.589	1013.00	–	–

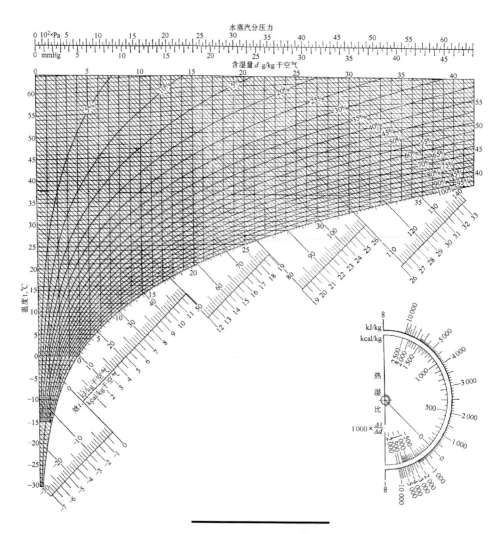

附录 10.2　湿空气焓湿图

大气压 $\dfrac{1013.25\ \text{mbar}(10^2\ \text{Pa})}{760\ \text{mmHg}}$

$i = 1.01t + 0.001d(2500 + 1.84t)\ \text{kJ/kg 干空气}$
$i = 0.24\ + 0.001d(597.3 + 0.44t)\ \text{kcal/kg 干空气}$

附録 10.2　濕空氣焓溫圖

附錄 11.1　部分城市室外氣象參數

序號	地名	臺站位置			大氣壓力 hPa		年平均溫度(℃)	室外計算(干球)溫度℃									夏季空氣調節室外計算濕球溫度(℃)
		北緯	東經	海拔(m)	冬季	夏季		冬季				夏季					
								採暖	空氣調節	最低日平均	通風	通風	空氣調節	空氣調節日平均	計算日較差	
1	2	3	4	5	6	7	8	9	10	11	12	13	14	15	16	17
01	北京	39°48′	116°28′	31.2	1020.4	998.6	11.4	-9	-12	-15.9	-5	30	33.2	28.6	8.8	26.4
02	天津	39°06′	117°10′	3.3	1026.6	1004.8	12.2	-9	-11	-13.1	-4	29	33.4	29.2	8.1	26.9
03	沈陽	41°46′	123°26′	41.6	1020.8	1007.7	7.8	-19	-22	-24.9	-12	28	31.4	27.2	8.1	25.4
04	大連	38°54′	121°38′	92.8	1013.8	994.7	10.2	-11	-14	-18.6	-5	26	28.4	25.5	5.6	25.0
05	哈爾濱	45°41′	126°37′	171.7	1001.5	985.1	3.6	-26	-29	-33.0	-20	27	30.3	26.0	8.3	23.4
06	上海	31°10′	121°26′	4.5	1025.1	1005.3	15.7	-2	-4	-6.9	3	32	34.0	30.4	6.9	28.2
07	南京	32°00′	118°48′	8.9	1025.2	1004.0	15.3	-3	-6	-9.0	2	32	35.0	31.4	6.9	28.3
08	武漢	30°37′	114°08′	23.3	1023.3	1001.7	16.3	-2	-5	-11.3	3	33	35.2	31.9	6.3	28.2
09	廣州	23°03′	113°19′	6.6	1019.5	1004.5	21.8	7	5	2.9	13	31	33.5	30.1	6.5	27.7
10	重慶	29°35′	106°28′	259.1	991.2	973.2	18.3	4	2	0.9	7	33	36.5	32.5	7.7	27.3
11	濟南	36°41′	116°59′	51.6	1020.2	998.5	14.2	-7	-10	-13.7	-2	31	34.8	31.3	6.7	26.7
12	昆明	25°01′	102°41′	1891.4	811.5	808.0	14.7	3	1	-3.5	8	23	25.8	22.2	6.9	19.9
13	西安	34°18′	108°56′	396.9	987.7	959.2	13.3	-5	-8	-12.3	-1	31	35.2	30.7	8.7	26.0
14	爾洲	36°03′	103°53′	1517.2	851.4	843.1	9.1	-11	-13	-15.8	-7	26	30.5	25.8	9.0	20.2
15	烏魯木齊	43°47′	87°37′	917.9	919.9	906.7	5.7	-22	-27	-33.3	-15	29	34.1	29.0	9.8	18.5

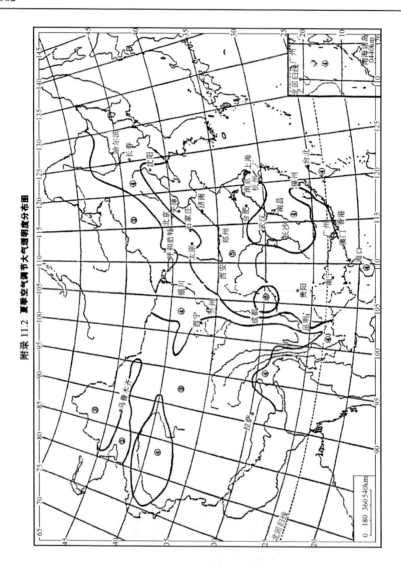

附录 11.2　夏季空气调节大气透明度分布图

附録 11.3　大氣透明度等級

附録 2 – 2 標定的透明度等級	下列大氣壓力 (× 10² Pa) (mbar) 時的透明度等級							
	650	700	750	800	850	900	950	1 000
1	1	1	1	1	1	1	1	1
2	1	1	1	1	1	2	2	2
3	1	2	2	2	2	3	3	3
4	2	2	3	3	3	4	4	4
5	3	3	4	4	4	4	5	5
6	4	4	4	5	5	5	6	6

附錄 11.4　北緯 40°太陽總輻射強度(W/m²)

透明度等級		1						2						3					透明度等級
朝向	S	SE	E	NE	N	H	S	SE	E	NE	N	H	S	SE	E	NE	N	H	朝向
6	45	378	706	648	236	209	47	330	612	562	209	192	52	295	536	493	192	185	18
7	72	570	878	714	174	427	76	519	793	648	166	399	79	471	714	585	159	373	17
8	124	671	880	629	94	630	129	632	825	596	101	604	133	591	766	556	108	576	16'
9	273	702	787	479	115	813	266	665	475	458	120	777	264	634	707	442	129	749	15
10	393	663	621	292	130	958	386	640	5600	291	140	927	371	607	570	283	142	883	14
11	465	550	392	135	135	1037	454	534	385	144	144	1004	436	511	372	147	147	958	13'
12	492	388	140	140	140	1068	478	380	147	147	147	1030	461	370	150	150	150	986	12
13	465	187	135	135	135	1037	454	192	144	144	144	1004	436	192	147	147	147	958	11
14	393	130	130	130	130	958	386	140	140	140	140	927	371	142	142	142	142	883	10
15	273	115	115	115	115	813	266	120	120	120	120	7777	264	129	129	129	129	749	9
16	124	94	94	94	94	630	129	101	101	101	101	604	133	108	108	108	108	571	8
17	72	72	72	72	174	427	76	76	76	76	166	399	79	79	79	79	159	373	7
18	45	45	45	45	236	209	47	47	47	47	209	192	52	52	52	52	192	185	6
日 總 計	3239	4567	4996	3629	1910	9218	3192	4374	4733	3469	1907	8831	3131	4181	4473	3312	1904	8434	日 總 計
日 平 均	135	191	208	151	79	384	133	183	198	144	79	369	130	174	186	138	79	351	日 平 均
朝 向	S	SW	W	NW	N	H	S	SW	W	NW	N	H	S	SW	W	NW	N	H	朝 向

左側列標題：時刻（地方太陽時）　右側列標題：時刻（地方太陽時）

透明度等級		4						5						6					透明度等級
朝 向	S	SE	E	NE	N	H	S	SE	E	NE	N	H	S	SE	E	NE	N	H	朝 向
6	52	250	445	411	165	166	50	209	368	340	142	148	49	164	279	258	115	127	18
7	83	421	630	519	152	345	87	379	559	463	148	324	93	334	483	404	142	304	17
8	131	537	692	506	109	533	137	500	638	472	117	509	137	443	559	420	121	466	16
9	258	593	661	420	135	711	258	569	630	407	144	690	254	521	575	381	155	645	15
10	361	576	542	279	151	842	357	558	527	281	162	821	349	526	498	281	176	779	14
11	424	493	365	158	158	919	416	480	362	16	169	892	402	495	354	181	181	847	13
12	448	364	162	162	162	949	438	361	172	172	172	919	422	352	185	185	185	872	12
13	424	199	158	158	158	919	416	207	169	169	169	892	402	216	181	181	181	847	11
14	361	151	151	151	151	842	357	162	162	162	162	821	349	176	176	176	176	779	10
15	258	135	135	135	135	711	258	144	144	144	144	690	254	155	155	155	155	645	9
16	131	109	109	109	109	533	137	117	117	117	117	509	137	121	121	121	121	466	8
17	83	83	83	83	152	345	87	87	87	87	148	324	93	93	93	93	142	304	7
18	52	52	52	52	165	166	50	50	50	50	142	148	49	49	49	49	115	127	6
日 總 計	3067	3964	4186	3142	1904	7981	3051	3824	3986	3033	1935	7687	2990	3609	3706	2885	1964	7203	日 總 計
日 平 均	128	165	174	131	79	333	127	150	166	127	800	320	124	150	155	120	81	300	日 平 均
朝 向	S	SW	W	NW	N	H	S	SW	W	NW	N	H	S	SW	W	NW	N	H	朝 向

左側列標題：時刻（地方太陽時）　右側列標題：時刻（地方太陽時）

附錄 11.5　外牆、屋頂、內牆、樓板夏季熱工指標及結構類型
($a_w = 18.6 \text{ W/m}^2 \cdot \text{K}$, $a_n = 8.72 \text{ W/m}^2 \cdot \text{K}$)

序號	構　造	壁厚 δ (mm)	保溫厚 (mm)	導熱熱阻 $(\text{m}^2 \cdot \text{K/W})$	傳熱系數 $(\text{W/m}^2 \cdot \text{K})$	質　量 (kg/m^2)	熱容量 $(\text{kJ/m}^2 \cdot \text{K})$	類型
1	 1. 水泥砂漿 2. 磚　墻 3. 白灰粉刷	240		0.34	1.97	500	435	III
		370		0.51	1.50	734	645	II
		490		0.65	1.22	950	833	I
2	 1. 外 粉 刷 2. 加氣混凝土板 3. 內粉刷	150		0.77	1.07	143	121	VI
		175		0.89	0.95	156	130	VI
		200		1.00	0.86	168	142	V
		250		1.24	0.71	193	163	IV
		280		1.38	0.64	208	176	IV
		300		1.48	0.60	218	184	III
		350		1.72	0.53	243	205	III
3	 鋼筋混凝土剪力墻 1. 釉面磚 2. 水泥砂漿 3. 鋼筋混凝土 4. 內粉刷	350		0.28	2.21	927	775	II
		300		0.25	2.38	807	674	III
		250		0.21	2.58	687	574	III
		200		0.19	2.81	567	473	IV

續　表

序號	構　造	壁厚 δ (mm)	保溫層 材料	保溫層 厚度 l (mm)	導熱熱阻 (m²·K/W)	傳熱系數 (W/m²·K)	質　量 (kg/m²)	熱容量 (kJ/m²·K)	類型
4	1 2 3 4 5　外　内　20 δ l 20　1. 水泥砂漿抹灰噴漿　2. 磚墻　3. 防潮層(用于炎熱潮濕地區)　4. 保溫層　5. 水泥砂漿抹灰加油漆	240	加氣混凝土	250	1.58	0.57	690	599	I
				190	1.29	0.69	654	569	I
				150	1.10	0.79	630	548	I
				120	0.95	0.88	612	536	II
				90	0.82	1.01	594	519	II
				70	0.72	1.13	582	511	II
			水泥膨脹珍珠岩	190	2.02	0.45	607	519	I
				140	1.59	0.57	589	507	II
				110	1.33	0.66	579	498	II
				80	1.07	0.80	568	494	II
				60	0.90	0.93	563	490	II
				50	0.82	1.02	558	486	II
				40	0.73	1.12	554	481	II
			瀝青膨脹珍珠岩	160	2.11	0.44	596	511	I
				110	1.56	0.58	579	498	II
				80	1.25	0.71	568	494	II
				65	1.08	0.80	563	490	II
				50	0.92	0.92	558	486	II
				40	0.82	1.01	554	481	II
		370	加氣混凝土	220	1.60	0.57	906	791	I
				160	1.31	0.67	870	762	I
				120	1.12	0.78	846	741	I
				80	0.93	0.91	822	720	I
				60	0.83	1.00	810	712	I

續　表

序號	構　造	壁厚 δ (mm)	保溫層		導熱熱阻 (m²·K/W)	傳熱系數 (W/m²·K)	質　量 (kg/m²)	熱容量 (kJ/m²·K)	類型
			材料	厚度 l (mm)					
5	1. 水泥砂漿抹灰加噴漿 2. 磚　墙 3. 防潮層(用於炎熱潮濕地區) 4. 保溫層 5. 隔汽層(有必要時采用) 6. φ6鋼筋網上加 14 號鉛絲網再作鋼板網抹灰、油漆	240	袋沫裝脲塑醛泡料	75	2.01	0.45	545	479	Ⅱ
				55	1.58	0.57	544	478	Ⅱ
				40	1.26	0.70	544	478	Ⅱ
				30	1.04	0.83	544	477	Ⅱ
				25	0.94	0.91	544	461	Ⅱ
			瀝青玻璃棉甎	95	2.03	0.45	555	484	Ⅱ
				70	1.60	0.57	552	482	Ⅱ
				50	1.26	0.70	549	481	Ⅱ
				40	1.08	0.79	548	480	Ⅱ
				30	0.91	0.92	547	479	Ⅱ
				25	0.83	1.00	546	479	Ⅱ
			瀝青礦渣棉甎	110	1.98	0.47	556	487	Ⅱ
				80	1.55	0.58	553	484	Ⅱ
				60	1.26	0.70	550	482	Ⅱ
				50	1.12	0.78	549	481	Ⅱ
				40	0.97	0.87	548	481	Ⅱ
				30	0.83	1.00	547	479	Ⅱ
				25	0.76	1.08	546	479	Ⅱ
		370	同前上	70	2.06	0.45	779	684	Ⅰ
				50	1.63	0.56	778	684	Ⅰ
				35	1.32	0.67	778	683	Ⅰ
				25	1.10	0.79	778	683	Ⅰ

續　表

序號	構　造	壁厚 δ (mm)	保溫層 材料	厚度 l (mm)	導熱熱阻 (m²·K/W)	傳熱系數 (W/m²·K)	質　量 (kg/m²)	熱容量 (kJ/m²·K)	類型
6	 1. 礫砂外表層 5 mm 2. 卷材防水層 3. 水泥砂漿找平層 20 mm 4. 保溫層 5. 隔汽層 6. 現澆鋼筋混凝土屋面板 7. 內粉刷		水泥膨脹珍珠岩	25	0.37	1.86	251	214	V
				50	0.58	1.33	260	218	V
				75	0.80	1.04	269	226	IV
				100	1.01	0.85	277	230	IV
				125	1.23	0.71	286	234	III
				150	1.44	0.62	295	243	III
				175	1.66	0.55	304	247	III
				200	1.87	0.49	312	255	III
			瀝青膨脹珍珠岩	25	0.46	1.58	250	214	V
				50	0.77	1.07	257	222	V
				75	1.07	0.80	265	226	IV
				100	1.38	0.64	272	230	IV
				125	1.69	0.53	280	239	III
				150	1.99	0.47	287	247	III
				175	2.30	0.41	295	251	III
				200	2.61	0.36	302	260	III
			加氣泡沫混凝土	25	0.28	2.26	257	218	V
				50	0.40	1.78	272	230	V
				75	0.52	1.47	287	243	IV
				100	0.64	1.24	302	255	IV
				125	0.76	1.08	317	268	III
				150	0.87	0.97	332	281	III
				175	0.99	0.86	347	293	III
				200	1.11	0.78	362	306	III
7	 1. 預制細石混凝土板 25 mm, 　表面噴白色水泥漿 2. 通風層 ≥200 mm 3. 卷材防水層 4. 水尼砂漿找平層 20 mm 5. 保溫層 6. 隔汽層 7. 現澆鋼筋混凝土板 8. 內粉刷	70	水泥膨脹珍珠岩	25	0.78	1.05	376	318	III
				50	1.00	0.86	385	322	III
				70	1.21	0.72	394	331	III
				100	1.43	0.63	402	335	II
				125	1.64	0.55	411	339	II
				150	1.86	0.49	420	348	II
				175	2.07	0.44	429	352	II
				200	2.29	0.41	437	360	I
			瀝青膨脹珍珠岩	25	0.83	1.00	376	318	III
				50	1.11	0.78	385	322	III
				75	1.38	0.65	394	331	III
				100	1.64	0.55	402	335	II
				125	1.91	0.48	411	339	II
				150	2.18	0.43	420	348	II
				175	2.45	0.38	429	352	II
				200	2.72	0.35	437	360	I
			加氣泡沫混凝土	25	0.69	1.16	382	322	III
				50	0.81	1.02	397	335	III
				75	0.93	0.91	412	348	III
				100	1.05	0.83	427	360	II
				125	1.17	0.74	442	373	II
				150	1.29	0.69	457	385	I
				175	1.41	0.64	472	398	I
				200	1.53	0.59	487	410	I

續　表

序號	構　造	壁厚 δ (mm)	保溫層 mm	導熱熱阻 (m²·K/W)	傳熱系數 (W/m²·K)	質　量 (kg/m²)	熱容量 (kJ/m²·K)	類型
8	磚砌隔墙	240 180 120			1.75 2.01 2.80			
9	粉媒灰砌塊隔墙	120			1.88			
10	1.面層 2.鋼筋混凝土樓板 3.粉刷	80	鋪地毯		3.13 1.44			
11	1.水磨石 2.砂漿找平層 3.鋼筋混凝土樓板 4.粉刷	100	鋪地毯		2.73 1.35			

附録 11.6　外牆冷負荷計算温度 t_l（℃）

朝　　向 時　　間	S	SW	W	NW	N	NE	E	SE
				Ⅰ　型　外　墙				
0	34.7	36.3	36.6	34.5	32.2	35.3	37.5	36.9
1	34.9	36.6	36.9	34.7	32.3	35.4	37.6	37.1
2	35.1	36.8	37.2	34.9	32.4	35.5	37.7	37.2
3	35.2	37.0	37.4	35.1	33.5	35.5	37.7	37.2
4	35.3	37.2	37.6	35.3	32.6	35.5	37.6	37.2
5	35.3	37.3	37.8	35.4	32.6	35.5	37.5	37.2
6	35.3	37.4	37.9	35.5	32.7	35.4	37.4	37.1
7	35.3	37.4	37.9	35.5	32.6	35.4	37.3	37.0
8	35.2	37.4	37.9	35.5	32.6	35.2	37.1	36.9
9	35.1	37.3	37.8	35.5	32.5	35.1	36.8	36.7
10	34.9	37.1	37.7	35.4	32.5	34.9	36.6	36.5
11	34.8	37.0	37.5	35.2	32.4	34.7	36.4	36.3
12	34.6	36.7	37.3	35.1	32.2	34.6	36.2	36.1
13	34.4	36.5	37.1	34.9	32.1	34.5	36.1	35.9
14	34.2	36.3	36.9	34.7	32.0	34.4	36.1	35.7
15	34.0	36.1	36.6	34.5	31.9	34.4	36.1	35.7
16	33.9	35.9	36.4	34.4	31.8	34.4	36.2	35.6
17	33.8	35.7	36.2	34.2	31.8	34.4	36.3	35.7
18	33.8	35.6	36.1	34.1	31.8	34.5	36.4	35.8
19	33.9	35.5	36.0	34.0	31.8	34.6	36.6	36.0
20	34.0	35.5	35.9	34.0	31.8	34.8	36.8	36.2
21	34.1	35.6	36.0	34.0	31.9	34.9	37.0	36.4
22	34.3	35.8	36.1	34.1	32.0	35.0	37.2	36.6
23	34.5	36.0	36.3	34.3	32.1	35.2	37.3	36.8
最大值	35.3	37.4	37.9	35.5	32.7	35.5	37.7	37.2
最小值	33.8	35.5	35.9	34.0	31.8	34.4	36.1	35.7
				Ⅱ　型　外　墙				
0	36.1	38.2	38.5	36.0	33.1	36.2	38.5	38.1
1	36.2	38.5	38.9	36.3	33.2	36.1	38.4	38.1
2	36.2	38.6	39.1	36.5	33.2	36.0	38.2	37.9
3	36.1	38.6	39.2	36.5	33.2	35.8	38.0	37.7
4	35.9	38.4	39.1	36.5	3.1	35.6	37.6	37.4
5	35.6	38.2	38.9	36.3	33.0	35.3	37.3	37.0
6	35.3	37.9	38.6	36.1	32.8	35.0	36.9	36.6
7	35.0	37.5	38.2	35.8	32.6	34.7	36.4	36.2
8	34.6	37.1	37.8	35.4	32.3	34.3	36.0	35.8
9	34.2	36.6	37.3	35.1	32.1	33.9	35.5	35.3
10	33.9	36.1	36.8	34.7	31.8	33.6	35.2	34.9
11	33.5	35.7	36.3	34.3	31.6	33.5	35.0	34.6

續 表

朝向 時間	S	SW	W	NW	N	NE	E	SE
12	33.2	35.3	35.9	33.9	31.4	33.5	35.0	34.5
13	32.9	34.9	35.5	33.6	31.3	33.7	35.2	34.6
14	32.8	34.6	35.2	33.4	31.2	33.9	35.6	34.8
15	32.9	34.4	34.9	33.2	31.2	34.3	36.1	35.2
16	33.1	34.3	34.8	33.2	31.3	34.6	36.6	35.7
17	33.4	34.4	34.8	33.2	31.4	34.9	37.1	36.2
18	33.9	34.7	34.9	33.3	31.6	35.2	37.5	36.7
19	34.4	35.2	35.3	33.5	31.8	35.4	37.9	37.2
20	34.9	35.8	35.8	33.9	32.1	35.7	38.2	37.5
21	35.3	36.5	36.5	34.4	32.4	35.9	38.4	37.8
22	35.7	37.2	37.3	35.0	32.6	36.1	38.5	38.0
23	36.0	37.7	38.0	35.5	32.9	36.2	38.6	38.1
最大值	36.2	38.6	39.2	36.5	33.2	36.2	38.6	38.1
最小值	32.8	34.3	34.8	33.2	31.2	33.5	35.0	34.5
Ⅲ 型 外 墻								
0	38.1	41.9	42.9	39.3	34.7	36.9	39.1	39.1
1	37.5	41.4	42.5	39.1	34.4	36.4	38.4	38.4
2	36.9	40.6	41.8	38.6	34.1	35.8	37.6	37.6
3	36.1	39.7	40.8	37.9	33.6	35.1	36.7	36.8
4	35.3	38.7	39.8	37.1	33.1	34.4	35.9	35.9
5	34.5	37.6	38.6	36.2	32.5	33.7	35.0	35.0
6	33.7	36.6	37.5	35.3	31.9	33.0	34.1	34.2
7	33.0	35.5	36.4	34.4	31.3	32.3	33.3	33.3
8	32.2	34.5	35.4	33.5	30.8	31.6	32.5	32.5
9	31.5	33.6	34.4	32.7	30.3	31.2	32.1	31.9
10	30.9	32.8	33.5	32.0	30.0	31.3	32.1	31.7
11	30.5	32.2	32.8	31.5	29.8	31.9	32.8	32.0
12	30.4	31.8	32.4	31.2	29.8	32.8	34.1	32.8
13	30.6	31.6	32.1	31.1	30.0	33.9	35.6	34.0
14	31.3	31.7	32.1	31.2	30.3	34.9	37.2	35.4
15	32.3	32.1	32.3	31.4	30.7	35.7	38.5	36.9
16	33.5	32.9	32.8	31.9	31.3	36.3	39.5	38.2
17	34.9	34.1	33.7	32.5	31.9	36.8	40.2	39.3
18	36.3	35.7	35.0	33.3	32.5	37.2	40.5	39.9
19	37.4	37.5	36.7	34.5	33.1	37.5	40.7	40.3
20	38.1	39.2	38.7	35.8	33.6	37.7	40.7	40.5
21	38.6	40.6	40.5	37.3	34.1	37.7	40.6	40.4
22	38.7	41.6	42.0	38.5	34.5	37.6	40.2	40.1
23	38.5	42.0	42.8	39.2	34.7	37.4	39.7	39.7
最大值	38.7	42.0	42.9	39.3	34.7	37.7	40.7	40.5
最小值	30.4	31.6	32.1	31.1	29.8	31.2	32.1	31.7

續 表

朝 向 時 間	S	SW	W	NW	N	NE	E	SE
12	30.5	30.1	30.3	29.8	30.0	37.3	40.5	37.4
13	32.7	31.1	31.1	30.7	30.9	38.4	42.8	40.2
14	35.2	32.6	32.2	31.8	31.9	38.9	43.8	42.3
15	37.7	34.9	33.7	32.9	33.0	39.1	43.9	43.4
16	39.8	37.8	36.0	34.2	34.0	39.2	43.6	43.7
17	41.3	40.9	39.1	36.0	34.8	39.3	43.0	43.4
18	42.0	43.7	42.5	33.3	35.5	39.2	42.4	42.9
19	41.9	45.8	45.7	40.7	36.0	39.0	41.7	42.1
20	41.2	46.8	47.9	42.8	36.4	38.5	40.8	41.2
21	40.1	46.4	48.4	33.5	36.4	37.8	39.7	40.0
22	38.9	45.0	47.2	42.8	36.0	36.9	38.5	38.3
23	37.5	43.0	45.1	41.3	35.2	35.9	37.2	37.4
最大值	42.0	46.8	48.4	43.5	36.4	39.3	43.9	43.7
最小值	28.1	29.1	29.4	28.8	28.1	28.7	29.1	28.9

Ⅳ 型 外 墙

	S	SW	W	NW	N	NE	E	SE
0	33.7	37.4	39.0	36.7	32.6	32.8	33.5	33.6
1	32.4	35.3	36.6	34.7	31.5	31.7	32.3	32.4
2	31.3	33.6	34.6	33.1	30.5	30.7	31.2	31.3
3	30.3	32.2	32.9	31.7	29.6	29.8	30.3	30.3
4	29.4	30.9	31.6	30.5	28.8	29.0	29.4	29.4
5	28.6	29.9	30.4	29.5	28.1	28.3	28.6	28.7
6	27.9	29.0	29.4	28.7	27.5	27.7	27.9	28.0
7	27.4	28.3	28.6	28.0	27.2	27.8	28.1	27.8
8	27.2	28.0	28.3	27.7	27.7	29.9	30.4	28.9
9	27.5	28.1	28.4	27.9	28.5	33.5	34.5	31.6
10	28.6	28.8	29.0	28.6	29.3	37.0	39.2	35.3
11	30.5	29.8	30.0	29.7	30.2	39.5	43.2	39.2
12	33.3	31.1	31.2	30.9	31.3	40.5	45.8	42.6
13	36.5	33.0	32.5	32.3	32.6	40.5	46.5	45.0
14	39.7	35.7	34.2	33.6	33.8	40.1	45.9	46.0
15	42.2	39.3	36.8	35.0	34.9	39.9	44.6	45.7
16	43.7	43.1	40.6	37.0	35.8	39.7	43.5	44.6
17	44.1	46.5	44.8	39.6	36.4	39.5	42.5	43.4
18	43.4	48.8	48.7	42.6	36.8	39.2	41.5	42.2
19	42.0	49.6	51.3	45.2	37.1	38.6	40.4	40.9
20	40.3	48.6	51.6	46.1	37.1	37.6	39.1	39.5
21	38.5	45.9	49.1	44.5	96.4	36.5	37.7	38.0
22	36.7	42.8	45.4	41.8	35.2	35.2	36.2	36.4
23	35.1	39.9	42.0	39.1	33.9	33.9	34.8	34.9
最大值	44.1	49.6	51.6	46.1	37.1	40.5	46.6	46.0
最小值	27.2	28.0	28.3	27.7	27.2	27.7	27.9	27.8

續　表

朝　向 時　間	S	SW	W	NW	N	NE	E	SE
Ⅳ　型　外　墙								
0	37.8	42.4	44.0	40.3	34.9	36.3	38.0	38.1
1	36.8	41.1	42.6	39.3	34.3	35.5	37.0	37.1
2	35.8	39.6	41.0	38.1	33.6	34.6	35.9	36.0
3	34.7	38.2	39.5	36.9	22.9	33.7	34.9	35.0
4	33.8	36.8	38.0	35.7	32.1	32.8	33.9	33.9
5	32.8	35.5	36.5	34.5	31.4	32.0	32.9	33.0
6	31.9	34.3	35.2	33.4	30.7	31.2	32.0	32.0
7	31.1	33.2	33.9	32.4	30.0	30.5	31.1	31.2
8	30.3	32.1	32.8	31.5	29.4	30.0	30.6	30.5
9	29.7	31.3	31.9	30.7	29.1	30.2	30.8	30.3
10	29.3	30.7	31.3	30.2	29.1	31.2	32.0	30.9
11	29.3	30.4	30.9	30.0	29.2	32.8	33.9	32.2
12	29.8	30.5	30.9	30.1	29.6	34.4	36.2	34.0
13	30.8	30.8	31.1	30.4	30.1	35.8	38.5	36.2
14	32.3	31.5	31.6	31.0	30.7	36.8	40.3	38.2
15	34.1	32.6	32.3	31.7	31.5	37.5	41.4	40.0
16	36.1	34.4	33.5	32.5	32.3	37.9	41.9	41.1
17	37.8	36.5	35.3	33.6	33.1	38.2	42.1	41.7
18	39.1	38.9	37.7	35.1	33.9	38.4	42.0	41.9
19	39.9	41.2	40.3	36.9	34.5	38.5	41.7	41.8
20	40.2	43.0	42.8	38.9	35.0	38.5	41.3	41.4
21	40.0	44.0	44.6	40.4	35.5	38.2	40.7	40.9
22	39.5	44.1	45.3	41.1	35.6	37.7	39.9	40.1
23	38.7	43.5	45.0	41.0	35.4	37.1	39.0	39.2
最大值	40.2	44.1	45.3	41.1	35.6	38.5	42.1	41.9
最小值	29.3	30.4	30.9	30.0	29.1	30.0	30.6	30.3
Ⅴ　型　外　墙								
0	36.2	40.9	42.7	39.5	34.2	34.8	36.0	36.1
1	34.9	38.9	40.5	37.8	33.3	33.7	34.7	34.9
2	33.7	37.1	38.4	36.1	32.3	32.7	33.6	33.7
3	32.6	35.4	36.5	34.6	31.4	31.8	32.5	32.6
4	31.5	33.9	34.9	33.2	30.5	30.9	31.5	31.6
5	30.6	32.6	33.4	32.0	29.7	30.0	30.6	30.6
6	29.8	31.5	32.1	30.9	29.0	29.3	29.7	29.8
7	29.0	30.4	31.0	30.0	28.4	28.7	29.1	29.1
8	28.4	29.7	30.1	29.3	28.1	29.0	29.4	28.9
9	28.1	29.2	29.6	28.9	28.3	30.5	31.1	29.8
10	28.3	29.1	29.4	22.8	28.7	33.0	34.1	31.8
11	29.0	29.4	29.7	29.2	29.3	35.4	37.4	34.5

續　表

屋面類型\時　間	Ⅰ型	Ⅱ型	Ⅲ型	Ⅳ型	Ⅴ型	Ⅵ型
0	43.7	47.2	47.7	46.1	46.6	38.1
1	44.3	46.4	46.0	43.7	39.0	35.5
2	44.8	45.4	44.2	41.4	36.7	33.2
3	45.0	44.3	42.4	39.3	34.6	31.4
4	45.0	43.1	40.6	37.3	32.8	29.8
5	44.9	41.8	38.8	35.5	31.2	28.4
6	44.5	40.6	37.1	33.9	29.8	27.2
7	44.0	39.3	35.5	32.4	28.7	26.5
8	43.4	38.1	34.1	31.2	28.4	26.8
9	42.7	37.0	33.1	30.7	29.2	28.6
10	41.9	36.1	32.7	31.0	31.4	32.0
11	41.1	35.6	33.0	32.3	34.7	36.7
12	40.2	35.6	34.0	34.5	38.9	42.2
13	39.5	36.0	35.8	37.5	43.4	47.8
14	38.9	37.0	38.1	41.0	47.9	52.9
15	38.5	38.4	40.7	44.6	51.9	57.1
16	38.3	40.1	43.5	47.9	54.9	59.8
17	38.4	41.9	46.1	50.7	56.8	60.9
18	38.8	43.7	48.3	52.7	57.2	60.2
19	39.4	45.4	49.9	53.7	56.3	57.8
20	40.2	46.7	50.8	53.6	54.0	54.0
21	41.1	47.5	50.9	52.5	51.0	49.5
22	42.0	47.8	50.3	50.7	47.7	45.1
23	42.9	47.7	49.2	48.4	44.5	41.3
最大值	45.0	47.8	50.9	53.7	57.2	60.9
最小值	38.3	35.6	32.7	30.7	28.4	26.5

附錄 11.7　Ⅰ-Ⅳ型結構地點修正值 t_d（℃）

編號	城　　市	S	SW	W	NW	N	NE	E	SE	水　平
1	北　京	0.0	0.0	0.0	0.0	0.0	0.0	0.0	0.0	0.0
2	天　津	-0.4	-0.3	-0.1	-0.1	-0.2	-0.3	-0.1	-0.3	-0.5
3	石家莊	0.5	0.6	0.8	1.0	1.0	0.9	0.8	0.6	0.4
4	太　原	-3.3	-3.0	-2.7	-2.7	-2.8	-2.8	-2.7	-3.0	-2.8
5	呼和浩特	-4.3	-4.3	-4.4	-4.5	-4.6	-4.7	-4.4	-4.3	-4.2
6	沈　陽	-1.4	-1.7	-1.9	-1.9	-1.6	-2.0	-1.9	-1.7	-2.7
7	長　春	-2.3	-2.7	-3.1	-3.3	-3.1	-3.4	-3.1	-2.7	-3.6
8	哈爾濱	-2.2	-2.8	-3.4	-3.7	-3.4	-3.8	-3.4	-2.8	-4.1
9	上　海	-1.0	-0.2	0.5	1.2	1.2	1.0	0.5	-0.2	0.1
10	南　京	1.0	1.5	2.1	2.7	2.7	2.5	2.1	1.5	2.0
11	杭　州	0.6	1.4	2.1	2.9	3.1	2.7	2.1	1.4	1.5
12	合　肥	1.0	1.7	2.5	3.0	2.8	2.8	2.4	1.7	2.7
13	福　州	-1.9	0.0	1.1	2.1	2.2	1.9	1.1	0.0	0.7
14	南　昌	-0.4	1.3	2.4	3.2	3.0	3.1	2.4	1.3	2.4
15	濟　南	1.6	1.9	2.2	2.4	2.3	2.3	2.2	1.9	2.2

續　表

編號	城　　市	S	SW	W	NW	N	NE	E	SE	水　平
16	鄭　　州	0.8	0.9	1.3	1.8	2.1	1.6	1.3	0.9	0.7
17	武　　漢	- 0.1	1.0	1.7	2.4	2.2	2.3	1.7	1.0	1.3
18	長　　沙	- 0.2	1.3	2.4	3.2	3.1	3.0	2.4	1.3	2.2
19	廣　　州	- 3.9	- 2.2	0.0	1.3	1.7	1.2	0.0	- 1.8	- 0.5
20	南　　寧	- 3.3	- 1.4	0.2	1.5	1.9	1.3	0.2	- 1.6	- 0.3
21	成　　都	- 3.0	- 2.6	- 2.0	- 1.1	- .9	- 1.3	- 2.0	- 2.6	- 2.5
22	貴　　陽	- 4.9	- 4.3	- 3.4	- 2.3	- 2.0	- 2.5	- 3.5	- 4.3	- 3.5
23	昆　　明	- 8.5	- 7.8	- 6.7	- 5.5	- 5.2	- 5.7	- 6.7	- 7.8	- 7.2
24	拉　　薩	- 13.5	- 11.8	- 10.2	- 10.0	- 11.0	- 10.1	- 10.2	- 11.8	- 8.9
25	西　　安	0.5	0.5	0.9	1.5	1.8	1.4	0.9	0.5	0.4
26	蘭　　州	- 4.8	- 4.4	- 4.0	- 3.8	- 3.9	- 4.0	- 4.0	- 4.4	- 4.0
27	西　　寧	- 9.6	- 8.9	- 8.4	- 8.5	- 8.9	- 8.6	- 8.4	- 8.9	- 7.9
28	銀　　川	- 3.8	- 3.5	- 3.2	- 3.3	- 3.6	- 3.4	- 3.2	- 3.5	- 2.4
29	烏魯木齊	0.7	0.5	0.2	- 0.3	- 0.4	- 0.4	0.2	0.5	0.1
30	臺　　北	- 1.2	- 0.7	0.2	2.6	1.9	1.3	0.2	- 0.7	- 0.2
31	大　　連	- 1.8	- 1.9	- 2.2	- 2.7	- 3.0	- 2.8	- 2.2	- 1.9	- 2.3
32	汕　　頭	- 1.9	- 0.9	0.5	1.7	1.8	1.5	0.5	- 0.9	0.4
33	海　　口	- 1.5	- 0.6	1.0	2.4	2.9	2.3	1.0	- 0.6	1.0
34	桂　　林	- 1.9	- 1.1	0.0	1.1	1.3	0.9	0.0	- 1.1	- 0.2
35	重　　慶	0.4	1.1	2.0	2.7	2.8	2.6	2.0	1.1	1.7
36	敦　　煌	- 1.7	- 1.3	- 1.1	- 1.5	- 2.0	- 1.6	- 1.1	- 1.3	- 0.7
37	格爾木	- 9.6	- 8.8	- 8.2	- 8.3	- 8.8	- 8.3	- 8.2	- 8.8	- 7.6
38	和　　田	- 1.6	- 1.6	- 1.4	- 1.1	- 0.8	- 1.2	- 1.4	- 1.6	- 1.5
39	喀　　什	- 1.2	- 1.0	- 0.9	- 1.0	- 1.2	- 1.9	- 0.9	- 1.0	- 0.7
40	庫　　車	0.2	0.3	0.2	- 0.1	- 0.3	- 0.2	0.2	0.3	0.3

附録 11.8　單層玻璃窗的 $K(W/m^2 \cdot K)$ 值

α_W ＼ α_n	5.8	6.4	7.0	7.6	8.1	8.7	9.3	9.9	10.5	11.0
16.3	4.28	4.59	4.88	5.16	5.43	5.68	5.92	6.15	6.37	6.58
17.4	4.37	4.68	4.99	5.27	5.55	5.82	6.07	6.32	6.55	6.77
18.6	4.43	4.76	5.07	5.37	5.66	5.94	6.20	6.45	6.70	6.93
19.8	4.49	4.84	5.15	5.47	5.77	6.05	6.33	6.59	6.84	7.08
20.9	4.55	4.90	5.23	5.56	5.86	6.15	6.44	6.71	6.98	7.23
22.1	4.61	4.97	5.30	5.63	5.95	6.26	6.55	6.83	7.11	7.36
23.3	4.65	5.01	5.37	5.71	6.04	6.34	6.64	6.93	7.22	7.49
24.4	4.70	5.07	5.43	5.77	6.11	6.43	6.73	7.04	7.33	7.61
25.6	4.73	5.12	5.48	5.84	6.18	6.50	6.83	7.13	7.43	7.71
26.7	4.78	5.16	5.54	5.90	6.25	6.58	6.91	7.22	7.52	7.82
27.9	4.81	5.20	5.58	5.94	6.30	6.64	6.98	7.30	7.62	7.92
29.1	4.85	5.25	5.63	6.00	6.36	6.71	7.05	7.37	7.70	8.00

注：α_n 和 α_W 的單位是 $(W/m^2 \cdot K)$。

附錄 11.9 雙層玻璃窗的 K(W/m²·K)值

α_n α_W	5.8	6.4	7.0	7.6	8.1	8.7	9.3	9.9	10.5	11.0
16.3	2.52	2.63	2.72	2.80	2.87	2.94	3.01	3.07	3.12	3.17
17.4	2.55	2.65	2.74	2.84	2.91	2.98	3.05	3.11	3.16	3.21
18.6	2.57	2.67	2.78	2.86	2.94	3.01	3.08	3.14	3.20	3.26
19.8	2.59	2.70	2.80	2.88	2.97	3.05	3.12	3.17	3.23	3.28
20.9	2.61	2.72	2.83	2.91	2.99	3.07	3.14	3.20	3.26	3.31
22.1	2.63	2.74	2.84	2.93	3.01	3.09	3.16	3.23	3.29	3.34
23.3	2.64	2.76	2.86	2.95	3.04	3.12	3.19	3.26	3.31	3.37
24.4	2.66	2.77	2.87	2.97	3.06	3.14	3.21	3.27	3.34	3.40
25.6	2.67	2.79	2.90	2.99	3.07	3.15	3.22	3.29	3.36	3.41
26.7	2.69	2.80	2.91	3.00	3.09	3.17	3.24	3.31	3.37	3.43
27.9	2.70	2.81	2.92	3.01	3.11	3.19	3.26	3.33	3.40	3.45
29.1	2.71	2.83	2.93	3.04	3.12	3.20	3.28	3.35	3.41	3.47

α_n 和 α_W 的單位是(W/m²·K)。

附錄 11.10 玻璃窗的地點修正值 t_d(℃)

編　號	城　　市	t_d	編　號	城　　市	t_d
1	北　京	0	21	成　都	−1
2	天　津	0	22	貴　陽	−3
3	石家莊	1	23	昆　明	−6
4	太　原	−2	24	拉　薩	−11
5	呼和浩特	−4	25	西　安	2
6	沈　陽	−1	26	蘭　州	−3
7	長　春	−3	27	西　安	−8
8	哈爾濱	−3	28	銀　川	−3
9	上　海	1	29	烏魯木齊	1
10	南　京	3	30	臺　北	1
11	杭　州	3	31	大　連	−2
12	合　肥	3	32	汕　頭	1
13	福　州	2	33	海　口	1
14	南　昌	3	34	桂　林	1
15	濟　南	3	35	重　慶	3
16	鄭　州	2	36	敦　煌	−1
17	武　漢	3	37	格爾木	−9
18	長　沙	3	38	和　田	−1
19	廣　州	1	39	喀　什	0
20	南　寧	1	40	庫　車	0

附錄 11.11　窗玻璃冷負荷係數

南區無內遮陽窗玻璃冷負荷係數 C_{CL}

時間\朝向	0	1	2	3	4	5	6	7	8	9	10	11	12	13	14	15	16	17	18	19	20	21	22	23
S	0.21	0.19	0.18	0.17	0.16	0.14	0.17	0.25	0.33	0.42	0.48	0.54	0.59	0.70	0.70	0.57	0.52	0.44	0.35	0.30	0.28	0.26	0.24	0.22
SE	0.14	0.13	0.12	0.11	0.11	0.10	0.20	0.36	0.47	0.52	0.61	0.54	0.39	0.37	0.36	0.35	0.32	0.28	0.23	0.20	0.19	0.18	0.16	0.15
E	0.12	0.11	0.10	0.09	0.09	0.08	0.24	0.39	0.48	0.61	0.57	0.33	0.31	0.30	0.29	0.28	0.27	0.23	0.21	0.18	0.17	0.15	0.14	0.13
NE	0.12	0.12	0.11	0.10	0.09	0.09	0.26	0.41	0.49	0.59	0.54	0.36	0.32	0.32	0.31	0.29	0.27	0.24	0.20	0.18	0.17	0.16	0.14	0.13
N	0.28	0.25	0.24	0.22	0.21	0.19	0.38	0.49	0.52	0.55	0.59	0.63	0.66	0.68	0.68	0.68	0.69	0.69	0.60	0.40	0.37	0.35	0.32	0.30
NW	0.17	0.16	0.15	0.14	0.13	0.12	0.12	0.15	0.17	0.19	0.20	0.21	0.22	0.27	0.38	0.48	0.54	0.63	0.52	0.25	0.23	0.21	0.20	0.18
W	0.17	0.16	0.15	0.14	0.13	0.12	0.12	0.14	0.16	0.17	0.18	0.19	0.20	0.28	0.40	0.50	0.54	0.61	0.50	0.24	0.23	0.21	0.20	0.18
SW	0.18	0.17	0.15	0.14	0.13	0.12	0.13	0.16	0.19	0.23	0.25	0.27	0.29	0.37	0.48	0.55	0.67	0.60	0.38	0.26	0.24	0.22	0.21	0.19
水平	0.19	0.17	0.16	0.15	0.14	0.13	0.14	0.19	0.28	0.37	0.45	0.52	0.56	0.68	0.67	0.53	0.6	0.38	0.30	0.27	0.25	0.23	0.22	0.20

南區有內遮陽窗玻璃冷負荷係數 C_{CL}

時間\朝向	0	1	2	3	4	5	6	7	8	9	10	11	12	13	14	15	16	17	18	19	20	21	22	23
S	0.10	0.09	0.09	0.08	0.08	0.07	0.14	0.31	0.47	0.60	0.69	0.77	0.87	0.84	0.74	0.66	0.54	0.38	0.20	0.13	0.12	0.12	0.11	0.10
SE	0.07	0.06	0.06	0.05	0.05	0.05	0.27	0.55	0.74	0.83	0.75	0.52	0.40	0.39	0.36	0.33	0.27	0.20	0.13	0.09	0.09	0.08	0.08	0.07
E	0.06	0.05	0.05	0.05	0.04	0.04	0.36	0.63	0.81	0.81	0.63	0.41	0.27	0.27	0.25	0.23	0.20	0.15	0.10	0.08	0.07	0.07	0.07	0.06
NE	0.06	0.06	0.05	0.05	0.05	0.04	0.40	0.67	0.82	0.76	0.56	0.38	0.31	0.30	0.28	0.25	0.21	0.17	0.11	0.08	0.08	0.07	0.07	0.06
N	0.13	0.12	0.12	0.11	0.10	0.10	0.47	0.67	0.70	0.72	0.77	0.82	0.85	0.84	0.81	0.78	0.77	0.75	0.56	0.18	0.17	0.16	0.15	0.14
NW	0.08	0.07	0.07	0.06	0.06	0.06	0.08	0.13	0.17	0.21	0.24	0.26	0.27	0.34	0.54	0.71	0.84	0.77	0.46	0.11	0.10	0.09	0.09	0.08
W	0.08	0.07	0.07	0.06	0.06	0.06	0.07	0.12	0.16	0.19	0.21	0.22	0.23	0.37	0.60	0.75	0.84	0.73	0.42	0.10	0.10	0.09	0.09	0.08
SW	0.08	0.08	0.07	0.07	0.06	0.06	0.09	0.16	0.22	0.28	0.32	0.35	0.36	0.50	0.69	0.84	0.83	0.61	0.34	0.11	0.10	0.10	0.09	0.09
水平	0.09	0.08	0.08	0.07	0.07	0.06	0.09	0.21	0.38	0.54	0.67	0.76	0.85	0.83	0.72	0.61	0.45	0.28	0.16	0.12	0.11	0.10	0.10	0.09

北區無內遮陽窗玻璃冷負荷係數 C_{CL}

時間\朝向	0	1	2	3	4	5	6	7	8	9	10	11	12	13	14	15	16	17	18	19	20	21	22	23
S	0.16	0.15	0.14	0.13	0.12	0.11	0.13	0.17	0.21	0.28	0.39	0.49	0.54	0.65	0.60	0.42	0.36	0.32	0.27	0.23	0.21	0.20	0.18	0.17
SE	0.14	0.13	0.12	0.11	0.10	0.09	0.22	0.34	0.45	0.51	0.62	0.58	0.41	0.34	0.32	0.31	0.28	0.26	0.22	0.19	0.18	0.17	0.16	0.15
E	0.12	0.11	0.10	0.09	0.09	0.08	0.29	0.41	0.49	0.60	0.56	0.37	0.29	0.29	0.28	0.26	0.24	0.22	0.19	0.17	0.16	0.15	0.14	0.13
NE	0.12	0.11	0.10	0.09	0.09	0.08	0.35	0.45	0.53	0.54	0.38	0.30	0.30	0.30	0.29	0.27	0.26	0.23	0.20	0.17	0.16	0.15	0.14	0.13
N	0.26	0.24	0.23	0.21	0.19	0.18	0.44	0.42	0.43	0.49	0.56	0.61	0.64	0.66	0.66	0.63	0.59	0.64	0.64	0.38	0.35	0.32	0.30	0.28
NW	0.17	0.15	0.14	0.13	0.12	0.12	0.13	0.15	0.17	0.18	0.20	0.21	0.22	0.22	0.28	0.39	0.50	0.56	0.59	0.31	0.22	0.21	0.19	0.18

續　表

北區有內遮陽窗玻璃冷負荷係數 C_{CL}

時間\朝向	0	1	2	3	4	5	6	7	8	9	10	11	12	13	14	15	16	17	18	19	20	21	22	23
W	0.17	0.16	0.15	0.14	0.13	0.12	0.12	0.14	0.15	0.16	0.17	0.17	0.18	0.25	0.37	0.47	0.52	0.62	0.55	0.24	0.23	0.21	0.20	0.18
SW	0.18	0.16	0.15	0.14	0.13	0.12	0.13	0.15	0.17	0.18	0.20	0.21	0.29	0.40	0.49	0.54	0.64	0.59	0.39	0.25	0.24	0.22	0.20	0.19
水平	0.20	0.18	0.17	0.16	0.15	0.14	0.16	0.22	0.31	0.39	0.47	0.53	0.57	0.69	0.68	0.55	0.49	0.41	0.33	0.28	0.26	0.25	0.23	0.21
S	0.07	0.07	0.06	0.06	0.06	0.05	0.11	0.18	0.26	0.40	0.58	0.72	0.84	0.80	0.62	0.45	0.32	0.24	0.16	0.10	0.09	0.09	0.08	0.08
SE	0.06	0.06	0.06	0.05	0.05	0.05	0.30	0.54	0.71	0.83	0.80	0.62	0.43	0.30	0.28	0.25	0.22	0.17	0.13	0.09	0.08	0.08	0.07	0.07
E	0.06	0.05	0.05	0.05	0.04	0.04	0.47	0.68	0.82	0.79	0.59	0.38	0.24	0.24	0.23	0.21	0.18	0.15	0.11	0.08	0.07	0.07	0.06	0.06
NE	0.06	0.05	0.05	0.05	0.04	0.04	0.54	0.79	0.79	0.60	0.38	0.29	0.29	0.29	0.27	0.25	0.21	0.16	0.12	0.08	0.07	0.07	0.06	0.06
N	0.12	0.11	0.11	0.10	0.09	0.06	0.59	0.54	0.54	0.65	0.75	0.81	0.83	0.83	0.79	0.71	0.60	0.61	0.68	0.17	0.16	0.15	0.14	0.13
NW	0.08	0.07	0.07	0.06	0.06	0.06	0.09	0.13	0.17	0.21	0.23	0.25	0.26	0.26	0.35	0.57	0.76	0.83	0.67	0.13	0.10	0.09	0.09	0.08
W	0.08	0.07	0.07	0.06	0.06	0.06	0.08	0.11	0.14	0.17	0.18	0.19	0.20	0.34	0.56	0.72	0.83	0.77	0.53	0.11	0.10	0.09	0.09	0.08
SW	0.08	0.07	0.07	0.07	0.06	0.06	0.09	0.13	0.17	0.23	0.23	0.28	0.38	0.58	0.73	0.84	0.79	0.59	0.37	0.13	0.11	0.10	0.09	0.09
水平	0.09	0.09	0.08	0.08	0.07	0.07	0.13	0.26	0.42	0.57	0.69	0.77	0.85	0.84	0.73	0.63	0.49	0.33	0.19	0.13	0.12	0.11	0.10	0.09

附錄 11.12　照明散熱冷負荷係數 C_{CL}

燈具造型	空調設備運行時數 小時	開燈時數 小時	開燈後的小時數																							
			0	1	2	3	4	5	6	7	8	9	10	11	12	13	14	15	16	17	18	19	20	21	22	23
明裝熒光燈	24	13	0.37	0.67	0.71	0.74	0.76	0.79	0.81	0.83	0.84	0.86	0.87	0.89	0.90	0.92	0.29	0.26	0.23	0.20	0.19	0.17	0.15	0.14	0.12	0.11
明裝熒光燈	24	10	0.37	0.67	0.71	0.74	0.76	0.79	0.81	0.83	0.84	0.86	0.87	0.29	0.26	0.23	0.20	0.19	0.17	0.15	0.14	0.12	0.11	0.10	0.09	0.08
明裝熒光燈	24	8	0.37	0.67	0.71	0.74	0.76	0.79	0.81	0.83	0.84	0.29	0.26	0.23	0.20	0.19	0.17	0.15	0.14	0.12	0.11	0.10	0.09	0.08	0.07	0.06
明裝熒光燈	16	13	0.60	0.87	0.90	0.91	0.91	0.93	0.93	0.94	0.93	0.95	0.95	0.96	0.96	0.97	0.29	0.26								
明裝熒光燈	16	10	0.60	0.82	0.83	0.84	0.84	0.84	0.85	0.85	0.86	0.86	0.90	0.32	0.28	0.25	0.23	0.19								
明裝熒光燈	16	8	0.51	0.79	0.82	0.84	0.85	0.87	0.88	0.89	0.90	0.29	0.26	0.23	0.20	0.19	0.17	0.15								
明裝熒光燈	12	12	0.63	0.90	0.91	0.93	0.93	0.94	0.95	0.95	0.95	0.96	0.96	0.37												
暗裝熒光燈 或明裝白熾燈	24	10	0.34	0.55	0.61	0.65	0.68	0.71	0.74	0.77	0.79	0.81	0.83	0.39	0.35	0.31	0.28	0.25	0.23	0.20	0.18	0.16	0.15	0.14	0.12	0.11
暗裝熒光燈 或明裝白熾燈	16	10	0.58	0.75	0.79	0.80	0.80	0.81	0.82	0.83	0.84	0.86	0.87	0.39	0.35	0.31	0.28	0.25								
暗裝熒光燈 或明裝白熾燈	12	10	0.69	0.86	0.89	0.90	0.91	0.91	0.92	0.93	0.94	0.95	0.95	0.50												

附錄 11.13 成年男子散熱散濕量

活動程度	熱濕量	室溫 t_n(℃)												
		16	17	18	19	20	21	22	23	24	25	26	27	28
静坐(劇場等)	顯熱	98.9	93	89.6	87.2	83.7	81.4	77.9	74.4	70.9	67.5	62.8	58.2	53.5
	潛熱	17.4	19.8	22	23.3	25.9	26.7	30.2	33.7	37.2	40.7	45.4	50.0	54.7
	全熱	116.3	112.8	111.6	110.5	109.3	108.2	108.2	108.2	108.2	108.2	108.2	108.2	108.2
	散濕	26	30	33	35	38	40	45	50	56	61	68	75	82
極輕活動（辦公室、旅館）	顯熱	108.2	104.7	100.0	96.5	89.6	84.9	79.1	74.4	69.8	65.1	60.5	56.9	51.2
	潛熱	33.7	36.1	39.5	43	46.5	51.2	55.8	59.3	63.9	68.6	73.3	76.8	82.6
	全熱	141.9	140.7	139.6	139.6	136.1	136.1	134.9	133.7	133.7	133.7	133.7	133.7	133.7
	散濕	50	54	59	64	69	76	83	89	96	102	109	115	123
輕度活動（商店、站立、工廠輕勞動等）	顯熱	117.5	111.6	105.8	98.9	93	87.2	81.4	75.6	69.8	64	58.2	51.2	46.2
	潛熱	70.9	74.4	79.1	83.7	89.6	94.1	100.0	105.8	111.6	117.5	123.3	130.3	134.9
	全熱	188.4	186.1	184.9	182.6	182.6	181.4	181.4	181.4	181.4	181.4	181.4	181.4	181.4
	散濕	105	110	118	126	134	140	150	158	167	175	184	194	203
中等活動(工廠中勞動)	顯熱	150	141.9	133.7	125.6	117.5	111.6	103.5	96.5	88.4	82.6	74.4	67.5	60.5
	潛熱	86.1	94.2	102.3	110.5	117.5	123.3	131.4	138.4	146.5	152.4	160.5	167.5	174.5
	全熱	236.1	236.1	236.1	236.1	234.9	234.9	234.9	234.9	234.9	234.9	234.9	234.9	234.9
	散濕	128	141	153	165	175	184	196	207	219	227	240	250	260
重度活動(工廠重勞)	顯熱	191.9	186.1	180.3	174.5	168.6	162.8	157	151.2	145.4	139.6	133.7	127.9	122.1
	潛熱	215.2	220.9	226.8	232.6	238.4	244.2	250	255.9	261.7	267.5	273.3	279.1	284.9
	全熱	407.1	407.1	407.1	407.1	407.1	407.1	407.1	407.1	407.1	407.1	407.1	407.1	407.1
	散濕	321	330	339	347	356	365	373	382	391	400	408	417	425

注：表中顯熱、潛熱、全熱單位 W/人，散濕量爲 g/h·人。

附錄 11.14 人體顯熱散熱冷負荷系數 C_{CL}

在室內的總小時數	每個人進入室內后的小時數											
	1	2	3	4	5	6	7	8	9	10	11	12
2	0.49	0.58	0.17	0.13	0.10	0.08	0.07	0.06	0.05	0.04	0.04	0.03
4	0.49	0.59	0.66	0.71	0.27	0.21	0.16	0.14	0.11	0.10	0.08	0.07
6	0.50	0.60	0.67	0.72	0.76	0.79	0.34	0.26	0.21	0.18	0.15	0.13
8	0.51	0.61	0.67	0.72	0.76	0.80	0.82	0.84	0.38	0.30	0.25	0.21
10	0.53	0.62	0.69	0.74	0.77	0.80	0.83	0.85	0.87	0.89	0.42	0.34
12	0.55	0.64	0.70	0.75	0.79	0.81	0.84	0.86	0.88	0.89	0.91	0.92
14	0.58	0.66	0.72	0.77	0.80	0.83	0.85	0.87	0.89	0.90	0.91	0.92
16	0.62	0.70	0.75	0.79	0.82	0.85	0.87	0.88	0.90	0.91	0.92	0.93
18	0.66	0.74	0.79	0.82	0.85	0.87	0.89	0.90	0.92	0.93	0.94	0.94

在室內的總小時數	每個人進入室內后的小時數											
	13	14	15	16	17	18	19	20	21	22	23	24
2	0.03	0.02	0.02	0.02	0.02	0.01	0.01	0.01	0.01	0.01	0.01	0.01
4	0.06	0.06	0.05	0.04	0.04	0.03	0.03	0.03	0.02	0.02	0.02	0.01
6	0.11	0.10	0.08	0.07	0.06	0.06	0.05	0.04	0.04	0.03	0.03	0.03
8	0.18	0.15	0.13	0.12	0.10	0.09	0.08	0.07	0.06	0.05	0.05	0.04
10	0.28	0.23	0.20	0.17	0.15	0.13	0.11	0.10	0.09	0.08	0.07	0.06
12	0.45	0.36	0.30	0.25	0.21	0.19	0.16	0.14	0.12	0.11	0.09	0.08
14	0.93	0.94	0.47	0.38	0.31	0.26	0.23	0.20	0.17	0.15	0.13	0.11
16	0.94	0.95	0.95	0.96	0.49	0.39	0.33	0.28	0.24	0.20	0.18	0.16
18	0.95	0.96	0.96	0.97	0.97	0.97	0.50	0.40	0.33	0.28	0.24	0.21

附錄 11.15　有罩設備和用具顯熱散熱冷負荷係數 C_{CL}

連續使用小時數	開始使用後的小時數																							
	1	2	3	4	5	6	7	8	9	10	11	12	13	14	15	16	17	18	19	20	21	22	23	24
2	0.27	0.40	0.25	0.18	0.14	0.11	0.09	0.08	0.07	0.06	0.05	0.04	0.04	0.03	0.03	0.03	0.02	0.02	0.02	0.02	0.01	0.01	0.01	0.01
4	0.28	0.41	0.51	0.59	0.39	0.30	0.24	0.19	0.16	0.14	0.12	0.10	0.09	0.08	0.07	0.06	0.05	0.05	0.04	0.04	0.03	0.03	0.02	0.02
6	0.29	0.42	0.52	0.59	0.65	0.70	0.48	0.37	0.30	0.25	0.21	0.18	0.16	0.14	0.12	0.11	0.09	0.08	0.07	0.06	0.05	0.05	0.04	0.04
8	0.31	0.44	0.54	0.61	0.66	0.71	0.75	0.78	0.55	0.43	0.35	0.30	0.25	0.22	0.19	0.16	0.14	0.13	0.11	0.10	0.08	0.07	0.06	0.06
10	0.33	0.46	0.55	0.62	0.68	0.72	0.76	0.79	0.81	0.84	0.60	0.48	0.39	0.33	0.28	0.24	0.21	0.18	0.16	0.14	0.12	0.11	0.09	0.08
12	0.36	0.49	0.58	0.64	0.69	0.74	0.77	0.80	0.82	0.85	0.87	0.88	0.64	0.51	0.42	0.36	031	0.26	0.23	0.20	0.18	0.15	0.13	0.12
14	0.40	0.52	0.61	0.67	0.72	0.76	0.79	0.82	0.84	0.86	0.88	0.89	0.91	0.92	0.67	0.54	0.45	0.38	0.32	0.28	0.24	021	0.19	0.16
16	0.45	0.57	0.65	0.70	0.75	0.78	0.81	0.84	0.86	0.87	0.89	0.90	0.92	0.93	0.94	0.94	0.69	0.56	0.46	0.39	0.34	0.29	0.25	0.22
18	0.52	0.63	0.70	0.75	0.79	0.82	0.82	0.86	0.88	0.89	0.91	0.92	0.93	0.94	0.95	0.95	0.96	0.96	0.71	0.58	0.48	0.41	0.35	0.30

附錄 11.16　無罩設備和用具顯熱散熱冷負荷係數 C_{CL}

連續使用小時數	開始使用後的小時數																							
	1	2	3	4	5	6	7	8	9	10	11	12	13	14	15	16	17	18	19	20	21	22	23	24
2	0.56	0.64	0.15	0.11	0.08	0.07	0.06	0.05	0.04	0.04	0.03	0.03	0.02	0.02	0.02	0.02	0.01	0.01	0.01	0.01	0.01	0.01	0.01	0.01
4	0.57	0.65	0.71	0.75	0.23	0.18	0.14	0.12	0.10	0.08	0.07	0.06	0.05	0.05	0.04	0.04	0.03	0.03	0.02	0.02	0.02	0.02	0.01	0.01
6	0.57	0.65	0.71	0.76	0.79	082	0.29	0.22	0.18	0.15	0.13	0.11	0.10	0.08	0.07	0.06	0.06	0.05	0.04	0.04	0.03	0.03	0.03	0.02
8	0.58	0.66	0.72	0.76	0.80	0.82	0.85	0.87	0.33	0.26	0.21	0.18	0.15	0.13	0.11	0.10	0.09	0.08	0.07	0.06	0.05	0.04	0.04	0.03
10	0.60	0.68	0.73	0.77	0.81	0.83	0.85	0.87	0.89	0.90	0.36	0.29	0.24	0.20	0.17	0.15	0.13	0.11	0.10	0.08	0.07	0.07	0.06	0.05
12	0.62	0.69	0.75	0.79	0.82	0.84	0.86	0.88	0.89	0.91	0.92	0.93	0.38	0.31	0.25	0.21	0.18	0.16	0.14	0.12	0.11	0.09	0.08	0.07
14	0.64	0.71	0.76	0.80	0.83	0.85	0.87	0.89	0.90	0.92	0.93	0.93	0.94	0.95	0.40	0.32	0.27	0.23	0.19	0.17	0.15	0.13	0.11	0.10
16	0.67	0.74	0.79	0.82	0.85	0.87	0.89	0.90	0.91	0.92	0.93	0.94	0.95	0.96	0.96	0.97	0.42	0.34	0.28	0.24	0.20	0.18	0.15	0.13
18	0.71	0.78	0.82	0.85	0.87	0.89	0.90	0.92	0.93	0.94	0.94	0.95	0.96	0.96	0.97	0.97	0.97	0.98	0.43	0.35	0.29	0.24	0.21	0.18

附錄 13.1 噴水室熱交換效率實驗公式的係數和指數

[實驗條件:離心噴嘴;噴嘴密度 $n=13$ 個/(m^2·排);$\psi p=1.5\sim3.0\ kg/(m^2 \cdot s)$;噴嘴前水壓 $P_0=0.1\sim0.25\ MPa$(工作壓力)]

噴嘴排數	噴孔直徑(mm)	噴水方向	熱交換效率	冷卻乾燥			減焓冷卻加濕			絕熱加濕			等溫加濕			增焓冷卻加濕			加熱加濕			逆流雙級噴水室的冷卻乾燥		
				A或A'	m或m'	n或n'	A或A'	m或m'	n或n'	A或A'	m或m'	n或n'	A或A'	m或m'	n或n'	A或A'	m或m'	n或n'	A或A'	m或m'	n或n'	A或A'	m或m'	n或n'
1	5	順噴	E	0.635	0.245	0.42	—	—	—	—	—	—	0.87	0	0.05	0.885	0	0.61	0.86	0	0.09	—	—	—
			E'	0.662	0.23	0.67	—	—	—	0.8	0.25	0.4	0.89	0.03	0.29	0.8	0.13	0.42	1.05	0	0.25	—	—	—
		逆噴	E	0.73	0	0.35	—	—	—	—	—	—	—	—	—	—	—	—	—	—	—	—	—	—
			E'	0.88	0	0.83	—	—	—	0.8	0.25	0.4	—	—	—	—	—	—	—	—	—	—	—	—
	3.5	順噴	E	—	—	—	—	—	—	1.05	0.1	0.4	—	—	—	—	—	—	0.875	0.06	0.07	—	—	—
			E'	—	—	—	—	—	—	—	—	—	—	—	—	—	—	—	1.01	0.06	0.15	—	—	—
		逆噴	E	—	—	—	—	—	—	0.75	0.15	0.29	—	—	—	—	—	—	0.923	0	0.06	—	—	—
			E'	—	—	—	—	—	—	—	—	—	—	—	—	—	—	—	1.24	0	0.27	—	—	—
2	5	一順一逆	E	0.745	0.07	0.265	0.76	0.124	0.234	—	—	—	0.81	0.1	0.135	0.82	0.09	0.11	—	—	—	0.945	0.1	0.36
			E'	0.755	0.12	0.27	0.835	0.04	0.23	—	—	—	0.88	0.03	0.15	0.84	0.05	0.21	—	—	—	1	0	0
		兩逆	E	0.56	0.29	0.46	0.54	0.35	0.41	—	—	—	—	—	—	—	—	—	—	—	—	—	—	—
			E'	0.73	0.15	0.25	0.62	0.3	0.44	—	—	—	—	—	—	—	—	—	—	—	—	—	—	—
	3.5	一順一逆	E	—	—	—	—	—	—	0.873	0.1	0.3	—	—	—	—	—	—	0.931	0	0.13	—	—	—
			E'	—	—	—	—	—	—	—	—	—	—	—	—	—	—	—	0.89	0.95	0.125	—	—	—
		兩逆	E	—	—	—	0.655	0.33	0.33	—	—	—	—	—	—	—	—	—	—	—	—	—	—	—
			E'	—	—	—	0.783	0.18	0.38	—	—	—	—	—	—	—	—	—	—	—	—	—	—	—

注:$E=A(\psi p)^m \mu^n$;$E'=A'(\psi p)^{m'} \mu^{n'}$

附錄 13.2 部分水冷式表面冷卻器的傳熱係數和阻力試驗公式

型號	排數	作為冷卻用之傳熱係數 $K(\mathrm{W/m^2 \cdot {}^\circ C})$	乾冷時空氣阻力 ΔH_g 和濕冷時空氣阻力 $\Delta H_s(\mathrm{Pa})$	水阻力 (kPa)	作為熱水加熱用之傳熱係數 $K(\mathrm{W/m^2 \cdot {}^\circ C})$	試驗時用的型號
B型 U–II型	2	$K = \left[\dfrac{1}{34.3v_y^{0.781}\zeta^{1.03}} + \dfrac{1}{207\omega^{0.8}}\right]^{-1}$	$\Delta H_g = 20.97v_y^{1.39}$			B–2B–6–27
B型 U–II型	6	$K = \left[\dfrac{1}{31.4v_y^{0.857}\zeta^{0.87}} + \dfrac{1}{281\omega^{0.8}}\right]^{-1}$	$\Delta H_g = 29.75v_y^{1.98}$ $\Delta H_s = 38.93v_y^{1.84}$	$\Delta h = 64.68\omega^{1.854}$		B–2B–6–24
GL型 GL–II型	6	$K = \left[\dfrac{1}{21.1v_y^{0.845}\zeta^{1.15}} + \dfrac{1}{216.6\omega^{0.8}}\right]^{-1}$	$\Delta H_g = 19.99v_y^{1.862}$ $\Delta H_s = 32.05v_y^{1.695}$	$\Delta h = 64.68\omega^{1.854}$		B–6R–8.24
JW	2	$K = \left[\dfrac{1}{42.1v_y^{0.52}\zeta^{1.03}} + \dfrac{1}{332.6\omega^{0.8}}\right]^{-1}$	$\Delta H_g = 5.68v_y^{1.89}$ $\Delta H_s = 25.28v_y^{0.895}$	$\Delta h = 8.18\omega^{1.93}$	$K = 34.77v_y^{0.4}\omega^{0.079}$	小型試驗樣品
JW	4	$K = \left[\dfrac{1}{39.7v_y^{0.52}\zeta^{1.03}} + \dfrac{1}{332.6\omega^{0.8}}\right]^{-1}$	$\Delta H_g = 11.96v_y^{1.72}$ $\Delta H_s = 42.8v_y^{0.992}$	$\Delta h = 12.54\omega^{1.93}$	$K = 31.87v_y^{0.48}\omega^{0.08}$	小型試驗樣品
JW	6	$K = \left[\dfrac{1}{41.5v_y^{0.52}\zeta^{1.02}} + \dfrac{1}{325.6\omega^{0.8}}\right]^{-1}$	$\Delta H_g = 16.66v_y^{1.75}$ $\Delta H_s = 62.23v_y^{1.1}$	$\Delta h = 14.5\omega^{1.93}$	$K = 30.7v_y^{0.485}\omega^{0.08}$	小型試驗樣品
JW	8	$K = \left[\dfrac{1}{35.5v_y^{0.58}\zeta^{1.0}} + \dfrac{1}{353.6\omega^{0.8}}\right]^{-1}$	$\Delta H_g = 23.8v_y^{1.74}$ $\Delta H_s = 70.56v_y^{1.21}$	$\Delta h = 20.19\omega^{1.93}$	$K = 27.3v_y^{0.58}\omega^{0.075}$	小型試驗樣品
SXL–B	2	$K = \left[\dfrac{1}{27v_y^{0.425}\zeta^{0.74}} + \dfrac{1}{157\omega^{0.8}}\right]^{-1}$	$\Delta H_g = 17.35v_y^{1.54}$ $\Delta H_s = 35.28v_y^{1.4}\zeta^{0.183}$	$\Delta h = 15.48\omega^{1.97}$	$K = \left[\dfrac{1}{21.5v_y^{0.526}} + \dfrac{1}{319.8\omega^{0.8}}\right]^{-1}$	
KL–1	4	$K = \left[\dfrac{1}{32.6v_y^{0.57}\zeta^{0.987}} + \dfrac{1}{350.1\omega^{0.8}}\right]^{-1}$	$\Delta H_g = 24.21v_y^{1.828}$ $\Delta H_s = 24.01v_y^{1.913}$	$\Delta h = 18.03\omega^{2.1}$	$K = \left[\dfrac{1}{28.6v_y^{0.656}} + \dfrac{1}{286.1\omega^{0.8}}\right]^{-1}$	
KL–2	4	$K = \left[\dfrac{1}{29v_y^{0.622}\zeta^{0.758}} + \dfrac{1}{385\omega^{0.8}}\right]^{-1}$	$\Delta H_g = 27v_y^{1.43}$ $\Delta H_s = 42.2v_y^{1.2}\zeta^{0.18}$	$\Delta h = 22.5\omega^{1.8}$	$K = 11.16v_y + 15.54\omega^{0.276}$	KL–2–4–10/600
KL–3	6	$K = \left[\dfrac{1}{27.5v_y^{0.778}\zeta^{0.843}} + \dfrac{1}{460.5\omega^{0.8}}\right]^{-1}$	$\Delta H_g = 26.3v_y^{1.75}$ $\Delta H_s = 63.3v_y^{1.2}\zeta^{0.15}$	$\Delta h = 27.9\omega^{1.81}$	$K = 12.97v_y + 15.08\omega^{0.13}$	KL–3–6–10/600

附錄13.3　部分空氣加熱器的傳熱係數和阻力計算公式

加熱器型號		傳熱係數 K ($W/m^2 \cdot ℃$)		空氣阻力 ΔH (Pa)	熱水阻力 (kPa)
		蒸汽	熱水		
SRZ 型	5,6,10D	$13.6(v\rho)^{0.49}$		$1.76(v\rho)^{1.998}$	D 型:$15.2\omega^{1.96}$
	5,6,10Z	$13.6(v\rho)^{0.49}$		$1.47(v\rho)^{1.98}$	Z,X 型:$19.3\omega^{1.83}$
	5,6,10X	$14.5(v\rho)^{0.532}$		$0.88(v\rho)^{2.12}$	
	7D	$14.3(v\rho)^{0.51}$		$2.06(v\rho)^{1.97}$	
	7Z	$14.3(v\rho)^{0.51}$		$2.94(v\rho)^{1.52}$	
	7X	$15.1(v\rho)^{0.571}$		$1.37(v\rho)^{1.917}$	
SRL 型	$B \times A/2$	$15.2(v\rho)^{0.40}$	$16.5(v\rho)^{0.24*}$	$1.71(v\rho)^{1.67}$	
	$B \times A/3$	$15.1(v\rho)^{0.43}$	$14.5(v\rho)^{0.29*}$	$3.03(v\rho)^{1.62}$	
SVA 型	D	$15.4(v\rho)^{0.297}$	$16.6(v\rho)^{0.36}\omega^{0.226}$	$0.86(v\rho)^{1.96}$	
	Z	$15.4(v\rho)^{0.297}$	$16.6(v\rho)^{0.36}\omega^{0.226}$	$0.82(v\rho)^{1.94}$	
	X	$15.4(v\rho)^{0.297}$	$16.6(v\rho)^{0.36}\omega^{0.226}$	$0.78(v\rho)^{1.87}$	
I 型	2C	$25.7(v\rho)^{0.375}$		$0.80(v\rho)^{1.985}$	
	1C	$26.3(v\rho)^{0.423}$		$0.40(v\rho)^{1.985}$	
GL 或 GL – Ⅱ 型		$19.8(v\rho)^{0.608}$	$31.9(v\rho)^{0.46}\omega^{0.5}$	$0.84(v\rho)^{1.862} \times N$	$10.8\omega^{1.854} \times N$
B,U 型或 U – Ⅱ 型		$19.8(v\rho)^{0.608}$	$25.5(v\rho)^{0.556}\omega^{0.0115}$	$0.84(v\rho)^{1.862} \times N$	$10.8\omega^{1.854} \times N$

注:(1) $v\rho$——空氣質量流速,$kg/m^2 \cdot s$;ω——水流速,m/s;N—排數;

(2) *——用130° 過熱水,$\omega = 0.023 \sim 0.037$ m/s

附錄 13.4　水冷式表面冷却器的 ε_2 值

冷却器型號	排數	迎面風速 v_y(m/s)			
		1.5	2.0	2.5	3.0
B 型或 U－Ⅱ 型 GL 型或 GL－Ⅱ 型	2	0.5343	0.518	0.499	0.484
	4	0.791	0.767	0.748	0.733
	6	0.905	0.887	0.875	0.863
	8	0.957	0.946	0.937	0.930
JW 型	2*	0.590	0.545	0.515	0.490
	4*	0.841	0.797	0.768	0.740
	6*	0.940	0.911	0.888	0.872
	8*	0.977	0.964	0.954	0.945
SXL－B 型	2	0.826	0.440	0.423	0.408
	4*	0.970	0.686	0.665	0.649
	6	0.995	0.800	0.806	0.792
	8	0.999	0.824	0.887	0.877
KL－1 型	2	0.466	0.440	0.423	0.408
	4*	0.715	0.686	0.665	0.649
	6	0.848	0.800	0.806	0.792
	8	0.917	0.824	0.887	0.877
KL－2 型	2	0.553	0.530	0.511	0.493
	4*	0.800	0.780	0.762	0.743
	6	0.909	0.896	0.886	0.870
KL－3 型	2	0.450	0.439	0.429	0.416
	4*	0.700	0.685	0.762	0.660
	6	0.834	0.823	0.813	0.802

注:表中有 * 號的爲試驗數據,無 * 號的是根據理論公式計算出來的。

附錄 13.5　JW 型表面冷却器技術數據

型　號	風量 L(m³/h)	每排散熱面積 F_d(m²)	迎風面積 F_r(m²)	通水斷面積 f_W(m²)	備　注
JW10—4	5 000～8350	12.15	0.944	0.00407	共有四、
JW20—4	8 350～16 700	24.05	1.87	0.00407	六、八、十
JW30—4	16 700～25 000	33.40	2.57	0.00553	排四種産
JW40—4	25 000～33 400	44.50	3.43	0.00553	品

附錄 13.6 SRZ 型空氣加熱器技術數據

規　　格	散熱面積 (m²)	通風有效截面積(m²)	熱媒流通截面 (m²)	管排數	管根數	連接管徑 (in)	質　量 (kg)
5×5D	10.13	0.154					54
5×5Z	8.78	0.155					48
5×5X	6.23	0.158					45
10×5D	19.92	0.302	0.0034	3	23	$1\frac{1}{4}$	93
10×5Z	17.26	0.306					84
10×5X	12.22	0.312					76
12×5D	24.86	0.378					113
6×6D	15.33	0.231					77
6×6Z	13.29	0.234					69
6×6X	9.43	0.239					63
10×6D	25.13	0.381					115
10×6Z	21.77	0.385	0.0055	3	29	$1\frac{1}{2}$	103
10×6X	15.42	0.393					93
12×6D	31.35	0.475					139
15×6D	37.73	0.572					164
15×6Z	32.67	0.579					146
15×6X	23.13	0.591					139
7×7D	20.31	0.320					97
7×7Z	17.60	0.324					87
7×7X	12.48	0.329					79
10×7D	28.59	0.450					129
10×7Z	24.77	0.456					115
10×7X	17.55	0.464					104
12×7D	35.67	0.563	0.0063	3	33	2	156
15×7D	42.93	0.678					183
15×7Z	37.18	0.685					164
15×7X	26.32	0.698					145
17×7D	49.90	0.788					210
17×7Z	43.21	0.797					187
17×7X	30.58	0.812					169
22×7D	62.75	0.991					260
15×10D	61.14	0.921					255
15×10Z	52.95	0.932					227
15×10X	37.48	0.951					203
17×10D	71.06	1.072	0.0089	3	47	$2\frac{1}{2}$	293
17×10Z	61.54	1.085					260
17×10X	43.66	1.106					232
22×10D	81.27	1.226					331

附錄 15.1　盤式散流器性能表

喉部直徑 d_0(mm)	1.5 m(間距 3 m) u_0(m/s)	L_0(m³/h)	l_0(m³/m²·h)	$\frac{u_x}{u_0}\,\frac{\Delta t_x}{\Delta t_0}$	2 m(間距 4 m) u_0(m/s)	L_0(m³/h)	l_0(m³/m²·h)	$\frac{u_x}{u_0}\,\frac{\Delta t_x}{\Delta t_0}$	2.5 m(間距 5 m) u_0(m/s)	L_0(m³/h)	l_0(m³/m²·h)	$\frac{u_x}{u_0}\,\frac{\Delta t_x}{\Delta t_0}$	3 m(間距 6 m) u_0(m/s)	L_0(m³/h)	l_0(m³/m²·h)	$\frac{u_x}{u_0}\,\frac{\Delta t_x}{\Delta t_0}$	4 m(間距 8 m) u_0(m/s)	L_0(m³/h)	l_0(m³/m²·h)	$\frac{u_x}{u_0}\,\frac{\Delta t_x}{\Delta t_0}$	5 m(間距 10 m) u_0(m/s)	L_0(m³/h)	l_0(m³/m²·h)	$\frac{u_x}{u_0}\,\frac{\Delta t_x}{\Delta t_0}$
150	5	318	35	0.07																				
	4	254	28	0.07																				
	3	191	21	0.07																				
200	4	452	50	0.10																				
	3	339	38	0.10																				
	2	226	25	0.10																				
250					5	565	35	0.07																
					4	452	28	0.07																
					3	339	21	0.07																
300					4	707	44	0.09	5	883	35	0.07												
					3	530	33	0.09	4	707	28	0.07												
					2.5	442	28	0.09	3	530	21	0.07												
350					3.5	890	56	0.11	4	1017	41	0.08	5	1272	35	0.07								
					3	763	48	0.11	3	763	31	0.08	4	1017	28	0.07								
					2.5	636	40	0.11	2.5	636	25	0.08	3	763	21	0.07								
400									4	1385	55	0.10	4	1385	38	0.08	5	2261	35	0.07				
									3	1039	42	0.10	3	1039	29	0.08	4	1809	28	0.07				
									2.5	692	28	0.10	2.5	865	24	0.08	3	1356	21	0.07				
500													4	1809	50	0.09	4	2826	44	0.09	5	3533	35	0.07
													3	1356	38	0.09	3	2120	33	0.09	4	2826	28	0.07
													2	904	25	0.09	2	1413	22	0.09	3	2120	21	0.07
600																	3.5	3560	56	0.11	4	4069	41	0.08
																3	3052	48	0.11	3	3052	31	0.08
																2	2034	32	0.11	2	2034	20	0.08
700																					4	5539	55	0.10
																				3	4154	42	0.10
																				2	2769	38	0.10

附錄 15.2　圓形直片散流器性能表

喉部直徑 d_0 (mm)	1.25 m (間距 2.5 m)				1.5 m (間距 3 m)				1.75 m (間距 3.5 m)				2 m (間距 4 m)				2.5 m (間距 5 m)				3 m (間距 6 m)			
性能 \ 流程 R	u_0 (m/s)	L_0 (m³/h)	l_0 (m³/m²·h)	$\frac{u_x}{u_0}=\frac{\Delta l_x}{\Delta l_0}$	u_0 (m/s)	L_0 (m³/h)	l_0 (m³/m²·h)	$\frac{u_x}{u_0}=\frac{\Delta l_x}{\Delta l_0}$	u_0 (m/s)	L_0 (m³/h)	l_0 (m³/m²·h)	$\frac{u_x}{u_0}=\frac{\Delta l_x}{\Delta l_0}$	u_0 (m/s)	L_0 (m³/h)	l_0 (m³/m²·h)	$\frac{u_x}{u_0}=\frac{\Delta l_x}{\Delta l_0}$	u_0 (m/s)	L_0 (m³/h)	l_0 (m³/m²·h)	$\frac{u_x}{u_0}=\frac{\Delta l_x}{\Delta l_0}$	u_0 (m/s)	L_0 (m³/h)	l_0 (m³/m²·h)	$\frac{u_x}{u_0}=\frac{\Delta l_x}{\Delta l_0}$
110	5	171	27	0.05																				
	4	137	22	0.05																				
140	5	278	44	0.07	5	278	31	0.05																
	4	222	36	0.07	4	222	25	0.05																
	3	166	27	0.07																				
170	3	240	38	0.10	5	408	45	0.07																
	2.5	204	33	0.10	4	327	36	0.07																
	2	163	26	0.10	3	245	27	0.07																
200					3	339	38	0.10	5	408	33	0.05	5	565	35	0.05								
					2.5	283	31	0.10	4	327	27	0.05	4	452	28	0.05								
					2	226	25	0.10																
240									5	565	46	0.07	4.5	732	46	0.08								
									4	452	37	0.07	4	651	41	0.08								
									3	339	28	0.07	3	488	31	0.08								
260									3	488	40	0.10	3	573	36	0.10	5	955	38	0.05				
									2.5	407	33	0.10	2.5	478	30	0.10	4	764	31	0.05				
									2	326	27	0.10	2	382	24	0.10								
310																	4.5	1222	49	0.08				
																	4	1086	43	0.08				
																	3	815	33	0.08				
355																	3	1068	43	0.12	4.5	1603	45	0.08
																	2.5	890	36	0.12	4	1425	40	0.08
																	2	705	28	0.12	3	1068	30	0.08
360																					3	1100	31	0.10
																					2.5	916	25	0.10
																					2	732	20	0.10

參 考 文 獻

1　趙榮義,範存養,薛殿華,錢以明.空節調節[M].第 3 版.北京:中國建築工業出版社,1994.

2　曹叔維,周孝清,李峥嶸.通風與空氣調節工程[M].北京:中國建築工業出版社,1998.

3　電子工業部第十研究院.空氣調節設計手冊[M].第 2 版.北京:中國建築工業出版社,1995.

4　陸耀慶主編.實用供熱空調設計手冊[M].第 2 版.北京:中國建築工業出版社,2008.

5　單寄平.空調負荷實用計算法[M].北京:中國建築工業出版社,1993.

6　邢振禧.空氣調節技術[M].北京:中國商業出版社,1980.

7　馬仁民.空氣調節[M].北京:科技出版社,1980.

8　中華人民共和國國家標準.采暖通風與空氣調節設計規範 GB 50019—2003[S].北京:中國計劃出版社,2001.

9　潘雲鋼.高層民用建築空調設計[M].北京:中國建築工業出版社,1999.

10　薛殿華.空氣調節[M].北京:清華大學出版社,1991.

11　陸亞俊,馬最良,姚楊.空調工程中的制冷技術[M].哈爾濱:哈爾濱工程大學出版社,1997.

12　孫一堅.工業通風[M].第 3 版.北京:中國建築工業出版社,1994.

13　國家衛生部.藥品生產質量管理規範[S].1999.

14　龔崇實,王福祥.通風空調工程安裝手冊[M].北京:中國建築工業出版社,1989.

15　許鐘麟編.潔净室設計.北京:地震出版社,1994.

16　P O Fanger 著.21 世紀的室内空氣品質:追求優异[J].于曉明,譯.暖通空調,2000,3.

17　李强民.置換通風原理、設計及應用[J].暖通空調,2000,30(5):41~47.

18　陸耀慶主編.供暖通風設計手冊[M].北京:中國建築工業出版社,1987.

19　馬仁民,連之偉.置換通風幾個問題的探討.暖通空調,2000,30(4):18~22.

20　趙培森,竺士文,趙炳文.設備安裝手冊[M].北京:中國建築工業出版社,1997.

21　殷平.中國供熱通風空調設備手冊[M].北京:機械工業出版社,1994.

22　陳義雄.淺説緑化建築與緑化發展——持續的設計環境的質量受益的用户[J],暖通空調,2000,30(2):27~32.

國家圖書館出版品預行編目(CIP)資料

通風與空氣調節 / 蘇德權主編. -- 初版.
-- 臺北市 : 崧燁文化, 2018.04

　面 ; 公分

ISBN 978-957-9339-94-0(平裝)

1.建築物設備 2.空調工程 3.空調設備

441.64　　　107006821

作者：主編/ 蘇德權　副主編/ 王全福、呂君、曹慧哲
發行人：黃振庭
出版者：崧燁出版事業有限公司
發行者：崧燁文化事業有限公司
E-mail：sonbookservice@gmail.com
粉絲頁　　　　　　網址 :http://sonbook.net
地址：台北市中正區重慶南路一段六十一號八樓815室
8F.-815, No.61, Sec. 1, Chongqing S. Rd., Zhongzheng
Dist., Taipei City 100, Taiwan (R.O.C.)
電　話：(02)2370-3310 傳　真：(02) 2370-3210
總經銷：紅螞蟻圖書有限公司
地址：台北市內湖區舊宗路二段 121 巷 19 號
電話:02-2795-3656　　傳真:02-2795-4100　網址：
印　刷：京峯彩色印刷有限公司（京峰數位）
定價：500 元
發行日期：2018 年 4 月第一版